© 2013 Ricci Pier Paolo. Tutti i diritti sono riservati.
© 2013 Ricci Pier Paolo. All rights reserved.

In copertina foto Nasa di Saturno ©
On the cover photo Nasa of Saturn

INTRODUZIONE

Questo libro, l'ottavo di una serie di dieci, rappresenta una estesa trattazione di quanto presente sul mio sito riguardo Saturno ed i fenomeni ad esso correlati. Vengono qui esaminati i fenomeni mutui dei satelliti, i fenomeni multipli, le occultazioni, i parametri utili per l'osservazione, la visibilità dell'anello, su di un arco temporale esteso, dal 2013 al 2100.
Ovviamente dato che l'era contemporanea è il ventunesimo secolo viene dato il più ampio spazio a questo periodo, riservando il resto delle tabelle agli storici, agli studiosi di statistica astronomica o ai più curiosi.
Questo non è un manuale tecnico e di difficile lettura, ma una descrizione completa e molto dettagliata su quello che il cielo ci offre durante la nostra vita, quindi ogni tabella è pronta all'uso ed ogni evento riportato sarà facilmente visibile ad occhio nudo od eventualmente con un modestissimo binocolo.
Un'opera per astrofili, per astronomi, per professionisti o semplici appassionati.

INTRODUCTION

This book, the eighth in a series of ten, is an extended discussion of that on my website about Saturn and its phenomenas. All aspects of mutual phenomena of the moons, the multipla phenomena, the occultations, and useful parameter for visually observation, the Rings, on an extensive period of time, from 2000 to 2100, are reexamined here.
Since the contemporary era is the twenty-first century, for this reason the most room is given to this period, reserving the rest of the tables for historians, astronomical statisticians or the curious.
This is not a technical and difficult to read manual, but a complete and very detailed description of what the sky gives us throughout our lives, so each table is ready for use, and each reported event will be easily visible to the naked eye or possibly with a simple pair of binoculars.
The book is for stargazing astronomers and professionals.

EFFEMERIDI - EPHEMERIDES
2013-2020

```
Data = nel formato giorno/mese/anno
A.R. e Decl. apparenti
Dist = distanza dalla Terra in unità astronomiche
RV = distanza dal Sole in unità astronomiche
D.Eq. = diametro equatoriale in "
D.Pol. = diametro polare in "
El = elongazione in °
Mag = magnitudine

Date : in the format dd/mm/yyyy
A.R. - Decl = Right Ascension - Declination
Dist = distance from the Earth in A.U.
RV = distance from the Sun in A.U.
D.Eq. = equatorial diameter in "
D.Pol = polar diameter in "
El = elongation in °
Mag = magnitude
```

GG/MM/AAAA	A.R.	DECL.	Dist.	RV	D.Eq.	D.Pol.	El.	Mag.
01/01/2013	14 31 36	-12 26 55	10.227736	9.792225	16.18	14.44	61.2	0.6
02/01/2013	14 31 55	-12 28 11	10.213093	9.792484	16.20	14.46	62.2	0.6
03/01/2013	14 32 12	-12 29 25	10.198321	9.792743	16.22	14.48	63.1	0.6
04/01/2013	14 32 30	-12 30 38	10.183425	9.793002	16.25	14.50	64.0	0.6
05/01/2013	14 32 47	-12 31 48	10.168407	9.793261	16.27	14.52	65.0	0.6
06/01/2013	14 33 04	-12 32 57	10.153270	9.793520	16.30	14.54	65.9	0.6
07/01/2013	14 33 21	-12 34 05	10.138020	9.793779	16.32	14.56	66.9	0.6
08/01/2013	14 33 37	-12 35 10	10.122660	9.794038	16.35	14.59	67.8	0.6
09/01/2013	14 33 53	-12 36 14	10.107194	9.794296	16.37	14.61	68.8	0.6
10/01/2013	14 34 09	-12 37 16	10.091626	9.794555	16.40	14.63	69.7	0.6
11/01/2013	14 34 24	-12 38 17	10.075961	9.794814	16.42	14.65	70.7	0.6
12/01/2013	14 34 39	-12 39 15	10.060203	9.795072	16.45	14.68	71.6	0.6
13/01/2013	14 34 54	-12 40 12	10.044356	9.795330	16.47	14.70	72.6	0.6
14/01/2013	14 35 08	-12 41 07	10.028427	9.795589	16.50	14.72	73.6	0.6
15/01/2013	14 35 22	-12 42 00	10.012419	9.795847	16.53	14.75	74.5	0.6
16/01/2013	14 35 36	-12 42 52	9.996338	9.796105	16.55	14.77	75.5	0.6
17/01/2013	14 35 49	-12 43 41	9.980188	9.796363	16.58	14.79	76.4	0.6
18/01/2013	14 36 02	-12 44 28	9.963973	9.796621	16.61	14.82	77.4	0.6
19/01/2013	14 36 15	-12 45 14	9.947699	9.796878	16.63	14.84	78.4	0.6
20/01/2013	14 36 27	-12 45 58	9.931369	9.797136	16.66	14.87	79.3	0.6
21/01/2013	14 36 39	-12 46 40	9.914989	9.797394	16.69	14.89	80.3	0.6
22/01/2013	14 36 50	-12 47 20	9.898563	9.797651	16.72	14.92	81.3	0.6
23/01/2013	14 37 01	-12 47 58	9.882096	9.797909	16.74	14.94	82.2	0.6
24/01/2013	14 37 12	-12 48 35	9.865592	9.798166	16.77	14.97	83.2	0.6
25/01/2013	14 37 22	-12 49 09	9.849056	9.798423	16.80	14.99	84.2	0.6
26/01/2013	14 37 32	-12 49 42	9.832491	9.798681	16.83	15.02	85.2	0.6
27/01/2013	14 37 42	-12 50 13	9.815904	9.798938	16.86	15.04	86.1	0.6
28/01/2013	14 37 51	-12 50 42	9.799297	9.799195	16.88	15.07	87.1	0.6
29/01/2013	14 38 00	-12 51 08	9.782676	9.799452	16.91	15.09	88.1	0.6
30/01/2013	14 38 09	-12 51 34	9.766046	9.799708	16.94	15.12	89.1	0.6
31/01/2013	14 38 17	-12 51 57	9.749409	9.799965	16.97	15.14	90.1	0.6
01/02/2013	14 38 24	-12 52 18	9.732772	9.800222	17.00	15.17	91.0	0.5
02/02/2013	14 38 32	-12 52 37	9.716139	9.800478	17.03	15.20	92.0	0.5
03/02/2013	14 38 38	-12 52 54	9.699514	9.800735	17.06	15.22	93.0	0.5
04/02/2013	14 38 45	-12 53 10	9.682903	9.800991	17.09	15.25	94.0	0.5
05/02/2013	14 38 51	-12 53 23	9.666310	9.801248	17.12	15.27	95.0	0.5
06/02/2013	14 38 57	-12 53 35	9.649741	9.801504	17.15	15.30	96.0	0.5
07/02/2013	14 39 02	-12 53 45	9.633200	9.801760	17.18	15.33	97.0	0.5
08/02/2013	14 39 07	-12 53 52	9.616693	9.802016	17.21	15.35	98.0	0.5
09/02/2013	14 39 11	-12 53 58	9.600226	9.802272	17.24	15.38	98.9	0.5
10/02/2013	14 39 16	-12 54 02	9.583803	9.802528	17.26	15.41	99.9	0.5
11/02/2013	14 39 19	-12 54 04	9.567431	9.802783	17.29	15.43	100.9	0.5
12/02/2013	14 39 22	-12 54 04	9.551114	9.803039	17.32	15.46	101.9	0.5
13/02/2013	14 39 25	-12 54 02	9.534859	9.803295	17.35	15.48	102.9	0.5
14/02/2013	14 39 28	-12 53 58	9.518670	9.803550	17.38	15.51	103.9	0.5
15/02/2013	14 39 30	-12 53 53	9.502552	9.803806	17.41	15.54	104.9	0.5
16/02/2013	14 39 31	-12 53 45	9.486512	9.804061	17.44	15.56	105.9	0.5
17/02/2013	14 39 33	-12 53 35	9.470553	9.804316	17.47	15.59	107.0	0.5
18/02/2013	14 39 33	-12 53 24	9.454681	9.804571	17.50	15.62	108.0	0.5
19/02/2013	14 39 34	-12 53 11	9.438901	9.804826	17.53	15.64	109.0	0.5
20/02/2013	14 39 34	-12 52 56	9.423218	9.805081	17.56	15.67	110.0	0.5
21/02/2013	14 39 33	-12 52 39	9.407636	9.805336	17.59	15.69	111.0	0.5
22/02/2013	14 39 32	-12 52 20	9.392160	9.805591	17.62	15.72	112.0	0.5
23/02/2013	14 39 31	-12 51 59	9.376796	9.805846	17.65	15.75	113.0	0.5
24/02/2013	14 39 30	-12 51 37	9.361547	9.806100	17.67	15.77	114.0	0.4
25/02/2013	14 39 27	-12 51 13	9.346418	9.806355	17.70	15.80	115.0	0.4
26/02/2013	14 39 25	-12 50 47	9.331413	9.806609	17.73	15.82	116.0	0.4
27/02/2013	14 39 22	-12 50 19	9.316538	9.806864	17.76	15.85	117.1	0.4
28/02/2013	14 39 19	-12 49 49	9.301797	9.807118	17.79	15.87	118.1	0.4
01/03/2013	14 39 15	-12 49 18	9.287194	9.807372	17.82	15.90	119.1	0.4
02/03/2013	14 39 11	-12 48 45	9.272734	9.807626	17.84	15.92	120.1	0.4
03/03/2013	14 39 07	-12 48 10	9.258421	9.807880	17.87	15.95	121.1	0.4
04/03/2013	14 39 02	-12 47 33	9.244261	9.808134	17.90	15.97	122.2	0.4
05/03/2013	14 38 57	-12 46 55	9.230257	9.808388	17.93	16.00	123.2	0.4
06/03/2013	14 38 51	-12 46 15	9.216416	9.808642	17.95	16.02	124.2	0.4
07/03/2013	14 38 45	-12 45 33	9.202741	9.808895	17.98	16.04	125.2	0.4
08/03/2013	14 38 39	-12 44 50	9.189238	9.809149	18.01	16.07	126.3	0.4
09/03/2013	14 38 32	-12 44 05	9.175911	9.809402	18.03	16.09	127.3	0.4
10/03/2013	14 38 25	-12 43 18	9.162766	9.809656	18.06	16.11	128.3	0.4
11/03/2013	14 38 18	-12 42 30	9.149808	9.809909	18.08	16.14	129.4	0.4
12/03/2013	14 38 10	-12 41 40	9.137040	9.810162	18.11	16.16	130.4	0.4
13/03/2013	14 38 01	-12 40 49	9.124469	9.810415	18.13	16.18	131.4	0.4
14/03/2013	14 37 53	-12 39 56	9.112097	9.810668	18.16	16.20	132.5	0.4

GG/MM/AAAA	A.R.	DECL.	Dist.	RV	D.Eq.	D.Pol.	El.	Mag.
15/03/2013	14 37 44	-12 39 01	9.099930	9.810921	18.18	16.22	133.5	0.3
16/03/2013	14 37 35	-12 38 05	9.087973	9.811174	18.21	16.25	134.5	0.3
17/03/2013	14 37 25	-12 37 08	9.076228	9.811426	18.23	16.27	135.6	0.3
18/03/2013	14 37 15	-12 36 09	9.064700	9.811679	18.25	16.29	136.6	0.3
19/03/2013	14 37 05	-12 35 09	9.053392	9.811932	18.28	16.31	137.6	0.3
20/03/2013	14 36 54	-12 34 08	9.042309	9.812184	18.30	16.33	138.7	0.3
21/03/2013	14 36 43	-12 33 05	9.031455	9.812436	18.32	16.35	139.7	0.3
22/03/2013	14 36 32	-12 32 01	9.020831	9.812689	18.34	16.37	140.7	0.3
23/03/2013	14 36 21	-12 30 56	9.010443	9.812941	18.36	16.39	141.8	0.3
24/03/2013	14 36 09	-12 29 49	9.000293	9.813193	18.38	16.40	142.8	0.3
25/03/2013	14 35 57	-12 28 41	8.990384	9.813445	18.40	16.42	143.9	0.3
26/03/2013	14 35 44	-12 27 32	8.980720	9.813697	18.42	16.44	144.9	0.3
27/03/2013	14 35 31	-12 26 22	8.971304	9.813949	18.44	16.46	145.9	0.3
28/03/2013	14 35 18	-12 25 11	8.962137	9.814200	18.46	16.47	147.0	0.3
29/03/2013	14 35 05	-12 23 58	8.953224	9.814452	18.48	16.49	148.0	0.3
30/03/2013	14 34 52	-12 22 45	8.944568	9.814703	18.50	16.51	149.1	0.3
31/03/2013	14 34 38	-12 21 30	8.936170	9.814955	18.52	16.52	150.1	0.3
01/04/2013	14 34 24	-12 20 15	8.928035	9.815206	18.53	16.54	151.2	0.3
02/04/2013	14 34 10	-12 18 58	8.920165	9.815457	18.55	16.55	152.2	0.2
03/04/2013	14 33 55	-12 17 41	8.912564	9.815709	18.56	16.57	153.3	0.2
04/04/2013	14 33 40	-12 16 23	8.905234	9.815960	18.58	16.58	154.3	0.2
05/04/2013	14 33 25	-12 15 04	8.898178	9.816211	18.59	16.59	155.3	0.2
06/04/2013	14 33 10	-12 13 44	8.891399	9.816462	18.61	16.60	156.4	0.2
07/04/2013	14 32 55	-12 12 24	8.884900	9.816712	18.62	16.62	157.4	0.2
08/04/2013	14 32 39	-12 11 03	8.878684	9.816963	18.64	16.63	158.5	0.2
09/04/2013	14 32 23	-12 09 41	8.872753	9.817214	18.65	16.64	159.5	0.2
10/04/2013	14 32 07	-12 08 18	8.867109	9.817464	18.66	16.65	160.6	0.2
11/04/2013	14 31 51	-12 06 55	8.861754	9.817715	18.67	16.66	161.6	0.2
12/04/2013	14 31 35	-12 05 31	8.856691	9.817965	18.68	16.67	162.6	0.2
13/04/2013	14 31 19	-12 04 07	8.851920	9.818215	18.69	16.68	163.7	0.2
14/04/2013	14 31 02	-12 02 42	8.847444	9.818465	18.70	16.69	164.7	0.2
15/04/2013	14 30 45	-12 01 17	8.843264	9.818715	18.71	16.70	165.7	0.2
16/04/2013	14 30 28	-11 59 52	8.839382	9.818965	18.72	16.70	166.8	0.2
17/04/2013	14 30 11	-11 58 26	8.835797	9.819215	18.73	16.71	167.8	0.2
18/04/2013	14 29 54	-11 57 00	8.832512	9.819465	18.73	16.72	168.8	0.2
19/04/2013	14 29 37	-11 55 34	8.829527	9.819715	18.74	16.72	169.8	0.2
20/04/2013	14 29 20	-11 54 07	8.826842	9.819964	18.75	16.73	170.8	0.1
21/04/2013	14 29 03	-11 52 41	8.824458	9.820214	18.75	16.73	171.8	0.1
22/04/2013	14 28 45	-11 51 14	8.822376	9.820463	18.75	16.73	172.8	0.1
23/04/2013	14 28 28	-11 49 47	8.820596	9.820712	18.76	16.74	173.8	0.1
24/04/2013	14 28 10	-11 48 20	8.819118	9.820962	18.76	16.74	174.7	0.1
25/04/2013	14 27 53	-11 46 54	8.817941	9.821211	18.76	16.74	175.6	0.1
26/04/2013	14 27 35	-11 45 27	8.817067	9.821460	18.77	16.74	176.3	0.1
27/04/2013	14 27 17	-11 44 01	8.816495	9.821709	18.77	16.75	176.9	0.1
28/04/2013	14 27 00	-11 42 34	8.816225	9.821958	18.77	16.75	177.3	0.1
29/04/2013	14 26 42	-11 41 08	8.816258	9.822206	18.77	16.75	177.2	0.1
30/04/2013	14 26 25	-11 39 42	8.816593	9.822455	18.77	16.75	176.8	0.1
01/05/2013	14 26 07	-11 38 17	8.817231	9.822704	18.77	16.74	176.1	0.1
02/05/2013	14 25 49	-11 36 52	8.818172	9.822952	18.76	16.74	175.3	0.1
03/05/2013	14 25 32	-11 35 27	8.819415	9.823200	18.76	16.74	174.4	0.1
04/05/2013	14 25 14	-11 34 03	8.820961	9.823449	18.76	16.74	173.5	0.1
05/05/2013	14 24 57	-11 32 39	8.822809	9.823697	18.75	16.73	172.5	0.1
06/05/2013	14 24 39	-11 31 15	8.824958	9.823945	18.75	16.73	171.6	0.1
07/05/2013	14 24 22	-11 29 52	8.827408	9.824193	18.74	16.73	170.6	0.2
08/05/2013	14 24 04	-11 28 30	8.830158	9.824441	18.74	16.72	169.6	0.2
09/05/2013	14 23 47	-11 27 09	8.833207	9.824689	18.73	16.71	168.6	0.2
10/05/2013	14 23 30	-11 25 48	8.836554	9.824936	18.72	16.71	167.5	0.2
11/05/2013	14 23 13	-11 24 28	8.840197	9.825184	18.72	16.70	166.5	0.2
12/05/2013	14 22 56	-11 23 09	8.844134	9.825431	18.71	16.69	165.5	0.2
13/05/2013	14 22 39	-11 21 50	8.848365	9.825679	18.70	16.69	164.5	0.2
14/05/2013	14 22 23	-11 20 33	8.852887	9.825926	18.69	16.68	163.5	0.2
15/05/2013	14 22 06	-11 19 16	8.857698	9.826173	18.68	16.67	162.4	0.2
16/05/2013	14 21 50	-11 18 01	8.862795	9.826421	18.67	16.66	161.4	0.2
17/05/2013	14 21 33	-11 16 46	8.868178	9.826668	18.66	16.65	160.4	0.2
18/05/2013	14 21 17	-11 15 32	8.873842	9.826915	18.65	16.64	159.4	0.2
19/05/2013	14 21 01	-11 14 20	8.879787	9.827162	18.63	16.63	158.3	0.2
20/05/2013	14 20 46	-11 13 09	8.886008	9.827408	18.62	16.61	157.3	0.2
21/05/2013	14 20 30	-11 11 58	8.892505	9.827655	18.61	16.60	156.3	0.3
22/05/2013	14 20 15	-11 10 49	8.899273	9.827902	18.59	16.59	155.3	0.3
23/05/2013	14 20 00	-11 09 42	8.906310	9.828148	18.58	16.58	154.3	0.3
24/05/2013	14 19 45	-11 08 35	8.913614	9.828394	18.56	16.56	153.2	0.3
25/05/2013	14 19 30	-11 07 30	8.921181	9.828641	18.55	16.55	152.2	0.3
26/05/2013	14 19 15	-11 06 26	8.929010	9.828887	18.53	16.53	151.2	0.3

GG/MM/AAAA	A.R.	DECL.	Dist.	RV	D.Eq.	D.Pol.	El.	Mag.
27/05/2013	14 19 01	-11 05 24	8.937097	9.829133	18.51	16.52	150.2	0.3
28/05/2013	14 18 47	-11 04 22	8.945440	9.829379	18.50	16.50	149.2	0.3
29/05/2013	14 18 33	-11 03 23	8.954036	9.829625	18.48	16.49	148.2	0.3
30/05/2013	14 18 20	-11 02 25	8.962883	9.829871	18.46	16.47	147.2	0.3
31/05/2013	14 18 06	-11 01 28	8.971979	9.830116	18.44	16.46	146.1	0.3
01/06/2013	14 17 53	-11 00 33	8.981320	9.830362	18.42	16.44	145.1	0.3
02/06/2013	14 17 40	-10 59 39	8.990903	9.830608	18.40	16.42	144.1	0.3
03/06/2013	14 17 28	-10 58 47	9.000725	9.830853	18.38	16.40	143.1	0.3
04/06/2013	14 17 16	-10 57 56	9.010783	9.831098	18.36	16.38	142.1	0.3
05/06/2013	14 17 04	-10 57 07	9.021074	9.831343	18.34	16.37	141.1	0.4
06/06/2013	14 16 52	-10 56 20	9.031595	9.831589	18.32	16.35	140.1	0.4
07/06/2013	14 16 40	-10 55 34	9.042340	9.831834	18.30	16.33	139.1	0.4
08/06/2013	14 16 29	-10 54 50	9.053308	9.832079	18.28	16.31	138.1	0.4
09/06/2013	14 16 18	-10 54 08	9.064493	9.832323	18.25	16.29	137.1	0.4
10/06/2013	14 16 08	-10 53 28	9.075892	9.832568	18.23	16.27	136.1	0.4
11/06/2013	14 15 58	-10 52 49	9.087501	9.832813	18.21	16.25	135.1	0.4
12/06/2013	14 15 48	-10 52 13	9.099316	9.833057	18.18	16.23	134.1	0.4
13/06/2013	14 15 38	-10 51 38	9.111332	9.833302	18.16	16.20	133.1	0.4
14/06/2013	14 15 29	-10 51 05	9.123546	9.833546	18.14	16.18	132.1	0.4
15/06/2013	14 15 20	-10 50 33	9.135952	9.833790	18.11	16.16	131.1	0.4
16/06/2013	14 15 12	-10 50 04	9.148547	9.834035	18.09	16.14	130.1	0.4
17/06/2013	14 15 03	-10 49 36	9.161326	9.834279	18.06	16.12	129.1	0.4
18/06/2013	14 14 55	-10 49 11	9.174285	9.834523	18.04	16.09	128.2	0.4
19/06/2013	14 14 48	-10 48 47	9.187420	9.834766	18.01	16.07	127.2	0.4
20/06/2013	14 14 41	-10 48 25	9.200725	9.835010	17.98	16.05	126.2	0.5
21/06/2013	14 14 34	-10 48 05	9.214197	9.835254	17.96	16.02	125.2	0.5
22/06/2013	14 14 27	-10 47 47	9.227832	9.835497	17.93	16.00	124.2	0.5
23/06/2013	14 14 21	-10 47 31	9.241626	9.835741	17.90	15.98	123.3	0.5
24/06/2013	14 14 15	-10 47 17	9.255574	9.835984	17.88	15.95	122.3	0.5
25/06/2013	14 14 10	-10 47 05	9.269673	9.836227	17.85	15.93	121.3	0.5
26/06/2013	14 14 05	-10 46 55	9.283918	9.836471	17.82	15.90	120.3	0.5
27/06/2013	14 14 00	-10 46 46	9.298306	9.836714	17.79	15.88	119.4	0.5
28/06/2013	14 13 56	-10 46 40	9.312834	9.836957	17.77	15.85	118.4	0.5
29/06/2013	14 13 52	-10 46 36	9.327496	9.837199	17.74	15.83	117.4	0.5
30/06/2013	14 13 48	-10 46 33	9.342289	9.837442	17.71	15.80	116.5	0.5
01/07/2013	14 13 45	-10 46 33	9.357209	9.837685	17.68	15.78	115.5	0.5
02/07/2013	14 13 42	-10 46 35	9.372250	9.837927	17.65	15.75	114.5	0.5
03/07/2013	14 13 40	-10 46 38	9.387410	9.838170	17.63	15.73	113.6	0.5
04/07/2013	14 13 37	-10 46 44	9.402682	9.838412	17.60	15.70	112.6	0.5
05/07/2013	14 13 36	-10 46 52	9.418064	9.838655	17.57	15.68	111.7	0.5
06/07/2013	14 13 34	-10 47 01	9.433549	9.838897	17.54	15.65	110.7	0.5
07/07/2013	14 13 33	-10 47 13	9.449133	9.839139	17.51	15.62	109.7	0.5
08/07/2013	14 13 33	-10 47 27	9.464812	9.839381	17.48	15.60	108.8	0.6
09/07/2013	14 13 32	-10 47 43	9.480581	9.839623	17.45	15.57	107.8	0.6
10/07/2013	14 13 32	-10 48 00	9.496435	9.839864	17.42	15.55	106.9	0.6
11/07/2013	14 13 33	-10 48 20	9.512369	9.840106	17.39	15.52	105.9	0.6
12/07/2013	14 13 34	-10 48 42	9.528378	9.840348	17.36	15.50	105.0	0.6
13/07/2013	14 13 35	-10 49 06	9.544458	9.840589	17.34	15.47	104.0	0.6
14/07/2013	14 13 37	-10 49 31	9.560603	9.840830	17.31	15.45	103.1	0.6
15/07/2013	14 13 39	-10 49 59	9.576809	9.841072	17.28	15.42	102.2	0.6
16/07/2013	14 13 41	-10 50 28	9.593072	9.841313	17.25	15.39	101.2	0.6
17/07/2013	14 13 44	-10 51 00	9.609386	9.841554	17.22	15.36	100.3	0.6
18/07/2013	14 13 47	-10 51 33	9.625747	9.841795	17.19	15.34	99.3	0.6
19/07/2013	14 13 51	-10 52 09	9.642150	9.842036	17.16	15.31	98.4	0.6
20/07/2013	14 13 54	-10 52 46	9.658592	9.842276	17.13	15.29	97.5	0.6
21/07/2013	14 13 59	-10 53 25	9.675068	9.842517	17.10	15.26	96.5	0.6
22/07/2013	14 14 03	-10 54 06	9.691574	9.842758	17.07	15.23	95.6	0.6
23/07/2013	14 14 08	-10 54 49	9.708105	9.842998	17.04	15.21	94.7	0.6
24/07/2013	14 14 14	-10 55 34	9.724659	9.843238	17.01	15.18	93.7	0.6
25/07/2013	14 14 20	-10 56 21	9.741231	9.843479	16.99	15.16	92.8	0.6
26/07/2013	14 14 26	-10 57 09	9.757817	9.843719	16.96	15.13	91.9	0.6
27/07/2013	14 14 32	-10 58 00	9.774413	9.843959	16.93	15.10	91.0	0.6
28/07/2013	14 14 39	-10 58 52	9.791015	9.844199	16.90	15.08	90.0	0.6
29/07/2013	14 14 46	-10 59 46	9.807619	9.844439	16.87	15.05	89.1	0.6
30/07/2013	14 14 54	-11 00 42	9.824220	9.844678	16.84	15.03	88.2	0.6
31/07/2013	14 15 02	-11 01 39	9.840815	9.844918	16.81	15.00	87.3	0.6
01/08/2013	14 15 10	-11 02 39	9.857399	9.845158	16.79	14.98	86.4	0.6
02/08/2013	14 15 19	-11 03 40	9.873967	9.845397	16.76	14.95	85.4	0.7
03/08/2013	14 15 28	-11 04 43	9.890515	9.845636	16.73	14.93	84.5	0.7
04/08/2013	14 15 37	-11 05 47	9.907039	9.845876	16.70	14.90	83.6	0.7
05/08/2013	14 15 47	-11 06 54	9.923534	9.846115	16.67	14.88	82.7	0.7
06/08/2013	14 15 57	-11 08 02	9.939995	9.846354	16.65	14.85	81.8	0.7
07/08/2013	14 16 07	-11 09 11	9.956419	9.846593	16.62	14.83	80.9	0.7

GG/MM/AAAA	A.R.	DECL.	Dist.	RV	D.Eq.	D.Pol.	El.	Mag.
08/08/2013	14 16 18	-11 10 23	9.972801	9.846831	16.59	14.80	80.0	0.7
09/08/2013	14 16 29	-11 11 35	9.989137	9.847070	16.56	14.78	79.1	0.7
10/08/2013	14 16 40	-11 12 50	10.005421	9.847309	16.54	14.76	78.1	0.7
11/08/2013	14 16 52	-11 14 06	10.021651	9.847547	16.51	14.73	77.2	0.7
12/08/2013	14 17 04	-11 15 24	10.037821	9.847786	16.48	14.71	76.3	0.7
13/08/2013	14 17 17	-11 16 43	10.053928	9.848024	16.46	14.68	75.4	0.7
14/08/2013	14 17 29	-11 18 04	10.069967	9.848262	16.43	14.66	74.5	0.7
15/08/2013	14 17 43	-11 19 26	10.085934	9.848500	16.41	14.64	73.6	0.7
16/08/2013	14 17 56	-11 20 50	10.101827	9.848738	16.38	14.62	72.7	0.7
17/08/2013	14 18 10	-11 22 15	10.117640	9.848976	16.35	14.59	71.8	0.7
18/08/2013	14 18 24	-11 23 42	10.133371	9.849214	16.33	14.57	70.9	0.7
19/08/2013	14 18 38	-11 25 10	10.149016	9.849452	16.30	14.55	70.0	0.7
20/08/2013	14 18 53	-11 26 40	10.164572	9.849689	16.28	14.52	69.1	0.7
21/08/2013	14 19 08	-11 28 11	10.180035	9.849927	16.25	14.50	68.2	0.7
22/08/2013	14 19 23	-11 29 43	10.195403	9.850164	16.23	14.48	67.3	0.7
23/08/2013	14 19 39	-11 31 17	10.210672	9.850402	16.20	14.46	66.5	0.7
24/08/2013	14 19 55	-11 32 52	10.225838	9.850639	16.18	14.44	65.6	0.7
25/08/2013	14 20 11	-11 34 28	10.240899	9.850876	16.16	14.42	64.7	0.7
26/08/2013	14 20 27	-11 36 05	10.255851	9.851113	16.13	14.40	63.8	0.7
27/08/2013	14 20 44	-11 37 44	10.270689	9.851350	16.11	14.37	62.9	0.7
28/08/2013	14 21 01	-11 39 24	10.285412	9.851586	16.09	14.35	62.0	0.7
29/08/2013	14 21 19	-11 41 05	10.300015	9.851823	16.06	14.33	61.1	0.7
30/08/2013	14 21 36	-11 42 48	10.314494	9.852060	16.04	14.31	60.2	0.7
31/08/2013	14 21 54	-11 44 31	10.328847	9.852296	16.02	14.29	59.3	0.7
01/09/2013	14 22 12	-11 46 16	10.343069	9.852532	16.00	14.27	58.4	0.7
02/09/2013	14 22 31	-11 48 02	10.357156	9.852769	15.98	14.25	57.6	0.7
03/09/2013	14 22 50	-11 49 49	10.371106	9.853005	15.95	14.24	56.7	0.7
04/09/2013	14 23 09	-11 51 37	10.384915	9.853241	15.93	14.22	55.8	0.7
05/09/2013	14 23 28	-11 53 26	10.398578	9.853477	15.91	14.20	54.9	0.7
06/09/2013	14 23 48	-11 55 17	10.412094	9.853713	15.89	14.18	54.0	0.7
07/09/2013	14 24 07	-11 57 08	10.425458	9.853948	15.87	14.16	53.1	0.7
08/09/2013	14 24 27	-11 59 00	10.438666	9.854184	15.85	14.14	52.3	0.7
09/09/2013	14 24 48	-12 00 53	10.451717	9.854420	15.83	14.13	51.4	0.7
10/09/2013	14 25 08	-12 02 47	10.464606	9.854655	15.81	14.11	50.5	0.7
11/09/2013	14 25 29	-12 04 42	10.477331	9.854890	15.79	14.09	49.6	0.7
12/09/2013	14 25 50	-12 06 38	10.489888	9.855126	15.77	14.07	48.7	0.7
13/09/2013	14 26 12	-12 08 35	10.502275	9.855361	15.75	14.06	47.9	0.7
14/09/2013	14 26 33	-12 10 32	10.514490	9.855596	15.74	14.04	47.0	0.7
15/09/2013	14 26 55	-12 12 31	10.526529	9.855831	15.72	14.03	46.1	0.7
16/09/2013	14 27 17	-12 14 30	10.538391	9.856065	15.70	14.01	45.2	0.7
17/09/2013	14 27 39	-12 16 30	10.550073	9.856300	15.68	13.99	44.3	0.7
18/09/2013	14 28 01	-12 18 31	10.561574	9.856535	15.67	13.98	43.5	0.7
19/09/2013	14 28 24	-12 20 32	10.572890	9.856769	15.65	13.96	42.6	0.7
20/09/2013	14 28 47	-12 22 34	10.584019	9.857003	15.63	13.95	41.7	0.7
21/09/2013	14 29 10	-12 24 37	10.594960	9.857238	15.62	13.93	40.8	0.7
22/09/2013	14 29 33	-12 26 40	10.605710	9.857472	15.60	13.92	40.0	0.7
23/09/2013	14 29 57	-12 28 44	10.616266	9.857706	15.59	13.91	39.1	0.7
24/09/2013	14 30 20	-12 30 49	10.626626	9.857940	15.57	13.89	38.2	0.7
25/09/2013	14 30 44	-12 32 54	10.636787	9.858174	15.56	13.88	37.3	0.7
26/09/2013	14 31 08	-12 35 00	10.646748	9.858408	15.54	13.87	36.5	0.7
27/09/2013	14 31 32	-12 37 06	10.656505	9.858641	15.53	13.85	35.6	0.7
28/09/2013	14 31 57	-12 39 13	10.666057	9.858875	15.51	13.84	34.7	0.7
29/09/2013	14 32 21	-12 41 20	10.675400	9.859108	15.50	13.83	33.8	0.7
30/09/2013	14 32 46	-12 43 28	10.684532	9.859342	15.49	13.82	33.0	0.7
01/10/2013	14 33 11	-12 45 36	10.693451	9.859575	15.47	13.81	32.1	0.7
02/10/2013	14 33 36	-12 47 45	10.702154	9.859808	15.46	13.80	31.2	0.7
03/10/2013	14 34 01	-12 49 54	10.710640	9.860041	15.45	13.78	30.3	0.6
04/10/2013	14 34 27	-12 52 03	10.718905	9.860274	15.44	13.77	29.5	0.6
05/10/2013	14 34 52	-12 54 13	10.726948	9.860507	15.42	13.76	28.6	0.6
06/10/2013	14 35 18	-12 56 23	10.734766	9.860739	15.41	13.75	27.7	0.6
07/10/2013	14 35 44	-12 58 33	10.742358	9.860972	15.40	13.74	26.9	0.6
08/10/2013	14 36 10	-13 00 44	10.749722	9.861205	15.39	13.73	26.0	0.6
09/10/2013	14 36 36	-13 02 55	10.756855	9.861437	15.38	13.73	25.1	0.6
10/10/2013	14 37 02	-13 05 06	10.763757	9.861669	15.37	13.72	24.2	0.6
11/10/2013	14 37 29	-13 07 17	10.770425	9.861901	15.36	13.71	23.4	0.6
12/10/2013	14 37 55	-13 09 29	10.776859	9.862134	15.35	13.70	22.5	0.6
13/10/2013	14 38 22	-13 11 40	10.783058	9.862365	15.34	13.69	21.6	0.6
14/10/2013	14 38 49	-13 13 52	10.789020	9.862597	15.34	13.68	20.8	0.6
15/10/2013	14 39 16	-13 16 04	10.794744	9.862829	15.33	13.68	19.9	0.6
16/10/2013	14 39 43	-13 18 16	10.800230	9.863061	15.32	13.67	19.0	0.6
17/10/2013	14 40 10	-13 20 28	10.805476	9.863292	15.31	13.66	18.1	0.6
18/10/2013	14 40 37	-13 22 40	10.810482	9.863524	15.31	13.66	17.3	0.6
19/10/2013	14 41 04	-13 24 52	10.815245	9.863755	15.30	13.65	16.4	0.6

GG/MM/AAAA	A.R.	DECL.	Dist.	RV	D.Eq.	D.Pol.	El.	Mag.
20/10/2013	14 41 32	-13 27 03	10.819767	9.863986	15.29	13.65	15.5	0.6
21/10/2013	14 41 59	-13 29 15	10.824044	9.864218	15.29	13.64	14.7	0.6
22/10/2013	14 42 27	-13 31 27	10.828076	9.864449	15.28	13.63	13.8	0.6
23/10/2013	14 42 54	-13 33 39	10.831863	9.864680	15.28	13.63	12.9	0.6
24/10/2013	14 43 22	-13 35 51	10.835402	9.864910	15.27	13.63	12.1	0.6
25/10/2013	14 43 50	-13 38 03	10.838693	9.865141	15.27	13.62	11.2	0.6
26/10/2013	14 44 18	-13 40 14	10.841734	9.865372	15.26	13.62	10.4	0.6
27/10/2013	14 44 46	-13 42 26	10.844525	9.865602	15.26	13.61	9.5	0.6
28/10/2013	14 45 14	-13 44 37	10.847064	9.865833	15.25	13.61	8.6	0.6
29/10/2013	14 45 42	-13 46 48	10.849351	9.866063	15.25	13.61	7.8	0.6
30/10/2013	14 46 10	-13 48 59	10.851384	9.866293	15.25	13.61	6.9	0.6
31/10/2013	14 46 38	-13 51 09	10.853163	9.866523	15.25	13.60	6.1	0.5
01/11/2013	14 47 06	-13 53 19	10.854687	9.866753	15.24	13.60	5.3	0.5
02/11/2013	14 47 34	-13 55 29	10.855954	9.866983	15.24	13.60	4.5	0.5
03/11/2013	14 48 02	-13 57 39	10.856965	9.867213	15.24	13.60	3.7	0.5
04/11/2013	14 48 31	-13 59 48	10.857718	9.867443	15.24	13.60	3.0	0.5
05/11/2013	14 48 59	-14 01 57	10.858214	9.867672	15.24	13.60	2.5	0.5
06/11/2013	14 49 27	-14 04 06	10.858452	9.867902	15.24	13.60	2.1	0.5
07/11/2013	14 49 56	-14 06 14	10.858432	9.868131	15.24	13.60	2.1	0.5
08/11/2013	14 50 24	-14 08 22	10.858154	9.868360	15.24	13.60	2.5	0.5
09/11/2013	14 50 53	-14 10 29	10.857619	9.868590	15.24	13.60	3.0	0.5
10/11/2013	14 51 21	-14 12 36	10.856827	9.868819	15.24	13.60	3.7	0.5
11/11/2013	14 51 49	-14 14 42	10.855778	9.869048	15.24	13.60	4.5	0.5
12/11/2013	14 52 18	-14 16 48	10.854473	9.869276	15.24	13.60	5.3	0.5
13/11/2013	14 52 46	-14 18 53	10.852912	9.869505	15.25	13.60	6.1	0.5
14/11/2013	14 53 14	-14 20 58	10.851096	9.869734	15.25	13.61	7.0	0.5
15/11/2013	14 53 43	-14 23 02	10.849026	9.869962	15.25	13.61	7.8	0.5
16/11/2013	14 54 11	-14 25 06	10.846701	9.870191	15.25	13.61	8.7	0.5
17/11/2013	14 54 39	-14 27 09	10.844123	9.870419	15.26	13.61	9.5	0.5
18/11/2013	14 55 07	-14 29 12	10.841291	9.870647	15.26	13.62	10.4	0.5
19/11/2013	14 55 35	-14 31 13	10.838206	9.870875	15.27	13.62	11.3	0.5
20/11/2013	14 56 04	-14 33 15	10.834869	9.871103	15.27	13.63	12.2	0.5
21/11/2013	14 56 32	-14 35 15	10.831280	9.871331	15.28	13.63	13.0	0.5
22/11/2013	14 57 00	-14 37 15	10.827439	9.871559	15.28	13.64	13.9	0.6
23/11/2013	14 57 28	-14 39 14	10.823347	9.871787	15.29	13.64	14.8	0.6
24/11/2013	14 57 56	-14 41 13	10.819004	9.872014	15.29	13.65	15.7	0.6
25/11/2013	14 58 24	-14 43 10	10.814412	9.872242	15.30	13.65	16.6	0.6
26/11/2013	14 58 51	-14 45 07	10.809570	9.872469	15.31	13.66	17.5	0.6
27/11/2013	14 59 19	-14 47 03	10.804479	9.872696	15.31	13.66	18.3	0.6
28/11/2013	14 59 47	-14 48 58	10.799140	9.872924	15.32	13.67	19.2	0.6
29/11/2013	15 00 14	-14 50 53	10.793554	9.873151	15.33	13.68	20.1	0.6
30/11/2013	15 00 42	-14 52 47	10.787722	9.873378	15.34	13.69	21.0	0.6
01/12/2013	15 01 09	-14 54 39	10.781644	9.873604	15.35	13.69	21.9	0.6
02/12/2013	15 01 36	-14 56 31	10.775322	9.873831	15.36	13.70	22.8	0.6
03/12/2013	15 02 03	-14 58 22	10.768757	9.874058	15.36	13.71	23.7	0.6
04/12/2013	15 02 31	-15 00 13	10.761951	9.874284	15.37	13.72	24.6	0.6
05/12/2013	15 02 57	-15 02 02	10.754905	9.874511	15.38	13.73	25.5	0.6
06/12/2013	15 03 24	-15 03 50	10.747621	9.874737	15.40	13.74	26.4	0.6
07/12/2013	15 03 51	-15 05 38	10.740101	9.874963	15.41	13.75	27.3	0.6
08/12/2013	15 04 18	-15 07 24	10.732347	9.875189	15.42	13.76	28.2	0.6
09/12/2013	15 04 44	-15 09 09	10.724362	9.875415	15.43	13.77	29.1	0.6
10/12/2013	15 05 10	-15 10 54	10.716147	9.875641	15.44	13.78	30.0	0.6
11/12/2013	15 05 36	-15 12 37	10.707705	9.875867	15.45	13.79	30.9	0.6
12/12/2013	15 06 02	-15 14 19	10.699037	9.876093	15.46	13.80	31.8	0.6
13/12/2013	15 06 28	-15 16 01	10.690147	9.876318	15.48	13.81	32.7	0.6
14/12/2013	15 06 54	-15 17 41	10.681036	9.876544	15.49	13.82	33.6	0.6
15/12/2013	15 07 19	-15 19 20	10.671705	9.876769	15.50	13.83	34.5	0.6
16/12/2013	15 07 45	-15 20 58	10.662158	9.876994	15.52	13.85	35.5	0.6
17/12/2013	15 08 10	-15 22 35	10.652397	9.877219	15.53	13.86	36.4	0.6
18/12/2013	15 08 35	-15 24 11	10.642423	9.877444	15.55	13.87	37.3	0.6
19/12/2013	15 09 00	-15 25 46	10.632238	9.877669	15.56	13.89	38.2	0.6
20/12/2013	15 09 24	-15 27 19	10.621845	9.877894	15.58	13.90	39.1	0.6
21/12/2013	15 09 49	-15 28 52	10.611246	9.878119	15.59	13.91	40.0	0.6
22/12/2013	15 10 13	-15 30 23	10.600443	9.878343	15.61	13.93	40.9	0.6
23/12/2013	15 10 37	-15 31 53	10.589438	9.878568	15.63	13.94	41.9	0.6
24/12/2013	15 11 01	-15 33 22	10.578234	9.878792	15.64	13.96	42.8	0.6
25/12/2013	15 11 25	-15 34 50	10.566832	9.879016	15.66	13.97	43.7	0.6
26/12/2013	15 11 48	-15 36 16	10.555236	9.879240	15.68	13.99	44.6	0.6
27/12/2013	15 12 11	-15 37 41	10.543449	9.879464	15.69	14.00	45.5	0.6
28/12/2013	15 12 34	-15 39 05	10.531471	9.879688	15.71	14.02	46.5	0.6
29/12/2013	15 12 57	-15 40 28	10.519307	9.879912	15.73	14.04	47.4	0.6
30/12/2013	15 13 20	-15 41 49	10.506959	9.880136	15.75	14.05	48.3	0.6
31/12/2013	15 13 42	-15 43 10	10.494430	9.880360	15.77	14.07	49.2	0.6

GG/MM/AAAA	A.R.	DECL.	Dist.	RV	D.Eq.	D.Pol.	El.	Mag.
01/01/2014	15 14 04	-15 44 29	10.481723	9.880583	15.79	14.09	50.2	0.6
02/01/2014	15 14 26	-15 45 46	10.468842	9.880806	15.80	14.10	51.1	0.6
03/01/2014	15 14 47	-15 47 03	10.455790	9.881030	15.82	14.12	52.0	0.6
04/01/2014	15 15 09	-15 48 18	10.442571	9.881253	15.84	14.14	52.9	0.6
05/01/2014	15 15 30	-15 49 31	10.429189	9.881476	15.87	14.16	53.9	0.6
06/01/2014	15 15 50	-15 50 43	10.415647	9.881699	15.89	14.17	54.8	0.6
07/01/2014	15 16 11	-15 51 54	10.401950	9.881922	15.91	14.19	55.7	0.6
08/01/2014	15 16 31	-15 53 04	10.388101	9.882144	15.93	14.21	56.7	0.6
09/01/2014	15 16 51	-15 54 12	10.374103	9.882367	15.95	14.23	57.6	0.6
10/01/2014	15 17 11	-15 55 19	10.359961	9.882590	15.97	14.25	58.6	0.6
11/01/2014	15 17 30	-15 56 24	10.345679	9.882812	15.99	14.27	59.5	0.6
12/01/2014	15 17 49	-15 57 28	10.331259	9.883034	16.02	14.29	60.4	0.6
13/01/2014	15 18 08	-15 58 30	10.316705	9.883256	16.04	14.31	61.4	0.6
14/01/2014	15 18 26	-15 59 32	10.302022	9.883478	16.06	14.33	62.3	0.6
15/01/2014	15 18 44	-16 00 31	10.287212	9.883700	16.08	14.35	63.3	0.6
16/01/2014	15 19 02	-16 01 30	10.272280	9.883922	16.11	14.37	64.2	0.6
17/01/2014	15 19 20	-16 02 27	10.257228	9.884144	16.13	14.39	65.1	0.6
18/01/2014	15 19 37	-16 03 22	10.242062	9.884366	16.15	14.42	66.1	0.6
19/01/2014	15 19 54	-16 04 16	10.226784	9.884587	16.18	14.44	67.0	0.6
20/01/2014	15 20 11	-16 05 08	10.211398	9.884809	16.20	14.46	68.0	0.6
21/01/2014	15 20 27	-16 05 60	10.195908	9.885030	16.23	14.48	68.9	0.6
22/01/2014	15 20 43	-16 06 49	10.180318	9.885251	16.25	14.50	69.9	0.6
23/01/2014	15 20 58	-16 07 37	10.164631	9.885472	16.28	14.52	70.8	0.6
24/01/2014	15 21 14	-16 08 24	10.148853	9.885693	16.30	14.55	71.8	0.6
25/01/2014	15 21 28	-16 09 09	10.132986	9.885914	16.33	14.57	72.8	0.6
26/01/2014	15 21 43	-16 09 52	10.117035	9.886135	16.35	14.59	73.7	0.6
27/01/2014	15 21 57	-16 10 34	10.101004	9.886355	16.38	14.62	74.7	0.6
28/01/2014	15 22 11	-16 11 15	10.084898	9.886576	16.41	14.64	75.6	0.6
29/01/2014	15 22 25	-16 11 54	10.068721	9.886796	16.43	14.66	76.6	0.6
30/01/2014	15 22 38	-16 12 32	10.052478	9.887016	16.46	14.69	77.6	0.5
31/01/2014	15 22 50	-16 13 08	10.036174	9.887237	16.49	14.71	78.5	0.5
01/02/2014	15 23 03	-16 13 42	10.019814	9.887457	16.51	14.73	79.5	0.5
02/02/2014	15 23 15	-16 14 15	10.003403	9.887677	16.54	14.76	80.4	0.5
03/02/2014	15 23 26	-16 14 47	9.986946	9.887896	16.57	14.78	81.4	0.5
04/02/2014	15 23 38	-16 15 17	9.970448	9.888116	16.60	14.81	82.4	0.5
05/02/2014	15 23 49	-16 15 45	9.953914	9.888336	16.62	14.83	83.3	0.5
06/02/2014	15 23 59	-16 16 12	9.937348	9.888555	16.65	14.86	84.3	0.5
07/02/2014	15 24 09	-16 16 37	9.920757	9.888775	16.68	14.88	85.3	0.5
08/02/2014	15 24 19	-16 17 01	9.904144	9.888994	16.71	14.91	86.3	0.5
09/02/2014	15 24 28	-16 17 23	9.887514	9.889213	16.73	14.93	87.2	0.5
10/02/2014	15 24 37	-16 17 43	9.870872	9.889432	16.76	14.96	88.2	0.5
11/02/2014	15 24 46	-16 18 02	9.854223	9.889651	16.79	14.98	89.2	0.5
12/02/2014	15 24 54	-16 18 20	9.837570	9.889870	16.82	15.01	90.2	0.5
13/02/2014	15 25 01	-16 18 36	9.820920	9.890089	16.85	15.03	91.1	0.5
14/02/2014	15 25 09	-16 18 51	9.804275	9.890307	16.88	15.06	92.1	0.5
15/02/2014	15 25 16	-16 19 03	9.787642	9.890526	16.90	15.08	93.1	0.5
16/02/2014	15 25 22	-16 19 15	9.771024	9.890744	16.93	15.11	94.1	0.5
17/02/2014	15 25 28	-16 19 25	9.754426	9.890962	16.96	15.14	95.1	0.5
18/02/2014	15 25 34	-16 19 33	9.737854	9.891181	16.99	15.16	96.1	0.5
19/02/2014	15 25 39	-16 19 40	9.721310	9.891399	17.02	15.19	97.0	0.5
20/02/2014	15 25 44	-16 19 45	9.704801	9.891616	17.05	15.21	98.0	0.5
21/02/2014	15 25 49	-16 19 48	9.688330	9.891834	17.08	15.24	99.0	0.5
22/02/2014	15 25 53	-16 19 51	9.671904	9.892052	17.11	15.26	100.0	0.5
23/02/2014	15 25 56	-16 19 51	9.655525	9.892270	17.14	15.29	101.0	0.5
24/02/2014	15 25 59	-16 19 50	9.639201	9.892487	17.17	15.32	102.0	0.5
25/02/2014	15 26 02	-16 19 48	9.622935	9.892704	17.19	15.34	103.0	0.5
26/02/2014	15 26 05	-16 19 44	9.606733	9.892922	17.22	15.37	104.0	0.5
27/02/2014	15 26 07	-16 19 39	9.590601	9.893139	17.25	15.39	105.0	0.4
28/02/2014	15 26 08	-16 19 32	9.574543	9.893356	17.28	15.42	106.0	0.4
01/03/2014	15 26 09	-16 19 23	9.558565	9.893573	17.31	15.45	107.0	0.4
02/03/2014	15 26 10	-16 19 13	9.542672	9.893789	17.34	15.47	108.0	0.4
03/03/2014	15 26 10	-16 19 02	9.526871	9.894006	17.37	15.50	109.0	0.4
04/03/2014	15 26 10	-16 18 49	9.511165	9.894222	17.40	15.52	110.0	0.4
05/03/2014	15 26 10	-16 18 34	9.495562	9.894439	17.42	15.55	111.0	0.4
06/03/2014	15 26 09	-16 18 18	9.480064	9.894655	17.45	15.57	112.0	0.4
07/03/2014	15 26 07	-16 18 01	9.464678	9.894871	17.48	15.60	113.0	0.4
08/03/2014	15 26 06	-16 17 42	9.449409	9.895087	17.51	15.62	114.0	0.4
09/03/2014	15 26 03	-16 17 22	9.434260	9.895303	17.54	15.65	115.0	0.4
10/03/2014	15 26 01	-16 17 00	9.419237	9.895519	17.57	15.67	116.0	0.4
11/03/2014	15 25 58	-16 16 37	9.404344	9.895735	17.59	15.70	117.1	0.4
12/03/2014	15 25 54	-16 16 12	9.389587	9.895950	17.62	15.72	118.1	0.4
13/03/2014	15 25 51	-16 15 46	9.374969	9.896166	17.65	15.75	119.1	0.4
14/03/2014	15 25 46	-16 15 19	9.360494	9.896381	17.68	15.77	120.1	0.4

GG/MM/AAAA	A.R.	DECL.	Dist.	RV	D.Eq.	D.Pol.	El.	Mag.
15/03/2014	15 25 42	-16 14 50	9.346168	9.896597	17.70	15.80	121.1	0.4
16/03/2014	15 25 37	-16 14 20	9.331994	9.896812	17.73	15.82	122.1	0.4
17/03/2014	15 25 31	-16 13 49	9.317978	9.897027	17.76	15.84	123.1	0.4
18/03/2014	15 25 25	-16 13 16	9.304122	9.897242	17.78	15.87	124.2	0.3
19/03/2014	15 25 19	-16 12 42	9.290432	9.897456	17.81	15.89	125.2	0.3
20/03/2014	15 25 13	-16 12 07	9.276912	9.897671	17.84	15.91	126.2	0.3
21/03/2014	15 25 06	-16 11 30	9.263565	9.897886	17.86	15.94	127.2	0.3
22/03/2014	15 24 58	-16 10 52	9.250398	9.898100	17.89	15.96	128.2	0.3
23/03/2014	15 24 51	-16 10 13	9.237412	9.898314	17.91	15.98	129.3	0.3
24/03/2014	15 24 43	-16 09 33	9.224614	9.898529	17.94	16.01	130.3	0.3
25/03/2014	15 24 34	-16 08 51	9.212008	9.898743	17.96	16.03	131.3	0.3
26/03/2014	15 24 25	-16 08 09	9.199598	9.898957	17.99	16.05	132.3	0.3
27/03/2014	15 24 16	-16 07 25	9.187388	9.899170	18.01	16.07	133.4	0.3
28/03/2014	15 24 07	-16 06 39	9.175384	9.899384	18.03	16.09	134.4	0.3
29/03/2014	15 23 57	-16 05 53	9.163590	9.899598	18.06	16.11	135.4	0.3
30/03/2014	15 23 47	-16 05 06	9.152009	9.899811	18.08	16.13	136.5	0.3
31/03/2014	15 23 36	-16 04 17	9.140648	9.900025	18.10	16.15	137.5	0.3
01/04/2014	15 23 25	-16 03 27	9.129508	9.900238	18.12	16.17	138.5	0.3
02/04/2014	15 23 14	-16 02 36	9.118596	9.900451	18.15	16.19	139.6	0.3
03/04/2014	15 23 03	-16 01 45	9.107914	9.900664	18.17	16.21	140.6	0.3
04/04/2014	15 22 51	-16 00 52	9.097465	9.900877	18.19	16.23	141.6	0.3
05/04/2014	15 22 39	-15 59 58	9.087255	9.901090	18.21	16.25	142.7	0.2
06/04/2014	15 22 26	-15 59 03	9.077285	9.901302	18.23	16.26	143.7	0.2
07/04/2014	15 22 13	-15 58 08	9.067559	9.901515	18.25	16.28	144.7	0.2
08/04/2014	15 22 00	-15 57 11	9.058081	9.901727	18.27	16.30	145.8	0.2
09/04/2014	15 21 47	-15 56 13	9.048852	9.901940	18.29	16.32	146.8	0.2
10/04/2014	15 21 33	-15 55 15	9.039877	9.902152	18.30	16.33	147.8	0.2
11/04/2014	15 21 20	-15 54 16	9.031157	9.902364	18.32	16.35	148.9	0.2
12/04/2014	15 21 05	-15 53 16	9.022696	9.902576	18.34	16.36	149.9	0.2
13/04/2014	15 20 51	-15 52 15	9.014496	9.902788	18.35	16.38	150.9	0.2
14/04/2014	15 20 37	-15 51 13	9.006559	9.902999	18.37	16.39	152.0	0.2
15/04/2014	15 20 22	-15 50 11	8.998888	9.903211	18.39	16.41	153.0	0.2
16/04/2014	15 20 07	-15 49 08	8.991486	9.903422	18.40	16.42	154.0	0.2
17/04/2014	15 19 51	-15 48 05	8.984354	9.903634	18.42	16.43	155.1	0.2
18/04/2014	15 19 36	-15 47 00	8.977496	9.903845	18.43	16.45	156.1	0.2
19/04/2014	15 19 20	-15 45 55	8.970913	9.904056	18.44	16.46	157.2	0.2
20/04/2014	15 19 04	-15 44 50	8.964607	9.904267	18.46	16.47	158.2	0.2
21/04/2014	15 18 48	-15 43 44	8.958582	9.904478	18.47	16.48	159.2	0.1
22/04/2014	15 18 32	-15 42 37	8.952839	9.904689	18.48	16.49	160.3	0.1
23/04/2014	15 18 15	-15 41 30	8.947380	9.904900	18.49	16.50	161.3	0.1
24/04/2014	15 17 59	-15 40 23	8.942209	9.905110	18.50	16.51	162.3	0.1
25/04/2014	15 17 42	-15 39 15	8.937327	9.905320	18.51	16.52	163.4	0.1
26/04/2014	15 17 25	-15 38 07	8.932736	9.905531	18.52	16.53	164.4	0.1
27/04/2014	15 17 08	-15 36 58	8.928439	9.905741	18.53	16.54	165.4	0.1
28/04/2014	15 16 50	-15 35 49	8.924436	9.905951	18.54	16.54	166.5	0.1
29/04/2014	15 16 33	-15 34 40	8.920729	9.906161	18.55	16.55	167.5	0.1
30/04/2014	15 16 16	-15 33 31	8.917321	9.906371	18.55	16.56	168.5	0.1
01/05/2014	15 15 58	-15 32 21	8.914211	9.906580	18.56	16.56	169.5	0.1
02/05/2014	15 15 40	-15 31 11	8.911402	9.906790	18.57	16.57	170.5	0.1
03/05/2014	15 15 23	-15 30 01	8.908892	9.907000	18.57	16.57	171.5	0.1
04/05/2014	15 15 05	-15 28 51	8.906684	9.907209	18.58	16.58	172.5	0.1
05/05/2014	15 14 47	-15 27 41	8.904778	9.907418	18.58	16.58	173.5	0.1
06/05/2014	15 14 29	-15 26 31	8.903174	9.907627	18.58	16.58	174.5	0.1
07/05/2014	15 14 11	-15 25 21	8.901871	9.907836	18.59	16.59	175.4	0.1
08/05/2014	15 13 53	-15 24 11	8.900871	9.908045	18.59	16.59	176.2	0.1
09/05/2014	15 13 35	-15 23 01	8.900172	9.908254	18.59	16.59	176.9	0.1
10/05/2014	15 13 17	-15 21 51	8.899776	9.908462	18.59	16.59	177.4	0.1
11/05/2014	15 12 59	-15 20 41	8.899681	9.908671	18.59	16.59	177.5	0.1
12/05/2014	15 12 41	-15 19 32	8.899887	9.908879	18.59	16.59	177.2	0.1
13/05/2014	15 12 23	-15 18 23	8.900393	9.909088	18.59	16.59	176.6	0.1
14/05/2014	15 12 05	-15 17 14	8.901200	9.909296	18.59	16.59	175.8	0.1
15/05/2014	15 11 47	-15 16 05	8.902306	9.909504	18.58	16.58	174.9	0.1
16/05/2014	15 11 29	-15 14 57	8.903712	9.909712	18.58	16.58	174.0	0.1
17/05/2014	15 11 11	-15 13 49	8.905415	9.909920	18.58	16.58	173.0	0.1
18/05/2014	15 10 53	-15 12 41	8.907417	9.910127	18.58	16.57	172.1	0.1
19/05/2014	15 10 35	-15 11 34	8.909715	9.910335	18.57	16.57	171.1	0.1
20/05/2014	15 10 17	-15 10 28	8.912311	9.910542	18.57	16.57	170.1	0.1
21/05/2014	15 10 00	-15 09 22	8.915202	9.910750	18.56	16.56	169.1	0.1
22/05/2014	15 09 42	-15 08 16	8.918389	9.910957	18.55	16.55	168.1	0.1
23/05/2014	15 09 25	-15 07 12	8.921870	9.911164	18.55	16.55	167.1	0.1
24/05/2014	15 09 07	-15 06 07	8.925645	9.911371	18.54	16.54	166.1	0.1
25/05/2014	15 08 50	-15 05 04	8.929712	9.911578	18.53	16.53	165.0	0.1
26/05/2014	15 08 33	-15 04 01	8.934070	9.911784	18.52	16.53	164.0	0.1

GG/MM/AAAA	A.R.	DECL.	Dist.	RV	D.Eq.	D.Pol.	El.	Mag.
27/05/2014	15 08 16	-15 02 58	8.938718	9.911991	18.51	16.52	163.0	0.1
28/05/2014	15 07 59	-15 01 57	8.943653	9.912197	18.50	16.51	162.0	0.1
29/05/2014	15 07 42	-15 00 56	8.948874	9.912404	18.49	16.50	161.0	0.2
30/05/2014	15 07 26	-14 59 57	8.954379	9.912610	18.48	16.49	159.9	0.2
31/05/2014	15 07 10	-14 58 58	8.960165	9.912816	18.47	16.48	158.9	0.2
01/06/2014	15 06 53	-14 58 00	8.966230	9.913022	18.45	16.47	157.9	0.2
02/06/2014	15 06 37	-14 57 03	8.972572	9.913228	18.44	16.45	156.9	0.2
03/06/2014	15 06 22	-14 56 07	8.979188	9.913434	18.43	16.44	155.9	0.2
04/06/2014	15 06 06	-14 55 12	8.986075	9.913639	18.41	16.43	154.8	0.2
05/06/2014	15 05 51	-14 54 18	8.993231	9.913845	18.40	16.42	153.8	0.2
06/06/2014	15 05 35	-14 53 25	9.000652	9.914050	18.38	16.40	152.8	0.2
07/06/2014	15 05 20	-14 52 33	9.008336	9.914256	18.37	16.39	151.8	0.2
08/06/2014	15 05 06	-14 51 42	9.016279	9.914461	18.35	16.37	150.8	0.2
09/06/2014	15 04 51	-14 50 53	9.024479	9.914666	18.33	16.36	149.8	0.2
10/06/2014	15 04 37	-14 50 04	9.032932	9.914871	18.32	16.34	148.8	0.2
11/06/2014	15 04 23	-14 49 17	9.041635	9.915076	18.30	16.33	147.7	0.2
12/06/2014	15 04 09	-14 48 31	9.050586	9.915280	18.28	16.31	146.7	0.3
13/06/2014	15 03 56	-14 47 46	9.059780	9.915485	18.26	16.30	145.7	0.3
14/06/2014	15 03 43	-14 47 03	9.069216	9.915689	18.24	16.28	144.7	0.3
15/06/2014	15 03 30	-14 46 21	9.078889	9.915894	18.22	16.26	143.7	0.3
16/06/2014	15 03 17	-14 45 40	9.088798	9.916098	18.20	16.24	142.7	0.3
17/06/2014	15 03 05	-14 45 00	9.098939	9.916302	18.18	16.23	141.7	0.3
18/06/2014	15 02 52	-14 44 22	9.109309	9.916506	18.16	16.21	140.7	0.3
19/06/2014	15 02 41	-14 43 45	9.119905	9.916710	18.14	16.19	139.7	0.3
20/06/2014	15 02 29	-14 43 10	9.130724	9.916913	18.12	16.17	138.7	0.3
21/06/2014	15 02 18	-14 42 36	9.141762	9.917117	18.10	16.15	137.7	0.3
22/06/2014	15 02 07	-14 42 03	9.153017	9.917321	18.08	16.13	136.7	0.3
23/06/2014	15 01 56	-14 41 32	9.164484	9.917524	18.05	16.11	135.7	0.3
24/06/2014	15 01 46	-14 41 03	9.176160	9.917727	18.03	16.09	134.7	0.3
25/06/2014	15 01 36	-14 40 35	9.188041	9.917930	18.01	16.07	133.7	0.3
26/06/2014	15 01 27	-14 40 08	9.200123	9.918133	17.98	16.05	132.7	0.3
27/06/2014	15 01 17	-14 39 43	9.212402	9.918336	17.96	16.03	131.8	0.3
28/06/2014	15 01 08	-14 39 20	9.224874	9.918539	17.94	16.00	130.8	0.4
29/06/2014	15 01 00	-14 38 58	9.237534	9.918742	17.91	15.98	129.8	0.4
30/06/2014	15 00 52	-14 38 38	9.250378	9.918944	17.89	15.96	128.8	0.4
01/07/2014	15 00 44	-14 38 19	9.263401	9.919146	17.86	15.94	127.8	0.4
02/07/2014	15 00 36	-14 38 02	9.276600	9.919349	17.84	15.92	126.8	0.4
03/07/2014	15 00 29	-14 37 46	9.289970	9.919551	17.81	15.89	125.8	0.4
04/07/2014	15 00 22	-14 37 33	9.303505	9.919753	17.78	15.87	124.9	0.4
05/07/2014	15 00 16	-14 37 20	9.317203	9.919955	17.76	15.85	123.9	0.4
06/07/2014	15 00 10	-14 37 10	9.331058	9.920157	17.73	15.82	122.9	0.4
07/07/2014	15 00 04	-14 37 01	9.345066	9.920358	17.71	15.80	121.9	0.4
08/07/2014	14 59 58	-14 36 54	9.359221	9.920560	17.68	15.77	121.0	0.4
09/07/2014	14 59 54	-14 36 48	9.373521	9.920761	17.65	15.75	120.0	0.4
10/07/2014	14 59 49	-14 36 44	9.387960	9.920963	17.62	15.73	119.0	0.4
11/07/2014	14 59 45	-14 36 42	9.402535	9.921164	17.60	15.70	118.0	0.4
12/07/2014	14 59 41	-14 36 41	9.417240	9.921365	17.57	15.68	117.1	0.4
13/07/2014	14 59 37	-14 36 42	9.432072	9.921566	17.54	15.65	116.1	0.4
14/07/2014	14 59 34	-14 36 45	9.447028	9.921767	17.51	15.63	115.1	0.4
15/07/2014	14 59 31	-14 36 49	9.462102	9.921967	17.49	15.60	114.2	0.5
16/07/2014	14 59 29	-14 36 56	9.477291	9.922168	17.46	15.58	113.2	0.5
17/07/2014	14 59 27	-14 37 03	9.492592	9.922368	17.43	15.55	112.3	0.5
18/07/2014	14 59 25	-14 37 13	9.507999	9.922569	17.40	15.53	111.3	0.5
19/07/2014	14 59 24	-14 37 24	9.523509	9.922769	17.37	15.50	110.4	0.5
20/07/2014	14 59 23	-14 37 36	9.539117	9.922969	17.35	15.48	109.4	0.5
21/07/2014	14 59 23	-14 37 51	9.554819	9.923169	17.32	15.45	108.4	0.5
22/07/2014	14 59 23	-14 38 07	9.570610	9.923369	17.29	15.43	107.5	0.5
23/07/2014	14 59 23	-14 38 25	9.586486	9.923569	17.26	15.40	106.5	0.5
24/07/2014	14 59 24	-14 38 44	9.602443	9.923768	17.23	15.38	105.6	0.5
25/07/2014	14 59 25	-14 39 06	9.618474	9.923968	17.20	15.35	104.6	0.5
26/07/2014	14 59 27	-14 39 28	9.634576	9.924167	17.17	15.32	103.7	0.5
27/07/2014	14 59 28	-14 39 53	9.650744	9.924367	17.14	15.30	102.7	0.5
28/07/2014	14 59 31	-14 40 19	9.666973	9.924566	17.12	15.27	101.8	0.5
29/07/2014	14 59 33	-14 40 47	9.683257	9.924765	17.09	15.25	100.9	0.5
30/07/2014	14 59 36	-14 41 16	9.699594	9.924964	17.06	15.22	99.9	0.5
31/07/2014	14 59 40	-14 41 48	9.715977	9.925162	17.03	15.20	99.0	0.5
01/08/2014	14 59 44	-14 42 20	9.732401	9.925361	17.00	15.17	98.0	0.5
02/08/2014	14 59 48	-14 42 55	9.748863	9.925560	16.97	15.14	97.1	0.5
03/08/2014	14 59 53	-14 43 30	9.765357	9.925758	16.94	15.12	96.2	0.5
04/08/2014	14 59 57	-14 44 08	9.781880	9.925956	16.91	15.09	95.2	0.5
05/08/2014	15 00 03	-14 44 47	9.798425	9.926154	16.89	15.07	94.3	0.6
06/08/2014	15 00 09	-14 45 28	9.814989	9.926353	16.86	15.04	93.4	0.6
07/08/2014	15 00 15	-14 46 10	9.831567	9.926550	16.83	15.02	92.4	0.6

GG/MM/AAAA	A.R.	DECL.	Dist.	RV	D.Eq.	D.Pol.	El.	Mag.
08/08/2014	15 00 21	-14 46 54	9.848156	9.926748	16.80	14.99	91.5	0.6
09/08/2014	15 00 28	-14 47 39	9.864751	9.926946	16.77	14.97	90.6	0.6
10/08/2014	15 00 35	-14 48 26	9.881347	9.927144	16.74	14.94	89.7	0.6
11/08/2014	15 00 43	-14 49 14	9.897942	9.927341	16.72	14.92	88.7	0.6
12/08/2014	15 00 51	-14 50 04	9.914531	9.927538	16.69	14.89	87.8	0.6
13/08/2014	15 00 59	-14 50 55	9.931111	9.927735	16.66	14.87	86.9	0.6
14/08/2014	15 01 08	-14 51 48	9.947677	9.927933	16.63	14.84	86.0	0.6
15/08/2014	15 01 17	-14 52 42	9.964226	9.928130	16.61	14.82	85.0	0.6
16/08/2014	15 01 26	-14 53 38	9.980754	9.928326	16.58	14.79	84.1	0.6
17/08/2014	15 01 36	-14 54 35	9.997256	9.928523	16.55	14.77	83.2	0.6
18/08/2014	15 01 46	-14 55 33	10.013728	9.928720	16.52	14.74	82.3	0.6
19/08/2014	15 01 57	-14 56 33	10.030167	9.928916	16.50	14.72	81.4	0.6
20/08/2014	15 02 08	-14 57 34	10.046566	9.929112	16.47	14.70	80.5	0.6
21/08/2014	15 02 19	-14 58 37	10.062924	9.929309	16.44	14.67	79.5	0.6
22/08/2014	15 02 31	-14 59 41	10.079234	9.929505	16.42	14.65	78.6	0.6
23/08/2014	15 02 43	-15 00 46	10.095493	9.929701	16.39	14.62	77.7	0.6
24/08/2014	15 02 55	-15 01 53	10.111696	9.929897	16.36	14.60	76.8	0.6
25/08/2014	15 03 08	-15 03 01	10.127839	9.930092	16.34	14.58	75.9	0.6
26/08/2014	15 03 21	-15 04 10	10.143917	9.930288	16.31	14.55	75.0	0.6
27/08/2014	15 03 34	-15 05 20	10.159927	9.930483	16.29	14.53	74.1	0.6
28/08/2014	15 03 47	-15 06 32	10.175864	9.930679	16.26	14.51	73.2	0.6
29/08/2014	15 04 01	-15 07 45	10.191724	9.930874	16.23	14.49	72.3	0.6
30/08/2014	15 04 16	-15 08 59	10.207503	9.931069	16.21	14.46	71.4	0.6
31/08/2014	15 04 30	-15 10 14	10.223196	9.931264	16.18	14.44	70.5	0.6
01/09/2014	15 04 45	-15 11 30	10.238800	9.931459	16.16	14.42	69.6	0.6
02/09/2014	15 05 01	-15 12 48	10.254312	9.931654	16.14	14.40	68.7	0.6
03/09/2014	15 05 16	-15 14 06	10.269726	9.931848	16.11	14.38	67.8	0.6
04/09/2014	15 05 32	-15 15 26	10.285040	9.932043	16.09	14.35	66.9	0.6
05/09/2014	15 05 49	-15 16 47	10.300250	9.932237	16.06	14.33	66.0	0.6
06/09/2014	15 06 05	-15 18 09	10.315353	9.932431	16.04	14.31	65.1	0.6
07/09/2014	15 06 22	-15 19 32	10.330346	9.932626	16.02	14.29	64.2	0.6
08/09/2014	15 06 39	-15 20 56	10.345224	9.932820	15.99	14.27	63.3	0.6
09/09/2014	15 06 57	-15 22 21	10.359986	9.933013	15.97	14.25	62.4	0.6
10/09/2014	15 07 14	-15 23 47	10.374628	9.933207	15.95	14.23	61.5	0.6
11/09/2014	15 07 32	-15 25 14	10.389148	9.933401	15.93	14.21	60.6	0.6
12/09/2014	15 07 51	-15 26 41	10.403541	9.933594	15.90	14.19	59.7	0.6
13/09/2014	15 08 09	-15 28 10	10.417805	9.933788	15.88	14.17	58.8	0.6
14/09/2014	15 08 28	-15 29 40	10.431936	9.933981	15.86	14.15	57.9	0.6
15/09/2014	15 08 47	-15 31 10	10.445931	9.934174	15.84	14.13	57.0	0.6
16/09/2014	15 09 07	-15 32 41	10.459786	9.934367	15.82	14.12	56.1	0.6
17/09/2014	15 09 27	-15 34 14	10.473499	9.934560	15.80	14.10	55.2	0.6
18/09/2014	15 09 47	-15 35 47	10.487064	9.934753	15.78	14.08	54.3	0.6
19/09/2014	15 10 07	-15 37 20	10.500481	9.934945	15.76	14.06	53.4	0.6
20/09/2014	15 10 27	-15 38 55	10.513743	9.935138	15.74	14.04	52.6	0.6
21/09/2014	15 10 48	-15 40 30	10.526849	9.935330	15.72	14.03	51.7	0.6
22/09/2014	15 11 09	-15 42 06	10.539795	9.935522	15.70	14.01	50.8	0.6
23/09/2014	15 11 31	-15 43 43	10.552577	9.935715	15.68	13.99	49.9	0.6
24/09/2014	15 11 52	-15 45 21	10.565193	9.935907	15.66	13.97	49.0	0.6
25/09/2014	15 12 14	-15 46 59	10.577638	9.936098	15.64	13.96	48.1	0.6
26/09/2014	15 12 36	-15 48 37	10.589911	9.936290	15.62	13.94	47.2	0.6
27/09/2014	15 12 58	-15 50 17	10.602007	9.936482	15.61	13.93	46.3	0.6
28/09/2014	15 13 21	-15 51 57	10.613924	9.936673	15.59	13.91	45.5	0.6
29/09/2014	15 13 44	-15 53 37	10.625659	9.936865	15.57	13.89	44.6	0.6
30/09/2014	15 14 07	-15 55 18	10.637209	9.937056	15.55	13.88	43.7	0.6
01/10/2014	15 14 30	-15 57 00	10.648572	9.937247	15.54	13.86	42.8	0.6
02/10/2014	15 14 53	-15 58 42	10.659745	9.937438	15.52	13.85	41.9	0.6
03/10/2014	15 15 17	-16 00 24	10.670726	9.937629	15.51	13.84	41.0	0.6
04/10/2014	15 15 41	-16 02 08	10.681512	9.937820	15.49	13.82	40.2	0.6
05/10/2014	15 16 05	-16 03 51	10.692101	9.938010	15.47	13.81	39.3	0.6
06/10/2014	15 16 29	-16 05 35	10.702492	9.938201	15.46	13.79	38.4	0.6
07/10/2014	15 16 54	-16 07 19	10.712682	9.938391	15.45	13.78	37.5	0.6
08/10/2014	15 17 18	-16 09 04	10.722669	9.938581	15.43	13.77	36.6	0.6
09/10/2014	15 17 43	-16 10 49	10.732452	9.938772	15.42	13.76	35.7	0.6
10/10/2014	15 18 08	-16 12 34	10.742028	9.938962	15.40	13.74	34.9	0.6
11/10/2014	15 18 33	-16 14 20	10.751396	9.939151	15.39	13.73	34.0	0.6
12/10/2014	15 18 59	-16 16 06	10.760552	9.939341	15.38	13.72	33.1	0.6
13/10/2014	15 19 24	-16 17 52	10.769495	9.939531	15.36	13.71	32.2	0.6
14/10/2014	15 19 50	-16 19 38	10.778223	9.939720	15.35	13.70	31.3	0.6
15/10/2014	15 20 16	-16 21 25	10.786733	9.939910	15.34	13.69	30.5	0.6
16/10/2014	15 20 42	-16 23 12	10.795022	9.940099	15.33	13.68	29.6	0.6
17/10/2014	15 21 08	-16 24 59	10.803090	9.940288	15.32	13.67	28.7	0.6
18/10/2014	15 21 35	-16 26 46	10.810933	9.940477	15.30	13.66	27.8	0.6
19/10/2014	15 22 01	-16 28 34	10.818549	9.940666	15.29	13.65	26.9	0.6

GG/MM/AAAA	A.R.	DECL.	Dist.	RV	D.Eq.	D.Pol.	El.	Mag.
20/10/2014	15 22 28	-16 30 21	10.825937	9.940854	15.28	13.64	26.1	0.6
21/10/2014	15 22 55	-16 32 09	10.833094	9.941043	15.27	13.63	25.2	0.6
22/10/2014	15 23 22	-16 33 57	10.840018	9.941232	15.26	13.62	24.3	0.6
23/10/2014	15 23 49	-16 35 45	10.846707	9.941420	15.25	13.61	23.4	0.6
24/10/2014	15 24 16	-16 37 32	10.853160	9.941608	15.25	13.60	22.5	0.6
25/10/2014	15 24 44	-16 39 20	10.859375	9.941796	15.24	13.60	21.7	0.6
26/10/2014	15 25 11	-16 41 08	10.865349	9.941984	15.23	13.59	20.8	0.6
27/10/2014	15 25 39	-16 42 56	10.871082	9.942172	15.22	13.58	19.9	0.6
28/10/2014	15 26 07	-16 44 44	10.876573	9.942360	15.21	13.57	19.0	0.6
29/10/2014	15 26 35	-16 46 32	10.881819	9.942547	15.21	13.57	18.1	0.5
30/10/2014	15 27 02	-16 48 19	10.886820	9.942735	15.20	13.56	17.3	0.5
31/10/2014	15 27 31	-16 50 07	10.891575	9.942922	15.19	13.56	16.4	0.5
01/11/2014	15 27 59	-16 51 54	10.896083	9.943109	15.19	13.55	15.5	0.5
02/11/2014	15 28 27	-16 53 42	10.900344	9.943296	15.18	13.54	14.6	0.5
03/11/2014	15 28 55	-16 55 29	10.904356	9.943483	15.17	13.54	13.8	0.5
04/11/2014	15 29 24	-16 57 16	10.908120	9.943670	15.17	13.53	12.9	0.5
05/11/2014	15 29 52	-16 59 03	10.911634	9.943857	15.16	13.53	12.0	0.5
06/11/2014	15 30 21	-17 00 49	10.914898	9.944043	15.16	13.53	11.1	0.5
07/11/2014	15 30 49	-17 02 35	10.917911	9.944230	15.15	13.52	10.3	0.5
08/11/2014	15 31 18	-17 04 21	10.920673	9.944416	15.15	13.52	9.4	0.5
09/11/2014	15 31 47	-17 06 07	10.923182	9.944602	15.15	13.52	8.5	0.5
10/11/2014	15 32 15	-17 07 53	10.925439	9.944788	15.14	13.51	7.7	0.5
11/11/2014	15 32 44	-17 09 38	10.927441	9.944974	15.14	13.51	6.8	0.5
12/11/2014	15 33 13	-17 11 23	10.929189	9.945160	15.14	13.51	6.0	0.5
13/11/2014	15 33 42	-17 13 08	10.930681	9.945346	15.14	13.51	5.1	0.5
14/11/2014	15 34 11	-17 14 52	10.931917	9.945531	15.14	13.51	4.3	0.5
15/11/2014	15 34 40	-17 16 36	10.932896	9.945717	15.13	13.50	3.6	0.5
16/11/2014	15 35 09	-17 18 19	10.933617	9.945902	15.13	13.50	2.8	0.5
17/11/2014	15 35 38	-17 20 02	10.934081	9.946087	15.13	13.50	2.3	0.5
18/11/2014	15 36 07	-17 21 45	10.934285	9.946272	15.13	13.50	1.9	0.5
19/11/2014	15 36 37	-17 23 27	10.934230	9.946457	15.13	13.50	2.0	0.5
20/11/2014	15 37 06	-17 25 09	10.933916	9.946642	15.13	13.50	2.4	0.5
21/11/2014	15 37 35	-17 26 50	10.933342	9.946826	15.13	13.50	3.0	0.5
22/11/2014	15 38 04	-17 28 31	10.932508	9.947011	15.13	13.50	3.7	0.5
23/11/2014	15 38 33	-17 30 11	10.931413	9.947195	15.14	13.51	4.5	0.5
24/11/2014	15 39 02	-17 31 51	10.930059	9.947380	15.14	13.51	5.4	0.5
25/11/2014	15 39 31	-17 33 30	10.928445	9.947564	15.14	13.51	6.2	0.5
26/11/2014	15 40 00	-17 35 09	10.926572	9.947748	15.14	13.51	7.1	0.5
27/11/2014	15 40 29	-17 36 47	10.924440	9.947932	15.15	13.51	7.9	0.5
28/11/2014	15 40 58	-17 38 25	10.922050	9.948115	15.15	13.52	8.8	0.5
29/11/2014	15 41 27	-17 40 02	10.919403	9.948299	15.15	13.52	9.7	0.5
30/11/2014	15 41 56	-17 41 38	10.916500	9.948482	15.16	13.52	10.6	0.5
01/12/2014	15 42 25	-17 43 14	10.913342	9.948666	15.16	13.53	11.4	0.5
02/12/2014	15 42 54	-17 44 49	10.909929	9.948849	15.17	13.53	12.3	0.5
03/12/2014	15 43 23	-17 46 23	10.906263	9.949032	15.17	13.54	13.2	0.5
04/12/2014	15 43 52	-17 47 57	10.902344	9.949215	15.18	13.54	14.1	0.5
05/12/2014	15 44 20	-17 49 30	10.898174	9.949398	15.18	13.55	15.0	0.5
06/12/2014	15 44 49	-17 51 02	10.893753	9.949581	15.19	13.55	15.9	0.5
07/12/2014	15 45 17	-17 52 34	10.889083	9.949763	15.20	13.56	16.8	0.5
08/12/2014	15 45 46	-17 54 05	10.884163	9.949946	15.20	13.56	17.7	0.5
09/12/2014	15 46 14	-17 55 35	10.878996	9.950128	15.21	13.57	18.6	0.5
10/12/2014	15 46 43	-17 57 04	10.873581	9.950310	15.22	13.58	19.4	0.5
11/12/2014	15 47 11	-17 58 33	10.867920	9.950492	15.22	13.58	20.3	0.5
12/12/2014	15 47 39	-18 00 01	10.862013	9.950674	15.23	13.59	21.2	0.5
13/12/2014	15 48 07	-18 01 28	10.855862	9.950856	15.24	13.60	22.1	0.5
14/12/2014	15 48 35	-18 02 54	10.849468	9.951038	15.25	13.61	23.0	0.5
15/12/2014	15 49 03	-18 04 20	10.842831	9.951219	15.26	13.62	23.9	0.5
16/12/2014	15 49 30	-18 05 45	10.835953	9.951400	15.27	13.63	24.8	0.5
17/12/2014	15 49 58	-18 07 08	10.828835	9.951582	15.28	13.63	25.7	0.5
18/12/2014	15 50 25	-18 08 31	10.821479	9.951763	15.29	13.64	26.6	0.5
19/12/2014	15 50 53	-18 09 54	10.813885	9.951944	15.30	13.65	27.6	0.5
20/12/2014	15 51 20	-18 11 15	10.806056	9.952125	15.31	13.66	28.5	0.5
21/12/2014	15 51 47	-18 12 35	10.797993	9.952306	15.32	13.67	29.4	0.5
22/12/2014	15 52 14	-18 13 55	10.789698	9.952486	15.33	13.68	30.3	0.5
23/12/2014	15 52 41	-18 15 14	10.781173	9.952667	15.35	13.69	31.2	0.5
24/12/2014	15 53 07	-18 16 32	10.772420	9.952847	15.36	13.71	32.1	0.6
25/12/2014	15 53 34	-18 17 48	10.763442	9.953027	15.37	13.72	33.0	0.6
26/12/2014	15 54 00	-18 19 04	10.754241	9.953207	15.39	13.73	33.9	0.6
27/12/2014	15 54 26	-18 20 19	10.744819	9.953387	15.40	13.74	34.8	0.6
28/12/2014	15 54 52	-18 21 34	10.735179	9.953567	15.41	13.75	35.7	0.6
29/12/2014	15 55 18	-18 22 47	10.725325	9.953747	15.43	13.77	36.7	0.6
30/12/2014	15 55 43	-18 23 59	10.715257	9.953927	15.44	13.78	37.6	0.6
31/12/2014	15 56 09	-18 25 10	10.704980	9.954106	15.46	13.79	38.5	0.6

GG/MM/AAAA	A.R.	DECL.	Dist.	RV	D.Eq.	D.Pol.	El.	Mag.
01/01/2015	15 56 34	-18 26 20	10.694496	9.954285	15.47	13.81	39.4	0.6
02/01/2015	15 56 59	-18 27 29	10.683807	9.954465	15.49	13.82	40.3	0.6
03/01/2015	15 57 23	-18 28 38	10.672915	9.954644	15.50	13.83	41.2	0.6
04/01/2015	15 57 48	-18 29 45	10.661825	9.954823	15.52	13.85	42.2	0.6
05/01/2015	15 58 12	-18 30 51	10.650536	9.955002	15.54	13.86	43.1	0.6
06/01/2015	15 58 36	-18 31 56	10.639054	9.955180	15.55	13.88	44.0	0.6
07/01/2015	15 59 00	-18 33 01	10.627379	9.955359	15.57	13.89	44.9	0.6
08/01/2015	15 59 24	-18 34 04	10.615515	9.955537	15.59	13.91	45.8	0.6
09/01/2015	15 59 47	-18 35 06	10.603463	9.955715	15.60	13.92	46.8	0.6
10/01/2015	16 00 11	-18 36 07	10.591228	9.955894	15.62	13.94	47.7	0.6
11/01/2015	16 00 34	-18 37 07	10.578810	9.956072	15.64	13.96	48.6	0.6
12/01/2015	16 00 56	-18 38 06	10.566214	9.956250	15.66	13.97	49.5	0.6
13/01/2015	16 01 19	-18 39 04	10.553443	9.956427	15.68	13.99	50.5	0.6
14/01/2015	16 01 41	-18 40 01	10.540498	9.956605	15.70	14.01	51.4	0.6
15/01/2015	16 02 03	-18 40 57	10.527383	9.956783	15.72	14.02	52.3	0.6
16/01/2015	16 02 24	-18 41 52	10.514101	9.956960	15.74	14.04	53.3	0.6
17/01/2015	16 02 46	-18 42 46	10.500655	9.957137	15.76	14.06	54.2	0.6
18/01/2015	16 03 07	-18 43 38	10.487049	9.957314	15.78	14.08	55.1	0.6
19/01/2015	16 03 28	-18 44 30	10.473286	9.957491	15.80	14.10	56.1	0.6
20/01/2015	16 03 48	-18 45 21	10.459370	9.957668	15.82	14.12	57.0	0.6
21/01/2015	16 04 09	-18 46 10	10.445304	9.957845	15.84	14.13	57.9	0.6
22/01/2015	16 04 29	-18 46 58	10.431093	9.958022	15.86	14.15	58.9	0.6
23/01/2015	16 04 48	-18 47 46	10.416741	9.958198	15.88	14.17	59.8	0.6
24/01/2015	16 05 08	-18 48 32	10.402251	9.958374	15.91	14.19	60.7	0.6
25/01/2015	16 05 27	-18 49 17	10.387629	9.958551	15.93	14.21	61.7	0.6
26/01/2015	16 05 46	-18 50 01	10.372878	9.958727	15.95	14.23	62.6	0.6
27/01/2015	16 06 04	-18 50 43	10.358002	9.958903	15.97	14.25	63.6	0.6
28/01/2015	16 06 22	-18 51 25	10.343005	9.959079	16.00	14.27	64.5	0.6
29/01/2015	16 06 40	-18 52 06	10.327892	9.959254	16.02	14.30	65.5	0.6
30/01/2015	16 06 57	-18 52 45	10.312667	9.959430	16.04	14.32	66.4	0.6
31/01/2015	16 07 14	-18 53 23	10.297333	9.959605	16.07	14.34	67.4	0.6
01/02/2015	16 07 31	-18 54 01	10.281894	9.959781	16.09	14.36	68.3	0.5
02/02/2015	16 07 48	-18 54 37	10.266355	9.959956	16.12	14.38	69.3	0.5
03/02/2015	16 08 04	-18 55 12	10.250719	9.960131	16.14	14.40	70.2	0.5
04/02/2015	16 08 20	-18 55 45	10.234990	9.960306	16.17	14.43	71.2	0.5
05/02/2015	16 08 35	-18 56 18	10.219172	9.960481	16.19	14.45	72.1	0.5
06/02/2015	16 08 50	-18 56 50	10.203269	9.960655	16.22	14.47	73.1	0.5
07/02/2015	16 09 05	-18 57 20	10.187285	9.960830	16.24	14.49	74.0	0.5
08/02/2015	16 09 19	-18 57 50	10.171225	9.961004	16.27	14.52	75.0	0.5
09/02/2015	16 09 33	-18 58 18	10.155091	9.961179	16.29	14.54	75.9	0.5
10/02/2015	16 09 47	-18 58 45	10.138889	9.961353	16.32	14.56	76.9	0.5
11/02/2015	16 10 00	-18 59 11	10.122623	9.961527	16.35	14.59	77.8	0.5
12/02/2015	16 10 13	-18 59 35	10.106296	9.961701	16.37	14.61	78.8	0.5
13/02/2015	16 10 25	-18 59 59	10.089914	9.961874	16.40	14.63	79.8	0.5
14/02/2015	16 10 37	-19 00 22	10.073481	9.962048	16.43	14.66	80.7	0.5
15/02/2015	16 10 49	-19 00 43	10.057000	9.962221	16.45	14.68	81.7	0.5
16/02/2015	16 11 00	-19 01 03	10.040478	9.962395	16.48	14.70	82.6	0.5
17/02/2015	16 11 11	-19 01 23	10.023919	9.962568	16.51	14.73	83.6	0.5
18/02/2015	16 11 22	-19 01 41	10.007327	9.962741	16.53	14.75	84.6	0.5
19/02/2015	16 11 32	-19 01 58	9.990708	9.962914	16.56	14.78	85.6	0.5
20/02/2015	16 11 42	-19 02 13	9.974068	9.963087	16.59	14.80	86.5	0.5
21/02/2015	16 11 51	-19 02 28	9.957410	9.963260	16.62	14.83	87.5	0.5
22/02/2015	16 12 00	-19 02 41	9.940742	9.963432	16.64	14.85	88.5	0.5
23/02/2015	16 12 09	-19 02 54	9.924067	9.963605	16.67	14.88	89.4	0.5
24/02/2015	16 12 17	-19 03 05	9.907391	9.963777	16.70	14.90	90.4	0.5
25/02/2015	16 12 24	-19 03 15	9.890718	9.963949	16.73	14.93	91.4	0.5
26/02/2015	16 12 32	-19 03 24	9.874054	9.964121	16.76	14.95	92.4	0.5
27/02/2015	16 12 39	-19 03 32	9.857404	9.964293	16.79	14.98	93.3	0.5
28/02/2015	16 12 45	-19 03 39	9.840772	9.964465	16.81	15.00	94.3	0.5
01/03/2015	16 12 51	-19 03 45	9.824163	9.964637	16.84	15.03	95.3	0.5
02/03/2015	16 12 57	-19 03 49	9.807581	9.964808	16.87	15.05	96.3	0.5
03/03/2015	16 13 02	-19 03 53	9.791032	9.964979	16.90	15.08	97.3	0.5
04/03/2015	16 13 07	-19 03 55	9.774520	9.965151	16.93	15.10	98.2	0.5
05/03/2015	16 13 11	-19 03 56	9.758049	9.965322	16.96	15.13	99.2	0.5
06/03/2015	16 13 15	-19 03 57	9.741624	9.965493	16.98	15.16	100.2	0.4
07/03/2015	16 13 19	-19 03 56	9.725250	9.965664	17.01	15.18	101.2	0.4
08/03/2015	16 13 22	-19 03 54	9.708931	9.965834	17.04	15.21	102.2	0.4
09/03/2015	16 13 25	-19 03 51	9.692672	9.966005	17.07	15.23	103.2	0.4
10/03/2015	16 13 27	-19 03 47	9.676478	9.966175	17.10	15.26	104.2	0.4
11/03/2015	16 13 29	-19 03 41	9.660353	9.966346	17.13	15.28	105.2	0.4
12/03/2015	16 13 30	-19 03 35	9.644302	9.966516	17.16	15.31	106.2	0.4
13/03/2015	16 13 31	-19 03 28	9.628331	9.966686	17.18	15.33	107.1	0.4
14/03/2015	16 13 32	-19 03 20	9.612443	9.966856	17.21	15.36	108.1	0.4

GG/MM/AAAA	A.R.	DECL.	Dist.	RV	D.Eq.	D.Pol.	El.	Mag.
15/03/2015	16 13 32	-19 03 10	9.596644	9.967026	17.24	15.38	109.1	0.4
16/03/2015	16 13 32	-19 03 00	9.580938	9.967195	17.27	15.41	110.1	0.4
17/03/2015	16 13 31	-19 02 48	9.565332	9.967365	17.30	15.43	111.1	0.4
18/03/2015	16 13 30	-19 02 36	9.549829	9.967534	17.33	15.46	112.1	0.4
19/03/2015	16 13 28	-19 02 23	9.534436	9.967704	17.35	15.48	113.1	0.4
20/03/2015	16 13 27	-19 02 08	9.519158	9.967873	17.38	15.51	114.1	0.4
21/03/2015	16 13 24	-19 01 52	9.504000	9.968042	17.41	15.53	115.1	0.4
22/03/2015	16 13 21	-19 01 36	9.488967	9.968211	17.44	15.56	116.1	0.4
23/03/2015	16 13 18	-19 01 18	9.474064	9.968379	17.46	15.58	117.2	0.4
24/03/2015	16 13 15	-19 01 00	9.459296	9.968548	17.49	15.61	118.2	0.4
25/03/2015	16 13 11	-19 00 40	9.444669	9.968716	17.52	15.63	119.2	0.4
26/03/2015	16 13 06	-19 00 20	9.430186	9.968885	17.55	15.66	120.2	0.3
27/03/2015	16 13 01	-18 59 58	9.415853	9.969053	17.57	15.68	121.2	0.3
28/03/2015	16 12 56	-18 59 36	9.401673	9.969221	17.60	15.70	122.2	0.3
29/03/2015	16 12 50	-18 59 13	9.387651	9.969389	17.63	15.73	123.2	0.3
30/03/2015	16 12 44	-18 58 49	9.373791	9.969557	17.65	15.75	124.2	0.3
31/03/2015	16 12 38	-18 58 23	9.360098	9.969724	17.68	15.77	125.2	0.3
01/04/2015	16 12 31	-18 57 57	9.346575	9.969892	17.70	15.80	126.2	0.3
02/04/2015	16 12 24	-18 57 30	9.333228	9.970059	17.73	15.82	127.3	0.3
03/04/2015	16 12 16	-18 57 03	9.320058	9.970227	17.75	15.84	128.3	0.3
04/04/2015	16 12 08	-18 56 34	9.307072	9.970394	17.78	15.86	129.3	0.3
05/04/2015	16 12 00	-18 56 04	9.294273	9.970561	17.80	15.89	130.3	0.3
06/04/2015	16 11 51	-18 55 34	9.281664	9.970728	17.83	15.91	131.3	0.3
07/04/2015	16 11 42	-18 55 02	9.269250	9.970894	17.85	15.93	132.3	0.3
08/04/2015	16 11 33	-18 54 30	9.257034	9.971061	17.87	15.95	133.4	0.3
09/04/2015	16 11 23	-18 53 57	9.245022	9.971228	17.90	15.97	134.4	0.3
10/04/2015	16 11 13	-18 53 24	9.233215	9.971394	17.92	15.99	135.4	0.2
11/04/2015	16 11 02	-18 52 49	9.221619	9.971560	17.94	16.01	136.4	0.3
12/04/2015	16 10 52	-18 52 14	9.210238	9.971726	17.96	16.03	137.5	0.3
13/04/2015	16 10 40	-18 51 38	9.199075	9.971892	17.99	16.05	138.5	0.2
14/04/2015	16 10 29	-18 51 01	9.188134	9.972058	18.01	16.07	139.5	0.2
15/04/2015	16 10 17	-18 50 24	9.177420	9.972224	18.03	16.09	140.5	0.2
16/04/2015	16 10 05	-18 49 45	9.166937	9.972389	18.05	16.11	141.6	0.2
17/04/2015	16 09 53	-18 49 06	9.156688	9.972554	18.07	16.12	142.6	0.2
18/04/2015	16 09 40	-18 48 27	9.146678	9.972720	18.09	16.14	143.6	0.2
19/04/2015	16 09 27	-18 47 46	9.136910	9.972885	18.11	16.16	144.6	0.2
20/04/2015	16 09 13	-18 47 05	9.127387	9.973050	18.13	16.18	145.7	0.2
21/04/2015	16 09 00	-18 46 24	9.118114	9.973215	18.15	16.19	146.7	0.2
22/04/2015	16 08 46	-18 45 41	9.109094	9.973379	18.16	16.21	147.7	0.2
23/04/2015	16 08 31	-18 44 59	9.100329	9.973544	18.18	16.22	148.8	0.2
24/04/2015	16 08 17	-18 44 15	9.091822	9.973708	18.20	16.24	149.8	0.2
25/04/2015	16 08 02	-18 43 31	9.083576	9.973873	18.22	16.25	150.8	0.2
26/04/2015	16 07 47	-18 42 47	9.075593	9.974037	18.23	16.27	151.9	0.2
27/04/2015	16 07 32	-18 42 02	9.067876	9.974201	18.25	16.28	152.9	0.2
28/04/2015	16 07 17	-18 41 16	9.060428	9.974365	18.26	16.30	153.9	0.1
29/04/2015	16 07 01	-18 40 30	9.053249	9.974529	18.28	16.31	154.9	0.1
30/04/2015	16 06 45	-18 39 44	9.046343	9.974692	18.29	16.32	156.0	0.1
01/05/2015	16 06 29	-18 38 57	9.039712	9.974856	18.30	16.33	157.0	0.1
02/05/2015	16 06 13	-18 38 10	9.033357	9.975019	18.32	16.34	158.0	0.1
03/05/2015	16 05 56	-18 37 22	9.027280	9.975182	18.33	16.35	159.1	0.1
04/05/2015	16 05 39	-18 36 34	9.021484	9.975345	18.34	16.37	160.1	0.1
05/05/2015	16 05 23	-18 35 46	9.015969	9.975508	18.35	16.38	161.1	0.1
06/05/2015	16 05 05	-18 34 57	9.010739	9.975671	18.36	16.38	162.2	0.1
07/05/2015	16 04 48	-18 34 08	9.005793	9.975834	18.37	16.39	163.2	0.1
08/05/2015	16 04 31	-18 33 19	9.001135	9.975997	18.38	16.40	164.2	0.1
09/05/2015	16 04 13	-18 32 29	8.996765	9.976159	18.39	16.41	165.2	0.1
10/05/2015	16 03 56	-18 31 39	8.992686	9.976321	18.40	16.42	166.3	0.1
11/05/2015	16 03 38	-18 30 50	8.988899	9.976483	18.41	16.42	167.3	0.1
12/05/2015	16 03 20	-18 29 59	8.985406	9.976645	18.41	16.43	168.3	0.1
13/05/2015	16 03 02	-18 29 09	8.982207	9.976807	18.42	16.44	169.3	0.1
14/05/2015	16 02 44	-18 28 19	8.979306	9.976969	18.43	16.44	170.4	0.1
15/05/2015	16 02 26	-18 27 28	8.976702	9.977131	18.43	16.45	171.4	0.1
16/05/2015	16 02 08	-18 26 37	8.974398	9.977292	18.44	16.45	172.4	0.1
17/05/2015	16 01 49	-18 25 47	8.972394	9.977453	18.44	16.45	173.4	0.0
18/05/2015	16 01 31	-18 24 56	8.970691	9.977614	18.44	16.46	174.3	0.0
19/05/2015	16 01 13	-18 24 05	8.969290	9.977775	18.45	16.46	175.3	0.0
20/05/2015	16 00 54	-18 23 14	8.968190	9.977936	18.45	16.46	176.2	0.0
21/05/2015	16 00 36	-18 22 24	8.967393	9.978097	18.45	16.46	177.0	0.0
22/05/2015	16 00 17	-18 21 33	8.966898	9.978258	18.45	16.47	177.6	0.0
23/05/2015	15 59 59	-18 20 43	8.966705	9.978418	18.45	16.47	177.8	0.0
24/05/2015	15 59 40	-18 19 52	8.966813	9.978579	18.45	16.47	177.6	0.0
25/05/2015	15 59 22	-18 19 02	8.967223	9.978739	18.45	16.46	177.0	0.0
26/05/2015	15 59 03	-18 18 12	8.967932	9.978899	18.45	16.46	176.3	0.0

GG/MM/AAAA	A.R.	DECL.	Dist.	RV	D.Eq.	D.Pol.	El.	Mag.
27/05/2015	15 58 45	-18 17 22	8.968942	9.979059	18.45	16.46	175.4	0.0
28/05/2015	15 58 26	-18 16 33	8.970251	9.979219	18.45	16.46	174.4	0.0
29/05/2015	15 58 08	-18 15 44	8.971857	9.979378	18.44	16.46	173.5	0.0
30/05/2015	15 57 50	-18 14 55	8.973761	9.979538	18.44	16.45	172.5	0.1
31/05/2015	15 57 31	-18 14 06	8.975962	9.979697	18.43	16.45	171.5	0.1
01/06/2015	15 57 13	-18 13 18	8.978457	9.979856	18.43	16.44	170.5	0.1
02/06/2015	15 56 55	-18 12 30	8.981246	9.980016	18.42	16.44	169.5	0.1
03/06/2015	15 56 37	-18 11 42	8.984328	9.980174	18.42	16.43	168.5	0.1
04/06/2015	15 56 19	-18 10 55	8.987702	9.980333	18.41	16.43	167.5	0.1
05/06/2015	15 56 01	-18 10 09	8.991366	9.980492	18.40	16.42	166.5	0.1
06/06/2015	15 55 44	-18 09 23	8.995319	9.980651	18.39	16.41	165.4	0.1
07/06/2015	15 55 26	-18 08 37	8.999560	9.980809	18.39	16.41	164.4	0.1
08/06/2015	15 55 09	-18 07 52	9.004089	9.980967	18.38	16.40	163.4	0.1
09/06/2015	15 54 52	-18 07 08	9.008902	9.981125	18.37	16.39	162.4	0.1
10/06/2015	15 54 34	-18 06 24	9.014000	9.981283	18.36	16.38	161.4	0.1
11/06/2015	15 54 17	-18 05 41	9.019381	9.981441	18.34	16.37	160.4	0.1
12/06/2015	15 54 01	-18 04 58	9.025043	9.981599	18.33	16.36	159.3	0.1
13/06/2015	15 53 44	-18 04 16	9.030984	9.981756	18.32	16.35	158.3	0.1
14/06/2015	15 53 28	-18 03 34	9.037203	9.981914	18.31	16.34	157.3	0.1
15/06/2015	15 53 11	-18 02 54	9.043697	9.982071	18.30	16.33	156.3	0.1
16/06/2015	15 52 55	-18 02 14	9.050464	9.982228	18.28	16.31	155.3	0.1
17/06/2015	15 52 39	-18 01 35	9.057501	9.982385	18.27	16.30	154.3	0.2
18/06/2015	15 52 24	-18 00 57	9.064806	9.982542	18.25	16.29	153.3	0.2
19/06/2015	15 52 08	-18 00 19	9.072376	9.982699	18.24	16.27	152.2	0.2
20/06/2015	15 51 53	-17 59 43	9.080208	9.982856	18.22	16.26	151.2	0.2
21/06/2015	15 51 38	-17 59 07	9.088299	9.983012	18.21	16.25	150.2	0.2
22/06/2015	15 51 24	-17 58 32	9.096646	9.983168	18.19	16.23	149.2	0.2
23/06/2015	15 51 09	-17 57 58	9.105245	9.983325	18.17	16.21	148.2	0.2
24/06/2015	15 50 55	-17 57 25	9.114093	9.983481	18.15	16.20	147.2	0.2
25/06/2015	15 50 41	-17 56 53	9.123187	9.983636	18.14	16.18	146.2	0.2
26/06/2015	15 50 28	-17 56 22	9.132523	9.983792	18.12	16.17	145.2	0.2
27/06/2015	15 50 14	-17 55 51	9.142099	9.983948	18.10	16.15	144.2	0.2
28/06/2015	15 50 01	-17 55 22	9.151910	9.984103	18.08	16.13	143.2	0.2
29/06/2015	15 49 49	-17 54 54	9.161954	9.984259	18.06	16.11	142.2	0.2
30/06/2015	15 49 36	-17 54 27	9.172226	9.984414	18.04	16.10	141.2	0.2
01/07/2015	15 49 24	-17 54 01	9.182723	9.984569	18.02	16.08	140.2	0.3
02/07/2015	15 49 12	-17 53 36	9.193442	9.984724	18.00	16.06	139.2	0.3
03/07/2015	15 49 01	-17 53 12	9.204380	9.984879	17.98	16.04	138.2	0.3
04/07/2015	15 48 49	-17 52 50	9.215532	9.985033	17.95	16.02	137.2	0.3
05/07/2015	15 48 38	-17 52 28	9.226897	9.985188	17.93	16.00	136.2	0.3
06/07/2015	15 48 28	-17 52 07	9.238470	9.985342	17.91	15.98	135.2	0.3
07/07/2015	15 48 18	-17 51 48	9.250248	9.985496	17.89	15.96	134.2	0.3
08/07/2015	15 48 08	-17 51 30	9.262228	9.985650	17.86	15.94	133.2	0.3
09/07/2015	15 47 58	-17 51 13	9.274406	9.985804	17.84	15.92	132.2	0.3
10/07/2015	15 47 49	-17 50 57	9.286779	9.985958	17.82	15.90	131.2	0.3
11/07/2015	15 47 40	-17 50 42	9.299343	9.986112	17.79	15.88	130.2	0.3
12/07/2015	15 47 31	-17 50 28	9.312094	9.986265	17.77	15.85	129.2	0.3
13/07/2015	15 47 23	-17 50 16	9.325028	9.986419	17.74	15.83	128.3	0.3
14/07/2015	15 47 15	-17 50 05	9.338140	9.986572	17.72	15.81	127.3	0.3
15/07/2015	15 47 08	-17 49 55	9.351428	9.986725	17.69	15.79	126.3	0.3
16/07/2015	15 47 01	-17 49 47	9.364885	9.986878	17.67	15.77	125.3	0.3
17/07/2015	15 46 54	-17 49 40	9.378508	9.987031	17.64	15.74	124.3	0.4
18/07/2015	15 46 48	-17 49 34	9.392292	9.987184	17.62	15.72	123.4	0.4
19/07/2015	15 46 42	-17 49 29	9.406233	9.987336	17.59	15.70	122.4	0.4
20/07/2015	15 46 36	-17 49 25	9.420325	9.987489	17.56	15.67	121.4	0.4
21/07/2015	15 46 31	-17 49 23	9.434565	9.987641	17.54	15.65	120.4	0.4
22/07/2015	15 46 26	-17 49 22	9.448948	9.987793	17.51	15.63	119.5	0.4
23/07/2015	15 46 22	-17 49 23	9.463468	9.987945	17.48	15.60	118.5	0.4
24/07/2015	15 46 18	-17 49 24	9.478122	9.988097	17.46	15.58	117.5	0.4
25/07/2015	15 46 14	-17 49 27	9.492905	9.988249	17.43	15.55	116.5	0.4
26/07/2015	15 46 11	-17 49 32	9.507812	9.988400	17.40	15.53	115.6	0.4
27/07/2015	15 46 08	-17 49 37	9.522839	9.988552	17.38	15.50	114.6	0.4
28/07/2015	15 46 05	-17 49 44	9.537981	9.988703	17.35	15.48	113.6	0.4
29/07/2015	15 46 03	-17 49 52	9.553234	9.988854	17.32	15.45	112.7	0.4
30/07/2015	15 46 02	-17 50 02	9.568593	9.989005	17.29	15.43	111.7	0.4
31/07/2015	15 46 00	-17 50 13	9.584055	9.989156	17.26	15.40	110.8	0.4
01/08/2015	15 45 59	-17 50 25	9.599615	9.989307	17.24	15.38	109.8	0.4
02/08/2015	15 45 59	-17 50 38	9.615269	9.989457	17.21	15.35	108.8	0.4
03/08/2015	15 45 59	-17 50 53	9.631012	9.989608	17.18	15.33	107.9	0.4
04/08/2015	15 45 59	-17 51 09	9.646842	9.989758	17.15	15.30	106.9	0.5
05/08/2015	15 46 00	-17 51 26	9.662754	9.989908	17.12	15.28	106.0	0.5
06/08/2015	15 46 01	-17 51 45	9.678743	9.990058	17.10	15.25	105.0	0.5
07/08/2015	15 46 02	-17 52 05	9.694806	9.990208	17.07	15.23	104.1	0.5

GG/MM/AAAA	A.R.	DECL.	Dist.	RV	D.Eq.	D.Pol.	El.	Mag.
08/08/2015	15 46 04	-17 52 26	9.710937	9.990358	17.04	15.20	103.1	0.5
09/08/2015	15 46 06	-17 52 48	9.727133	9.990507	17.01	15.18	102.2	0.5
10/08/2015	15 46 09	-17 53 12	9.743389	9.990657	16.98	15.15	101.2	0.5
11/08/2015	15 46 12	-17 53 37	9.759700	9.990806	16.95	15.13	100.3	0.5
12/08/2015	15 46 16	-17 54 03	9.776062	9.990955	16.93	15.10	99.4	0.5
13/08/2015	15 46 19	-17 54 31	9.792469	9.991104	16.90	15.08	98.4	0.5
14/08/2015	15 46 24	-17 55 00	9.808917	9.991253	16.87	15.05	97.5	0.5
15/08/2015	15 46 28	-17 55 30	9.825401	9.991402	16.84	15.03	96.5	0.5
16/08/2015	15 46 33	-17 56 01	9.841917	9.991551	16.81	15.00	95.6	0.5
17/08/2015	15 46 39	-17 56 33	9.858459	9.991699	16.78	14.98	94.7	0.5
18/08/2015	15 46 45	-17 57 07	9.875022	9.991848	16.76	14.95	93.7	0.5
19/08/2015	15 46 51	-17 57 42	9.891602	9.991996	16.73	14.93	92.8	0.5
20/08/2015	15 46 58	-17 58 18	9.908195	9.992144	16.70	14.90	91.8	0.5
21/08/2015	15 47 05	-17 58 55	9.924796	9.992292	16.67	14.88	90.9	0.5
22/08/2015	15 47 12	-17 59 33	9.941399	9.992440	16.64	14.85	90.0	0.5
23/08/2015	15 47 20	-18 00 13	9.958001	9.992587	16.62	14.83	89.1	0.5
24/08/2015	15 47 28	-18 00 53	9.974597	9.992735	16.59	14.80	88.1	0.5
25/08/2015	15 47 36	-18 01 35	9.991183	9.992882	16.56	14.78	87.2	0.5
26/08/2015	15 47 45	-18 02 18	10.007754	9.993029	16.53	14.75	86.3	0.5
27/08/2015	15 47 55	-18 03 02	10.024307	9.993176	16.51	14.73	85.3	0.5
28/08/2015	15 48 04	-18 03 47	10.040837	9.993323	16.48	14.70	84.4	0.5
29/08/2015	15 48 14	-18 04 34	10.057341	9.993470	16.45	14.68	83.5	0.5
30/08/2015	15 48 25	-18 05 21	10.073814	9.993617	16.42	14.66	82.6	0.6
31/08/2015	15 48 36	-18 06 09	10.090253	9.993763	16.40	14.63	81.7	0.6
01/09/2015	15 48 47	-18 06 59	10.106654	9.993910	16.37	14.61	80.7	0.6
02/09/2015	15 48 58	-18 07 49	10.123014	9.994056	16.34	14.58	79.8	0.6
03/09/2015	15 49 10	-18 08 40	10.139328	9.994202	16.32	14.56	78.9	0.6
04/09/2015	15 49 22	-18 09 33	10.155592	9.994348	16.29	14.54	78.0	0.6
05/09/2015	15 49 35	-18 10 26	10.171803	9.994494	16.27	14.51	77.1	0.6
06/09/2015	15 49 48	-18 11 20	10.187956	9.994639	16.24	14.49	76.1	0.6
07/09/2015	15 50 01	-18 12 16	10.204047	9.994785	16.22	14.47	75.2	0.6
08/09/2015	15 50 15	-18 13 12	10.220072	9.994930	16.19	14.45	74.3	0.6
09/09/2015	15 50 29	-18 14 09	10.236026	9.995076	16.16	14.42	73.4	0.6
10/09/2015	15 50 43	-18 15 07	10.251906	9.995221	16.14	14.40	72.5	0.6
11/09/2015	15 50 58	-18 16 06	10.267707	9.995366	16.11	14.38	71.6	0.6
12/09/2015	15 51 13	-18 17 06	10.283424	9.995511	16.09	14.36	70.7	0.6
13/09/2015	15 51 28	-18 18 07	10.299054	9.995655	16.07	14.34	69.8	0.6
14/09/2015	15 51 44	-18 19 08	10.314592	9.995800	16.04	14.31	68.9	0.6
15/09/2015	15 52 00	-18 20 10	10.330034	9.995944	16.02	14.29	67.9	0.6
16/09/2015	15 52 17	-18 21 14	10.345377	9.996089	15.99	14.27	67.0	0.6
17/09/2015	15 52 33	-18 22 17	10.360616	9.996233	15.97	14.25	66.1	0.6
18/09/2015	15 52 50	-18 23 22	10.375747	9.996377	15.95	14.23	65.2	0.6
19/09/2015	15 53 08	-18 24 27	10.390767	9.996521	15.92	14.21	64.3	0.6
20/09/2015	15 53 25	-18 25 34	10.405671	9.996664	15.90	14.19	63.4	0.6
21/09/2015	15 53 43	-18 26 41	10.420457	9.996808	15.88	14.17	62.5	0.6
22/09/2015	15 54 02	-18 27 48	10.435120	9.996951	15.86	14.15	61.6	0.6
23/09/2015	15 54 20	-18 28 56	10.449657	9.997095	15.83	14.13	60.7	0.6
24/09/2015	15 54 39	-18 30 05	10.464065	9.997238	15.81	14.11	59.8	0.6
25/09/2015	15 54 58	-18 31 15	10.478341	9.997381	15.79	14.09	58.9	0.6
26/09/2015	15 55 18	-18 32 25	10.492481	9.997524	15.77	14.07	58.0	0.6
27/09/2015	15 55 37	-18 33 36	10.506483	9.997667	15.75	14.05	57.1	0.6
28/09/2015	15 55 58	-18 34 47	10.520344	9.997809	15.73	14.03	56.2	0.6
29/09/2015	15 56 18	-18 35 59	10.534061	9.997952	15.71	14.02	55.3	0.6
30/09/2015	15 56 38	-18 37 11	10.547631	9.998094	15.69	14.00	54.4	0.6
01/10/2015	15 56 59	-18 38 24	10.561050	9.998236	15.67	13.98	53.5	0.6
02/10/2015	15 57 20	-18 39 38	10.574317	9.998378	15.65	13.96	52.6	0.6
03/10/2015	15 57 42	-18 40 52	10.587427	9.998520	15.63	13.94	51.7	0.6
04/10/2015	15 58 04	-18 42 06	10.600378	9.998662	15.61	13.93	50.8	0.6
05/10/2015	15 58 26	-18 43 21	10.613166	9.998803	15.59	13.91	49.9	0.6
06/10/2015	15 58 48	-18 44 36	10.625788	9.998945	15.57	13.89	49.0	0.6
07/10/2015	15 59 10	-18 45 52	10.638240	9.999086	15.55	13.88	48.2	0.6
08/10/2015	15 59 33	-18 47 08	10.650520	9.999228	15.54	13.86	47.3	0.6
09/10/2015	15 59 56	-18 48 24	10.662623	9.999369	15.52	13.85	46.4	0.6
10/10/2015	16 00 19	-18 49 41	10.674548	9.999510	15.50	13.83	45.5	0.6
11/10/2015	16 00 42	-18 50 59	10.686290	9.999650	15.48	13.82	44.6	0.6
12/10/2015	16 01 06	-18 52 16	10.697847	9.999791	15.47	13.80	43.7	0.6
13/10/2015	16 01 30	-18 53 34	10.709216	9.999932	15.45	13.79	42.8	0.6
14/10/2015	16 01 54	-18 54 52	10.720394	0.000072	15.43	13.77	41.9	0.6
15/10/2015	16 02 19	-18 56 10	10.731377	0.000212	15.42	13.76	41.0	0.6
16/10/2015	16 02 43	-18 57 29	10.742164	0.000352	15.40	13.74	40.1	0.6
17/10/2015	16 03 08	-18 58 48	10.752751	0.000492	15.39	13.73	39.2	0.6
18/10/2015	16 03 33	-19 00 07	10.763136	0.000632	15.37	13.72	38.3	0.6
19/10/2015	16 03 58	-19 01 26	10.773316	0.000772	15.36	13.70	37.4	0.6

GG/MM/AAAA	A.R.	DECL.	Dist.	RV	D.Eq.	D.Pol.	El.	Mag.
20/10/2015	16 04 24	-19 02 46	10.783290	0.000911	15.34	13.69	36.6	0.6
21/10/2015	16 04 49	-19 04 05	10.793054	0.001051	15.33	13.68	35.7	0.6
22/10/2015	16 05 15	-19 05 25	10.802608	0.001190	15.32	13.67	34.8	0.6
23/10/2015	16 05 41	-19 06 45	10.811948	0.001329	15.30	13.66	33.9	0.6
24/10/2015	16 06 07	-19 08 05	10.821074	0.001468	15.29	13.64	33.0	0.6
25/10/2015	16 06 33	-19 09 25	10.829983	0.001607	15.28	13.63	32.1	0.6
26/10/2015	16 07 00	-19 10 45	10.838674	0.001746	15.27	13.62	31.2	0.6
27/10/2015	16 07 27	-19 12 05	10.847144	0.001884	15.25	13.61	30.3	0.6
28/10/2015	16 07 53	-19 13 25	10.855393	0.002023	15.24	13.60	29.5	0.6
29/10/2015	16 08 20	-19 14 45	10.863419	0.002161	15.23	13.59	28.6	0.6
30/10/2015	16 08 48	-19 16 05	10.871220	0.002299	15.22	13.58	27.7	0.5
31/10/2015	16 09 15	-19 17 25	10.878793	0.002437	15.21	13.57	26.8	0.5
01/11/2015	16 09 42	-19 18 45	10.886137	0.002575	15.20	13.56	25.9	0.5
02/11/2015	16 10 10	-19 20 06	10.893250	0.002713	15.19	13.55	25.0	0.5
03/11/2015	16 10 38	-19 21 26	10.900130	0.002850	15.18	13.54	24.1	0.5
04/11/2015	16 11 06	-19 22 45	10.906775	0.002988	15.17	13.54	23.2	0.5
05/11/2015	16 11 34	-19 24 05	10.913182	0.003125	15.16	13.53	22.4	0.5
06/11/2015	16 12 02	-19 25 25	10.919351	0.003262	15.15	13.52	21.5	0.5
07/11/2015	16 12 30	-19 26 44	10.925279	0.003399	15.14	13.51	20.6	0.5
08/11/2015	16 12 59	-19 28 04	10.930965	0.003536	15.14	13.51	19.7	0.5
09/11/2015	16 13 27	-19 29 23	10.936406	0.003673	15.13	13.50	18.8	0.5
10/11/2015	16 13 56	-19 30 42	10.941602	0.003809	15.12	13.49	17.9	0.5
11/11/2015	16 14 24	-19 32 01	10.946551	0.003946	15.12	13.49	17.0	0.5
12/11/2015	16 14 53	-19 33 19	10.951250	0.004082	15.11	13.48	16.1	0.5
13/11/2015	16 15 22	-19 34 38	10.955700	0.004218	15.10	13.48	15.3	0.5
14/11/2015	16 15 51	-19 35 56	10.959899	0.004354	15.10	13.47	14.4	0.5
15/11/2015	16 16 20	-19 37 14	10.963846	0.004490	15.09	13.47	13.5	0.5
16/11/2015	16 16 50	-19 38 31	10.967539	0.004626	15.09	13.46	12.6	0.5
17/11/2015	16 17 19	-19 39 49	10.970979	0.004761	15.08	13.46	11.7	0.5
18/11/2015	16 17 48	-19 41 06	10.974164	0.004897	15.08	13.45	10.8	0.5
19/11/2015	16 18 18	-19 42 23	10.977093	0.005032	15.07	13.45	10.0	0.5
20/11/2015	16 18 47	-19 43 39	10.979768	0.005167	15.07	13.45	9.1	0.5
21/11/2015	16 19 17	-19 44 55	10.982186	0.005302	15.07	13.44	8.2	0.5
22/11/2015	16 19 46	-19 46 11	10.984348	0.005437	15.06	13.44	7.3	0.5
23/11/2015	16 20 16	-19 47 26	10.986254	0.005572	15.06	13.44	6.5	0.5
24/11/2015	16 20 45	-19 48 41	10.987903	0.005707	15.06	13.44	5.6	0.5
25/11/2015	16 21 15	-19 49 55	10.989296	0.005841	15.06	13.43	4.8	0.5
26/11/2015	16 21 45	-19 51 09	10.990431	0.005975	15.05	13.43	4.0	0.5
27/11/2015	16 22 15	-19 52 23	10.991310	0.006110	15.05	13.43	3.2	0.4
28/11/2015	16 22 45	-19 53 36	10.991930	0.006244	15.05	13.43	2.5	0.4
29/11/2015	16 23 14	-19 54 49	10.992293	0.006378	15.05	13.43	1.9	0.4
30/11/2015	16 23 44	-19 56 01	10.992397	0.006511	15.05	13.43	1.7	0.4
01/12/2015	16 24 14	-19 57 13	10.992242	0.006645	15.05	13.43	1.9	0.4
02/12/2015	16 24 44	-19 58 25	10.991828	0.006778	15.05	13.43	2.4	0.4
03/12/2015	16 25 14	-19 59 36	10.991154	0.006912	15.05	13.43	3.1	0.4
04/12/2015	16 25 44	-20 00 46	10.990220	0.007045	15.06	13.43	3.9	0.4
05/12/2015	16 26 13	-20 01 56	10.989026	0.007178	15.06	13.44	4.7	0.5
06/12/2015	16 26 43	-20 03 05	10.987572	0.007311	15.06	13.44	5.6	0.5
07/12/2015	16 27 13	-20 04 14	10.985857	0.007444	15.06	13.44	6.5	0.5
08/12/2015	16 27 43	-20 05 22	10.983882	0.007576	15.06	13.44	7.3	0.5
09/12/2015	16 28 13	-20 06 30	10.981647	0.007709	15.07	13.44	8.2	0.5
10/12/2015	16 28 42	-20 07 37	10.979153	0.007841	15.07	13.45	9.1	0.5
11/12/2015	16 29 12	-20 08 44	10.976399	0.007973	15.07	13.45	10.0	0.5
12/12/2015	16 29 42	-20 09 50	10.973386	0.008105	15.08	13.45	10.9	0.5
13/12/2015	16 30 11	-20 10 55	10.970114	0.008237	15.08	13.46	11.8	0.5
14/12/2015	16 30 41	-20 12 00	10.966586	0.008369	15.09	13.46	12.6	0.5
15/12/2015	16 31 10	-20 13 04	10.962800	0.008501	15.09	13.47	13.5	0.5
16/12/2015	16 31 40	-20 14 08	10.958759	0.008632	15.10	13.47	14.4	0.5
17/12/2015	16 32 09	-20 15 11	10.954464	0.008764	15.10	13.48	15.3	0.5
18/12/2015	16 32 38	-20 16 13	10.949916	0.008895	15.11	13.48	16.2	0.5
19/12/2015	16 33 07	-20 17 15	10.945116	0.009026	15.12	13.49	17.1	0.5
20/12/2015	16 33 36	-20 18 16	10.940066	0.009157	15.12	13.50	18.0	0.5
21/12/2015	16 34 05	-20 19 16	10.934767	0.009287	15.13	13.50	18.9	0.5
22/12/2015	16 34 34	-20 20 16	10.929220	0.009418	15.14	13.51	19.8	0.5
23/12/2015	16 35 03	-20 21 15	10.923428	0.009549	15.15	13.52	20.7	0.5
24/12/2015	16 35 32	-20 22 13	10.917392	0.009679	15.16	13.52	21.6	0.5
25/12/2015	16 36 00	-20 23 11	10.911113	0.009809	15.16	13.53	22.5	0.5
26/12/2015	16 36 29	-20 24 08	10.904591	0.009939	15.17	13.54	23.4	0.5
27/12/2015	16 36 57	-20 25 04	10.897830	0.010069	15.18	13.55	24.4	0.5
28/12/2015	16 37 26	-20 26 00	10.890829	0.010199	15.19	13.56	25.3	0.5
29/12/2015	16 37 54	-20 26 55	10.883590	0.010328	15.20	13.57	26.2	0.5
30/12/2015	16 38 22	-20 27 49	10.876114	0.010458	15.21	13.57	27.1	0.5
31/12/2015	16 38 50	-20 28 42	10.868403	0.010587	15.22	13.58	28.0	0.5

```
GG/MM/AAAA   A.R.        DECL.       Dist.       RV        D.Eq.   D.Pol.   El.    Mag.
01/01/2016   16 39 17   -20 29 35   10.860459   0.010716   15.24   13.59   28.9   0.5
02/01/2016   16 39 45   -20 30 27   10.852282   0.010845   15.25   13.60   29.8   0.5
03/01/2016   16 40 12   -20 31 19   10.843875   0.010974   15.26   13.62   30.7   0.5
04/01/2016   16 40 39   -20 32 09   10.835239   0.011103   15.27   13.63   31.6   0.5
05/01/2016   16 41 06   -20 32 59   10.826375   0.011232   15.28   13.64   32.5   0.5
06/01/2016   16 41 33   -20 33 48   10.817287   0.011360   15.30   13.65   33.4   0.5
07/01/2016   16 42 00   -20 34 36   10.807975   0.011488   15.31   13.66   34.3   0.5
08/01/2016   16 42 27   -20 35 24   10.798442   0.011617   15.32   13.67   35.3   0.5
09/01/2016   16 42 53   -20 36 11   10.788690   0.011745   15.34   13.68   36.2   0.5
10/01/2016   16 43 19   -20 36 57   10.778722   0.011873   15.35   13.70   37.1   0.5
11/01/2016   16 43 45   -20 37 43   10.768540   0.012000   15.37   13.71   38.0   0.5
12/01/2016   16 44 11   -20 38 27   10.758147   0.012128   15.38   13.72   38.9   0.5
13/01/2016   16 44 37   -20 39 11   10.747545   0.012255   15.40   13.74   39.8   0.6
14/01/2016   16 45 02   -20 39 54   10.736738   0.012383   15.41   13.75   40.8   0.6
15/01/2016   16 45 27   -20 40 37   10.725728   0.012510   15.43   13.77   41.7   0.6
16/01/2016   16 45 52   -20 41 18   10.714519   0.012637   15.44   13.78   42.6   0.6
17/01/2016   16 46 17   -20 41 59   10.703113   0.012764   15.46   13.79   43.5   0.6
18/01/2016   16 46 41   -20 42 39   10.691515   0.012890   15.48   13.81   44.4   0.6
19/01/2016   16 47 05   -20 43 19   10.679726   0.013017   15.49   13.82   45.4   0.6
20/01/2016   16 47 29   -20 43 57   10.667750   0.013143   15.51   13.84   46.3   0.6
21/01/2016   16 47 53   -20 44 35   10.655591   0.013270   15.53   13.86   47.2   0.6
22/01/2016   16 48 17   -20 45 12   10.643250   0.013396   15.55   13.87   48.1   0.6
23/01/2016   16 48 40   -20 45 48   10.630731   0.013522   15.56   13.89   49.1   0.6
24/01/2016   16 49 03   -20 46 24   10.618037   0.013648   15.58   13.90   50.0   0.6
25/01/2016   16 49 26   -20 46 59   10.605171   0.013773   15.60   13.92   50.9   0.6
26/01/2016   16 49 48   -20 47 33   10.592135   0.013899   15.62   13.94   51.8   0.6
27/01/2016   16 50 10   -20 48 06   10.578932   0.014024   15.64   13.96   52.8   0.6
28/01/2016   16 50 32   -20 48 38   10.565566   0.014150   15.66   13.97   53.7   0.6
29/01/2016   16 50 54   -20 49 10   10.552040   0.014275   15.68   13.99   54.6   0.6
30/01/2016   16 51 15   -20 49 41   10.538356   0.014400   15.70   14.01   55.6   0.6
31/01/2016   16 51 36   -20 50 11   10.524519   0.014525   15.72   14.03   56.5   0.6
01/02/2016   16 51 57   -20 50 40   10.510530   0.014649   15.74   14.05   57.4   0.6
02/02/2016   16 52 18   -20 51 09   10.496394   0.014774   15.76   14.07   58.4   0.6
03/02/2016   16 52 38   -20 51 37   10.482114   0.014898   15.78   14.08   59.3   0.6
04/02/2016   16 52 58   -20 52 04   10.467693   0.015022   15.81   14.10   60.2   0.6
05/02/2016   16 53 17   -20 52 31   10.453136   0.015147   15.83   14.12   61.2   0.6
06/02/2016   16 53 37   -20 52 56   10.438446   0.015270   15.85   14.14   62.1   0.6
07/02/2016   16 53 55   -20 53 21   10.423626   0.015394   15.87   14.16   63.1   0.6
08/02/2016   16 54 14   -20 53 45   10.408682   0.015518   15.90   14.18   64.0   0.6
09/02/2016   16 54 32   -20 54 09   10.393617   0.015641   15.92   14.20   64.9   0.6
10/02/2016   16 54 50   -20 54 32   10.378435   0.015765   15.94   14.23   65.9   0.5
11/02/2016   16 55 08   -20 54 54   10.363141   0.015888   15.97   14.25   66.8   0.5
12/02/2016   16 55 25   -20 55 15   10.347739   0.016011   15.99   14.27   67.8   0.5
13/02/2016   16 55 42   -20 55 35   10.332234   0.016134   16.01   14.29   68.7   0.5
14/02/2016   16 55 59   -20 55 55   10.316630   0.016257   16.04   14.31   69.7   0.5
15/02/2016   16 56 15   -20 56 14   10.300933   0.016379   16.06   14.33   70.6   0.5
16/02/2016   16 56 31   -20 56 32   10.285145   0.016502   16.09   14.35   71.6   0.5
17/02/2016   16 56 46   -20 56 50   10.269272   0.016624   16.11   14.38   72.5   0.5
18/02/2016   16 57 01   -20 57 07   10.253318   0.016746   16.14   14.40   73.5   0.5
19/02/2016   16 57 16   -20 57 23   10.237286   0.016868   16.16   14.42   74.4   0.5
20/02/2016   16 57 30   -20 57 39   10.221182   0.016990   16.19   14.44   75.4   0.5
21/02/2016   16 57 45   -20 57 53   10.205009   0.017112   16.21   14.47   76.3   0.5
22/02/2016   16 57 58   -20 58 07   10.188771   0.017234   16.24   14.49   77.3   0.5
23/02/2016   16 58 11   -20 58 21   10.172472   0.017355   16.27   14.51   78.2   0.5
24/02/2016   16 58 24   -20 58 33   10.156118   0.017476   16.29   14.54   79.2   0.5
25/02/2016   16 58 37   -20 58 45   10.139710   0.017598   16.32   14.56   80.1   0.5
26/02/2016   16 58 49   -20 58 57   10.123255   0.017719   16.34   14.58   81.1   0.5
27/02/2016   16 59 01   -20 59 07   10.106756   0.017839   16.37   14.61   82.0   0.5
28/02/2016   16 59 12   -20 59 17   10.090218   0.017960   16.40   14.63   83.0   0.5
29/02/2016   16 59 23   -20 59 26   10.073645   0.018081   16.43   14.66   84.0   0.5
01/03/2016   16 59 33   -20 59 35   10.057041   0.018201   16.45   14.68   84.9   0.5
02/03/2016   16 59 44   -20 59 43   10.040410   0.018321   16.48   14.70   85.9   0.5
03/03/2016   16 59 53   -20 59 50   10.023759   0.018441   16.51   14.73   86.9   0.5
04/03/2016   17 00 03   -20 59 57   10.007090   0.018561   16.53   14.75   87.8   0.5
05/03/2016   17 00 12   -21 00 03    9.990410   0.018681   16.56   14.78   88.8   0.5
06/03/2016   17 00 20   -21 00 08    9.973722   0.018801   16.59   14.80   89.8   0.5
07/03/2016   17 00 28   -21 00 13    9.957032   0.018920   16.62   14.83   90.7   0.5
08/03/2016   17 00 36   -21 00 17    9.940345   0.019040   16.65   14.85   91.7   0.5
09/03/2016   17 00 43   -21 00 20    9.923666   0.019159   16.67   14.88   92.7   0.5
10/03/2016   17 00 50   -21 00 23    9.907001   0.019278   16.70   14.90   93.6   0.5
11/03/2016   17 00 56   -21 00 25    9.890354   0.019397   16.73   14.93   94.6   0.5
12/03/2016   17 01 02   -21 00 27    9.873731   0.019516   16.76   14.95   95.6   0.5
13/03/2016   17 01 08   -21 00 28    9.857137   0.019635   16.79   14.98   96.6   0.5
```

GG/MM/AAAA	A.R.	DECL.	Dist.	RV	D.Eq.	D.Pol.	El.	Mag.
14/03/2016	17 01 13	-21 00 28	9.840578	0.019753	16.81	15.00	97.5	0.5
15/03/2016	17 01 18	-21 00 27	9.824057	0.019871	16.84	15.03	98.5	0.5
16/03/2016	17 01 22	-21 00 26	9.807581	0.019990	16.87	15.05	99.5	0.5
17/03/2016	17 01 26	-21 00 25	9.791153	0.020108	16.90	15.08	100.5	0.4
18/03/2016	17 01 29	-21 00 23	9.774779	0.020226	16.93	15.10	101.5	0.4
19/03/2016	17 01 32	-21 00 20	9.758463	0.020343	16.96	15.13	102.4	0.4
20/03/2016	17 01 35	-21 00 17	9.742210	0.020461	16.98	15.15	103.4	0.4
21/03/2016	17 01 37	-21 00 13	9.726024	0.020578	17.01	15.18	104.4	0.4
22/03/2016	17 01 39	-21 00 08	9.709910	0.020696	17.04	15.21	105.4	0.4
23/03/2016	17 01 40	-21 00 03	9.693872	0.020813	17.07	15.23	106.4	0.4
24/03/2016	17 01 41	-20 59 57	9.677915	0.020930	17.10	15.26	107.4	0.4
25/03/2016	17 01 41	-20 59 51	9.662044	0.021047	17.12	15.28	108.4	0.4
26/03/2016	17 01 41	-20 59 44	9.646262	0.021163	17.15	15.31	109.4	0.4
27/03/2016	17 01 41	-20 59 37	9.630576	0.021280	17.18	15.33	110.3	0.4
28/03/2016	17 01 40	-20 59 29	9.614988	0.021396	17.21	15.36	111.3	0.4
29/03/2016	17 01 39	-20 59 20	9.599504	0.021513	17.24	15.38	112.3	0.4
30/03/2016	17 01 37	-20 59 11	9.584129	0.021629	17.26	15.40	113.3	0.4
31/03/2016	17 01 35	-20 59 02	9.568866	0.021745	17.29	15.43	114.3	0.4
01/04/2016	17 01 33	-20 58 52	9.553722	0.021861	17.32	15.45	115.3	0.4
02/04/2016	17 01 30	-20 58 41	9.538700	0.021976	17.35	15.48	116.3	0.4
03/04/2016	17 01 26	-20 58 30	9.523806	0.022092	17.37	15.50	117.3	0.4
04/04/2016	17 01 22	-20 58 18	9.509045	0.022207	17.40	15.53	118.3	0.4
05/04/2016	17 01 18	-20 58 06	9.494421	0.022323	17.43	15.55	119.3	0.4
06/04/2016	17 01 14	-20 57 53	9.479939	0.022438	17.45	15.57	120.3	0.3
07/04/2016	17 01 09	-20 57 40	9.465606	0.022553	17.48	15.60	121.3	0.3
08/04/2016	17 01 03	-20 57 26	9.451424	0.022667	17.51	15.62	122.3	0.3
09/04/2016	17 00 57	-20 57 12	9.437401	0.022782	17.53	15.64	123.3	0.3
10/04/2016	17 00 51	-20 56 57	9.423539	0.022897	17.56	15.67	124.3	0.3
11/04/2016	17 00 44	-20 56 42	9.409845	0.023011	17.58	15.69	125.3	0.3
12/04/2016	17 00 37	-20 56 26	9.396322	0.023125	17.61	15.71	126.4	0.3
13/04/2016	17 00 30	-20 56 10	9.382975	0.023239	17.63	15.73	127.4	0.3
14/04/2016	17 00 22	-20 55 54	9.369807	0.023353	17.66	15.76	128.4	0.3
15/04/2016	17 00 14	-20 55 37	9.356824	0.023467	17.68	15.78	129.4	0.3
16/04/2016	17 00 05	-20 55 19	9.344028	0.023580	17.71	15.80	130.4	0.3
17/04/2016	16 59 56	-20 55 01	9.331423	0.023694	17.73	15.82	131.4	0.3
18/04/2016	16 59 47	-20 54 43	9.319014	0.023807	17.76	15.84	132.4	0.3
19/04/2016	16 59 38	-20 54 24	9.306805	0.023920	17.78	15.86	133.4	0.3
20/04/2016	16 59 27	-20 54 04	9.294798	0.024033	17.80	15.88	134.4	0.3
21/04/2016	16 59 17	-20 53 44	9.282997	0.024146	17.82	15.90	135.5	0.3
22/04/2016	16 59 06	-20 53 24	9.271406	0.024259	17.85	15.92	136.5	0.3
23/04/2016	16 58 55	-20 53 04	9.260029	0.024372	17.87	15.94	137.5	0.2
24/04/2016	16 58 44	-20 52 43	9.248870	0.024484	17.89	15.96	138.5	0.2
25/04/2016	16 58 32	-20 52 21	9.237930	0.024596	17.91	15.98	139.5	0.2
26/04/2016	16 58 20	-20 51 59	9.227215	0.024708	17.93	16.00	140.6	0.2
27/04/2016	16 58 08	-20 51 37	9.216728	0.024820	17.95	16.02	141.6	0.2
28/04/2016	16 57 55	-20 51 15	9.206472	0.024932	17.97	16.04	142.6	0.2
29/04/2016	16 57 42	-20 50 52	9.196451	0.025044	17.99	16.05	143.6	0.2
30/04/2016	16 57 29	-20 50 28	9.186668	0.025156	18.01	16.07	144.6	0.2
01/05/2016	16 57 15	-20 50 05	9.177127	0.025267	18.03	16.09	145.7	0.2
02/05/2016	16 57 01	-20 49 41	9.167830	0.025378	18.05	16.10	146.7	0.2
03/05/2016	16 56 47	-20 49 16	9.158783	0.025489	18.07	16.12	147.7	0.2
04/05/2016	16 56 32	-20 48 52	9.149988	0.025600	18.08	16.14	148.7	0.2
05/05/2016	16 56 17	-20 48 27	9.141448	0.025711	18.10	16.15	149.8	0.2
06/05/2016	16 56 02	-20 48 01	9.133168	0.025822	18.12	16.17	150.8	0.2
07/05/2016	16 55 47	-20 47 36	9.125149	0.025932	18.13	16.18	151.8	0.1
08/05/2016	16 55 32	-20 47 10	9.117396	0.026043	18.15	16.19	152.8	0.1
09/05/2016	16 55 16	-20 46 44	9.109910	0.026153	18.16	16.21	153.9	0.1
10/05/2016	16 55 00	-20 46 17	9.102695	0.026263	18.18	16.22	154.9	0.1
11/05/2016	16 54 44	-20 45 51	9.095752	0.026373	18.19	16.23	155.9	0.1
12/05/2016	16 54 27	-20 45 24	9.089084	0.026483	18.20	16.24	156.9	0.1
13/05/2016	16 54 11	-20 44 56	9.082693	0.026592	18.22	16.26	158.0	0.1
14/05/2016	16 53 54	-20 44 29	9.076580	0.026702	18.23	16.27	159.0	0.1
15/05/2016	16 53 37	-20 44 01	9.070747	0.026811	18.24	16.28	160.0	0.1
16/05/2016	16 53 20	-20 43 34	9.065196	0.026920	18.25	16.29	161.1	0.1
17/05/2016	16 53 02	-20 43 06	9.059929	0.027029	18.26	16.30	162.1	0.1
18/05/2016	16 52 45	-20 42 37	9.054946	0.027138	18.27	16.30	163.1	0.1
19/05/2016	16 52 27	-20 42 09	9.050250	0.027247	18.28	16.31	164.1	0.1
20/05/2016	16 52 09	-20 41 40	9.045841	0.027355	18.29	16.32	165.2	0.1
21/05/2016	16 51 51	-20 41 12	9.041720	0.027464	18.30	16.33	166.2	0.1
22/05/2016	16 51 33	-20 40 43	9.037890	0.027572	18.31	16.34	167.2	0.1
23/05/2016	16 51 15	-20 40 14	9.034351	0.027680	18.31	16.34	168.2	0.1
24/05/2016	16 50 57	-20 39 45	9.031104	0.027788	18.32	16.35	169.2	0.1
25/05/2016	16 50 38	-20 39 16	9.028151	0.027896	18.33	16.35	170.3	0.0

```
GG/MM/AAAA      A.R.         DECL.         Dist.        RV         D.Eq.    D.Pol.    El.      Mag.
26/05/2016    16 50 20    -20 38 47    9.025492    0.028004    18.33    16.36    171.3    0.0
27/05/2016    16 50 01    -20 38 18    9.023128    0.028111    18.34    16.36    172.3    0.0
28/05/2016    16 49 42    -20 37 49    9.021060    0.028219    18.34    16.37    173.3    0.0
29/05/2016    16 49 24    -20 37 20    9.019290    0.028326    18.35    16.37    174.3    0.0
30/05/2016    16 49 05    -20 36 50    9.017818    0.028433    18.35    16.37    175.2    0.0
31/05/2016    16 48 46    -20 36 21    9.016645    0.028540    18.35    16.37    176.2    0.0
01/06/2016    16 48 27    -20 35 52    9.015772    0.028647    18.35    16.38    177.1    0.0
02/06/2016    16 48 08    -20 35 23    9.015199    0.028753    18.35    16.38    177.8    0.0
03/06/2016    16 47 50    -20 34 54    9.014927    0.028860    18.35    16.38    178.2    0.0
04/06/2016    16 47 31    -20 34 25    9.014956    0.028966    18.35    16.38    178.1    0.0
05/06/2016    16 47 12    -20 33 56    9.015286    0.029072    18.35    16.38    177.5    0.0
06/06/2016    16 46 53    -20 33 27    9.015918    0.029178    18.35    16.38    176.7    0.0
07/06/2016    16 46 34    -20 32 58    9.016850    0.029284    18.35    16.37    175.8    0.0
08/06/2016    16 46 15    -20 32 29    9.018082    0.029390    18.35    16.37    174.8    0.0
09/06/2016    16 45 57    -20 32 01    9.019614    0.029496    18.34    16.37    173.8    0.0
10/06/2016    16 45 38    -20 31 33    9.021444    0.029601    18.34    16.37    172.8    0.0
11/06/2016    16 45 19    -20 31 05    9.023571    0.029706    18.34    16.36    171.8    0.0
12/06/2016    16 45 01    -20 30 37    9.025994    0.029812    18.33    16.36    170.8    0.0
13/06/2016    16 44 42    -20 30 09    9.028711    0.029917    18.33    16.35    169.8    0.1
14/06/2016    16 44 24    -20 29 42    9.031722    0.030021    18.32    16.35    168.8    0.1
15/06/2016    16 44 06    -20 29 15    9.035025    0.030126    18.31    16.34    167.8    0.1
16/06/2016    16 43 47    -20 28 48    9.038619    0.030231    18.31    16.33    166.8    0.1
17/06/2016    16 43 29    -20 28 21    9.042501    0.030335    18.30    16.33    165.7    0.1
18/06/2016    16 43 11    -20 27 55    9.046671    0.030439    18.29    16.32    164.7    0.1
19/06/2016    16 42 54    -20 27 29    9.051126    0.030544    18.28    16.31    163.7    0.1
20/06/2016    16 42 36    -20 27 04    9.055865    0.030647    18.27    16.30    162.7    0.1
21/06/2016    16 42 19    -20 26 38    9.060887    0.030751    18.26    16.29    161.7    0.1
22/06/2016    16 42 01    -20 26 14    9.066189    0.030855    18.25    16.28    160.7    0.1
23/06/2016    16 41 44    -20 25 49    9.071770    0.030958    18.24    16.27    159.7    0.1
24/06/2016    16 41 27    -20 25 25    9.077627    0.031062    18.23    16.26    158.6    0.1
25/06/2016    16 41 10    -20 25 02    9.083760    0.031165    18.21    16.25    157.6    0.1
26/06/2016    16 40 54    -20 24 39    9.090167    0.031268    18.20    16.24    156.6    0.1
27/06/2016    16 40 37    -20 24 16    9.096845    0.031371    18.19    16.23    155.6    0.1
28/06/2016    16 40 21    -20 23 54    9.103792    0.031474    18.17    16.22    154.6    0.1
29/06/2016    16 40 05    -20 23 32    9.111007    0.031576    18.16    16.20    153.6    0.1
30/06/2016    16 39 49    -20 23 11    9.118487    0.031679    18.15    16.19    152.6    0.1
01/07/2016    16 39 34    -20 22 50    9.126230    0.031781    18.13    16.18    151.5    0.2
02/07/2016    16 39 19    -20 22 30    9.134234    0.031883    18.11    16.16    150.5    0.2
03/07/2016    16 39 04    -20 22 10    9.142496    0.031985    18.10    16.15    149.5    0.2
04/07/2016    16 38 49    -20 21 51    9.151013    0.032087    18.08    16.13    148.5    0.2
05/07/2016    16 38 34    -20 21 33    9.159781    0.032189    18.06    16.12    147.5    0.2
06/07/2016    16 38 20    -20 21 15    9.168799    0.032291    18.05    16.10    146.5    0.2
07/07/2016    16 38 06    -20 20 58    9.178061    0.032392    18.03    16.09    145.5    0.2
08/07/2016    16 37 53    -20 20 41    9.187566    0.032493    18.01    16.07    144.5    0.2
09/07/2016    16 37 39    -20 20 26    9.197308    0.032595    17.99    16.05    143.5    0.2
10/07/2016    16 37 26    -20 20 10    9.207285    0.032696    17.97    16.04    142.5    0.2
11/07/2016    16 37 13    -20 19 56    9.217493    0.032796    17.95    16.02    141.5    0.2
12/07/2016    16 37 01    -20 19 42    9.227928    0.032897    17.93    16.00    140.5    0.2
13/07/2016    16 36 49    -20 19 29    9.238587    0.032998    17.91    15.98    139.5    0.2
14/07/2016    16 36 37    -20 19 16    9.249465    0.033098    17.89    15.96    138.5    0.2
15/07/2016    16 36 26    -20 19 04    9.260559    0.033198    17.87    15.94    137.5    0.3
16/07/2016    16 36 14    -20 18 53    9.271866    0.033298    17.85    15.92    136.5    0.3
17/07/2016    16 36 04    -20 18 43    9.283381    0.033398    17.82    15.90    135.5    0.3
18/07/2016    16 35 53    -20 18 34    9.295101    0.033498    17.80    15.88    134.5    0.3
19/07/2016    16 35 43    -20 18 25    9.307022    0.033598    17.78    15.86    133.5    0.3
20/07/2016    16 35 33    -20 18 17    9.319140    0.033697    17.75    15.84    132.5    0.3
21/07/2016    16 35 24    -20 18 10    9.331451    0.033796    17.73    15.82    131.5    0.3
22/07/2016    16 35 15    -20 18 03    9.343953    0.033896    17.71    15.80    130.5    0.3
23/07/2016    16 35 06    -20 17 58    9.356641    0.033995    17.68    15.78    129.5    0.3
24/07/2016    16 34 57    -20 17 53    9.369512    0.034094    17.66    15.76    128.6    0.3
25/07/2016    16 34 49    -20 17 49    9.382561    0.034192    17.63    15.74    127.6    0.3
26/07/2016    16 34 42    -20 17 46    9.395787    0.034291    17.61    15.71    126.6    0.3
27/07/2016    16 34 35    -20 17 43    9.409183    0.034389    17.58    15.69    125.6    0.3
28/07/2016    16 34 28    -20 17 42    9.422748    0.034488    17.56    15.67    124.6    0.3
29/07/2016    16 34 21    -20 17 41    9.436476    0.034586    17.53    15.65    123.6    0.3
30/07/2016    16 34 15    -20 17 41    9.450364    0.034684    17.51    15.62    122.7    0.3
31/07/2016    16 34 09    -20 17 42    9.464407    0.034781    17.48    15.60    121.7    0.4
01/08/2016    16 34 04    -20 17 44    9.478601    0.034879    17.46    15.58    120.7    0.4
02/08/2016    16 33 59    -20 17 47    9.492942    0.034977    17.43    15.55    119.7    0.4
03/08/2016    16 33 54    -20 17 50    9.507423    0.035074    17.40    15.53    118.8    0.4
04/08/2016    16 33 50    -20 17 55    9.522042    0.035171    17.38    15.51    117.8    0.4
05/08/2016    16 33 47    -20 18 00    9.536793    0.035268    17.35    15.48    116.8    0.4
06/08/2016    16 33 43    -20 18 06    9.551672    0.035365    17.32    15.46    115.8    0.4
```

GG/MM/AAAA	A.R.	DECL.	Dist.	RV	D.Eq.	D.Pol.	El.	Mag.
07/08/2016	16 33 40	-20 18 13	9.566672	0.035462	17.30	15.43	114.9	0.4
08/08/2016	16 33 38	-20 18 21	9.581791	0.035559	17.27	15.41	113.9	0.4
09/08/2016	16 33 35	-20 18 30	9.597023	0.035655	17.24	15.38	112.9	0.4
10/08/2016	16 33 34	-20 18 40	9.612363	0.035751	17.21	15.36	112.0	0.4
11/08/2016	16 33 32	-20 18 50	9.627807	0.035848	17.19	15.33	111.0	0.4
12/08/2016	16 33 31	-20 19 01	9.643350	0.035944	17.16	15.31	110.0	0.4
13/08/2016	16 33 31	-20 19 14	9.658987	0.036039	17.13	15.29	109.1	0.4
14/08/2016	16 33 31	-20 19 27	9.674714	0.036135	17.10	15.26	108.1	0.4
15/08/2016	16 33 31	-20 19 41	9.690526	0.036231	17.07	15.24	107.2	0.4
16/08/2016	16 33 32	-20 19 56	9.706419	0.036326	17.05	15.21	106.2	0.4
17/08/2016	16 33 33	-20 20 11	9.722389	0.036421	17.02	15.19	105.3	0.4
18/08/2016	16 33 35	-20 20 28	9.738431	0.036516	16.99	15.16	104.3	0.4
19/08/2016	16 33 36	-20 20 46	9.754542	0.036611	16.96	15.14	103.3	0.4
20/08/2016	16 33 39	-20 21 04	9.770716	0.036706	16.93	15.11	102.4	0.5
21/08/2016	16 33 42	-20 21 23	9.786950	0.036801	16.91	15.09	101.4	0.5
22/08/2016	16 33 45	-20 21 43	9.803239	0.036895	16.88	15.06	100.5	0.5
23/08/2016	16 33 48	-20 22 04	9.819580	0.036990	16.85	15.04	99.5	0.5
24/08/2016	16 33 52	-20 22 25	9.835968	0.037084	16.82	15.01	98.6	0.5
25/08/2016	16 33 57	-20 22 47	9.852399	0.037178	16.79	14.99	97.7	0.5
26/08/2016	16 34 01	-20 23 11	9.868869	0.037272	16.77	14.96	96.7	0.5
27/08/2016	16 34 07	-20 23 35	9.885373	0.037365	16.74	14.94	95.8	0.5
28/08/2016	16 34 12	-20 23 60	9.901906	0.037459	16.71	14.91	94.8	0.5
29/08/2016	16 34 18	-20 24 25	9.918463	0.037552	16.68	14.89	93.9	0.5
30/08/2016	16 34 25	-20 24 52	9.935041	0.037646	16.65	14.86	92.9	0.5
31/08/2016	16 34 31	-20 25 19	9.951633	0.037739	16.63	14.84	92.0	0.5
01/09/2016	16 34 39	-20 25 47	9.968236	0.037832	16.60	14.81	91.1	0.5
02/09/2016	16 34 46	-20 26 15	9.984844	0.037924	16.57	14.79	90.1	0.5
03/09/2016	16 34 54	-20 26 45	10.001452	0.038017	16.54	14.76	89.2	0.5
04/09/2016	16 35 03	-20 27 15	10.018057	0.038110	16.52	14.74	88.3	0.5
05/09/2016	16 35 12	-20 27 46	10.034652	0.038202	16.49	14.71	87.3	0.5
06/09/2016	16 35 21	-20 28 18	10.051234	0.038294	16.46	14.69	86.4	0.5
07/09/2016	16 35 30	-20 28 50	10.067798	0.038386	16.43	14.66	85.5	0.5
08/09/2016	16 35 40	-20 29 23	10.084339	0.038478	16.41	14.64	84.5	0.5
09/09/2016	16 35 51	-20 29 57	10.100853	0.038570	16.38	14.62	83.6	0.5
10/09/2016	16 36 01	-20 30 31	10.117336	0.038661	16.35	14.59	82.7	0.5
11/09/2016	16 36 13	-20 31 06	10.133783	0.038753	16.33	14.57	81.7	0.5
12/09/2016	16 36 24	-20 31 42	10.150190	0.038844	16.30	14.55	80.8	0.5
13/09/2016	16 36 36	-20 32 18	10.166553	0.038935	16.27	14.52	79.9	0.5
14/09/2016	16 36 48	-20 32 56	10.182868	0.039026	16.25	14.50	79.0	0.5
15/09/2016	16 37 01	-20 33 33	10.199131	0.039117	16.22	14.48	78.0	0.5
16/09/2016	16 37 14	-20 34 11	10.215338	0.039208	16.20	14.45	77.1	0.5
17/09/2016	16 37 27	-20 34 50	10.231485	0.039298	16.17	14.43	76.2	0.5
18/09/2016	16 37 41	-20 35 30	10.247570	0.039389	16.15	14.41	75.3	0.5
19/09/2016	16 37 55	-20 36 10	10.263587	0.039479	16.12	14.38	74.4	0.6
20/09/2016	16 38 09	-20 36 50	10.279534	0.039569	16.10	14.36	73.4	0.6
21/09/2016	16 38 24	-20 37 31	10.295407	0.039659	16.07	14.34	72.5	0.6
22/09/2016	16 38 39	-20 38 13	10.311201	0.039749	16.05	14.32	71.6	0.6
23/09/2016	16 38 55	-20 38 55	10.326913	0.039838	16.02	14.30	70.7	0.6
24/09/2016	16 39 11	-20 39 37	10.342539	0.039928	16.00	14.28	69.8	0.6
25/09/2016	16 39 27	-20 40 20	10.358075	0.040017	15.97	14.25	68.9	0.6
26/09/2016	16 39 43	-20 41 04	10.373516	0.040106	15.95	14.23	67.9	0.6
27/09/2016	16 40 00	-20 41 48	10.388858	0.040195	15.93	14.21	67.0	0.6
28/09/2016	16 40 17	-20 42 32	10.404098	0.040284	15.90	14.19	66.1	0.6
29/09/2016	16 40 35	-20 43 17	10.419231	0.040373	15.88	14.17	65.2	0.6
30/09/2016	16 40 53	-20 44 02	10.434252	0.040461	15.86	14.15	64.3	0.6
01/10/2016	16 41 11	-20 44 48	10.449159	0.040549	15.83	14.13	63.4	0.6
02/10/2016	16 41 29	-20 45 34	10.463946	0.040638	15.81	14.11	62.5	0.6
03/10/2016	16 41 48	-20 46 20	10.478611	0.040726	15.79	14.09	61.6	0.6
04/10/2016	16 42 07	-20 47 07	10.493148	0.040814	15.77	14.07	60.7	0.6
05/10/2016	16 42 27	-20 47 54	10.507556	0.040901	15.75	14.05	59.7	0.6
06/10/2016	16 42 47	-20 48 41	10.521828	0.040989	15.73	14.03	58.8	0.6
07/10/2016	16 43 07	-20 49 29	10.535963	0.041076	15.70	14.01	57.9	0.6
08/10/2016	16 43 27	-20 50 17	10.549957	0.041164	15.68	13.99	57.0	0.6
09/10/2016	16 43 48	-20 51 06	10.563806	0.041251	15.66	13.98	56.1	0.6
10/10/2016	16 44 08	-20 51 54	10.577507	0.041338	15.64	13.96	55.2	0.6
11/10/2016	16 44 30	-20 52 43	10.591058	0.041425	15.62	13.94	54.3	0.6
12/10/2016	16 44 51	-20 53 32	10.604454	0.041511	15.60	13.92	53.4	0.6
13/10/2016	16 45 13	-20 54 21	10.617692	0.041598	15.58	13.91	52.5	0.6
14/10/2016	16 45 35	-20 55 11	10.630771	0.041684	15.56	13.89	51.6	0.6
15/10/2016	16 45 57	-20 56 00	10.643687	0.041771	15.55	13.87	50.7	0.6
16/10/2016	16 46 20	-20 56 50	10.656438	0.041857	15.53	13.85	49.8	0.6
17/10/2016	16 46 43	-20 57 40	10.669021	0.041943	15.51	13.84	48.9	0.6
18/10/2016	16 47 06	-20 58 30	10.681433	0.042028	15.49	13.82	48.0	0.6

GG/MM/AAAA	A.R.	DECL.	Dist.	RV	D.Eq.	D.Pol.	El.	Mag.
19/10/2016	16 47 29	-20 59 20	10.693672	0.042114	15.47	13.81	47.1	0.6
20/10/2016	16 47 53	-21 00 11	10.705734	0.042200	15.46	13.79	46.2	0.6
21/10/2016	16 48 17	-21 01 01	10.717617	0.042285	15.44	13.78	45.3	0.6
22/10/2016	16 48 41	-21 01 52	10.729317	0.042370	15.42	13.76	44.4	0.6
23/10/2016	16 49 05	-21 02 42	10.740832	0.042455	15.40	13.75	43.5	0.6
24/10/2016	16 49 30	-21 03 33	10.752159	0.042540	15.39	13.73	42.6	0.6
25/10/2016	16 49 54	-21 04 23	10.763294	0.042625	15.37	13.72	41.7	0.6
26/10/2016	16 50 19	-21 05 14	10.774235	0.042709	15.36	13.70	40.8	0.6
27/10/2016	16 50 45	-21 06 05	10.784978	0.042794	15.34	13.69	39.9	0.6
28/10/2016	16 51 10	-21 06 56	10.795520	0.042878	15.33	13.68	39.0	0.6
29/10/2016	16 51 36	-21 07 46	10.805859	0.042962	15.31	13.66	38.1	0.6
30/10/2016	16 52 02	-21 08 37	10.815992	0.043046	15.30	13.65	37.2	0.6
31/10/2016	16 52 28	-21 09 27	10.825917	0.043130	15.28	13.64	36.3	0.6
01/11/2016	16 52 54	-21 10 18	10.835630	0.043213	15.27	13.63	35.4	0.6
02/11/2016	16 53 20	-21 11 08	10.845130	0.043297	15.26	13.61	34.5	0.6
03/11/2016	16 53 47	-21 11 59	10.854413	0.043380	15.24	13.60	33.6	0.5
04/11/2016	16 54 14	-21 12 49	10.863478	0.043463	15.23	13.59	32.7	0.5
05/11/2016	16 54 41	-21 13 39	10.872322	0.043546	15.22	13.58	31.8	0.5
06/11/2016	16 55 08	-21 14 29	10.880944	0.043629	15.21	13.57	30.9	0.5
07/11/2016	16 55 36	-21 15 19	10.889341	0.043712	15.19	13.56	30.0	0.5
08/11/2016	16 56 03	-21 16 09	10.897511	0.043794	15.18	13.55	29.1	0.5
09/11/2016	16 56 31	-21 16 59	10.905454	0.043877	15.17	13.54	28.2	0.5
10/11/2016	16 56 59	-21 17 48	10.913167	0.043959	15.16	13.53	27.4	0.5
11/11/2016	16 57 27	-21 18 37	10.920648	0.044041	15.15	13.52	26.5	0.5
12/11/2016	16 57 55	-21 19 26	10.927897	0.044123	15.14	13.51	25.6	0.5
13/11/2016	16 58 23	-21 20 15	10.934912	0.044205	15.13	13.50	24.7	0.5
14/11/2016	16 58 52	-21 21 04	10.941692	0.044287	15.12	13.49	23.8	0.5
15/11/2016	16 59 20	-21 21 52	10.948235	0.044368	15.11	13.49	22.9	0.5
16/11/2016	16 59 49	-21 22 40	10.954540	0.044449	15.10	13.48	22.0	0.5
17/11/2016	17 00 18	-21 23 28	10.960605	0.044531	15.10	13.47	21.1	0.5
18/11/2016	17 00 47	-21 24 15	10.966430	0.044612	15.09	13.46	20.2	0.5
19/11/2016	17 01 16	-21 25 02	10.972012	0.044693	15.08	13.46	19.3	0.5
20/11/2016	17 01 45	-21 25 49	10.977350	0.044773	15.07	13.45	18.4	0.5
21/11/2016	17 02 14	-21 26 36	10.982441	0.044854	15.07	13.44	17.5	0.5
22/11/2016	17 02 44	-21 27 22	10.987285	0.044934	15.06	13.44	16.6	0.5
23/11/2016	17 03 13	-21 28 08	10.991880	0.045015	15.05	13.43	15.7	0.5
24/11/2016	17 03 43	-21 28 54	10.996224	0.045095	15.05	13.43	14.8	0.5
25/11/2016	17 04 12	-21 29 39	11.000316	0.045175	15.04	13.42	14.0	0.5
26/11/2016	17 04 42	-21 30 24	11.004155	0.045254	15.04	13.42	13.1	0.5
27/11/2016	17 05 12	-21 31 09	11.007740	0.045334	15.03	13.41	12.2	0.5
28/11/2016	17 05 42	-21 31 53	11.011068	0.045414	15.03	13.41	11.3	0.5
29/11/2016	17 06 12	-21 32 37	11.014140	0.045493	15.02	13.40	10.4	0.5
30/11/2016	17 06 42	-21 33 20	11.016955	0.045572	15.02	13.40	9.5	0.5
01/12/2016	17 07 12	-21 34 03	11.019510	0.045651	15.02	13.40	8.6	0.5
02/12/2016	17 07 42	-21 34 46	11.021807	0.045730	15.01	13.40	7.7	0.5
03/12/2016	17 08 13	-21 35 28	11.023845	0.045809	15.01	13.39	6.8	0.5
04/12/2016	17 08 43	-21 36 10	11.025622	0.045887	15.01	13.39	6.0	0.5
05/12/2016	17 09 13	-21 36 52	11.027138	0.045966	15.00	13.39	5.1	0.4
06/12/2016	17 09 43	-21 37 33	11.028394	0.046044	15.00	13.39	4.2	0.4
07/12/2016	17 10 14	-21 38 13	11.029390	0.046122	15.00	13.39	3.4	0.4
08/12/2016	17 10 44	-21 38 53	11.030125	0.046200	15.00	13.39	2.6	0.4
09/12/2016	17 11 14	-21 39 33	11.030599	0.046278	15.00	13.38	1.9	0.4
10/12/2016	17 11 45	-21 40 12	11.030813	0.046356	15.00	13.38	1.4	0.4
11/12/2016	17 12 15	-21 40 50	11.030766	0.046433	15.00	13.38	1.4	0.4
12/12/2016	17 12 46	-21 41 28	11.030460	0.046511	15.00	13.38	1.9	0.4
13/12/2016	17 13 16	-21 42 06	11.029895	0.046588	15.00	13.39	2.6	0.4
14/12/2016	17 13 46	-21 42 43	11.029070	0.046665	15.00	13.39	3.4	0.4
15/12/2016	17 14 17	-21 43 20	11.027986	0.046742	15.00	13.39	4.3	0.4
16/12/2016	17 14 47	-21 43 56	11.026643	0.046819	15.01	13.39	5.1	0.4
17/12/2016	17 15 18	-21 44 32	11.025041	0.046895	15.01	13.39	6.0	0.5
18/12/2016	17 15 48	-21 45 07	11.023180	0.046972	15.01	13.39	6.9	0.5
19/12/2016	17 16 18	-21 45 42	11.021060	0.047048	15.01	13.40	7.8	0.5
20/12/2016	17 16 48	-21 46 16	11.018680	0.047124	15.02	13.40	8.6	0.5
21/12/2016	17 17 19	-21 46 50	11.016042	0.047200	15.02	13.40	9.5	0.5
22/12/2016	17 17 49	-21 47 23	11.013145	0.047276	15.02	13.41	10.4	0.5
23/12/2016	17 18 19	-21 47 56	11.009990	0.047352	15.03	13.41	11.3	0.5
24/12/2016	17 18 49	-21 48 28	11.006577	0.047427	15.03	13.41	12.2	0.5
25/12/2016	17 19 19	-21 48 59	11.002906	0.047503	15.04	13.42	13.1	0.5
26/12/2016	17 19 49	-21 49 30	10.998979	0.047578	15.04	13.42	14.0	0.5
27/12/2016	17 20 19	-21 50 01	10.994795	0.047653	15.05	13.43	14.9	0.5
28/12/2016	17 20 49	-21 50 31	10.990357	0.047728	15.06	13.43	15.8	0.5
29/12/2016	17 21 18	-21 51 00	10.985664	0.047803	15.06	13.44	16.7	0.5
30/12/2016	17 21 48	-21 51 29	10.980717	0.047878	15.07	13.45	17.6	0.5

GG/MM/AAAA	A.R.	DECL.	Dist.	RV	D.Eq.	D.Pol.	El.	Mag.
31/12/2016	17 22 17	-21 51 58	10.975519	0.047952	15.08	13.45	18.5	0.5
01/01/2017	17 22 47	-21 52 25	10.970069	0.048026	15.08	13.46	19.4	0.5
02/01/2017	17 23 16	-21 52 53	10.964371	0.048101	15.09	13.47	20.3	0.5
03/01/2017	17 23 45	-21 53 20	10.958425	0.048175	15.10	13.47	21.2	0.5
04/01/2017	17 24 14	-21 53 46	10.952232	0.048249	15.11	13.48	22.1	0.5
05/01/2017	17 24 43	-21 54 11	10.945796	0.048322	15.12	13.49	23.0	0.5
06/01/2017	17 25 12	-21 54 37	10.939117	0.048396	15.13	13.50	23.9	0.5
07/01/2017	17 25 41	-21 55 01	10.932197	0.048469	15.14	13.51	24.9	0.5
08/01/2017	17 26 10	-21 55 25	10.925039	0.048543	15.15	13.51	25.8	0.5
09/01/2017	17 26 38	-21 55 49	10.917645	0.048616	15.16	13.52	26.7	0.5
10/01/2017	17 27 06	-21 56 11	10.910015	0.048689	15.17	13.53	27.6	0.5
11/01/2017	17 27 35	-21 56 34	10.902154	0.048762	15.18	13.54	28.5	0.5
12/01/2017	17 28 03	-21 56 56	10.894061	0.048834	15.19	13.55	29.4	0.5
13/01/2017	17 28 30	-21 57 17	10.885739	0.048907	15.20	13.56	30.3	0.5
14/01/2017	17 28 58	-21 57 38	10.877190	0.048979	15.21	13.57	31.2	0.5
15/01/2017	17 29 26	-21 57 58	10.868415	0.049051	15.22	13.58	32.1	0.5
16/01/2017	17 29 53	-21 58 18	10.859415	0.049123	15.24	13.60	33.0	0.5
17/01/2017	17 30 20	-21 58 37	10.850194	0.049195	15.25	13.61	34.0	0.5
18/01/2017	17 30 47	-21 58 56	10.840753	0.049267	15.26	13.62	34.9	0.5
19/01/2017	17 31 14	-21 59 14	10.831092	0.049339	15.28	13.63	35.8	0.5
20/01/2017	17 31 40	-21 59 32	10.821216	0.049410	15.29	13.64	36.7	0.6
21/01/2017	17 32 07	-21 59 49	10.811125	0.049481	15.30	13.66	37.6	0.6
22/01/2017	17 32 33	-22 00 06	10.800822	0.049553	15.32	13.67	38.5	0.6
23/01/2017	17 32 59	-22 00 22	10.790309	0.049624	15.33	13.68	39.4	0.6
24/01/2017	17 33 25	-22 00 38	10.779589	0.049694	15.35	13.70	40.4	0.6
25/01/2017	17 33 50	-22 00 53	10.768664	0.049765	15.36	13.71	41.3	0.6
26/01/2017	17 34 16	-22 01 08	10.757537	0.049836	15.38	13.72	42.2	0.6
27/01/2017	17 34 41	-22 01 22	10.746211	0.049906	15.40	13.74	43.1	0.6
28/01/2017	17 35 06	-22 01 36	10.734688	0.049976	15.41	13.75	44.0	0.6
29/01/2017	17 35 30	-22 01 49	10.722971	0.050046	15.43	13.77	45.0	0.6
30/01/2017	17 35 55	-22 02 02	10.711064	0.050116	15.45	13.78	45.9	0.6
31/01/2017	17 36 19	-22 02 14	10.698970	0.050186	15.47	13.80	46.8	0.6
01/02/2017	17 36 43	-22 02 26	10.686693	0.050256	15.48	13.82	47.7	0.6
02/02/2017	17 37 06	-22 02 38	10.674234	0.050325	15.50	13.83	48.6	0.6
03/02/2017	17 37 30	-22 02 49	10.661599	0.050394	15.52	13.85	49.6	0.6
04/02/2017	17 37 53	-22 02 59	10.648791	0.050464	15.54	13.86	50.5	0.6
05/02/2017	17 38 16	-22 03 10	10.635813	0.050533	15.56	13.88	51.4	0.6
06/02/2017	17 38 38	-22 03 19	10.622668	0.050602	15.58	13.90	52.3	0.6
07/02/2017	17 39 01	-22 03 28	10.609361	0.050670	15.60	13.92	53.3	0.6
08/02/2017	17 39 23	-22 03 37	10.595894	0.050739	15.62	13.93	54.2	0.6
09/02/2017	17 39 44	-22 03 46	10.582271	0.050807	15.64	13.95	55.1	0.6
10/02/2017	17 40 06	-22 03 54	10.568495	0.050875	15.66	13.97	56.1	0.6
11/02/2017	17 40 27	-22 04 02	10.554569	0.050943	15.68	13.99	57.0	0.6
12/02/2017	17 40 48	-22 04 09	10.540497	0.051011	15.70	14.01	57.9	0.6
13/02/2017	17 41 08	-22 04 16	10.526282	0.051079	15.72	14.03	58.8	0.6
14/02/2017	17 41 28	-22 04 22	10.511927	0.051147	15.74	14.04	59.8	0.6
15/02/2017	17 41 48	-22 04 28	10.497435	0.051214	15.76	14.06	60.7	0.6
16/02/2017	17 42 08	-22 04 34	10.482810	0.051282	15.78	14.08	61.6	0.6
17/02/2017	17 42 27	-22 04 40	10.468055	0.051349	15.81	14.10	62.6	0.6
18/02/2017	17 42 46	-22 04 45	10.453173	0.051416	15.83	14.12	63.5	0.6
19/02/2017	17 43 05	-22 04 49	10.438170	0.051483	15.85	14.14	64.5	0.6
20/02/2017	17 43 23	-22 04 54	10.423047	0.051549	15.87	14.16	65.4	0.6
21/02/2017	17 43 41	-22 04 58	10.407810	0.051616	15.90	14.19	66.3	0.6
22/02/2017	17 43 59	-22 05 02	10.392461	0.051682	15.92	14.21	67.3	0.6
23/02/2017	17 44 16	-22 05 05	10.377006	0.051749	15.94	14.23	68.2	0.6
24/02/2017	17 44 33	-22 05 08	10.361447	0.051815	15.97	14.25	69.1	0.6
25/02/2017	17 44 49	-22 05 11	10.345791	0.051881	15.99	14.27	70.1	0.6
26/02/2017	17 45 06	-22 05 14	10.330039	0.051946	16.02	14.29	71.0	0.6
27/02/2017	17 45 21	-22 05 16	10.314198	0.052012	16.04	14.31	72.0	0.6
28/02/2017	17 45 37	-22 05 18	10.298272	0.052077	16.07	14.34	72.9	0.5
01/03/2017	17 45 52	-22 05 20	10.282265	0.052143	16.09	14.36	73.9	0.5
02/03/2017	17 46 07	-22 05 21	10.266183	0.052208	16.12	14.38	74.8	0.5
03/03/2017	17 46 21	-22 05 23	10.250029	0.052273	16.14	14.40	75.8	0.5
04/03/2017	17 46 35	-22 05 24	10.233808	0.052338	16.17	14.43	76.7	0.5
05/03/2017	17 46 49	-22 05 24	10.217526	0.052403	16.19	14.45	77.7	0.5
06/03/2017	17 47 02	-22 05 25	10.201187	0.052467	16.22	14.47	78.6	0.5
07/03/2017	17 47 15	-22 05 25	10.184795	0.052531	16.25	14.50	79.6	0.5
08/03/2017	17 47 27	-22 05 25	10.168354	0.052596	16.27	14.52	80.5	0.5
09/03/2017	17 47 39	-22 05 25	10.151870	0.052660	16.30	14.54	81.5	0.5
10/03/2017	17 47 51	-22 05 25	10.135346	0.052724	16.33	14.57	82.4	0.5
11/03/2017	17 48 02	-22 05 24	10.118787	0.052787	16.35	14.59	83.4	0.5
12/03/2017	17 48 13	-22 05 23	10.102196	0.052851	16.38	14.61	84.3	0.5
13/03/2017	17 48 23	-22 05 23	10.085579	0.052915	16.41	14.64	85.3	0.5

GG/MM/AAAA	A.R.	DECL.	Dist.	RV	D.Eq.	D.Pol.	El.	Mag.
14/03/2017	17 48 33	-22 05 21	10.068938	0.052978	16.43	14.66	86.2	0.5
15/03/2017	17 48 43	-22 05 20	10.052280	0.053041	16.46	14.69	87.2	0.5
16/03/2017	17 48 52	-22 05 19	10.035607	0.053104	16.49	14.71	88.2	0.5
17/03/2017	17 49 01	-22 05 17	10.018924	0.053167	16.51	14.74	89.1	0.5
18/03/2017	17 49 09	-22 05 15	10.002236	0.053230	16.54	14.76	90.1	0.5
19/03/2017	17 49 17	-22 05 13	9.985548	0.053292	16.57	14.79	91.1	0.5
20/03/2017	17 49 25	-22 05 11	9.968863	0.053354	16.60	14.81	92.0	0.5
21/03/2017	17 49 32	-22 05 09	9.952187	0.053417	16.63	14.83	93.0	0.5
22/03/2017	17 49 39	-22 05 07	9.935525	0.053479	16.65	14.86	94.0	0.5
23/03/2017	17 49 45	-22 05 04	9.918880	0.053541	16.68	14.88	94.9	0.5
24/03/2017	17 49 51	-22 05 02	9.902258	0.053602	16.71	14.91	95.9	0.5
25/03/2017	17 49 56	-22 04 59	9.885664	0.053664	16.74	14.93	96.9	0.5
26/03/2017	17 50 02	-22 04 57	9.869103	0.053725	16.77	14.96	97.8	0.5
27/03/2017	17 50 06	-22 04 54	9.852581	0.053787	16.79	14.98	98.8	0.5
28/03/2017	17 50 10	-22 04 51	9.836101	0.053848	16.82	15.01	99.8	0.5
29/03/2017	17 50 14	-22 04 48	9.819670	0.053909	16.85	15.04	100.8	0.5
30/03/2017	17 50 17	-22 04 44	9.803292	0.053970	16.88	15.06	101.7	0.5
31/03/2017	17 50 20	-22 04 41	9.786974	0.054030	16.91	15.09	102.7	0.4
01/04/2017	17 50 23	-22 04 38	9.770720	0.054091	16.93	15.11	103.7	0.4
02/04/2017	17 50 25	-22 04 34	9.754534	0.054151	16.96	15.14	104.7	0.4
03/04/2017	17 50 26	-22 04 31	9.738423	0.054211	16.99	15.16	105.6	0.4
04/04/2017	17 50 27	-22 04 27	9.722390	0.054271	17.02	15.19	106.6	0.4
05/04/2017	17 50 28	-22 04 24	9.706441	0.054331	17.05	15.21	107.6	0.4
06/04/2017	17 50 29	-22 04 20	9.690580	0.054391	17.07	15.24	108.6	0.4
07/04/2017	17 50 28	-22 04 16	9.674811	0.054451	17.10	15.26	109.6	0.4
08/04/2017	17 50 28	-22 04 12	9.659139	0.054510	17.13	15.29	110.6	0.4
09/04/2017	17 50 27	-22 04 08	9.643568	0.054569	17.16	15.31	111.5	0.4
10/04/2017	17 50 26	-22 04 04	9.628103	0.054628	17.19	15.33	112.5	0.4
11/04/2017	17 50 24	-22 04 00	9.612748	0.054687	17.21	15.36	113.5	0.4
12/04/2017	17 50 21	-22 03 56	9.597507	0.054746	17.24	15.38	114.5	0.4
13/04/2017	17 50 19	-22 03 52	9.582385	0.054805	17.27	15.41	115.5	0.4
14/04/2017	17 50 16	-22 03 48	9.567386	0.054863	17.29	15.43	116.5	0.4
15/04/2017	17 50 12	-22 03 44	9.552514	0.054921	17.32	15.46	117.5	0.4
16/04/2017	17 50 08	-22 03 39	9.537775	0.054980	17.35	15.48	118.5	0.4
17/04/2017	17 50 04	-22 03 35	9.523172	0.055038	17.37	15.50	119.5	0.4
18/04/2017	17 49 59	-22 03 31	9.508709	0.055095	17.40	15.53	120.5	0.4
19/04/2017	17 49 54	-22 03 26	9.494393	0.055153	17.43	15.55	121.5	0.3
20/04/2017	17 49 49	-22 03 22	9.480226	0.055211	17.45	15.57	122.5	0.3
21/04/2017	17 49 43	-22 03 18	9.466214	0.055268	17.48	15.60	123.5	0.3
22/04/2017	17 49 36	-22 03 13	9.452362	0.055325	17.50	15.62	124.5	0.3
23/04/2017	17 49 30	-22 03 09	9.438673	0.055382	17.53	15.64	125.5	0.3
24/04/2017	17 49 22	-22 03 04	9.425153	0.055439	17.56	15.66	126.5	0.3
25/04/2017	17 49 15	-22 02 59	9.411807	0.055496	17.58	15.69	127.5	0.3
26/04/2017	17 49 07	-22 02 55	9.398638	0.055553	17.60	15.71	128.5	0.3
27/04/2017	17 48 59	-22 02 50	9.385652	0.055609	17.63	15.73	129.5	0.3
28/04/2017	17 48 50	-22 02 45	9.372853	0.055665	17.65	15.75	130.5	0.3
29/04/2017	17 48 41	-22 02 40	9.360246	0.055721	17.68	15.77	131.5	0.3
30/04/2017	17 48 31	-22 02 36	9.347835	0.055777	17.70	15.79	132.5	0.3
01/05/2017	17 48 21	-22 02 31	9.335624	0.055833	17.72	15.81	133.5	0.3
02/05/2017	17 48 11	-22 02 26	9.323616	0.055889	17.75	15.84	134.5	0.3
03/05/2017	17 48 01	-22 02 21	9.311816	0.055944	17.77	15.86	135.5	0.3
04/05/2017	17 47 50	-22 02 16	9.300227	0.055999	17.79	15.87	136.5	0.3
05/05/2017	17 47 39	-22 02 11	9.288853	0.056055	17.81	15.89	137.5	0.3
06/05/2017	17 47 27	-22 02 06	9.277696	0.056110	17.83	15.91	138.6	0.2
07/05/2017	17 47 15	-22 02 01	9.266760	0.056164	17.86	15.93	139.6	0.2
08/05/2017	17 47 03	-22 01 56	9.256049	0.056219	17.88	15.95	140.6	0.2
09/05/2017	17 46 50	-22 01 51	9.245565	0.056274	17.90	15.97	141.6	0.2
10/05/2017	17 46 38	-22 01 45	9.235311	0.056328	17.92	15.99	142.6	0.2
11/05/2017	17 46 24	-22 01 40	9.225292	0.056382	17.94	16.00	143.6	0.2
12/05/2017	17 46 11	-22 01 35	9.215510	0.056436	17.95	16.02	144.6	0.2
13/05/2017	17 45 57	-22 01 29	9.205967	0.056490	17.97	16.04	145.7	0.2
14/05/2017	17 45 43	-22 01 24	9.196668	0.056544	17.99	16.05	146.7	0.2
15/05/2017	17 45 29	-22 01 18	9.187615	0.056597	18.01	16.07	147.7	0.2
16/05/2017	17 45 14	-22 01 13	9.178812	0.056651	18.03	16.08	148.7	0.2
17/05/2017	17 44 59	-22 01 07	9.170260	0.056704	18.04	16.10	149.7	0.2
18/05/2017	17 44 44	-22 01 02	9.161964	0.056757	18.06	16.11	150.8	0.2
19/05/2017	17 44 29	-22 00 56	9.153926	0.056810	18.08	16.13	151.8	0.2
20/05/2017	17 44 13	-22 00 51	9.146149	0.056863	18.09	16.14	152.8	0.1
21/05/2017	17 43 57	-22 00 45	9.138636	0.056916	18.11	16.16	153.8	0.1
22/05/2017	17 43 41	-22 00 39	9.131391	0.056968	18.12	16.17	154.9	0.1
23/05/2017	17 43 24	-22 00 33	9.124415	0.057020	18.13	16.18	155.9	0.1
24/05/2017	17 43 08	-22 00 27	9.117712	0.057072	18.15	16.19	156.9	0.1
25/05/2017	17 42 51	-22 00 21	9.111284	0.057124	18.16	16.20	157.9	0.1

GG/MM/AAAA	A.R.	DECL.	Dist.	RV	D.Eq.	D.Pol.	El.	Mag.
26/05/2017	17 42 34	-22 00 15	9.105134	0.057176	18.17	16.22	159.0	0.1
27/05/2017	17 42 17	-22 00 09	9.099264	0.057228	18.18	16.23	160.0	0.1
28/05/2017	17 41 59	-22 00 03	9.093676	0.057279	18.20	16.24	161.0	0.1
29/05/2017	17 41 42	-21 59 57	9.088372	0.057331	18.21	16.24	162.0	0.1
30/05/2017	17 41 24	-21 59 51	9.083354	0.057382	18.22	16.25	163.1	0.1
31/05/2017	17 41 06	-21 59 45	9.078623	0.057433	18.23	16.26	164.1	0.1
01/06/2017	17 40 48	-21 59 39	9.074180	0.057484	18.23	16.27	165.1	0.1
02/06/2017	17 40 30	-21 59 33	9.070026	0.057535	18.24	16.28	166.1	0.1
03/06/2017	17 40 12	-21 59 26	9.066163	0.057585	18.25	16.28	167.1	0.1
04/06/2017	17 39 53	-21 59 20	9.062591	0.057636	18.26	16.29	168.2	0.1
05/06/2017	17 39 35	-21 59 14	9.059311	0.057686	18.26	16.30	169.2	0.1
06/06/2017	17 39 16	-21 59 07	9.056324	0.057736	18.27	16.30	170.2	0.1
07/06/2017	17 38 58	-21 59 01	9.053631	0.057786	18.28	16.31	171.2	0.0
08/06/2017	17 38 39	-21 58 55	9.051232	0.057836	18.28	16.31	172.2	0.0
09/06/2017	17 38 20	-21 58 48	9.049127	0.057885	18.28	16.32	173.2	0.0
10/06/2017	17 38 01	-21 58 42	9.047319	0.057935	18.29	16.32	174.2	0.0
11/06/2017	17 37 42	-21 58 35	9.045806	0.057984	18.29	16.32	175.2	0.0
12/06/2017	17 37 23	-21 58 29	9.044590	0.058033	18.29	16.32	176.2	0.0
13/06/2017	17 37 04	-21 58 22	9.043671	0.058082	18.30	16.33	177.1	0.0
14/06/2017	17 36 45	-21 58 16	9.043049	0.058131	18.30	16.33	178.0	0.0
15/06/2017	17 36 26	-21 58 10	9.042726	0.058179	18.30	16.33	178.5	0.0
16/06/2017	17 36 07	-21 58 03	9.042700	0.058228	18.30	16.33	178.5	0.0
17/06/2017	17 35 48	-21 57 57	9.042972	0.058276	18.30	16.33	177.9	0.0
18/06/2017	17 35 29	-21 57 51	9.043543	0.058324	18.30	16.33	177.0	0.0
19/06/2017	17 35 10	-21 57 44	9.044412	0.058372	18.29	16.32	176.1	0.0
20/06/2017	17 34 51	-21 57 38	9.045580	0.058420	18.29	16.32	175.1	0.0
21/06/2017	17 34 32	-21 57 32	9.047046	0.058468	18.29	16.32	174.1	0.0
22/06/2017	17 34 13	-21 57 25	9.048811	0.058516	18.29	16.32	173.1	0.0
23/06/2017	17 33 54	-21 57 19	9.050874	0.058563	18.28	16.31	172.1	0.0
24/06/2017	17 33 35	-21 57 13	9.053234	0.058610	18.28	16.31	171.1	0.0
25/06/2017	17 33 16	-21 57 07	9.055890	0.058657	18.27	16.30	170.1	0.1
26/06/2017	17 32 58	-21 57 01	9.058842	0.058704	18.27	16.30	169.1	0.1
27/06/2017	17 32 39	-21 56 55	9.062088	0.058751	18.26	16.29	168.0	0.1
28/06/2017	17 32 21	-21 56 50	9.065625	0.058797	18.25	16.29	167.0	0.1
29/06/2017	17 32 03	-21 56 44	9.069454	0.058844	18.24	16.28	166.0	0.1
30/06/2017	17 31 44	-21 56 38	9.073571	0.058890	18.24	16.27	165.0	0.1
01/07/2017	17 31 26	-21 56 33	9.077976	0.058936	18.23	16.26	164.0	0.1
02/07/2017	17 31 08	-21 56 28	9.082665	0.058982	18.22	16.26	162.9	0.1
03/07/2017	17 30 51	-21 56 22	9.087638	0.059028	18.21	16.25	161.9	0.1
04/07/2017	17 30 33	-21 56 17	9.092892	0.059074	18.20	16.24	160.9	0.1
05/07/2017	17 30 16	-21 56 12	9.098425	0.059119	18.19	16.23	159.9	0.1
06/07/2017	17 29 59	-21 56 07	9.104234	0.059165	18.17	16.22	158.9	0.1
07/07/2017	17 29 42	-21 56 03	9.110319	0.059210	18.16	16.21	157.8	0.1
08/07/2017	17 29 25	-21 55 58	9.116676	0.059255	18.15	16.19	156.8	0.1
09/07/2017	17 29 08	-21 55 54	9.123303	0.059300	18.14	16.18	155.8	0.1
10/07/2017	17 28 52	-21 55 50	9.130199	0.059344	18.12	16.17	154.8	0.1
11/07/2017	17 28 36	-21 55 46	9.137360	0.059389	18.11	16.16	153.8	0.1
12/07/2017	17 28 20	-21 55 42	9.144785	0.059433	18.09	16.14	152.8	0.1
13/07/2017	17 28 04	-21 55 39	9.152471	0.059478	18.08	16.13	151.8	0.1
14/07/2017	17 27 49	-21 55 35	9.160417	0.059522	18.06	16.12	150.7	0.2
15/07/2017	17 27 33	-21 55 32	9.168618	0.059565	18.05	16.10	149.7	0.2
16/07/2017	17 27 18	-21 55 29	9.177074	0.059609	18.03	16.09	148.7	0.2
17/07/2017	17 27 04	-21 55 27	9.185782	0.059653	18.01	16.07	147.7	0.2
18/07/2017	17 26 49	-21 55 24	9.194739	0.059696	18.00	16.06	146.7	0.2
19/07/2017	17 26 35	-21 55 22	9.203942	0.059740	17.98	16.04	145.7	0.2
20/07/2017	17 26 21	-21 55 20	9.213389	0.059783	17.96	16.02	144.7	0.2
21/07/2017	17 26 08	-21 55 18	9.223076	0.059826	17.94	16.01	143.7	0.2
22/07/2017	17 25 55	-21 55 17	9.233001	0.059868	17.92	15.99	142.7	0.2
23/07/2017	17 25 42	-21 55 16	9.243159	0.059911	17.90	15.97	141.7	0.2
24/07/2017	17 25 29	-21 55 15	9.253549	0.059954	17.88	15.95	140.7	0.2
25/07/2017	17 25 17	-21 55 15	9.264164	0.059996	17.86	15.94	139.7	0.2
26/07/2017	17 25 05	-21 55 15	9.275003	0.060038	17.84	15.92	138.7	0.2
27/07/2017	17 24 53	-21 55 15	9.286060	0.060080	17.82	15.90	137.7	0.2
28/07/2017	17 24 42	-21 55 15	9.297332	0.060122	17.80	15.88	136.7	0.3
29/07/2017	17 24 31	-21 55 16	9.308815	0.060164	17.77	15.86	135.7	0.3
30/07/2017	17 24 20	-21 55 17	9.320505	0.060205	17.75	15.84	134.7	0.3
31/07/2017	17 24 10	-21 55 18	9.332397	0.060247	17.73	15.82	133.7	0.3
01/08/2017	17 24 00	-21 55 20	9.344487	0.060288	17.71	15.80	132.7	0.3
02/08/2017	17 23 50	-21 55 22	9.356772	0.060329	17.68	15.78	131.7	0.3
03/08/2017	17 23 41	-21 55 24	9.369248	0.060370	17.66	15.76	130.7	0.3
04/08/2017	17 23 32	-21 55 27	9.381910	0.060411	17.64	15.74	129.7	0.3
05/08/2017	17 23 24	-21 55 30	9.394755	0.060451	17.61	15.72	128.7	0.3
06/08/2017	17 23 16	-21 55 34	9.407778	0.060492	17.59	15.69	127.7	0.3

GG/MM/AAAA	A.R.	DECL.	Dist.	RV	D.Eq.	D.Pol.	El.	Mag.
07/08/2017	17 23 08	-21 55 38	9.420975	0.060532	17.56	15.67	126.7	0.3
08/08/2017	17 23 01	-21 55 42	9.434343	0.060572	17.54	15.65	125.8	0.3
09/08/2017	17 22 54	-21 55 47	9.447878	0.060612	17.51	15.63	124.8	0.3
10/08/2017	17 22 47	-21 55 52	9.461576	0.060652	17.49	15.60	123.8	0.3
11/08/2017	17 22 41	-21 55 57	9.475432	0.060691	17.46	15.58	122.8	0.3
12/08/2017	17 22 35	-21 56 03	9.489443	0.060731	17.44	15.56	121.8	0.3
13/08/2017	17 22 30	-21 56 09	9.503605	0.060770	17.41	15.54	120.8	0.3
14/08/2017	17 22 25	-21 56 15	9.517914	0.060809	17.38	15.51	119.9	0.4
15/08/2017	17 22 20	-21 56 22	9.532365	0.060849	17.36	15.49	118.9	0.4
16/08/2017	17 22 16	-21 56 29	9.546956	0.060887	17.33	15.46	117.9	0.4
17/08/2017	17 22 12	-21 56 37	9.561682	0.060926	17.30	15.44	116.9	0.4
18/08/2017	17 22 09	-21 56 45	9.576537	0.060965	17.28	15.42	116.0	0.4
19/08/2017	17 22 06	-21 56 54	9.591518	0.061003	17.25	15.39	115.0	0.4
20/08/2017	17 22 03	-21 57 03	9.606621	0.061041	17.22	15.37	114.0	0.4
21/08/2017	17 22 01	-21 57 12	9.621839	0.061079	17.20	15.34	113.0	0.4
22/08/2017	17 21 59	-21 57 21	9.637169	0.061117	17.17	15.32	112.1	0.4
23/08/2017	17 21 58	-21 57 31	9.652606	0.061155	17.14	15.30	111.1	0.4
24/08/2017	17 21 57	-21 57 42	9.668144	0.061193	17.11	15.27	110.1	0.4
25/08/2017	17 21 57	-21 57 53	9.683779	0.061230	17.09	15.25	109.2	0.4
26/08/2017	17 21 57	-21 58 04	9.699505	0.061267	17.06	15.22	108.2	0.4
27/08/2017	17 21 57	-21 58 15	9.715318	0.061305	17.03	15.20	107.2	0.4
28/08/2017	17 21 58	-21 58 27	9.731213	0.061342	17.00	15.17	106.3	0.4
29/08/2017	17 21 59	-21 58 40	9.747185	0.061378	16.98	15.15	105.3	0.4
30/08/2017	17 22 01	-21 58 52	9.763230	0.061415	16.95	15.12	104.4	0.4
31/08/2017	17 22 03	-21 59 06	9.779342	0.061452	16.92	15.10	103.4	0.4
01/09/2017	17 22 05	-21 59 19	9.795518	0.061488	16.89	15.07	102.5	0.4
02/09/2017	17 22 08	-21 59 33	9.811752	0.061524	16.86	15.05	101.5	0.4
03/09/2017	17 22 11	-21 59 47	9.828041	0.061560	16.84	15.02	100.5	0.5
04/09/2017	17 22 15	-22 00 02	9.844379	0.061596	16.81	15.00	99.6	0.5
05/09/2017	17 22 19	-22 00 17	9.860763	0.061632	16.78	14.97	98.6	0.5
06/09/2017	17 22 24	-22 00 32	9.877187	0.061667	16.75	14.95	97.7	0.5
07/09/2017	17 22 29	-22 00 48	9.893649	0.061703	16.72	14.92	96.7	0.5
08/09/2017	17 22 34	-22 01 04	9.910143	0.061738	16.70	14.90	95.8	0.5
09/09/2017	17 22 40	-22 01 20	9.926665	0.061773	16.67	14.87	94.8	0.5
10/09/2017	17 22 46	-22 01 37	9.943212	0.061808	16.64	14.85	93.9	0.5
11/09/2017	17 22 53	-22 01 53	9.959778	0.061843	16.61	14.82	92.9	0.5
12/09/2017	17 23 00	-22 02 11	9.976360	0.061877	16.59	14.80	92.0	0.5
13/09/2017	17 23 07	-22 02 28	9.992954	0.061912	16.56	14.77	91.1	0.5
14/09/2017	17 23 15	-22 02 46	10.009555	0.061946	16.53	14.75	90.1	0.5
15/09/2017	17 23 23	-22 03 04	10.026158	0.061980	16.50	14.73	89.2	0.5
16/09/2017	17 23 32	-22 03 23	10.042759	0.062014	16.48	14.70	88.2	0.5
17/09/2017	17 23 41	-22 03 42	10.059353	0.062048	16.45	14.68	87.3	0.5
18/09/2017	17 23 50	-22 04 01	10.075936	0.062082	16.42	14.65	86.4	0.5
19/09/2017	17 24 00	-22 04 20	10.092502	0.062115	16.39	14.63	85.4	0.5
20/09/2017	17 24 11	-22 04 40	10.109046	0.062149	16.37	14.60	84.5	0.5
21/09/2017	17 24 21	-22 04 59	10.125565	0.062182	16.34	14.58	83.5	0.5
22/09/2017	17 24 32	-22 05 19	10.142052	0.062215	16.31	14.56	82.6	0.5
23/09/2017	17 24 44	-22 05 40	10.158505	0.062248	16.29	14.53	81.7	0.5
24/09/2017	17 24 55	-22 06 00	10.174917	0.062281	16.26	14.51	80.7	0.5
25/09/2017	17 25 08	-22 06 21	10.191284	0.062313	16.24	14.49	79.8	0.5
26/09/2017	17 25 20	-22 06 42	10.207602	0.062346	16.21	14.46	78.9	0.5
27/09/2017	17 25 33	-22 07 03	10.223867	0.062378	16.18	14.44	77.9	0.5
28/09/2017	17 25 47	-22 07 24	10.240074	0.062410	16.16	14.42	77.0	0.5
29/09/2017	17 26 00	-22 07 46	10.256219	0.062442	16.13	14.40	76.1	0.5
30/09/2017	17 26 14	-22 08 07	10.272298	0.062474	16.11	14.37	75.2	0.5
01/10/2017	17 26 29	-22 08 29	10.288307	0.062506	16.08	14.35	74.2	0.5
02/10/2017	17 26 44	-22 08 51	10.304241	0.062537	16.06	14.33	73.3	0.5
03/10/2017	17 26 59	-22 09 14	10.320098	0.062568	16.03	14.31	72.4	0.5
04/10/2017	17 27 14	-22 09 36	10.335874	0.062600	16.01	14.28	71.5	0.5
05/10/2017	17 27 30	-22 09 58	10.351564	0.062631	15.98	14.26	70.5	0.6
06/10/2017	17 27 47	-22 10 21	10.367165	0.062662	15.96	14.24	69.6	0.6
07/10/2017	17 28 03	-22 10 43	10.382673	0.062692	15.94	14.22	68.7	0.6
08/10/2017	17 28 20	-22 11 06	10.398086	0.062723	15.91	14.20	67.8	0.6
09/10/2017	17 28 37	-22 11 29	10.413399	0.062753	15.89	14.18	66.9	0.6
10/10/2017	17 28 55	-22 11 51	10.428608	0.062783	15.87	14.16	65.9	0.6
11/10/2017	17 29 13	-22 12 14	10.443710	0.062813	15.84	14.14	65.0	0.6
12/10/2017	17 29 31	-22 12 37	10.458702	0.062843	15.82	14.12	64.1	0.6
13/10/2017	17 29 50	-22 13 00	10.473579	0.062873	15.80	14.10	63.2	0.6
14/10/2017	17 30 09	-22 13 23	10.488337	0.062903	15.78	14.08	62.3	0.6
15/10/2017	17 30 28	-22 13 46	10.502973	0.062932	15.75	14.06	61.3	0.6
16/10/2017	17 30 48	-22 14 09	10.517481	0.062962	15.73	14.04	60.4	0.6
17/10/2017	17 31 08	-22 14 32	10.531860	0.062991	15.71	14.02	59.5	0.6
18/10/2017	17 31 28	-22 14 55	10.546103	0.063020	15.69	14.00	58.6	0.6

GG/MM/AAAA	A.R.	DECL.	Dist.	RV	D.Eq.	D.Pol.	El.	Mag.
19/10/2017	17 31 48	-22 15 18	10.560208	0.063048	15.67	13.98	57.7	0.6
20/10/2017	17 32 09	-22 15 41	10.574171	0.063077	15.65	13.96	56.8	0.6
21/10/2017	17 32 30	-22 16 04	10.587988	0.063106	15.63	13.94	55.9	0.6
22/10/2017	17 32 52	-22 16 26	10.601654	0.063134	15.61	13.93	54.9	0.6
23/10/2017	17 33 13	-22 16 49	10.615168	0.063162	15.59	13.91	54.0	0.6
24/10/2017	17 33 35	-22 17 12	10.628524	0.063190	15.57	13.89	53.1	0.6
25/10/2017	17 33 57	-22 17 34	10.641721	0.063218	15.55	13.87	52.2	0.6
26/10/2017	17 34 20	-22 17 57	10.654754	0.063246	15.53	13.86	51.3	0.6
27/10/2017	17 34 43	-22 18 19	10.667621	0.063273	15.51	13.84	50.4	0.6
28/10/2017	17 35 06	-22 18 41	10.680318	0.063301	15.49	13.82	49.5	0.6
29/10/2017	17 35 29	-22 19 04	10.692842	0.063328	15.47	13.81	48.6	0.6
30/10/2017	17 35 53	-22 19 25	10.705191	0.063355	15.46	13.79	47.7	0.6
31/10/2017	17 36 17	-22 19 47	10.717362	0.063382	15.44	13.78	46.8	0.6
01/11/2017	17 36 41	-22 20 09	10.729352	0.063409	15.42	13.76	45.9	0.6
02/11/2017	17 37 05	-22 20 30	10.741158	0.063435	15.40	13.75	45.0	0.6
03/11/2017	17 37 30	-22 20 52	10.752779	0.063462	15.39	13.73	44.1	0.6
04/11/2017	17 37 55	-22 21 13	10.764211	0.063488	15.37	13.72	43.1	0.6
05/11/2017	17 38 20	-22 21 33	10.775453	0.063514	15.36	13.70	42.2	0.6
06/11/2017	17 38 45	-22 21 54	10.786501	0.063540	15.34	13.69	41.3	0.6
07/11/2017	17 39 10	-22 22 14	10.797354	0.063566	15.32	13.67	40.4	0.6
08/11/2017	17 39 36	-22 22 35	10.808008	0.063592	15.31	13.66	39.5	0.6
09/11/2017	17 40 02	-22 22 54	10.818462	0.063617	15.29	13.65	38.6	0.6
10/11/2017	17 40 28	-22 23 14	10.828712	0.063642	15.28	13.63	37.7	0.6
11/11/2017	17 40 55	-22 23 34	10.838756	0.063668	15.27	13.62	36.8	0.6
12/11/2017	17 41 21	-22 23 53	10.848590	0.063693	15.25	13.61	35.9	0.6
13/11/2017	17 41 48	-22 24 12	10.858212	0.063718	15.24	13.60	35.0	0.5
14/11/2017	17 42 15	-22 24 30	10.867620	0.063742	15.23	13.59	34.1	0.5
15/11/2017	17 42 42	-22 24 49	10.876811	0.063767	15.21	13.57	33.2	0.5
16/11/2017	17 43 09	-22 25 07	10.885782	0.063791	15.20	13.56	32.3	0.5
17/11/2017	17 43 37	-22 25 24	10.894531	0.063815	15.19	13.55	31.4	0.5
18/11/2017	17 44 05	-22 25 42	10.903054	0.063839	15.18	13.54	30.5	0.5
19/11/2017	17 44 32	-22 25 59	10.911351	0.063863	15.16	13.53	29.6	0.5
20/11/2017	17 45 01	-22 26 15	10.919419	0.063887	15.15	13.52	28.7	0.5
21/11/2017	17 45 29	-22 26 32	10.927256	0.063911	15.14	13.51	27.8	0.5
22/11/2017	17 45 57	-22 26 48	10.934860	0.063934	15.13	13.50	26.9	0.5
23/11/2017	17 46 26	-22 27 03	10.942229	0.063957	15.12	13.49	26.0	0.5
24/11/2017	17 46 54	-22 27 19	10.949361	0.063981	15.11	13.48	25.1	0.5
25/11/2017	17 47 23	-22 27 34	10.956255	0.064003	15.10	13.48	24.2	0.5
26/11/2017	17 47 52	-22 27 48	10.962909	0.064026	15.09	13.47	23.3	0.5
27/11/2017	17 48 21	-22 28 03	10.969322	0.064049	15.08	13.46	22.4	0.5
28/11/2017	17 48 50	-22 28 16	10.975493	0.064071	15.08	13.45	21.5	0.5
29/11/2017	17 49 19	-22 28 30	10.981420	0.064094	15.07	13.44	20.6	0.5
30/11/2017	17 49 49	-22 28 43	10.987103	0.064116	15.06	13.44	19.7	0.5
01/12/2017	17 50 18	-22 28 55	10.992539	0.064138	15.05	13.43	18.8	0.5
02/12/2017	17 50 48	-22 29 08	10.997730	0.064160	15.04	13.42	17.9	0.5
03/12/2017	17 51 18	-22 29 19	11.002672	0.064181	15.04	13.42	17.0	0.5
04/12/2017	17 51 47	-22 29 31	11.007367	0.064203	15.03	13.41	16.1	0.5
05/12/2017	17 52 17	-22 29 42	11.011811	0.064224	15.03	13.41	15.2	0.5
06/12/2017	17 52 47	-22 29 52	11.016006	0.064245	15.02	13.40	14.3	0.5
07/12/2017	17 53 17	-22 30 02	11.019949	0.064266	15.01	13.40	13.4	0.5
08/12/2017	17 53 47	-22 30 12	11.023638	0.064287	15.01	13.39	12.5	0.5
09/12/2017	17 54 18	-22 30 21	11.027074	0.064308	15.00	13.39	11.6	0.5
10/12/2017	17 54 48	-22 30 30	11.030255	0.064329	15.00	13.39	10.7	0.5
11/12/2017	17 55 18	-22 30 39	11.033179	0.064349	15.00	13.38	9.8	0.5
12/12/2017	17 55 49	-22 30 47	11.035845	0.064369	14.99	13.38	8.9	0.5
13/12/2017	17 56 19	-22 30 54	11.038252	0.064389	14.99	13.38	8.0	0.5
14/12/2017	17 56 50	-22 31 01	11.040400	0.064409	14.99	13.37	7.1	0.5
15/12/2017	17 57 20	-22 31 08	11.042288	0.064429	14.98	13.37	6.2	0.5
16/12/2017	17 57 51	-22 31 14	11.043915	0.064449	14.98	13.37	5.4	0.5
17/12/2017	17 58 21	-22 31 20	11.045279	0.064468	14.98	13.37	4.5	0.5
18/12/2017	17 58 52	-22 31 25	11.046382	0.064487	14.98	13.37	3.6	0.5
19/12/2017	17 59 23	-22 31 30	11.047222	0.064507	14.98	13.36	2.7	0.4
20/12/2017	17 59 53	-22 31 34	11.047799	0.064526	14.98	13.36	1.9	0.4
21/12/2017	18 00 24	-22 31 38	11.048113	0.064544	14.98	13.36	1.1	0.4
22/12/2017	18 00 55	-22 31 41	11.048165	0.064563	14.98	13.36	0.8	0.4
23/12/2017	18 01 25	-22 31 44	11.047953	0.064582	14.98	13.36	1.3	0.4
24/12/2017	18 01 56	-22 31 47	11.047479	0.064600	14.98	13.36	2.1	0.4
25/12/2017	18 02 27	-22 31 49	11.046742	0.064618	14.98	13.37	2.9	0.4
26/12/2017	18 02 57	-22 31 51	11.045743	0.064636	14.98	13.37	3.8	0.5
27/12/2017	18 03 28	-22 31 52	11.044483	0.064654	14.98	13.37	4.7	0.5
28/12/2017	18 03 59	-22 31 53	11.042962	0.064672	14.98	13.37	5.6	0.5
29/12/2017	18 04 29	-22 31 53	11.041181	0.064689	14.99	13.37	6.5	0.5
30/12/2017	18 05 00	-22 31 53	11.039141	0.064707	14.99	13.37	7.4	0.5

GG/MM/AAAA	A.R.	DECL.	Dist.	RV	D.Eq.	D.Pol.	El.	Mag.
31/12/2017	18 05 30	-22 31 52	11.036842	0.064724	14.99	13.38	8.3	0.5
01/01/2018	18 06 01	-22 31 51	11.034285	0.064741	15.00	13.38	9.2	0.5
02/01/2018	18 06 31	-22 31 50	11.031471	0.064758	15.00	13.38	10.1	0.5
03/01/2018	18 07 01	-22 31 48	11.028401	0.064775	15.00	13.39	11.0	0.5
04/01/2018	18 07 32	-22 31 46	11.025074	0.064791	15.01	13.39	11.9	0.5
05/01/2018	18 08 02	-22 31 43	11.021492	0.064808	15.01	13.40	12.8	0.5
06/01/2018	18 08 32	-22 31 40	11.017655	0.064824	15.02	13.40	13.7	0.5
07/01/2018	18 09 02	-22 31 36	11.013564	0.064840	15.02	13.41	14.6	0.5
08/01/2018	18 09 32	-22 31 32	11.009218	0.064856	15.03	13.41	15.5	0.5
09/01/2018	18 10 02	-22 31 28	11.004619	0.064872	15.04	13.42	16.4	0.5
10/01/2018	18 10 32	-22 31 23	10.999767	0.064887	15.04	13.42	17.3	0.5
11/01/2018	18 11 02	-22 31 18	10.994663	0.064903	15.05	13.43	18.2	0.5
12/01/2018	18 11 31	-22 31 12	10.989308	0.064918	15.06	13.43	19.1	0.5
13/01/2018	18 12 01	-22 31 06	10.983703	0.064933	15.06	13.44	20.0	0.5
14/01/2018	18 12 30	-22 30 59	10.977850	0.064948	15.07	13.45	20.9	0.5
15/01/2018	18 13 00	-22 30 53	10.971749	0.064963	15.08	13.46	21.8	0.5
16/01/2018	18 13 29	-22 30 46	10.965402	0.064978	15.09	13.46	22.7	0.5
17/01/2018	18 13 58	-22 30 38	10.958810	0.064992	15.10	13.47	23.6	0.5
18/01/2018	18 14 27	-22 30 30	10.951975	0.065006	15.11	13.48	24.5	0.5
19/01/2018	18 14 55	-22 30 22	10.944900	0.065021	15.12	13.49	25.4	0.5
20/01/2018	18 15 24	-22 30 14	10.937584	0.065035	15.13	13.50	26.3	0.5
21/01/2018	18 15 53	-22 30 05	10.930032	0.065049	15.14	13.51	27.2	0.5
22/01/2018	18 16 21	-22 29 55	10.922244	0.065062	15.15	13.52	28.1	0.5
23/01/2018	18 16 49	-22 29 46	10.914223	0.065076	15.16	13.53	29.0	0.6
24/01/2018	18 17 17	-22 29 36	10.905971	0.065089	15.17	13.54	30.0	0.6
25/01/2018	18 17 45	-22 29 26	10.897490	0.065102	15.18	13.55	30.9	0.6
26/01/2018	18 18 13	-22 29 15	10.888784	0.065115	15.20	13.56	31.8	0.6
27/01/2018	18 18 40	-22 29 05	10.879853	0.065128	15.21	13.57	32.7	0.6
28/01/2018	18 19 07	-22 28 53	10.870701	0.065141	15.22	13.58	33.6	0.6
29/01/2018	18 19 35	-22 28 42	10.861330	0.065154	15.23	13.59	34.5	0.6
30/01/2018	18 20 02	-22 28 31	10.851742	0.065166	15.25	13.61	35.4	0.6
31/01/2018	18 20 28	-22 28 19	10.841941	0.065178	15.26	13.62	36.3	0.6
01/02/2018	18 20 55	-22 28 07	10.831926	0.065190	15.28	13.63	37.2	0.6
02/02/2018	18 21 21	-22 27 54	10.821702	0.065202	15.29	13.64	38.2	0.6
03/02/2018	18 21 47	-22 27 42	10.811270	0.065214	15.30	13.66	39.1	0.6
04/02/2018	18 22 13	-22 27 29	10.800632	0.065226	15.32	13.67	40.0	0.6
05/02/2018	18 22 39	-22 27 16	10.789791	0.065237	15.33	13.68	40.9	0.6
06/02/2018	18 23 04	-22 27 03	10.778748	0.065249	15.35	13.70	41.8	0.6
07/02/2018	18 23 30	-22 26 50	10.767506	0.065260	15.37	13.71	42.7	0.6
08/02/2018	18 23 55	-22 26 36	10.756067	0.065271	15.38	13.73	43.6	0.6
09/02/2018	18 24 20	-22 26 22	10.744434	0.065282	15.40	13.74	44.6	0.6
10/02/2018	18 24 44	-22 26 08	10.732610	0.065292	15.42	13.76	45.5	0.6
11/02/2018	18 25 08	-22 25 54	10.720598	0.065303	15.43	13.77	46.4	0.6
12/02/2018	18 25 32	-22 25 40	10.708400	0.065313	15.45	13.79	47.3	0.6
13/02/2018	18 25 56	-22 25 26	10.696019	0.065323	15.47	13.80	48.2	0.6
14/02/2018	18 26 20	-22 25 12	10.683459	0.065333	15.49	13.82	49.2	0.6
15/02/2018	18 26 43	-22 24 57	10.670723	0.065343	15.51	13.84	50.1	0.6
16/02/2018	18 27 06	-22 24 43	10.657813	0.065353	15.52	13.85	51.0	0.6
17/02/2018	18 27 29	-22 24 28	10.644735	0.065362	15.54	13.87	51.9	0.6
18/02/2018	18 27 51	-22 24 13	10.631490	0.065372	15.56	13.89	52.8	0.6
19/02/2018	18 28 13	-22 23 59	10.618083	0.065381	15.58	13.90	53.8	0.6
20/02/2018	18 28 35	-22 23 44	10.604517	0.065390	15.60	13.92	54.7	0.6
21/02/2018	18 28 57	-22 23 29	10.590796	0.065399	15.62	13.94	55.6	0.6
22/02/2018	18 29 18	-22 23 14	10.576924	0.065408	15.64	13.96	56.5	0.6
23/02/2018	18 29 39	-22 22 59	10.562905	0.065416	15.66	13.98	57.5	0.6
24/02/2018	18 30 00	-22 22 44	10.548743	0.065425	15.69	14.00	58.4	0.6
25/02/2018	18 30 20	-22 22 29	10.534440	0.065433	15.71	14.01	59.3	0.6
26/02/2018	18 30 40	-22 22 15	10.520003	0.065441	15.73	14.03	60.2	0.6
27/02/2018	18 31 00	-22 22 00	10.505433	0.065449	15.75	14.05	61.2	0.6
28/02/2018	18 31 19	-22 21 45	10.490734	0.065457	15.77	14.07	62.1	0.6
01/03/2018	18 31 38	-22 21 30	10.475911	0.065465	15.79	14.09	63.0	0.6
02/03/2018	18 31 57	-22 21 16	10.460966	0.065472	15.82	14.11	64.0	0.6
03/03/2018	18 32 16	-22 21 01	10.445903	0.065479	15.84	14.13	64.9	0.6
04/03/2018	18 32 34	-22 20 47	10.430726	0.065486	15.86	14.15	65.8	0.6
05/03/2018	18 32 51	-22 20 32	10.415437	0.065493	15.89	14.18	66.8	0.6
06/03/2018	18 33 09	-22 20 18	10.400041	0.065500	15.91	14.20	67.7	0.6
07/03/2018	18 33 26	-22 20 04	10.384542	0.065507	15.93	14.22	68.6	0.6
08/03/2018	18 33 43	-22 19 50	10.368942	0.065513	15.96	14.24	69.6	0.6
09/03/2018	18 33 59	-22 19 36	10.353246	0.065520	15.98	14.26	70.5	0.6
10/03/2018	18 34 15	-22 19 22	10.337458	0.065526	16.01	14.28	71.4	0.6
11/03/2018	18 34 31	-22 19 09	10.321582	0.065532	16.03	14.30	72.4	0.6
12/03/2018	18 34 46	-22 18 55	10.305622	0.065538	16.06	14.33	73.3	0.6
13/03/2018	18 35 01	-22 18 42	10.289582	0.065544	16.08	14.35	74.3	0.6

GG/MM/AAAA	A.R.	DECL.	Dist.	RV	D.Eq.	D.Pol.	El.	Mag.
14/03/2018	18 35 16	-22 18 29	10.273467	0.065549	16.11	14.37	75.2	0.6
15/03/2018	18 35 30	-22 18 17	10.257280	0.065555	16.13	14.39	76.1	0.6
16/03/2018	18 35 44	-22 18 04	10.241027	0.065560	16.16	14.42	77.1	0.6
17/03/2018	18 35 57	-22 17 52	10.224713	0.065565	16.18	14.44	78.0	0.6
18/03/2018	18 36 10	-22 17 40	10.208340	0.065570	16.21	14.46	79.0	0.6
19/03/2018	18 36 23	-22 17 28	10.191916	0.065575	16.23	14.49	79.9	0.6
20/03/2018	18 36 35	-22 17 17	10.175443	0.065579	16.26	14.51	80.9	0.6
21/03/2018	18 36 47	-22 17 05	10.158928	0.065584	16.29	14.53	81.8	0.6
22/03/2018	18 36 58	-22 16 54	10.142374	0.065588	16.31	14.56	82.8	0.5
23/03/2018	18 37 09	-22 16 44	10.125787	0.065592	16.34	14.58	83.7	0.5
24/03/2018	18 37 20	-22 16 33	10.109172	0.065596	16.37	14.60	84.7	0.5
25/03/2018	18 37 30	-22 16 23	10.092533	0.065600	16.39	14.63	85.6	0.5
26/03/2018	18 37 40	-22 16 13	10.075874	0.065604	16.42	14.65	86.6	0.5
27/03/2018	18 37 50	-22 16 04	10.059201	0.065607	16.45	14.68	87.5	0.5
28/03/2018	18 37 59	-22 15 55	10.042517	0.065610	16.48	14.70	88.5	0.5
29/03/2018	18 38 08	-22 15 46	10.025828	0.065614	16.50	14.73	89.4	0.5
30/03/2018	18 38 16	-22 15 37	10.009137	0.065617	16.53	14.75	90.4	0.5
31/03/2018	18 38 24	-22 15 29	9.992449	0.065620	16.56	14.78	91.3	0.5
01/04/2018	18 38 31	-22 15 22	9.975767	0.065622	16.59	14.80	92.3	0.5
02/04/2018	18 38 38	-22 15 14	9.959097	0.065625	16.61	14.82	93.3	0.5
03/04/2018	18 38 45	-22 15 07	9.942442	0.065627	16.64	14.85	94.2	0.5
04/04/2018	18 38 51	-22 15 00	9.925806	0.065629	16.67	14.87	95.2	0.5
05/04/2018	18 38 57	-22 14 54	9.909196	0.065631	16.70	14.90	96.2	0.5
06/04/2018	18 39 02	-22 14 48	9.892613	0.065633	16.73	14.92	97.1	0.5
07/04/2018	18 39 07	-22 14 43	9.876065	0.065635	16.75	14.95	98.1	0.5
08/04/2018	18 39 11	-22 14 38	9.859554	0.065637	16.78	14.97	99.0	0.5
09/04/2018	18 39 16	-22 14 33	9.843087	0.065638	16.81	15.00	100.0	0.5
10/04/2018	18 39 19	-22 14 29	9.826667	0.065639	16.84	15.02	101.0	0.5
11/04/2018	18 39 22	-22 14 25	9.810299	0.065641	16.87	15.05	102.0	0.5
12/04/2018	18 39 25	-22 14 22	9.793989	0.065642	16.89	15.07	102.9	0.5
13/04/2018	18 39 28	-22 14 19	9.777741	0.065642	16.92	15.10	103.9	0.5
14/04/2018	18 39 30	-22 14 16	9.761560	0.065643	16.95	15.12	104.9	0.5
15/04/2018	18 39 31	-22 14 14	9.745452	0.065643	16.98	15.15	105.8	0.5
16/04/2018	18 39 32	-22 14 12	9.729421	0.065644	17.01	15.17	106.8	0.5
17/04/2018	18 39 33	-22 14 11	9.713473	0.065644	17.03	15.20	107.8	0.4
18/04/2018	18 39 33	-22 14 10	9.697613	0.065644	17.06	15.22	108.8	0.4
19/04/2018	18 39 33	-22 14 09	9.681845	0.065644	17.09	15.25	109.7	0.4
20/04/2018	18 39 32	-22 14 09	9.666175	0.065643	17.12	15.27	110.7	0.4
21/04/2018	18 39 31	-22 14 10	9.650608	0.065643	17.15	15.30	111.7	0.4
22/04/2018	18 39 30	-22 14 11	9.635148	0.065642	17.17	15.32	112.7	0.4
23/04/2018	18 39 28	-22 14 12	9.619799	0.065641	17.20	15.35	113.7	0.4
24/04/2018	18 39 26	-22 14 14	9.604568	0.065641	17.23	15.37	114.7	0.4
25/04/2018	18 39 23	-22 14 16	9.589457	0.065639	17.25	15.40	115.6	0.4
26/04/2018	18 39 20	-22 14 18	9.574471	0.065638	17.28	15.42	116.6	0.4
27/04/2018	18 39 16	-22 14 21	9.559614	0.065637	17.31	15.44	117.6	0.4
28/04/2018	18 39 12	-22 14 25	9.544891	0.065635	17.33	15.47	118.6	0.4
29/04/2018	18 39 08	-22 14 29	9.530306	0.065633	17.36	15.49	119.6	0.4
30/04/2018	18 39 03	-22 14 33	9.515862	0.065631	17.39	15.52	120.6	0.4
01/05/2018	18 38 58	-22 14 38	9.501563	0.065629	17.41	15.54	121.6	0.4
02/05/2018	18 38 52	-22 14 43	9.487415	0.065627	17.44	15.56	122.6	0.4
03/05/2018	18 38 46	-22 14 48	9.473421	0.065625	17.47	15.58	123.6	0.4
04/05/2018	18 38 40	-22 14 54	9.459585	0.065622	17.49	15.61	124.5	0.4
05/05/2018	18 38 33	-22 15 01	9.445911	0.065619	17.52	15.63	125.5	0.3
06/05/2018	18 38 26	-22 15 07	9.432404	0.065617	17.54	15.65	126.5	0.3
07/05/2018	18 38 19	-22 15 14	9.419069	0.065614	17.57	15.67	127.5	0.3
08/05/2018	18 38 11	-22 15 22	9.405909	0.065610	17.59	15.70	128.5	0.3
09/05/2018	18 38 02	-22 15 30	9.392928	0.065607	17.62	15.72	129.5	0.3
10/05/2018	18 37 54	-22 15 38	9.380132	0.065603	17.64	15.74	130.5	0.3
11/05/2018	18 37 45	-22 15 47	9.367524	0.065600	17.66	15.76	131.5	0.3
12/05/2018	18 37 35	-22 15 56	9.355109	0.065596	17.69	15.78	132.5	0.3
13/05/2018	18 37 25	-22 16 06	9.342891	0.065592	17.71	15.80	133.5	0.3
14/05/2018	18 37 15	-22 16 15	9.330874	0.065588	17.73	15.82	134.5	0.3
15/05/2018	18 37 05	-22 16 25	9.319062	0.065583	17.76	15.84	135.6	0.3
16/05/2018	18 36 54	-22 16 36	9.307461	0.065579	17.78	15.86	136.6	0.3
17/05/2018	18 36 43	-22 16 47	9.296073	0.065574	17.80	15.88	137.6	0.3
18/05/2018	18 36 31	-22 16 58	9.284904	0.065570	17.82	15.90	138.6	0.3
19/05/2018	18 36 19	-22 17 09	9.273956	0.065565	17.84	15.92	139.6	0.3
20/05/2018	18 36 07	-22 17 21	9.263233	0.065559	17.86	15.94	140.6	0.3
21/05/2018	18 35 55	-22 17 33	9.252738	0.065554	17.88	15.96	141.6	0.2
22/05/2018	18 35 42	-22 17 45	9.242476	0.065549	17.90	15.97	142.6	0.2
23/05/2018	18 35 29	-22 17 58	9.232448	0.065543	17.92	15.99	143.6	0.2
24/05/2018	18 35 15	-22 18 11	9.222658	0.065537	17.94	16.01	144.6	0.2
25/05/2018	18 35 01	-22 18 24	9.213108	0.065531	17.96	16.02	145.7	0.2

```
GG/MM/AAAA    A.R.        DECL.     Dist.      RV       D.Eq.   D.Pol.   El.    Mag.
26/05/2018   18 34 47   -22 18 38  9.203802  0.065525   17.98   16.04   146.7   0.2
27/05/2018   18 34 33   -22 18 51  9.194742  0.065519   18.00   16.06   147.7   0.2
28/05/2018   18 34 18   -22 19 05  9.185931  0.065513   18.01   16.07   148.7   0.2
29/05/2018   18 34 04   -22 19 19  9.177371  0.065506   18.03   16.09   149.7   0.2
30/05/2018   18 33 48   -22 19 33  9.169065  0.065499   18.05   16.10   150.7   0.2
31/05/2018   18 33 33   -22 19 48  9.161016  0.065493   18.06   16.12   151.7   0.2
01/06/2018   18 33 17   -22 20 03  9.153226  0.065486   18.08   16.13   152.8   0.2
02/06/2018   18 33 02   -22 20 18  9.145698  0.065478   18.09   16.14   153.8   0.2
03/06/2018   18 32 45   -22 20 33  9.138435  0.065471   18.11   16.16   154.8   0.2
04/06/2018   18 32 29   -22 20 48  9.131438  0.065463   18.12   16.17   155.8   0.1
05/06/2018   18 32 13   -22 21 04  9.124711  0.065456   18.13   16.18   156.8   0.1
06/06/2018   18 31 56   -22 21 19  9.118256  0.065448   18.15   16.19   157.9   0.1
07/06/2018   18 31 39   -22 21 35  9.112075  0.065440   18.16   16.20   158.9   0.1
08/06/2018   18 31 22   -22 21 51  9.106171  0.065432   18.17   16.21   159.9   0.1
09/06/2018   18 31 04   -22 22 07  9.100545  0.065423   18.18   16.22   160.9   0.1
10/06/2018   18 30 47   -22 22 23  9.095201  0.065415   18.19   16.23   162.0   0.1
11/06/2018   18 30 29   -22 22 39  9.090141  0.065406   18.20   16.24   163.0   0.1
12/06/2018   18 30 11   -22 22 55  9.085366  0.065398   18.21   16.25   164.0   0.1
13/06/2018   18 29 53   -22 23 12  9.080879  0.065389   18.22   16.26   165.0   0.1
14/06/2018   18 29 35   -22 23 28  9.076681  0.065379   18.23   16.27   166.1   0.1
15/06/2018   18 29 17   -22 23 45  9.072774  0.065370   18.24   16.27   167.1   0.1
16/06/2018   18 28 58   -22 24 01  9.069160  0.065361   18.24   16.28   168.1   0.1
17/06/2018   18 28 40   -22 24 18  9.065839  0.065351   18.25   16.29   169.1   0.1
18/06/2018   18 28 21   -22 24 35  9.062812  0.065341   18.26   16.29   170.2   0.1
19/06/2018   18 28 03   -22 24 51  9.060080  0.065331   18.26   16.30   171.2   0.1
20/06/2018   18 27 44   -22 25 08  9.057644  0.065321   18.27   16.30   172.2   0.1
21/06/2018   18 27 25   -22 25 25  9.055504  0.065311   18.27   16.30   173.2   0.1
22/06/2018   18 27 06   -22 25 42  9.053660  0.065301   18.28   16.31   174.2   0.0
23/06/2018   18 26 47   -22 25 58  9.052113  0.065290   18.28   16.31   175.2   0.0
24/06/2018   18 26 28   -22 26 15  9.050862  0.065279   18.28   16.31   176.2   0.0
25/06/2018   18 26 09   -22 26 32  9.049908  0.065268   18.28   16.31   177.2   0.0
26/06/2018   18 25 50   -22 26 48  9.049251  0.065257   18.28   16.32   178.1   0.0
27/06/2018   18 25 31   -22 27 05  9.048891  0.065246   18.29   16.32   178.9   0.0
28/06/2018   18 25 12   -22 27 21  9.048828  0.065235   18.29   16.32   178.9   0.0
29/06/2018   18 24 53   -22 27 38  9.049062  0.065223   18.28   16.32   178.2   0.0
30/06/2018   18 24 34   -22 27 55  9.049592  0.065211   18.28   16.31   177.3   0.0
01/07/2018   18 24 15   -22 28 11  9.050419  0.065200   18.28   16.31   176.3   0.0
02/07/2018   18 23 56   -22 28 27  9.051542  0.065188   18.28   16.31   175.3   0.0
03/07/2018   18 23 37   -22 28 44  9.052962  0.065175   18.28   16.31   174.3   0.0
04/07/2018   18 23 18   -22 29 00  9.054678  0.065163   18.27   16.31   173.3   0.0
05/07/2018   18 22 59   -22 29 16  9.056689  0.065151   18.27   16.30   172.3   0.1
06/07/2018   18 22 40   -22 29 32  9.058995  0.065138   18.26   16.30   171.3   0.1
07/07/2018   18 22 21   -22 29 48  9.061596  0.065125   18.26   16.29   170.3   0.1
08/07/2018   18 22 03   -22 30 04  9.064491  0.065112   18.25   16.29   169.2   0.1
09/07/2018   18 21 44   -22 30 20  9.067679  0.065099   18.25   16.28   168.2   0.1
10/07/2018   18 21 26   -22 30 36  9.071160  0.065085   18.24   16.28   167.2   0.1
11/07/2018   18 21 07   -22 30 51  9.074933  0.065072   18.23   16.27   166.2   0.1
12/07/2018   18 20 49   -22 31 07  9.078996  0.065058   18.22   16.26   165.2   0.1
13/07/2018   18 20 31   -22 31 22  9.083349  0.065045   18.22   16.25   164.1   0.1
14/07/2018   18 20 13   -22 31 37  9.087989  0.065031   18.21   16.25   163.1   0.1
15/07/2018   18 19 56   -22 31 53  9.092915  0.065016   18.20   16.24   162.1   0.1
16/07/2018   18 19 38   -22 32 08  9.098124  0.065002   18.19   16.23   161.1   0.1
17/07/2018   18 19 21   -22 32 23  9.103616  0.064988   18.18   16.22   160.1   0.1
18/07/2018   18 19 03   -22 32 37  9.109386  0.064973   18.16   16.21   159.0   0.1
19/07/2018   18 18 46   -22 32 52  9.115433  0.064958   18.15   16.20   158.0   0.1
20/07/2018   18 18 29   -22 33 07  9.121755  0.064943   18.14   16.19   157.0   0.1
21/07/2018   18 18 13   -22 33 21  9.128348  0.064928   18.13   16.17   156.0   0.1
22/07/2018   18 17 56   -22 33 35  9.135210  0.064913   18.11   16.16   155.0   0.1
23/07/2018   18 17 40   -22 33 49  9.142339  0.064897   18.10   16.15   153.9   0.1
24/07/2018   18 17 24   -22 34 03  9.149732  0.064882   18.08   16.14   152.9   0.2
25/07/2018   18 17 08   -22 34 17  9.157387  0.064866   18.07   16.12   151.9   0.2
26/07/2018   18 16 53   -22 34 31  9.165300  0.064850   18.05   16.11   150.9   0.2
27/07/2018   18 16 38   -22 34 45  9.173469  0.064834   18.04   16.09   149.9   0.2
28/07/2018   18 16 23   -22 34 58  9.181891  0.064818   18.02   16.08   148.9   0.2
29/07/2018   18 16 08   -22 35 12  9.190564  0.064801   18.00   16.06   147.9   0.2
30/07/2018   18 15 53   -22 35 25  9.199485  0.064785   17.99   16.05   146.8   0.2
31/07/2018   18 15 39   -22 35 38  9.208651  0.064768   17.97   16.03   145.8   0.2
01/08/2018   18 15 25   -22 35 51  9.218059  0.064751   17.95   16.02   144.8   0.2
02/08/2018   18 15 12   -22 36 04  9.227707  0.064734   17.93   16.00   143.8   0.2
03/08/2018   18 14 59   -22 36 17  9.237592  0.064717   17.91   15.98   142.8   0.2
04/08/2018   18 14 46   -22 36 30  9.247710  0.064699   17.89   15.97   141.8   0.2
05/08/2018   18 14 33   -22 36 42  9.258059  0.064682   17.87   15.95   140.8   0.2
06/08/2018   18 14 20   -22 36 55  9.268635  0.064664   17.85   15.93   139.8   0.2
```

GG/MM/AAAA	A.R.	DECL.	Dist.	RV	D.Eq.	D.Pol.	El.	Mag.
07/08/2018	18 14 08	-22 37 07	9.279436	0.064646	17.83	15.91	138.8	0.2
08/08/2018	18 13 57	-22 37 19	9.290458	0.064628	17.81	15.89	137.8	0.3
09/08/2018	18 13 45	-22 37 31	9.301697	0.064610	17.79	15.87	136.8	0.3
10/08/2018	18 13 34	-22 37 43	9.313150	0.064592	17.77	15.85	135.8	0.3
11/08/2018	18 13 24	-22 37 55	9.324814	0.064573	17.74	15.83	134.8	0.3
12/08/2018	18 13 13	-22 38 07	9.336684	0.064554	17.72	15.81	133.8	0.3
13/08/2018	18 13 03	-22 38 18	9.348755	0.064535	17.70	15.79	132.8	0.3
14/08/2018	18 12 54	-22 38 30	9.361024	0.064516	17.68	15.77	131.8	0.3
15/08/2018	18 12 45	-22 38 41	9.373486	0.064497	17.65	15.75	130.8	0.3
16/08/2018	18 12 36	-22 38 52	9.386137	0.064478	17.63	15.73	129.8	0.3
17/08/2018	18 12 27	-22 39 03	9.398972	0.064458	17.60	15.71	128.8	0.3
18/08/2018	18 12 19	-22 39 14	9.411987	0.064439	17.58	15.69	127.8	0.3
19/08/2018	18 12 11	-22 39 25	9.425178	0.064419	17.56	15.66	126.8	0.3
20/08/2018	18 12 04	-22 39 36	9.438540	0.064399	17.53	15.64	125.8	0.3
21/08/2018	18 11 57	-22 39 47	9.452069	0.064379	17.51	15.62	124.8	0.3
22/08/2018	18 11 51	-22 39 57	9.465761	0.064358	17.48	15.60	123.9	0.3
23/08/2018	18 11 44	-22 40 08	9.479611	0.064338	17.45	15.57	122.9	0.3
24/08/2018	18 11 39	-22 40 18	9.493615	0.064317	17.43	15.55	121.9	0.3
25/08/2018	18 11 33	-22 40 28	9.507769	0.064296	17.40	15.53	120.9	0.4
26/08/2018	18 11 28	-22 40 39	9.522069	0.064275	17.38	15.51	119.9	0.4
27/08/2018	18 11 24	-22 40 49	9.536511	0.064254	17.35	15.48	118.9	0.4
28/08/2018	18 11 20	-22 40 59	9.551090	0.064233	17.32	15.46	117.9	0.4
29/08/2018	18 11 16	-22 41 08	9.565803	0.064211	17.30	15.43	117.0	0.4
30/08/2018	18 11 13	-22 41 18	9.580645	0.064190	17.27	15.41	116.0	0.4
31/08/2018	18 11 10	-22 41 28	9.595612	0.064168	17.24	15.39	115.0	0.4
01/09/2018	18 11 07	-22 41 37	9.610700	0.064146	17.22	15.36	114.0	0.4
02/09/2018	18 11 05	-22 41 46	9.625905	0.064124	17.19	15.34	113.1	0.4
03/09/2018	18 11 03	-22 41 56	9.641222	0.064102	17.16	15.31	112.1	0.4
04/09/2018	18 11 02	-22 42 05	9.656647	0.064079	17.13	15.29	111.1	0.4
05/09/2018	18 11 01	-22 42 14	9.672175	0.064057	17.11	15.26	110.1	0.4
06/09/2018	18 11 01	-22 42 23	9.687803	0.064034	17.08	15.24	109.2	0.4
07/09/2018	18 11 01	-22 42 32	9.703526	0.064011	17.05	15.22	108.2	0.4
08/09/2018	18 11 01	-22 42 40	9.719338	0.063988	17.02	15.19	107.2	0.4
09/09/2018	18 11 02	-22 42 49	9.735234	0.063965	17.00	15.17	106.3	0.4
10/09/2018	18 11 04	-22 42 57	9.751211	0.063941	16.97	15.14	105.3	0.4
11/09/2018	18 11 05	-22 43 06	9.767262	0.063918	16.94	15.12	104.3	0.4
12/09/2018	18 11 07	-22 43 14	9.783382	0.063894	16.91	15.09	103.4	0.4
13/09/2018	18 11 10	-22 43 22	9.799567	0.063870	16.88	15.07	102.4	0.4
14/09/2018	18 11 13	-22 43 30	9.815811	0.063846	16.86	15.04	101.4	0.5
15/09/2018	18 11 16	-22 43 38	9.832109	0.063822	16.83	15.02	100.5	0.5
16/09/2018	18 11 20	-22 43 45	9.848457	0.063797	16.80	14.99	99.5	0.5
17/09/2018	18 11 25	-22 43 53	9.864850	0.063773	16.77	14.97	98.6	0.5
18/09/2018	18 11 29	-22 44 00	9.881283	0.063748	16.74	14.94	97.6	0.5
19/09/2018	18 11 34	-22 44 07	9.897751	0.063723	16.72	14.92	96.7	0.5
20/09/2018	18 11 40	-22 44 15	9.914251	0.063698	16.69	14.89	95.7	0.5
21/09/2018	18 11 46	-22 44 22	9.930776	0.063673	16.66	14.87	94.7	0.5
22/09/2018	18 11 52	-22 44 28	9.947324	0.063647	16.63	14.84	93.8	0.5
23/09/2018	18 11 59	-22 44 35	9.963889	0.063622	16.61	14.82	92.8	0.5
24/09/2018	18 12 06	-22 44 42	9.980467	0.063596	16.58	14.79	91.9	0.5
25/09/2018	18 12 14	-22 44 48	9.997054	0.063570	16.55	14.77	90.9	0.5
26/09/2018	18 12 22	-22 44 54	10.013646	0.063544	16.52	14.74	90.0	0.5
27/09/2018	18 12 30	-22 45 00	10.030238	0.063518	16.50	14.72	89.0	0.5
28/09/2018	18 12 39	-22 45 06	10.046826	0.063492	16.47	14.70	88.1	0.5
29/09/2018	18 12 48	-22 45 11	10.063407	0.063465	16.44	14.67	87.2	0.5
30/09/2018	18 12 58	-22 45 17	10.079975	0.063439	16.41	14.65	86.2	0.5
01/10/2018	18 13 08	-22 45 22	10.096526	0.063412	16.39	14.62	85.3	0.5
02/10/2018	18 13 19	-22 45 27	10.113057	0.063385	16.36	14.60	84.3	0.5
03/10/2018	18 13 30	-22 45 32	10.129562	0.063358	16.33	14.58	83.4	0.5
04/10/2018	18 13 41	-22 45 36	10.146038	0.063331	16.31	14.55	82.4	0.5
05/10/2018	18 13 52	-22 45 41	10.162480	0.063303	16.28	14.53	81.5	0.5
06/10/2018	18 14 04	-22 45 45	10.178882	0.063276	16.26	14.50	80.6	0.5
07/10/2018	18 14 17	-22 45 49	10.195241	0.063248	16.23	14.48	79.6	0.5
08/10/2018	18 14 30	-22 45 52	10.211552	0.063220	16.20	14.46	78.7	0.5
09/10/2018	18 14 43	-22 45 56	10.227809	0.063192	16.18	14.44	77.7	0.5
10/10/2018	18 14 56	-22 45 59	10.244009	0.063163	16.15	14.41	76.8	0.5
11/10/2018	18 15 10	-22 46 02	10.260146	0.063135	16.13	14.39	75.9	0.5
12/10/2018	18 15 25	-22 46 05	10.276216	0.063106	16.10	14.37	74.9	0.5
13/10/2018	18 15 39	-22 46 07	10.292214	0.063078	16.08	14.34	74.0	0.5
14/10/2018	18 15 55	-22 46 09	10.308136	0.063049	16.05	14.32	73.1	0.6
15/10/2018	18 16 10	-22 46 11	10.323978	0.063020	16.03	14.30	72.1	0.6
16/10/2018	18 16 26	-22 46 13	10.339736	0.062990	16.00	14.28	71.2	0.6
17/10/2018	18 16 42	-22 46 14	10.355405	0.062961	15.98	14.26	70.3	0.6
18/10/2018	18 16 59	-22 46 15	10.370982	0.062932	15.95	14.24	69.4	0.6

GG/MM/AAAA	A.R.	DECL.	Dist.	RV	D.Eq.	D.Pol.	El.	Mag.
19/10/2018	18 17 15	-22 46 16	10.386463	0.062902	15.93	14.21	68.4	0.6
20/10/2018	18 17 33	-22 46 16	10.401844	0.062872	15.91	14.19	67.5	0.6
21/10/2018	18 17 50	-22 46 16	10.417121	0.062842	15.88	14.17	66.6	0.6
22/10/2018	18 18 08	-22 46 16	10.432291	0.062812	15.86	14.15	65.6	0.6
23/10/2018	18 18 26	-22 46 16	10.447349	0.062781	15.84	14.13	64.7	0.6
24/10/2018	18 18 45	-22 46 15	10.462293	0.062751	15.81	14.11	63.8	0.6
25/10/2018	18 19 04	-22 46 14	10.477120	0.062720	15.79	14.09	62.9	0.6
26/10/2018	18 19 23	-22 46 12	10.491824	0.062689	15.77	14.07	62.0	0.6
27/10/2018	18 19 42	-22 46 10	10.506404	0.062658	15.75	14.05	61.0	0.6
28/10/2018	18 20 02	-22 46 08	10.520856	0.062627	15.73	14.03	60.1	0.6
29/10/2018	18 20 22	-22 46 05	10.535176	0.062596	15.71	14.01	59.2	0.6
30/10/2018	18 20 43	-22 46 03	10.549361	0.062564	15.68	14.00	58.3	0.6
31/10/2018	18 21 04	-22 45 59	10.563407	0.062533	15.66	13.98	57.4	0.6
01/11/2018	18 21 25	-22 45 56	10.577311	0.062501	15.64	13.96	56.4	0.6
02/11/2018	18 21 46	-22 45 52	10.591068	0.062469	15.62	13.94	55.5	0.6
03/11/2018	18 22 08	-22 45 47	10.604676	0.062437	15.60	13.92	54.6	0.6
04/11/2018	18 22 30	-22 45 42	10.618130	0.062405	15.58	13.90	53.7	0.6
05/11/2018	18 22 52	-22 45 37	10.631426	0.062372	15.56	13.89	52.8	0.6
06/11/2018	18 23 14	-22 45 32	10.644562	0.062340	15.54	13.87	51.8	0.6
07/11/2018	18 23 37	-22 45 26	10.657532	0.062307	15.53	13.85	50.9	0.6
08/11/2018	18 24 00	-22 45 19	10.670334	0.062274	15.51	13.84	50.0	0.6
09/11/2018	18 24 24	-22 45 12	10.682965	0.062241	15.49	13.82	49.1	0.6
10/11/2018	18 24 47	-22 45 05	10.695420	0.062208	15.47	13.80	48.2	0.6
11/11/2018	18 25 11	-22 44 57	10.707697	0.062174	15.45	13.79	47.3	0.6
12/11/2018	18 25 35	-22 44 49	10.719792	0.062141	15.44	13.77	46.4	0.6
13/11/2018	18 26 00	-22 44 41	10.731702	0.062107	15.42	13.76	45.4	0.6
14/11/2018	18 26 24	-22 44 32	10.743426	0.062073	15.40	13.74	44.5	0.6
15/11/2018	18 26 49	-22 44 22	10.754959	0.062039	15.38	13.73	43.6	0.6
16/11/2018	18 27 14	-22 44 12	10.766299	0.062005	15.37	13.71	42.7	0.6
17/11/2018	18 27 39	-22 44 02	10.777444	0.061970	15.35	13.70	41.8	0.6
18/11/2018	18 28 05	-22 43 51	10.788392	0.061936	15.34	13.69	40.9	0.6
19/11/2018	18 28 31	-22 43 40	10.799139	0.061901	15.32	13.67	40.0	0.6
20/11/2018	18 28 57	-22 43 28	10.809683	0.061866	15.31	13.66	39.1	0.6
21/11/2018	18 29 23	-22 43 16	10.820022	0.061831	15.29	13.65	38.2	0.6
22/11/2018	18 29 49	-22 43 03	10.830155	0.061796	15.28	13.63	37.3	0.6
23/11/2018	18 30 16	-22 42 50	10.840078	0.061761	15.26	13.62	36.4	0.6
24/11/2018	18 30 42	-22 42 37	10.849791	0.061725	15.25	13.61	35.4	0.6
25/11/2018	18 31 09	-22 42 23	10.859290	0.061690	15.24	13.60	34.5	0.6
26/11/2018	18 31 37	-22 42 08	10.868573	0.061654	15.22	13.58	33.6	0.6
27/11/2018	18 32 04	-22 41 53	10.877639	0.061618	15.21	13.57	32.7	0.6
28/11/2018	18 32 31	-22 41 37	10.886485	0.061582	15.20	13.56	31.8	0.6
29/11/2018	18 32 59	-22 41 21	10.895108	0.061546	15.19	13.55	30.9	0.6
30/11/2018	18 33 27	-22 41 05	10.903507	0.061509	15.17	13.54	30.0	0.6
01/12/2018	18 33 55	-22 40 48	10.911678	0.061473	15.16	13.53	29.1	0.6
02/12/2018	18 34 23	-22 40 31	10.919621	0.061436	15.15	13.52	28.2	0.6
03/12/2018	18 34 51	-22 40 13	10.927331	0.061399	15.14	13.51	27.3	0.5
04/12/2018	18 35 20	-22 39 54	10.934807	0.061362	15.13	13.50	26.4	0.5
05/12/2018	18 35 49	-22 39 35	10.942048	0.061325	15.12	13.49	25.5	0.5
06/12/2018	18 36 17	-22 39 16	10.949049	0.061287	15.11	13.48	24.6	0.5
07/12/2018	18 36 46	-22 38 56	10.955811	0.061250	15.10	13.48	23.7	0.5
08/12/2018	18 37 15	-22 38 35	10.962331	0.061212	15.09	13.47	22.8	0.5
09/12/2018	18 37 44	-22 38 14	10.968607	0.061174	15.08	13.46	21.9	0.5
10/12/2018	18 38 14	-22 37 53	10.974638	0.061136	15.08	13.45	21.0	0.5
11/12/2018	18 38 43	-22 37 31	10.980422	0.061098	15.07	13.45	20.1	0.5
12/12/2018	18 39 13	-22 37 09	10.985959	0.061060	15.06	13.44	19.2	0.5
13/12/2018	18 39 42	-22 36 46	10.991246	0.061021	15.05	13.43	18.3	0.5
14/12/2018	18 40 12	-22 36 22	10.996283	0.060983	15.05	13.43	17.4	0.5
15/12/2018	18 40 42	-22 35 59	11.001068	0.060944	15.04	13.42	16.5	0.5
16/12/2018	18 41 12	-22 35 34	11.005602	0.060905	15.03	13.41	15.6	0.5
17/12/2018	18 41 42	-22 35 09	11.009882	0.060866	15.03	13.41	14.6	0.5
18/12/2018	18 42 12	-22 34 44	11.013909	0.060826	15.02	13.40	13.7	0.5
19/12/2018	18 42 42	-22 34 18	11.017682	0.060787	15.02	13.40	12.9	0.5
20/12/2018	18 43 12	-22 33 52	11.021199	0.060747	15.01	13.40	12.0	0.5
21/12/2018	18 43 42	-22 33 25	11.024462	0.060708	15.01	13.39	11.1	0.5
22/12/2018	18 44 12	-22 32 58	11.027468	0.060668	15.00	13.39	10.2	0.5
23/12/2018	18 44 43	-22 32 30	11.030218	0.060628	15.00	13.39	9.3	0.5
24/12/2018	18 45 13	-22 32 02	11.032711	0.060587	15.00	13.38	8.4	0.5
25/12/2018	18 45 44	-22 31 33	11.034947	0.060547	14.99	13.38	7.5	0.5
26/12/2018	18 46 14	-22 31 04	11.036924	0.060506	14.99	13.38	6.6	0.5
27/12/2018	18 46 45	-22 30 35	11.038643	0.060466	14.99	13.37	5.7	0.5
28/12/2018	18 47 15	-22 30 05	11.040102	0.060425	14.99	13.37	4.8	0.5
29/12/2018	18 47 46	-22 29 35	11.041300	0.060384	14.99	13.37	3.9	0.5
30/12/2018	18 48 16	-22 29 04	11.042237	0.060343	14.98	13.37	3.0	0.5

```
GG/MM/AAAA      A.R.        DECL.       Dist.       RV        D.Eq.   D.Pol.   El.    Mag.
31/12/2018    18 48 47    -22 28 33   11.042912   0.060301   14.98   13.37    2.1    0.5
01/01/2019    18 49 17    -22 28 01   11.043325   0.060260   14.98   13.37    1.2    0.5
02/01/2019    18 49 48    -22 27 28   11.043476   0.060218   14.98   13.37    0.4    0.5
03/01/2019    18 50 19    -22 26 56   11.043363   0.060176   14.98   13.37    0.7    0.5
04/01/2019    18 50 49    -22 26 23   11.042987   0.060134   14.98   13.37    1.6    0.5
05/01/2019    18 51 20    -22 25 50   11.042347   0.060092   14.98   13.37    2.5    0.5
06/01/2019    18 51 50    -22 25 16   11.041445   0.060050   14.99   13.37    3.4    0.5
07/01/2019    18 52 21    -22 24 42   11.040279   0.060007   14.99   13.37    4.3    0.5
08/01/2019    18 52 52    -22 24 08   11.038850   0.059965   14.99   13.37    5.2    0.5
09/01/2019    18 53 22    -22 23 33   11.037160   0.059922   14.99   13.38    6.1    0.5
10/01/2019    18 53 53    -22 22 58   11.035207   0.059879   14.99   13.38    7.0    0.5
11/01/2019    18 54 23    -22 22 22   11.032994   0.059836   15.00   13.38    7.9    0.5
12/01/2019    18 54 53    -22 21 46   11.030520   0.059793   15.00   13.38    8.8    0.5
13/01/2019    18 55 24    -22 21 10   11.027786   0.059749   15.00   13.39    9.7    0.5
14/01/2019    18 55 54    -22 20 34   11.024794   0.059706   15.01   13.39   10.6    0.5
15/01/2019    18 56 24    -22 19 57   11.021545   0.059662   15.01   13.40   11.5    0.5
16/01/2019    18 56 54    -22 19 20   11.018038   0.059618   15.02   13.40   12.4    0.5
17/01/2019    18 57 24    -22 18 42   11.014277   0.059574   15.02   13.40   13.3    0.5
18/01/2019    18 57 54    -22 18 04   11.010262   0.059530   15.03   13.41   14.2    0.5
19/01/2019    18 58 24    -22 17 26   11.005993   0.059485   15.03   13.41   15.1    0.5
20/01/2019    18 58 54    -22 16 48   11.001473   0.059441   15.04   13.42   16.0    0.5
21/01/2019    18 59 23    -22 16 10   10.996703   0.059396   15.05   13.43   16.9    0.5
22/01/2019    18 59 53    -22 15 31   10.991683   0.059351   15.05   13.43   17.8    0.5
23/01/2019    19 00 23    -22 14 52   10.986414   0.059306   15.06   13.44   18.7    0.5
24/01/2019    19 00 52    -22 14 13   10.980899   0.059261   15.07   13.45   19.6    0.6
25/01/2019    19 01 21    -22 13 33   10.975137   0.059216   15.08   13.45   20.5    0.6
26/01/2019    19 01 50    -22 12 54   10.969129   0.059170   15.08   13.46   21.4    0.6
27/01/2019    19 02 19    -22 12 14   10.962877   0.059124   15.09   13.47   22.3    0.6
28/01/2019    19 02 48    -22 11 34   10.956381   0.059079   15.10   13.48   23.2    0.6
29/01/2019    19 03 17    -22 10 54   10.949643   0.059033   15.11   13.48   24.1    0.6
30/01/2019    19 03 46    -22 10 13   10.942663   0.058986   15.12   13.49   25.1    0.6
31/01/2019    19 04 14    -22 09 33   10.935445   0.058940   15.13   13.50   26.0    0.6
01/02/2019    19 04 43    -22 08 52   10.927988   0.058894   15.14   13.51   26.9    0.6
02/02/2019    19 05 11    -22 08 11   10.920295   0.058847   15.15   13.52   27.8    0.6
03/02/2019    19 05 39    -22 07 31   10.912368   0.058800   15.16   13.53   28.7    0.6
04/02/2019    19 06 07    -22 06 50   10.904208   0.058753   15.17   13.54   29.6    0.6
05/02/2019    19 06 35    -22 06 09   10.895818   0.058706   15.19   13.55   30.5    0.6
06/02/2019    19 07 02    -22 05 28   10.887199   0.058659   15.20   13.56   31.4    0.6
07/02/2019    19 07 30    -22 04 47   10.878354   0.058611   15.21   13.57   32.3    0.6
08/02/2019    19 07 57    -22 04 06   10.869285   0.058564   15.22   13.58   33.2    0.6
09/02/2019    19 08 24    -22 03 24   10.859996   0.058516   15.24   13.59   34.1    0.6
10/02/2019    19 08 51    -22 02 43   10.850487   0.058468   15.25   13.61   35.0    0.6
11/02/2019    19 09 17    -22 02 02   10.840762   0.058420   15.26   13.62   35.9    0.6
12/02/2019    19 09 44    -22 01 21   10.830823   0.058372   15.28   13.63   36.8    0.6
13/02/2019    19 10 10    -22 00 40   10.820674   0.058323   15.29   13.64   37.8    0.6
14/02/2019    19 10 36    -21 59 59   10.810317   0.058275   15.31   13.66   38.7    0.6
15/02/2019    19 11 02    -21 59 18   10.799754   0.058226   15.32   13.67   39.6    0.6
16/02/2019    19 11 27    -21 58 37   10.788989   0.058177   15.34   13.68   40.5    0.6
17/02/2019    19 11 53    -21 57 56   10.778024   0.058128   15.35   13.70   41.4    0.6
18/02/2019    19 12 18    -21 57 16   10.766863   0.058079   15.37   13.71   42.3    0.6
19/02/2019    19 12 43    -21 56 35   10.755507   0.058030   15.38   13.73   43.2    0.6
20/02/2019    19 13 07    -21 55 55   10.743960   0.057980   15.40   13.74   44.1    0.6
21/02/2019    19 13 32    -21 55 15   10.732223   0.057930   15.42   13.76   45.0    0.6
22/02/2019    19 13 56    -21 54 35   10.720300   0.057881   15.43   13.77   46.0    0.6
23/02/2019    19 14 20    -21 53 55   10.708192   0.057831   15.45   13.79   46.9    0.6
24/02/2019    19 14 44    -21 53 15   10.695903   0.057780   15.47   13.80   47.8    0.6
25/02/2019    19 15 07    -21 52 36   10.683435   0.057730   15.49   13.82   48.7    0.6
26/02/2019    19 15 30    -21 51 56   10.670790   0.057680   15.51   13.84   49.6    0.6
27/02/2019    19 15 53    -21 51 17   10.657972   0.057629   15.52   13.85   50.5    0.6
28/02/2019    19 16 16    -21 50 39   10.644983   0.057578   15.54   13.87   51.4    0.6
01/03/2019    19 16 38    -21 50 00   10.631827   0.057527   15.56   13.89   52.4    0.6
02/03/2019    19 17 00    -21 49 22   10.618506   0.057476   15.58   13.90   53.3    0.6
03/03/2019    19 17 22    -21 48 44   10.605025   0.057425   15.60   13.92   54.2    0.6
04/03/2019    19 17 44    -21 48 07   10.591386   0.057373   15.62   13.94   55.1    0.6
05/03/2019    19 18 05    -21 47 30   10.577593   0.057322   15.64   13.96   56.0    0.6
06/03/2019    19 18 26    -21 46 53   10.563649   0.057270   15.66   13.98   57.0    0.6
07/03/2019    19 18 47    -21 46 16   10.549559   0.057218   15.68   13.99   57.9    0.6
08/03/2019    19 19 07    -21 45 40   10.535326   0.057166   15.71   14.01   58.8    0.6
09/03/2019    19 19 27    -21 45 05   10.520954   0.057113   15.73   14.03   59.7    0.6
10/03/2019    19 19 47    -21 44 30   10.506446   0.057061   15.75   14.05   60.6    0.6
11/03/2019    19 20 06    -21 43 55   10.491808   0.057008   15.77   14.07   61.6    0.6
12/03/2019    19 20 25    -21 43 20   10.477042   0.056956   15.79   14.09   62.5    0.6
13/03/2019    19 20 44    -21 42 47   10.462153   0.056903   15.82   14.11   63.4    0.6
```

```
GG/MM/AAAA    A.R.       DECL.      Dist.      RV        D.Eq.   D.Pol.  El.    Mag.
14/03/2019   19 21 02   -21 42 13  10.447145  0.056850  15.84   14.13   64.3   0.6
15/03/2019   19 21 21   -21 41 40  10.432022  0.056796  15.86   14.15   65.3   0.6
16/03/2019   19 21 38   -21 41 08  10.416788  0.056743  15.88   14.17   66.2   0.6
17/03/2019   19 21 56   -21 40 36  10.401448  0.056689  15.91   14.19   67.1   0.6
18/03/2019   19 22 13   -21 40 05  10.386004  0.056636  15.93   14.22   68.1   0.6
19/03/2019   19 22 30   -21 39 34  10.370461  0.056582  15.95   14.24   69.0   0.6
20/03/2019   19 22 46   -21 39 04  10.354823  0.056528  15.98   14.26   69.9   0.6
21/03/2019   19 23 02   -21 38 34  10.339093  0.056474  16.00   14.28   70.8   0.6
22/03/2019   19 23 18   -21 38 05  10.323275  0.056419  16.03   14.30   71.8   0.6
23/03/2019   19 23 33   -21 37 37  10.307373  0.056365  16.05   14.32   72.7   0.6
24/03/2019   19 23 48   -21 37 09  10.291390  0.056310  16.08   14.35   73.6   0.6
25/03/2019   19 24 03   -21 36 42  10.275330  0.056255  16.10   14.37   74.6   0.6
26/03/2019   19 24 17   -21 36 15  10.259197  0.056200  16.13   14.39   75.5   0.6
27/03/2019   19 24 31   -21 35 49  10.242995  0.056145  16.15   14.41   76.5   0.6
28/03/2019   19 24 45   -21 35 24  10.226727  0.056090  16.18   14.44   77.4   0.6
29/03/2019   19 24 58   -21 34 59  10.210399  0.056034  16.21   14.46   78.3   0.6
30/03/2019   19 25 11   -21 34 36  10.194015  0.055978  16.23   14.48   79.3   0.6
31/03/2019   19 25 23   -21 34 13  10.177578  0.055922  16.26   14.51   80.2   0.6
01/04/2019   19 25 35   -21 33 50  10.161093  0.055866  16.28   14.53   81.1   0.6
02/04/2019   19 25 47   -21 33 28  10.144565  0.055810  16.31   14.55   82.1   0.6
03/04/2019   19 25 58   -21 33 08  10.127999  0.055754  16.34   14.58   83.0   0.6
04/04/2019   19 26 09   -21 32 47  10.111399  0.055697  16.36   14.60   84.0   0.6
05/04/2019   19 26 20   -21 32 28  10.094769  0.055641  16.39   14.63   84.9   0.6
06/04/2019   19 26 30   -21 32 09  10.078116  0.055584  16.42   14.65   85.9   0.6
07/04/2019   19 26 39   -21 31 52  10.061442  0.055527  16.44   14.67   86.8   0.6
08/04/2019   19 26 49   -21 31 34  10.044754  0.055470  16.47   14.70   87.8   0.6
09/04/2019   19 26 58   -21 31 18  10.028056  0.055413  16.50   14.72   88.7   0.6
10/04/2019   19 27 06   -21 31 03  10.011353  0.055355  16.53   14.75   89.7   0.6
11/04/2019   19 27 14   -21 30 48   9.994650  0.055298  16.55   14.77   90.6   0.6
12/04/2019   19 27 22   -21 30 34   9.977951  0.055240  16.58   14.80   91.6   0.6
13/04/2019   19 27 29   -21 30 21   9.961262  0.055182  16.61   14.82   92.5   0.6
14/04/2019   19 27 36   -21 30 09   9.944587  0.055124  16.64   14.85   93.5   0.5
15/04/2019   19 27 43   -21 29 58   9.927930  0.055065  16.67   14.87   94.4   0.5
16/04/2019   19 27 49   -21 29 48   9.911297  0.055007  16.69   14.90   95.4   0.5
17/04/2019   19 27 54   -21 29 38   9.894690  0.054948  16.72   14.92   96.3   0.5
18/04/2019   19 28 00   -21 29 29   9.878116  0.054890  16.75   14.95   97.3   0.5
19/04/2019   19 28 04   -21 29 22   9.861577  0.054831  16.78   14.97   98.2   0.5
20/04/2019   19 28 09   -21 29 15   9.845079  0.054772  16.81   15.00   99.2   0.5
21/04/2019   19 28 13   -21 29 09   9.828624  0.054712  16.83   15.02  100.2   0.5
22/04/2019   19 28 16   -21 29 03   9.812219  0.054653  16.86   15.05  101.1   0.5
23/04/2019   19 28 20   -21 28 59   9.795866  0.054593  16.89   15.07  102.1   0.5
24/04/2019   19 28 22   -21 28 56   9.779570  0.054534  16.92   15.10  103.1   0.5
25/04/2019   19 28 25   -21 28 53   9.763337  0.054474  16.95   15.12  104.0   0.5
26/04/2019   19 28 27   -21 28 51   9.747170  0.054414  16.98   15.15  105.0   0.5
27/04/2019   19 28 28   -21 28 51   9.731075  0.054353  17.00   15.17  106.0   0.5
28/04/2019   19 28 29   -21 28 51   9.715055  0.054293  17.03   15.20  106.9   0.5
29/04/2019   19 28 30   -21 28 52   9.699116  0.054232  17.06   15.22  107.9   0.5
30/04/2019   19 28 30   -21 28 54   9.683263  0.054172  17.09   15.25  108.9   0.5
01/05/2019   19 28 30   -21 28 57   9.667501  0.054111  17.12   15.27  109.8   0.5
02/05/2019   19 28 29   -21 29 01   9.651833  0.054050  17.14   15.30  110.8   0.5
03/05/2019   19 28 28   -21 29 06   9.636266  0.053988  17.17   15.32  111.8   0.5
04/05/2019   19 28 27   -21 29 11   9.620805  0.053927  17.20   15.35  112.8   0.5
05/05/2019   19 28 25   -21 29 18   9.605453  0.053866  17.23   15.37  113.7   0.5
06/05/2019   19 28 23   -21 29 25   9.590216  0.053804  17.25   15.39  114.7   0.4
07/05/2019   19 28 20   -21 29 33   9.575100  0.053742  17.28   15.42  115.7   0.4
08/05/2019   19 28 17   -21 29 43   9.560108  0.053680  17.31   15.44  116.7   0.4
09/05/2019   19 28 14   -21 29 53   9.545246  0.053618  17.33   15.47  117.7   0.4
10/05/2019   19 28 10   -21 30 04   9.530517  0.053555  17.36   15.49  118.6   0.4
11/05/2019   19 28 06   -21 30 15   9.515928  0.053493  17.39   15.52  119.6   0.4
12/05/2019   19 28 01   -21 30 28   9.501482  0.053430  17.41   15.54  120.6   0.4
13/05/2019   19 27 56   -21 30 42   9.487183  0.053367  17.44   15.56  121.6   0.4
14/05/2019   19 27 50   -21 30 56   9.473036  0.053304  17.47   15.59  122.6   0.4
15/05/2019   19 27 45   -21 31 11   9.459044  0.053241  17.49   15.61  123.6   0.4
16/05/2019   19 27 38   -21 31 27   9.445211  0.053178  17.52   15.63  124.6   0.4
17/05/2019   19 27 32   -21 31 44   9.431542  0.053114  17.54   15.65  125.5   0.4
18/05/2019   19 27 25   -21 32 02   9.418040  0.053051  17.57   15.68  126.5   0.4
19/05/2019   19 27 17   -21 32 21   9.404709  0.052987  17.59   15.70  127.5   0.4
20/05/2019   19 27 09   -21 32 40   9.391552  0.052923  17.62   15.72  128.5   0.4
21/05/2019   19 27 01   -21 33 00   9.378574  0.052859  17.64   15.74  129.5   0.4
22/05/2019   19 26 53   -21 33 21   9.365779  0.052795  17.67   15.76  130.5   0.4
23/05/2019   19 26 44   -21 33 42   9.353170  0.052730  17.69   15.79  131.5   0.3
24/05/2019   19 26 35   -21 34 05   9.340752  0.052666  17.71   15.81  132.5   0.3
25/05/2019   19 26 25   -21 34 28   9.328528  0.052601  17.74   15.83  133.5   0.3
```

GG/MM/AAAA	A.R.	DECL.	Dist.	RV	D.Eq.	D.Pol.	El.	Mag.
26/05/2019	19 26 15	-21 34 52	9.316503	0.052536	17.76	15.85	134.5	0.3
27/05/2019	19 26 05	-21 35 17	9.304680	0.052471	17.78	15.87	135.5	0.3
28/05/2019	19 25 54	-21 35 42	9.293064	0.052406	17.80	15.89	136.5	0.3
29/05/2019	19 25 43	-21 36 08	9.281659	0.052340	17.83	15.91	137.5	0.3
30/05/2019	19 25 32	-21 36 35	9.270468	0.052274	17.85	15.93	138.5	0.3
31/05/2019	19 25 20	-21 37 02	9.259495	0.052209	17.87	15.94	139.5	0.3
01/06/2019	19 25 08	-21 37 30	9.248745	0.052143	17.89	15.96	140.5	0.3
02/06/2019	19 24 56	-21 37 59	9.238221	0.052077	17.91	15.98	141.5	0.3
03/06/2019	19 24 43	-21 38 28	9.227927	0.052011	17.93	16.00	142.5	0.3
04/06/2019	19 24 30	-21 38 58	9.217867	0.051944	17.95	16.02	143.6	0.3
05/06/2019	19 24 17	-21 39 28	9.208044	0.051878	17.97	16.03	144.6	0.3
06/06/2019	19 24 04	-21 39 59	9.198462	0.051811	17.99	16.05	145.6	0.3
07/06/2019	19 23 50	-21 40 31	9.189124	0.051744	18.01	16.07	146.6	0.3
08/06/2019	19 23 36	-21 41 03	9.180033	0.051677	18.02	16.08	147.6	0.2
09/06/2019	19 23 21	-21 41 35	9.171192	0.051610	18.04	16.10	148.6	0.2
10/06/2019	19 23 07	-21 42 08	9.162603	0.051542	18.06	16.11	149.6	0.2
11/06/2019	19 22 52	-21 42 42	9.154270	0.051475	18.07	16.13	150.6	0.2
12/06/2019	19 22 37	-21 43 16	9.146194	0.051407	18.09	16.14	151.7	0.2
13/06/2019	19 22 21	-21 43 50	9.138378	0.051339	18.11	16.16	152.7	0.2
14/06/2019	19 22 06	-21 44 25	9.130824	0.051271	18.12	16.17	153.7	0.2
15/06/2019	19 21 50	-21 45 01	9.123534	0.051203	18.14	16.18	154.7	0.2
16/06/2019	19 21 34	-21 45 36	9.116511	0.051135	18.15	16.19	155.7	0.2
17/06/2019	19 21 17	-21 46 12	9.109756	0.051066	18.16	16.21	156.7	0.2
18/06/2019	19 21 01	-21 46 48	9.103271	0.050998	18.18	16.22	157.8	0.2
19/06/2019	19 20 44	-21 47 25	9.097059	0.050929	18.19	16.23	158.8	0.2
20/06/2019	19 20 27	-21 48 02	9.091122	0.050860	18.20	16.24	159.8	0.2
21/06/2019	19 20 10	-21 48 39	9.085462	0.050791	18.21	16.25	160.8	0.2
22/06/2019	19 19 53	-21 49 17	9.080080	0.050722	18.22	16.26	161.8	0.1
23/06/2019	19 19 35	-21 49 55	9.074980	0.050652	18.23	16.27	162.9	0.1
24/06/2019	19 19 18	-21 50 33	9.070162	0.050582	18.24	16.28	163.9	0.1
25/06/2019	19 19 00	-21 51 11	9.065628	0.050513	18.25	16.29	164.9	0.1
26/06/2019	19 18 42	-21 51 49	9.061382	0.050443	18.26	16.29	165.9	0.1
27/06/2019	19 18 24	-21 52 28	9.057423	0.050373	18.27	16.30	167.0	0.1
28/06/2019	19 18 06	-21 53 07	9.053755	0.050302	18.28	16.31	168.0	0.1
29/06/2019	19 17 48	-21 53 45	9.050378	0.050232	18.28	16.31	169.0	0.1
30/06/2019	19 17 29	-21 54 24	9.047294	0.050161	18.29	16.32	170.0	0.1
01/07/2019	19 17 11	-21 55 03	9.044505	0.050091	18.29	16.32	171.1	0.1
02/07/2019	19 16 52	-21 55 42	9.042011	0.050020	18.30	16.33	172.1	0.1
03/07/2019	19 16 34	-21 56 21	9.039814	0.049949	18.30	16.33	173.1	0.1
04/07/2019	19 16 15	-21 57 00	9.037915	0.049877	18.31	16.34	174.1	0.1
05/07/2019	19 15 56	-21 57 40	9.036314	0.049806	18.31	16.34	175.2	0.1
06/07/2019	19 15 38	-21 58 19	9.035012	0.049735	18.31	16.34	176.2	0.1
07/07/2019	19 15 19	-21 58 58	9.034009	0.049663	18.32	16.34	177.2	0.1
08/07/2019	19 15 00	-21 59 37	9.033305	0.049591	18.32	16.34	178.2	0.1
09/07/2019	19 14 41	-22 00 16	9.032899	0.049519	18.32	16.34	179.2	0.1
10/07/2019	19 14 22	-22 00 55	9.032792	0.049447	18.32	16.34	179.5	0.1
11/07/2019	19 14 03	-22 01 34	9.032984	0.049374	18.32	16.34	178.6	0.1
12/07/2019	19 13 44	-22 02 12	9.033472	0.049302	18.32	16.34	177.6	0.1
13/07/2019	19 13 26	-22 02 51	9.034258	0.049229	18.31	16.34	176.6	0.1
14/07/2019	19 13 07	-22 03 29	9.035341	0.049156	18.31	16.34	175.6	0.1
15/07/2019	19 12 48	-22 04 07	9.036719	0.049083	18.31	16.34	174.5	0.1
16/07/2019	19 12 29	-22 04 45	9.038393	0.049010	18.31	16.33	173.5	0.1
17/07/2019	19 12 11	-22 05 23	9.040361	0.048937	18.30	16.33	172.5	0.1
18/07/2019	19 11 52	-22 06 01	9.042624	0.048863	18.30	16.33	171.5	0.1
19/07/2019	19 11 33	-22 06 38	9.045180	0.048790	18.29	16.32	170.4	0.1
20/07/2019	19 11 15	-22 07 15	9.048028	0.048716	18.29	16.32	169.4	0.1
21/07/2019	19 10 57	-22 07 52	9.051169	0.048642	18.28	16.31	168.4	0.1
22/07/2019	19 10 38	-22 08 29	9.054601	0.048568	18.27	16.31	167.4	0.1
23/07/2019	19 10 20	-22 09 05	9.058322	0.048494	18.27	16.30	166.3	0.1
24/07/2019	19 10 02	-22 09 41	9.062333	0.048419	18.26	16.29	165.3	0.1
25/07/2019	19 09 44	-22 10 17	9.066632	0.048345	18.25	16.28	164.3	0.1
26/07/2019	19 09 27	-22 10 52	9.071218	0.048270	18.24	16.28	163.3	0.1
27/07/2019	19 09 09	-22 11 27	9.076089	0.048195	18.23	16.27	162.3	0.1
28/07/2019	19 08 52	-22 12 02	9.081244	0.048120	18.22	16.26	161.2	0.1
29/07/2019	19 08 34	-22 12 36	9.086682	0.048045	18.21	16.25	160.2	0.1
30/07/2019	19 08 17	-22 13 10	9.092402	0.047969	18.20	16.24	159.2	0.1
31/07/2019	19 08 00	-22 13 43	9.098400	0.047894	18.19	16.23	158.2	0.1
01/08/2019	19 07 43	-22 14 16	9.104676	0.047818	18.17	16.22	157.1	0.2
02/08/2019	19 07 27	-22 14 49	9.111227	0.047742	18.16	16.20	156.1	0.2
03/08/2019	19 07 11	-22 15 21	9.118050	0.047666	18.15	16.19	155.1	0.2
04/08/2019	19 06 55	-22 15 53	9.125144	0.047590	18.13	16.18	154.1	0.2
05/08/2019	19 06 39	-22 16 25	9.132504	0.047513	18.12	16.17	153.1	0.2
06/08/2019	19 06 23	-22 16 56	9.140128	0.047437	18.10	16.15	152.0	0.2

GG/MM/AAAA	A.R.	DECL.	Dist.	RV	D.Eq.	D.Pol.	El.	Mag.
07/08/2019	19 06 08	-22 17 26	9.148014	0.047360	18.09	16.14	151.0	0.2
08/08/2019	19 05 53	-22 17 56	9.156157	0.047283	18.07	16.12	150.0	0.2
09/08/2019	19 05 38	-22 18 25	9.164555	0.047206	18.05	16.11	149.0	0.2
10/08/2019	19 05 23	-22 18 54	9.173205	0.047129	18.04	16.09	148.0	0.2
11/08/2019	19 05 09	-22 19 23	9.182104	0.047052	18.02	16.08	147.0	0.2
12/08/2019	19 04 55	-22 19 51	9.191248	0.046974	18.00	16.06	145.9	0.2
13/08/2019	19 04 41	-22 20 18	9.200634	0.046897	17.98	16.05	144.9	0.2
14/08/2019	19 04 27	-22 20 45	9.210260	0.046819	17.96	16.03	143.9	0.2
15/08/2019	19 04 14	-22 21 12	9.220122	0.046741	17.95	16.01	142.9	0.2
16/08/2019	19 04 01	-22 21 38	9.230217	0.046663	17.93	16.00	141.9	0.2
17/08/2019	19 03 49	-22 22 03	9.240542	0.046584	17.91	15.98	140.9	0.3
18/08/2019	19 03 37	-22 22 28	9.251094	0.046506	17.89	15.96	139.9	0.3
19/08/2019	19 03 25	-22 22 53	9.261869	0.046427	17.86	15.94	138.9	0.3
20/08/2019	19 03 13	-22 23 16	9.272864	0.046348	17.84	15.92	137.9	0.3
21/08/2019	19 03 02	-22 23 40	9.284077	0.046270	17.82	15.90	136.9	0.3
22/08/2019	19 02 51	-22 24 02	9.295503	0.046190	17.80	15.88	135.9	0.3
23/08/2019	19 02 40	-22 24 24	9.307139	0.046111	17.78	15.86	134.9	0.3
24/08/2019	19 02 30	-22 24 46	9.318982	0.046032	17.76	15.84	133.9	0.3
25/08/2019	19 02 20	-22 25 07	9.331028	0.045952	17.73	15.82	132.8	0.3
26/08/2019	19 02 11	-22 25 27	9.343273	0.045872	17.71	15.80	131.8	0.3
27/08/2019	19 02 01	-22 25 47	9.355715	0.045793	17.69	15.78	130.8	0.3
28/08/2019	19 01 53	-22 26 06	9.368348	0.045712	17.66	15.76	129.8	0.3
29/08/2019	19 01 44	-22 26 25	9.381169	0.045632	17.64	15.74	128.8	0.3
30/08/2019	19 01 36	-22 26 43	9.394173	0.045552	17.61	15.72	127.9	0.3
31/08/2019	19 01 28	-22 27 01	9.407356	0.045471	17.59	15.69	126.9	0.3
01/09/2019	19 01 21	-22 27 18	9.420714	0.045391	17.56	15.67	125.9	0.3
02/09/2019	19 01 14	-22 27 34	9.434242	0.045310	17.54	15.65	124.9	0.3
03/09/2019	19 01 08	-22 27 50	9.447935	0.045229	17.51	15.63	123.9	0.4
04/09/2019	19 01 02	-22 28 05	9.461788	0.045148	17.49	15.60	122.9	0.4
05/09/2019	19 00 56	-22 28 19	9.475796	0.045066	17.46	15.58	121.9	0.4
06/09/2019	19 00 51	-22 28 33	9.489956	0.044985	17.44	15.56	120.9	0.4
07/09/2019	19 00 46	-22 28 47	9.504262	0.044903	17.41	15.53	119.9	0.4
08/09/2019	19 00 41	-22 28 59	9.518709	0.044821	17.38	15.51	118.9	0.4
09/09/2019	19 00 37	-22 29 11	9.533294	0.044739	17.36	15.49	117.9	0.4
10/09/2019	19 00 34	-22 29 23	9.548012	0.044657	17.33	15.46	116.9	0.4
11/09/2019	19 00 30	-22 29 34	9.562857	0.044575	17.30	15.44	116.0	0.4
12/09/2019	19 00 28	-22 29 44	9.577827	0.044492	17.28	15.41	115.0	0.4
13/09/2019	19 00 25	-22 29 54	9.592917	0.044410	17.25	15.39	114.0	0.4
14/09/2019	19 00 23	-22 30 03	9.608121	0.044327	17.22	15.37	113.0	0.4
15/09/2019	19 00 22	-22 30 11	9.623437	0.044244	17.19	15.34	112.0	0.4
16/09/2019	19 00 20	-22 30 19	9.638859	0.044161	17.17	15.32	111.1	0.4
17/09/2019	19 00 20	-22 30 26	9.654384	0.044078	17.14	15.29	110.1	0.4
18/09/2019	19 00 19	-22 30 33	9.670006	0.043994	17.11	15.27	109.1	0.4
19/09/2019	19 00 20	-22 30 39	9.685722	0.043911	17.08	15.24	108.1	0.4
20/09/2019	19 00 20	-22 30 44	9.701527	0.043827	17.06	15.22	107.2	0.4
21/09/2019	19 00 21	-22 30 49	9.717417	0.043743	17.03	15.19	106.2	0.4
22/09/2019	19 00 22	-22 30 53	9.733387	0.043659	17.00	15.17	105.2	0.4
23/09/2019	19 00 24	-22 30 56	9.749433	0.043575	16.97	15.14	104.2	0.5
24/09/2019	19 00 26	-22 30 59	9.765550	0.043490	16.94	15.12	103.3	0.5
25/09/2019	19 00 29	-22 31 01	9.781734	0.043406	16.92	15.09	102.3	0.5
26/09/2019	19 00 32	-22 31 03	9.797979	0.043321	16.89	15.07	101.3	0.5
27/09/2019	19 00 36	-22 31 04	9.814281	0.043236	16.86	15.04	100.4	0.5
28/09/2019	19 00 40	-22 31 04	9.830635	0.043151	16.83	15.02	99.4	0.5
29/09/2019	19 00 44	-22 31 04	9.847036	0.043066	16.80	14.99	98.4	0.5
30/09/2019	19 00 49	-22 31 03	9.863478	0.042980	16.78	14.97	97.5	0.5
01/10/2019	19 00 54	-22 31 01	9.879956	0.042895	16.75	14.94	96.5	0.5
02/10/2019	19 01 00	-22 30 59	9.896465	0.042809	16.72	14.92	95.5	0.5
03/10/2019	19 01 06	-22 30 56	9.913001	0.042723	16.69	14.89	94.6	0.5
04/10/2019	19 01 12	-22 30 52	9.929557	0.042637	16.66	14.87	93.6	0.5
05/10/2019	19 01 19	-22 30 48	9.946130	0.042551	16.64	14.84	92.7	0.5
06/10/2019	19 01 26	-22 30 43	9.962714	0.042465	16.61	14.82	91.7	0.5
07/10/2019	19 01 34	-22 30 38	9.979305	0.042378	16.58	14.79	90.8	0.5
08/10/2019	19 01 42	-22 30 31	9.995899	0.042292	16.55	14.77	89.8	0.5
09/10/2019	19 01 51	-22 30 25	10.012490	0.042205	16.53	14.75	88.8	0.5
10/10/2019	19 02 00	-22 30 17	10.029075	0.042118	16.50	14.72	87.9	0.5
11/10/2019	19 02 09	-22 30 09	10.045648	0.042031	16.47	14.70	86.9	0.5
12/10/2019	19 02 19	-22 30 00	10.062207	0.041943	16.44	14.67	86.0	0.5
13/10/2019	19 02 29	-22 29 51	10.078745	0.041856	16.42	14.65	85.0	0.5
14/10/2019	19 02 39	-22 29 41	10.095260	0.041768	16.39	14.62	84.1	0.5
15/10/2019	19 02 50	-22 29 30	10.111747	0.041680	16.36	14.60	83.1	0.5
16/10/2019	19 03 02	-22 29 18	10.128202	0.041592	16.34	14.58	82.2	0.5
17/10/2019	19 03 13	-22 29 06	10.144621	0.041504	16.31	14.55	81.3	0.5
18/10/2019	19 03 25	-22 28 54	10.160998	0.041416	16.28	14.53	80.3	0.5

```
GG/MM/AAAA     A.R.         DECL.       Dist.       RV       D.Eq.    D.Pol.    El.     Mag.
19/10/2019   19 03 38    -22 28 40   10.177331   0.041328   16.26    14.51    79.4    0.6
20/10/2019   19 03 51    -22 28 26   10.193615   0.041239   16.23    14.48    78.4    0.6
21/10/2019   19 04 04    -22 28 11   10.209846   0.041150   16.21    14.46    77.5    0.6
22/10/2019   19 04 18    -22 27 56   10.226020   0.041061   16.18    14.44    76.5    0.6
23/10/2019   19 04 32    -22 27 40   10.242131   0.040972   16.15    14.41    75.6    0.6
24/10/2019   19 04 46    -22 27 23   10.258176   0.040883   16.13    14.39    74.7    0.6
25/10/2019   19 05 01    -22 27 06   10.274151   0.040794   16.10    14.37    73.7    0.6
26/10/2019   19 05 16    -22 26 48   10.290049   0.040704   16.08    14.35    72.8    0.6
27/10/2019   19 05 32    -22 26 29   10.305868   0.040614   16.05    14.33    71.8    0.6
28/10/2019   19 05 47    -22 26 09   10.321602   0.040524   16.03    14.30    70.9    0.6
29/10/2019   19 06 04    -22 25 49   10.337246   0.040434   16.01    14.28    70.0    0.6
30/10/2019   19 06 20    -22 25 28   10.352797   0.040344   15.98    14.26    69.0    0.6
31/10/2019   19 06 37    -22 25 06   10.368249   0.040254   15.96    14.24    68.1    0.6
01/11/2019   19 06 54    -22 24 44   10.383599   0.040163   15.93    14.22    67.2    0.6
02/11/2019   19 07 12    -22 24 21   10.398842   0.040072   15.91    14.20    66.2    0.6
03/11/2019   19 07 30    -22 23 58   10.413975   0.039982   15.89    14.18    65.3    0.6
04/11/2019   19 07 48    -22 23 33   10.428993   0.039891   15.87    14.16    64.4    0.6
05/11/2019   19 08 07    -22 23 08   10.443893   0.039799   15.84    14.14    63.4    0.6
06/11/2019   19 08 26    -22 22 43   10.458671   0.039708   15.82    14.12    62.5    0.6
07/11/2019   19 08 45    -22 22 17   10.473323   0.039616   15.80    14.10    61.6    0.6
08/11/2019   19 09 05    -22 21 50   10.487847   0.039525   15.78    14.08    60.7    0.6
09/11/2019   19 09 24    -22 21 22   10.502237   0.039433   15.75    14.06    59.7    0.6
10/11/2019   19 09 45    -22 20 53   10.516492   0.039341   15.73    14.04    58.8    0.6
11/11/2019   19 10 05    -22 20 24   10.530608   0.039249   15.71    14.02    57.9    0.6
12/11/2019   19 10 26    -22 19 54   10.544581   0.039156   15.69    14.00    57.0    0.6
13/11/2019   19 10 47    -22 19 24   10.558409   0.039064   15.67    13.98    56.0    0.6
14/11/2019   19 11 08    -22 18 53   10.572088   0.038971   15.65    13.97    55.1    0.6
15/11/2019   19 11 30    -22 18 21   10.585614   0.038879   15.63    13.95    54.2    0.6
16/11/2019   19 11 52    -22 17 48   10.598985   0.038786   15.61    13.93    53.3    0.6
17/11/2019   19 12 14    -22 17 15   10.612198   0.038692   15.59    13.91    52.3    0.6
18/11/2019   19 12 37    -22 16 41   10.625248   0.038599   15.57    13.90    51.4    0.6
19/11/2019   19 12 59    -22 16 06   10.638134   0.038506   15.55    13.88    50.5    0.6
20/11/2019   19 13 22    -22 15 31   10.650851   0.038412   15.53    13.86    49.6    0.6
21/11/2019   19 13 46    -22 14 55   10.663396   0.038318   15.52    13.85    48.7    0.6
22/11/2019   19 14 09    -22 14 19   10.675766   0.038224   15.50    13.83    47.7    0.6
23/11/2019   19 14 33    -22 13 41   10.687958   0.038130   15.48    13.81    46.8    0.6
24/11/2019   19 14 57    -22 13 03   10.699967   0.038036   15.46    13.80    45.9    0.6
25/11/2019   19 15 21    -22 12 24   10.711790   0.037942   15.45    13.78    45.0    0.6
26/11/2019   19 15 46    -22 11 45   10.723424   0.037847   15.43    13.77    44.1    0.6
27/11/2019   19 16 11    -22 11 05   10.734866   0.037752   15.41    13.75    43.2    0.6
28/11/2019   19 16 36    -22 10 24   10.746113   0.037657   15.40    13.74    42.2    0.6
29/11/2019   19 17 01    -22 09 43   10.757162   0.037562   15.38    13.72    41.3    0.6
30/11/2019   19 17 26    -22 09 00   10.768009   0.037467   15.37    13.71    40.4    0.6
01/12/2019   19 17 52    -22 08 18   10.778653   0.037372   15.35    13.70    39.5    0.6
02/12/2019   19 18 18    -22 07 34   10.789090   0.037276   15.34    13.68    38.6    0.6
03/12/2019   19 18 44    -22 06 50   10.799319   0.037181   15.32    13.67    37.7    0.6
04/12/2019   19 19 10    -22 06 05   10.809337   0.037085   15.31    13.66    36.8    0.6
05/12/2019   19 19 37    -22 05 20   10.819141   0.036989   15.29    13.65    35.9    0.6
06/12/2019   19 20 03    -22 04 34   10.828730   0.036893   15.28    13.63    34.9    0.6
07/12/2019   19 20 30    -22 03 47   10.838102   0.036796   15.27    13.62    34.0    0.6
08/12/2019   19 20 57    -22 03 00   10.847254   0.036700   15.25    13.61    33.1    0.6
09/12/2019   19 21 25    -22 02 12   10.856185   0.036603   15.24    13.60    32.2    0.6
10/12/2019   19 21 52    -22 01 23   10.864893   0.036506   15.23    13.59    31.3    0.6
11/12/2019   19 22 19    -22 00 34   10.873375   0.036409   15.22    13.58    30.4    0.6
12/12/2019   19 22 47    -21 59 44   10.881631   0.036312   15.21    13.57    29.5    0.6
13/12/2019   19 23 15    -21 58 53   10.889659   0.036215   15.19    13.56    28.6    0.6
14/12/2019   19 23 43    -21 58 02   10.897456   0.036117   15.18    13.55    27.7    0.6
15/12/2019   19 24 11    -21 57 10   10.905022   0.036020   15.17    13.54    26.8    0.6
16/12/2019   19 24 39    -21 56 18   10.912353   0.035922   15.16    13.53    25.9    0.6
17/12/2019   19 25 08    -21 55 25   10.919449   0.035824   15.15    13.52    25.0    0.6
18/12/2019   19 25 36    -21 54 32   10.926307   0.035726   15.14    13.51    24.0    0.6
19/12/2019   19 26 05    -21 53 37   10.932926   0.035628   15.13    13.50    23.1    0.6
20/12/2019   19 26 34    -21 52 43   10.939304   0.035529   15.13    13.50    22.2    0.6
21/12/2019   19 27 03    -21 51 47   10.945438   0.035431   15.12    13.49    21.3    0.6
22/12/2019   19 27 32    -21 50 51   10.951327   0.035332   15.11    13.48    20.4    0.6
23/12/2019   19 28 01    -21 49 55   10.956969   0.035233   15.10    13.47    19.5    0.6
24/12/2019   19 28 30    -21 48 58   10.962362   0.035134   15.09    13.47    18.6    0.6
25/12/2019   19 28 59    -21 48 00   10.967505   0.035035   15.09    13.46    17.7    0.6
26/12/2019   19 29 29    -21 47 02   10.972396   0.034935   15.08    13.46    16.8    0.6
27/12/2019   19 29 58    -21 46 03   10.977035   0.034836   15.07    13.45    15.9    0.6
28/12/2019   19 30 28    -21 45 04   10.981419   0.034736   15.07    13.44    15.0    0.6
29/12/2019   19 30 58    -21 44 05   10.985548   0.034636   15.06    13.44    14.1    0.6
30/12/2019   19 31 27    -21 43 04   10.989420   0.034536   15.06    13.43    13.2    0.6
```

GG/MM/AAAA	A.R.	DECL.	Dist.	RV	D.Eq.	D.Pol.	El.	Mag.
31/12/2019	19 31 57	-21 42 04	10.993036	0.034436	15.05	13.43	12.3	0.5
01/01/2020	19 32 27	-21 41 03	10.996395	0.034336	15.05	13.43	11.4	0.5
02/01/2020	19 32 57	-21 40 01	10.999495	0.034235	15.04	13.42	10.5	0.5
03/01/2020	19 33 27	-21 38 59	11.002337	0.034134	15.04	13.42	9.6	0.5
04/01/2020	19 33 57	-21 37 56	11.004920	0.034034	15.04	13.42	8.7	0.5
05/01/2020	19 34 27	-21 36 53	11.007244	0.033933	15.03	13.41	7.8	0.5
06/01/2020	19 34 57	-21 35 50	11.009309	0.033831	15.03	13.41	6.9	0.5
07/01/2020	19 35 27	-21 34 46	11.011114	0.033730	15.03	13.41	6.0	0.5
08/01/2020	19 35 57	-21 33 41	11.012659	0.033629	15.03	13.41	5.1	0.5
09/01/2020	19 36 28	-21 32 37	11.013945	0.033527	15.02	13.40	4.2	0.5
10/01/2020	19 36 58	-21 31 31	11.014971	0.033425	15.02	13.40	3.3	0.5
11/01/2020	19 37 28	-21 30 26	11.015737	0.033323	15.02	13.40	2.4	0.5
12/01/2020	19 37 58	-21 29 20	11.016243	0.033221	15.02	13.40	1.5	0.5
13/01/2020	19 38 28	-21 28 14	11.016489	0.033119	15.02	13.40	0.7	0.5
14/01/2020	19 38 58	-21 27 07	11.016475	0.033017	15.02	13.40	0.5	0.5
15/01/2020	19 39 29	-21 26 00	11.016200	0.032914	15.02	13.40	1.3	0.5
16/01/2020	19 39 59	-21 24 53	11.015665	0.032811	15.02	13.40	2.1	0.5
17/01/2020	19 40 29	-21 23 46	11.014868	0.032708	15.02	13.40	3.0	0.5
18/01/2020	19 40 59	-21 22 38	11.013811	0.032605	15.02	13.40	3.9	0.5
19/01/2020	19 41 29	-21 21 29	11.012492	0.032502	15.02	13.41	4.8	0.5
20/01/2020	19 41 59	-21 20 21	11.010912	0.032399	15.03	13.41	5.7	0.5
21/01/2020	19 42 29	-21 19 12	11.009070	0.032295	15.03	13.41	6.6	0.5
22/01/2020	19 42 59	-21 18 03	11.006968	0.032191	15.03	13.41	7.5	0.5
23/01/2020	19 43 29	-21 16 54	11.004605	0.032088	15.04	13.42	8.4	0.6
24/01/2020	19 43 59	-21 15 44	11.001981	0.031984	15.04	13.42	9.3	0.6
25/01/2020	19 44 29	-21 14 35	10.999098	0.031879	15.04	13.42	10.2	0.6
26/01/2020	19 44 59	-21 13 25	10.995955	0.031775	15.05	13.43	11.1	0.6
27/01/2020	19 45 28	-21 12 15	10.992555	0.031671	15.05	13.43	12.0	0.6
28/01/2020	19 45 58	-21 11 05	10.988898	0.031566	15.06	13.44	12.9	0.6
29/01/2020	19 46 28	-21 09 55	10.984985	0.031461	15.06	13.44	13.8	0.6
30/01/2020	19 46 57	-21 08 44	10.980817	0.031356	15.07	13.45	14.7	0.6
31/01/2020	19 47 27	-21 07 34	10.976395	0.031251	15.07	13.45	15.6	0.6
01/02/2020	19 47 56	-21 06 23	10.971722	0.031146	15.08	13.46	16.5	0.6
02/02/2020	19 48 25	-21 05 12	10.966798	0.031040	15.09	13.46	17.4	0.6
03/02/2020	19 48 54	-21 04 02	10.961624	0.030935	15.09	13.47	18.3	0.6
04/02/2020	19 49 23	-21 02 51	10.956203	0.030829	15.10	13.48	19.2	0.6
05/02/2020	19 49 52	-21 01 40	10.950536	0.030723	15.11	13.48	20.1	0.6
06/02/2020	19 50 21	-21 00 29	10.944625	0.030617	15.12	13.49	21.0	0.6
07/02/2020	19 50 49	-20 59 18	10.938471	0.030511	15.13	13.50	21.9	0.6
08/02/2020	19 51 18	-20 58 07	10.932075	0.030404	15.14	13.51	22.8	0.6
09/02/2020	19 51 46	-20 56 56	10.925440	0.030298	15.14	13.51	23.7	0.6
10/02/2020	19 52 14	-20 55 46	10.918567	0.030191	15.15	13.52	24.6	0.6
11/02/2020	19 52 43	-20 54 35	10.911458	0.030084	15.16	13.53	25.5	0.6
12/02/2020	19 53 10	-20 53 24	10.904113	0.029977	15.17	13.54	26.4	0.6
13/02/2020	19 53 38	-20 52 14	10.896534	0.029870	15.18	13.55	27.3	0.6
14/02/2020	19 54 06	-20 51 03	10.888723	0.029763	15.20	13.56	28.2	0.6
15/02/2020	19 54 33	-20 49 53	10.880681	0.029655	15.21	13.57	29.1	0.6
16/02/2020	19 55 01	-20 48 43	10.872410	0.029548	15.22	13.58	30.0	0.6
17/02/2020	19 55 28	-20 47 33	10.863910	0.029440	15.23	13.59	30.9	0.6
18/02/2020	19 55 55	-20 46 23	10.855185	0.029332	15.24	13.60	31.8	0.6
19/02/2020	19 56 22	-20 45 14	10.846235	0.029224	15.26	13.61	32.7	0.6
20/02/2020	19 56 49	-20 44 04	10.837064	0.029115	15.27	13.62	33.6	0.6
21/02/2020	19 57 15	-20 42 55	10.827672	0.029007	15.28	13.64	34.6	0.6
22/02/2020	19 57 41	-20 41 46	10.818062	0.028898	15.29	13.65	35.5	0.6
23/02/2020	19 58 07	-20 40 38	10.808237	0.028790	15.31	13.66	36.4	0.7
24/02/2020	19 58 33	-20 39 30	10.798200	0.028681	15.32	13.67	37.3	0.7
25/02/2020	19 58 59	-20 38 22	10.787952	0.028572	15.34	13.69	38.2	0.7
26/02/2020	19 59 24	-20 37 14	10.777496	0.028462	15.35	13.70	39.1	0.7
27/02/2020	19 59 50	-20 36 07	10.766836	0.028353	15.37	13.71	40.0	0.7
28/02/2020	20 00 15	-20 35 00	10.755974	0.028244	15.38	13.73	40.9	0.7
29/02/2020	20 00 40	-20 33 54	10.744913	0.028134	15.40	13.74	41.8	0.7
01/03/2020	20 01 04	-20 32 47	10.733656	0.028024	15.42	13.75	42.7	0.7
02/03/2020	20 01 29	-20 31 42	10.722206	0.027914	15.43	13.77	43.6	0.7
03/03/2020	20 01 53	-20 30 37	10.710566	0.027804	15.45	13.78	44.5	0.7
04/03/2020	20 02 17	-20 29 32	10.698740	0.027694	15.47	13.80	45.4	0.7
05/03/2020	20 02 40	-20 28 28	10.686729	0.027583	15.48	13.82	46.3	0.7
06/03/2020	20 03 04	-20 27 24	10.674538	0.027472	15.50	13.83	47.2	0.7
07/03/2020	20 03 27	-20 26 21	10.662170	0.027362	15.52	13.85	48.1	0.7
08/03/2020	20 03 50	-20 25 18	10.649627	0.027251	15.54	13.86	49.1	0.7
09/03/2020	20 04 13	-20 24 16	10.636912	0.027140	15.56	13.88	50.0	0.7
10/03/2020	20 04 35	-20 23 15	10.624029	0.027028	15.57	13.90	50.9	0.7
11/03/2020	20 04 57	-20 22 14	10.610981	0.026917	15.59	13.91	51.8	0.7
12/03/2020	20 05 19	-20 21 14	10.597769	0.026805	15.61	13.93	52.7	0.7

GG/MM/AAAA	A.R.	DECL.	Dist.	RV	D.Eq.	D.Pol.	El.	Mag.
13/03/2020	20 05 41	-20 20 14	10.584397	0.026694	15.63	13.95	53.6	0.7
14/03/2020	20 06 02	-20 19 15	10.570867	0.026582	15.65	13.97	54.5	0.7
15/03/2020	20 06 23	-20 18 17	10.557183	0.026470	15.67	13.98	55.4	0.7
16/03/2020	20 06 44	-20 17 20	10.543348	0.026357	15.69	14.00	56.3	0.7
17/03/2020	20 07 04	-20 16 23	10.529364	0.026245	15.71	14.02	57.3	0.7
18/03/2020	20 07 25	-20 15 26	10.515235	0.026133	15.74	14.04	58.2	0.7
19/03/2020	20 07 44	-20 14 31	10.500964	0.026020	15.76	14.06	59.1	0.7
20/03/2020	20 08 04	-20 13 37	10.486556	0.025907	15.78	14.08	60.0	0.7
21/03/2020	20 08 23	-20 12 43	10.472013	0.025794	15.80	14.10	60.9	0.7
22/03/2020	20 08 42	-20 11 50	10.457339	0.025681	15.82	14.12	61.8	0.7
23/03/2020	20 09 01	-20 10 58	10.442538	0.025568	15.84	14.14	62.8	0.7
24/03/2020	20 09 19	-20 10 06	10.427614	0.025454	15.87	14.16	63.7	0.7
25/03/2020	20 09 37	-20 09 16	10.412572	0.025340	15.89	14.18	64.6	0.7
26/03/2020	20 09 55	-20 08 26	10.397414	0.025227	15.91	14.20	65.5	0.7
27/03/2020	20 10 13	-20 07 38	10.382146	0.025113	15.94	14.22	66.4	0.7
28/03/2020	20 10 30	-20 06 50	10.366771	0.024999	15.96	14.24	67.4	0.7
29/03/2020	20 10 46	-20 06 03	10.351293	0.024884	15.98	14.26	68.3	0.7
30/03/2020	20 11 03	-20 05 17	10.335717	0.024770	16.01	14.28	69.2	0.7
31/03/2020	20 11 19	-20 04 32	10.320047	0.024655	16.03	14.31	70.1	0.7
01/04/2020	20 11 35	-20 03 48	10.304288	0.024541	16.06	14.33	71.1	0.7
02/04/2020	20 11 50	-20 03 05	10.288442	0.024426	16.08	14.35	72.0	0.7
03/04/2020	20 12 05	-20 02 23	10.272515	0.024311	16.11	14.37	72.9	0.7
04/04/2020	20 12 20	-20 01 42	10.256511	0.024196	16.13	14.39	73.8	0.7
05/04/2020	20 12 34	-20 01 02	10.240434	0.024080	16.16	14.42	74.8	0.7
06/04/2020	20 12 48	-20 00 24	10.224288	0.023965	16.18	14.44	75.7	0.7
07/04/2020	20 13 02	-19 59 46	10.208076	0.023849	16.21	14.46	76.6	0.7
08/04/2020	20 13 15	-19 59 09	10.191803	0.023733	16.23	14.49	77.5	0.7
09/04/2020	20 13 28	-19 58 34	10.175472	0.023617	16.26	14.51	78.5	0.7
10/04/2020	20 13 40	-19 57 59	10.159087	0.023501	16.29	14.53	79.4	0.6
11/04/2020	20 13 53	-19 57 26	10.142652	0.023385	16.31	14.56	80.3	0.6
12/04/2020	20 14 04	-19 56 53	10.126171	0.023268	16.34	14.58	81.3	0.6
13/04/2020	20 14 16	-19 56 22	10.109648	0.023152	16.37	14.60	82.2	0.6
14/04/2020	20 14 27	-19 55 52	10.093086	0.023035	16.39	14.63	83.1	0.6
15/04/2020	20 14 38	-19 55 24	10.076491	0.022918	16.42	14.65	84.1	0.6
16/04/2020	20 14 48	-19 54 56	10.059866	0.022801	16.45	14.68	85.0	0.6
17/04/2020	20 14 58	-19 54 30	10.043216	0.022683	16.47	14.70	86.0	0.6
18/04/2020	20 15 07	-19 54 05	10.026546	0.022566	16.50	14.72	86.9	0.6
19/04/2020	20 15 17	-19 53 41	10.009860	0.022448	16.53	14.75	87.8	0.6
20/04/2020	20 15 25	-19 53 18	9.993162	0.022331	16.56	14.77	88.8	0.6
21/04/2020	20 15 34	-19 52 57	9.976458	0.022213	16.59	14.80	89.7	0.6
22/04/2020	20 15 42	-19 52 37	9.959753	0.022095	16.61	14.82	90.7	0.6
23/04/2020	20 15 49	-19 52 18	9.943050	0.021977	16.64	14.85	91.6	0.6
24/04/2020	20 15 56	-19 52 00	9.926356	0.021858	16.67	14.87	92.6	0.6
25/04/2020	20 16 03	-19 51 43	9.909674	0.021740	16.70	14.90	93.5	0.6
26/04/2020	20 16 10	-19 51 28	9.893010	0.021621	16.72	14.92	94.5	0.6
27/04/2020	20 16 16	-19 51 14	9.876368	0.021502	16.75	14.95	95.4	0.6
28/04/2020	20 16 21	-19 51 02	9.859754	0.021383	16.78	14.97	96.4	0.6
29/04/2020	20 16 26	-19 50 51	9.843171	0.021264	16.81	15.00	97.3	0.6
30/04/2020	20 16 31	-19 50 41	9.826626	0.021145	16.84	15.02	98.3	0.6
01/05/2020	20 16 36	-19 50 32	9.810123	0.021025	16.87	15.05	99.2	0.6
02/05/2020	20 16 40	-19 50 25	9.793665	0.020906	16.89	15.08	100.2	0.6
03/05/2020	20 16 43	-19 50 19	9.777258	0.020786	16.92	15.10	101.1	0.6
04/05/2020	20 16 46	-19 50 14	9.760907	0.020666	16.95	15.13	102.1	0.6
05/05/2020	20 16 49	-19 50 11	9.744615	0.020546	16.98	15.15	103.0	0.6
06/05/2020	20 16 52	-19 50 09	9.728387	0.020425	17.01	15.18	104.0	0.6
07/05/2020	20 16 53	-19 50 08	9.712226	0.020305	17.04	15.20	105.0	0.6
08/05/2020	20 16 55	-19 50 09	9.696137	0.020184	17.06	15.23	105.9	0.5
09/05/2020	20 16 56	-19 50 11	9.680125	0.020064	17.09	15.25	106.9	0.5
10/05/2020	20 16 57	-19 50 14	9.664193	0.019943	17.12	15.28	107.9	0.5
11/05/2020	20 16 57	-19 50 19	9.648345	0.019822	17.15	15.30	108.8	0.5
12/05/2020	20 16 57	-19 50 25	9.632587	0.019700	17.18	15.33	109.8	0.5
13/05/2020	20 16 57	-19 50 32	9.616922	0.019579	17.21	15.35	110.8	0.5
14/05/2020	20 16 56	-19 50 41	9.601355	0.019458	17.23	15.38	111.7	0.5
15/05/2020	20 16 55	-19 50 51	9.585891	0.019336	17.26	15.40	112.7	0.5
16/05/2020	20 16 53	-19 51 02	9.570535	0.019214	17.29	15.43	113.7	0.5
17/05/2020	20 16 51	-19 51 14	9.555290	0.019092	17.32	15.45	114.6	0.5
18/05/2020	20 16 48	-19 51 28	9.540163	0.018970	17.34	15.48	115.6	0.5
19/05/2020	20 16 46	-19 51 43	9.525158	0.018848	17.37	15.50	116.6	0.5
20/05/2020	20 16 42	-19 52 00	9.510279	0.018725	17.40	15.52	117.6	0.5
21/05/2020	20 16 39	-19 52 18	9.495531	0.018602	17.43	15.55	118.5	0.5
22/05/2020	20 16 35	-19 52 36	9.480919	0.018480	17.45	15.57	119.5	0.5
23/05/2020	20 16 30	-19 52 57	9.466448	0.018357	17.48	15.60	120.5	0.5
24/05/2020	20 16 25	-19 53 18	9.452123	0.018233	17.51	15.62	121.5	0.5

GG/MM/AAAA	A.R.	DECL.	Dist.	RV	D.Eq.	D.Pol.	El.	Mag.
25/05/2020	20 16 20	-19 53 41	9.437947	0.018110	17.53	15.64	122.5	0.5
26/05/2020	20 16 15	-19 54 05	9.423926	0.017987	17.56	15.67	123.4	0.5
27/05/2020	20 16 09	-19 54 30	9.410065	0.017863	17.58	15.69	124.4	0.4
28/05/2020	20 16 02	-19 54 57	9.396366	0.017739	17.61	15.71	125.4	0.4
29/05/2020	20 15 55	-19 55 24	9.382836	0.017615	17.63	15.74	126.4	0.4
30/05/2020	20 15 48	-19 55 53	9.369477	0.017491	17.66	15.76	127.4	0.4
31/05/2020	20 15 41	-19 56 23	9.356294	0.017367	17.68	15.78	128.4	0.4
01/06/2020	20 15 33	-19 56 55	9.343291	0.017243	17.71	15.80	129.4	0.4
02/06/2020	20 15 25	-19 57 27	9.330472	0.017118	17.73	15.82	130.4	0.4
03/06/2020	20 15 16	-19 58 00	9.317839	0.016993	17.76	15.84	131.4	0.4
04/06/2020	20 15 07	-19 58 35	9.305397	0.016869	17.78	15.87	132.3	0.4
05/06/2020	20 14 58	-19 59 10	9.293149	0.016744	17.80	15.89	133.3	0.4
06/06/2020	20 14 48	-19 59 47	9.281098	0.016618	17.83	15.91	134.3	0.4
07/06/2020	20 14 38	-20 00 25	9.269249	0.016493	17.85	15.93	135.3	0.4
08/06/2020	20 14 28	-20 01 04	9.257604	0.016368	17.87	15.95	136.3	0.4
09/06/2020	20 14 17	-20 01 43	9.246168	0.016242	17.89	15.97	137.3	0.4
10/06/2020	20 14 06	-20 02 24	9.234943	0.016116	17.92	15.99	138.3	0.4
11/06/2020	20 13 55	-20 03 06	9.223934	0.015990	17.94	16.01	139.3	0.4
12/06/2020	20 13 44	-20 03 49	9.213144	0.015864	17.96	16.02	140.3	0.3
13/06/2020	20 13 32	-20 04 33	9.202578	0.015738	17.98	16.04	141.3	0.3
14/06/2020	20 13 19	-20 05 17	9.192238	0.015611	18.00	16.06	142.3	0.3
15/06/2020	20 13 07	-20 06 03	9.182129	0.015484	18.02	16.08	143.4	0.3
16/06/2020	20 12 54	-20 06 49	9.172253	0.015358	18.04	16.10	144.4	0.3
17/06/2020	20 12 41	-20 07 36	9.162616	0.015231	18.06	16.11	145.4	0.3
18/06/2020	20 12 28	-20 08 24	9.153219	0.015104	18.08	16.13	146.4	0.3
19/06/2020	20 12 14	-20 09 13	9.144067	0.014976	18.09	16.15	147.4	0.3
20/06/2020	20 12 00	-20 10 03	9.135163	0.014849	18.11	16.16	148.4	0.3
21/06/2020	20 11 46	-20 10 53	9.126510	0.014721	18.13	16.18	149.4	0.3
22/06/2020	20 11 31	-20 11 44	9.118111	0.014594	18.15	16.19	150.4	0.3
23/06/2020	20 11 16	-20 12 36	9.109970	0.014466	18.16	16.21	151.4	0.3
24/06/2020	20 11 01	-20 13 28	9.102088	0.014338	18.18	16.22	152.5	0.3
25/06/2020	20 10 46	-20 14 22	9.094470	0.014209	18.19	16.23	153.5	0.3
26/06/2020	20 10 31	-20 15 15	9.087117	0.014081	18.21	16.25	154.5	0.3
27/06/2020	20 10 15	-20 16 10	9.080033	0.013953	18.22	16.26	155.5	0.2
28/06/2020	20 09 59	-20 17 04	9.073218	0.013824	18.24	16.27	156.5	0.2
29/06/2020	20 09 43	-20 18 00	9.066674	0.013695	18.25	16.28	157.5	0.2
30/06/2020	20 09 27	-20 18 56	9.060405	0.013566	18.26	16.30	158.6	0.2
01/07/2020	20 09 10	-20 19 52	9.054411	0.013437	18.27	16.31	159.6	0.2
02/07/2020	20 08 54	-20 20 49	9.048695	0.013307	18.29	16.32	160.6	0.2
03/07/2020	20 08 37	-20 21 46	9.043256	0.013178	18.30	16.33	161.6	0.2
04/07/2020	20 08 20	-20 22 43	9.038099	0.013048	18.31	16.34	162.6	0.2
05/07/2020	20 08 03	-20 23 41	9.033223	0.012918	18.32	16.34	163.6	0.2
06/07/2020	20 07 45	-20 24 39	9.028630	0.012789	18.33	16.35	164.7	0.2
07/07/2020	20 07 28	-20 25 38	9.024322	0.012658	18.33	16.36	165.7	0.2
08/07/2020	20 07 10	-20 26 37	9.020301	0.012528	18.34	16.37	166.7	0.2
09/07/2020	20 06 53	-20 27 36	9.016567	0.012398	18.35	16.37	167.7	0.2
10/07/2020	20 06 35	-20 28 35	9.013123	0.012267	18.36	16.38	168.8	0.2
11/07/2020	20 06 17	-20 29 34	9.009970	0.012136	18.36	16.39	169.8	0.1
12/07/2020	20 05 59	-20 30 34	9.007109	0.012005	18.37	16.39	170.8	0.1
13/07/2020	20 05 41	-20 31 33	9.004542	0.011874	18.38	16.40	171.8	0.1
14/07/2020	20 05 23	-20 32 33	9.002270	0.011743	18.38	16.40	172.9	0.1
15/07/2020	20 05 04	-20 33 33	9.000293	0.011612	18.38	16.40	173.9	0.1
16/07/2020	20 04 46	-20 34 33	8.998614	0.011480	18.39	16.41	174.9	0.1
17/07/2020	20 04 28	-20 35 32	8.997232	0.011348	18.39	16.41	176.0	0.1
18/07/2020	20 04 09	-20 36 32	8.996149	0.011216	18.39	16.41	177.0	0.1
19/07/2020	20 03 51	-20 37 32	8.995366	0.011084	18.39	16.41	178.1	0.1
20/07/2020	20 03 32	-20 38 31	8.994882	0.010952	18.39	16.41	179.1	0.1
21/07/2020	20 03 14	-20 39 31	8.994699	0.010820	18.40	16.41	180.0	0.1
22/07/2020	20 02 55	-20 40 30	8.994816	0.010687	18.40	16.41	179.0	0.1
23/07/2020	20 02 37	-20 41 30	8.995233	0.010555	18.39	16.41	177.9	0.1
24/07/2020	20 02 18	-20 42 29	8.995950	0.010422	18.39	16.41	176.9	0.1
25/07/2020	20 02 00	-20 43 27	8.996967	0.010289	18.39	16.41	175.8	0.1
26/07/2020	20 01 41	-20 44 26	8.998282	0.010156	18.39	16.41	174.8	0.1
27/07/2020	20 01 23	-20 45 24	8.999896	0.010022	18.38	16.40	173.7	0.1
28/07/2020	20 01 05	-20 46 22	9.001806	0.009889	18.38	16.40	172.7	0.1
29/07/2020	20 00 46	-20 47 19	9.004012	0.009755	18.38	16.40	171.7	0.1
30/07/2020	20 00 28	-20 48 16	9.006514	0.009621	18.37	16.39	170.7	0.1
31/07/2020	20 00 10	-20 49 13	9.009308	0.009487	18.37	16.39	169.6	0.1
01/08/2020	19 59 52	-20 50 10	9.012395	0.009353	18.36	16.38	168.6	0.1
02/08/2020	19 59 34	-20 51 05	9.015774	0.009219	18.35	16.38	167.6	0.1
03/08/2020	19 59 16	-20 52 01	9.019442	0.009085	18.34	16.37	166.5	0.1
04/08/2020	19 58 59	-20 52 56	9.023399	0.008950	18.34	16.36	165.5	0.2
05/08/2020	19 58 41	-20 53 50	9.027643	0.008815	18.33	16.35	164.5	0.2

GG/MM/AAAA	A.R.	DECL.	Dist.	RV	D.Eq.	D.Pol.	El.	Mag.
06/08/2020	19 58 24	-20 54 44	9.032173	0.008680	18.32	16.35	163.5	0.2
07/08/2020	19 58 06	-20 55 38	9.036989	0.008545	18.31	16.34	162.4	0.2
08/08/2020	19 57 49	-20 56 30	9.042087	0.008410	18.30	16.33	161.4	0.2
09/08/2020	19 57 32	-20 57 23	9.047468	0.008275	18.29	16.32	160.4	0.2
10/08/2020	19 57 15	-20 58 14	9.053129	0.008139	18.28	16.31	159.4	0.2
11/08/2020	19 56 59	-20 59 05	9.059069	0.008004	18.26	16.30	158.3	0.2
12/08/2020	19 56 42	-20 59 55	9.065286	0.007868	18.25	16.29	157.3	0.2
13/08/2020	19 56 26	-21 00 45	9.071778	0.007732	18.24	16.27	156.3	0.2
14/08/2020	19 56 10	-21 01 34	9.078544	0.007596	18.23	16.26	155.3	0.2
15/08/2020	19 55 54	-21 02 22	9.085581	0.007459	18.21	16.25	154.2	0.2
16/08/2020	19 55 39	-21 03 09	9.092887	0.007323	18.20	16.24	153.2	0.2
17/08/2020	19 55 23	-21 03 56	9.100460	0.007186	18.18	16.22	152.2	0.2
18/08/2020	19 55 08	-21 04 42	9.108297	0.007049	18.17	16.21	151.2	0.2
19/08/2020	19 54 53	-21 05 27	9.116395	0.006913	18.15	16.19	150.2	0.2
20/08/2020	19 54 38	-21 06 11	9.124753	0.006775	18.13	16.18	149.1	0.2
21/08/2020	19 54 24	-21 06 55	9.133366	0.006638	18.12	16.16	148.1	0.3
22/08/2020	19 54 10	-21 07 37	9.142232	0.006501	18.10	16.15	147.1	0.3
23/08/2020	19 53 56	-21 08 19	9.151346	0.006363	18.08	16.13	146.1	0.3
24/08/2020	19 53 42	-21 09 00	9.160706	0.006226	18.06	16.12	145.1	0.3
25/08/2020	19 53 29	-21 09 40	9.170308	0.006088	18.04	16.10	144.0	0.3
26/08/2020	19 53 16	-21 10 19	9.180148	0.005950	18.02	16.08	143.0	0.3
27/08/2020	19 53 03	-21 10 57	9.190223	0.005811	18.00	16.06	142.0	0.3
28/08/2020	19 52 51	-21 11 34	9.200529	0.005673	17.98	16.05	141.0	0.3
29/08/2020	19 52 39	-21 12 11	9.211062	0.005535	17.96	16.03	140.0	0.3
30/08/2020	19 52 27	-21 12 46	9.221819	0.005396	17.94	16.01	139.0	0.3
31/08/2020	19 52 16	-21 13 20	9.232797	0.005257	17.92	15.99	138.0	0.3
01/09/2020	19 52 05	-21 13 54	9.243991	0.005118	17.90	15.97	136.9	0.3
02/09/2020	19 51 54	-21 14 27	9.255398	0.004979	17.88	15.95	135.9	0.3
03/09/2020	19 51 44	-21 14 58	9.267016	0.004840	17.85	15.93	134.9	0.3
04/09/2020	19 51 34	-21 15 29	9.278839	0.004700	17.83	15.91	133.9	0.3
05/09/2020	19 51 24	-21 15 58	9.290865	0.004561	17.81	15.89	132.9	0.3
06/09/2020	19 51 14	-21 16 27	9.303090	0.004421	17.79	15.87	131.9	0.3
07/09/2020	19 51 05	-21 16 54	9.315510	0.004281	17.76	15.85	130.9	0.3
08/09/2020	19 50 57	-21 17 21	9.328122	0.004141	17.74	15.83	129.9	0.4
09/09/2020	19 50 48	-21 17 46	9.340921	0.004001	17.71	15.81	128.9	0.4
10/09/2020	19 50 41	-21 18 11	9.353905	0.003861	17.69	15.78	127.9	0.4
11/09/2020	19 50 33	-21 18 34	9.367068	0.003720	17.66	15.76	126.9	0.4
12/09/2020	19 50 26	-21 18 56	9.380408	0.003579	17.64	15.74	125.9	0.4
13/09/2020	19 50 19	-21 19 18	9.393920	0.003438	17.61	15.72	124.9	0.4
14/09/2020	19 50 13	-21 19 38	9.407599	0.003298	17.59	15.69	123.9	0.4
15/09/2020	19 50 07	-21 19 57	9.421442	0.003156	17.56	15.67	122.9	0.4
16/09/2020	19 50 01	-21 20 15	9.435444	0.003015	17.54	15.65	121.9	0.4
17/09/2020	19 49 56	-21 20 32	9.449600	0.002874	17.51	15.62	120.9	0.4
18/09/2020	19 49 51	-21 20 48	9.463906	0.002732	17.48	15.60	119.9	0.4
19/09/2020	19 49 47	-21 21 03	9.478356	0.002590	17.46	15.58	118.9	0.4
20/09/2020	19 49 43	-21 21 17	9.492947	0.002448	17.43	15.55	117.9	0.4
21/09/2020	19 49 39	-21 21 29	9.507672	0.002306	17.40	15.53	116.9	0.4
22/09/2020	19 49 36	-21 21 41	9.522527	0.002164	17.38	15.50	115.9	0.4
23/09/2020	19 49 33	-21 21 51	9.537507	0.002022	17.35	15.48	114.9	0.4
24/09/2020	19 49 31	-21 22 01	9.552606	0.001879	17.32	15.46	113.9	0.4
25/09/2020	19 49 29	-21 22 09	9.567821	0.001736	17.29	15.43	113.0	0.4
26/09/2020	19 49 27	-21 22 16	9.583145	0.001594	17.27	15.41	112.0	0.4
27/09/2020	19 49 26	-21 22 22	9.598576	0.001451	17.24	15.38	111.0	0.5
28/09/2020	19 49 26	-21 22 27	9.614107	0.001307	17.21	15.36	110.0	0.5
29/09/2020	19 49 25	-21 22 31	9.629735	0.001164	17.18	15.33	109.0	0.5
30/09/2020	19 49 26	-21 22 33	9.645455	0.001021	17.15	15.31	108.0	0.5
01/10/2020	19 49 26	-21 22 35	9.661263	0.000877	17.13	15.28	107.1	0.5
02/10/2020	19 49 27	-21 22 35	9.677153	0.000733	17.10	15.26	106.1	0.5
03/10/2020	19 49 29	-21 22 35	9.693122	0.000589	17.07	15.23	105.1	0.5
04/10/2020	19 49 30	-21 22 33	9.709165	0.000445	17.04	15.21	104.1	0.5
05/10/2020	19 49 33	-21 22 30	9.725278	0.000301	17.01	15.18	103.1	0.5
06/10/2020	19 49 35	-21 22 26	9.741455	0.000157	16.99	15.16	102.2	0.5
07/10/2020	19 49 38	-21 22 21	9.757694	0.000012	16.96	15.13	101.1	0.5
08/10/2020	19 49 42	-21 22 15	9.773988	9.999867	16.93	15.11	100.2	0.5
09/10/2020	19 49 46	-21 22 07	9.790335	9.999723	16.90	15.08	99.3	0.5
10/10/2020	19 49 50	-21 21 59	9.806728	9.999578	16.87	15.05	98.3	0.5
11/10/2020	19 49 55	-21 21 49	9.823163	9.999432	16.84	15.03	97.3	0.5
12/10/2020	19 50 00	-21 21 39	9.839637	9.999287	16.82	15.00	96.3	0.5
13/10/2020	19 50 06	-21 21 27	9.856143	9.999142	16.79	14.98	95.4	0.5
14/10/2020	19 50 12	-21 21 14	9.872677	9.998996	16.76	14.95	94.4	0.5
15/10/2020	19 50 18	-21 21 00	9.889234	9.998850	16.73	14.93	93.4	0.5
16/10/2020	19 50 25	-21 20 45	9.905808	9.998704	16.70	14.90	92.5	0.5
17/10/2020	19 50 32	-21 20 29	9.922396	9.998558	16.68	14.88	91.5	0.5

GG/MM/AAAA	A.R.	DECL.	Dist.	RV	D.Eq.	D.Pol.	El.	Mag.
18/10/2020	19 50 40	-21 20 11	9.938991	9.998412	16.65	14.85	90.6	0.5
19/10/2020	19 50 48	-21 19 53	9.955589	9.998266	16.62	14.83	89.6	0.5
20/10/2020	19 50 57	-21 19 33	9.972183	9.998119	16.59	14.81	88.6	0.6
21/10/2020	19 51 06	-21 19 13	9.988770	9.997973	16.56	14.78	87.7	0.6
22/10/2020	19 51 15	-21 18 51	10.005344	9.997826	16.54	14.76	86.7	0.6
23/10/2020	19 51 25	-21 18 28	10.021901	9.997679	16.51	14.73	85.8	0.6
24/10/2020	19 51 35	-21 18 04	10.038435	9.997532	16.48	14.71	84.8	0.6
25/10/2020	19 51 45	-21 17 39	10.054943	9.997384	16.46	14.68	83.8	0.6
26/10/2020	19 51 56	-21 17 13	10.071420	9.997237	16.43	14.66	82.9	0.6
27/10/2020	19 52 07	-21 16 46	10.087862	9.997089	16.40	14.64	81.9	0.6
28/10/2020	19 52 19	-21 16 17	10.104264	9.996942	16.38	14.61	81.0	0.6
29/10/2020	19 52 31	-21 15 48	10.120621	9.996794	16.35	14.59	80.0	0.6
30/10/2020	19 52 44	-21 15 17	10.136931	9.996646	16.32	14.56	79.1	0.6
31/10/2020	19 52 56	-21 14 46	10.153189	9.996497	16.30	14.54	78.1	0.6
01/11/2020	19 53 10	-21 14 13	10.169390	9.996349	16.27	14.52	77.2	0.6
02/11/2020	19 53 23	-21 13 40	10.185533	9.996201	16.24	14.50	76.2	0.6
03/11/2020	19 53 37	-21 13 05	10.201607	9.996052	16.22	14.47	75.3	0.6
04/11/2020	19 53 51	-21 12 29	10.217614	9.995903	16.19	14.45	74.4	0.6
05/11/2020	19 54 06	-21 11 52	10.233549	9.995754	16.17	14.43	73.4	0.6
06/11/2020	19 54 21	-21 11 14	10.249407	9.995605	16.14	14.40	72.5	0.6
07/11/2020	19 54 36	-21 10 35	10.265184	9.995456	16.12	14.38	71.5	0.6
08/11/2020	19 54 52	-21 09 55	10.280875	9.995306	16.09	14.36	70.6	0.6
09/11/2020	19 55 08	-21 09 14	10.296478	9.995157	16.07	14.34	69.6	0.6
10/11/2020	19 55 25	-21 08 32	10.311987	9.995007	16.05	14.32	68.7	0.6
11/11/2020	19 55 41	-21 07 49	10.327399	9.994857	16.02	14.30	67.8	0.6
12/11/2020	19 55 58	-21 07 04	10.342709	9.994707	16.00	14.27	66.8	0.6
13/11/2020	19 56 16	-21 06 19	10.357912	9.994557	15.97	14.25	65.9	0.6
14/11/2020	19 56 34	-21 05 33	10.373004	9.994407	15.95	14.23	65.0	0.6
15/11/2020	19 56 52	-21 04 46	10.387981	9.994256	15.93	14.21	64.0	0.6
16/11/2020	19 57 10	-21 03 57	10.402838	9.994106	15.91	14.19	63.1	0.6
17/11/2020	19 57 29	-21 03 08	10.417571	9.993955	15.88	14.17	62.1	0.6
18/11/2020	19 57 48	-21 02 17	10.432177	9.993804	15.86	14.15	61.2	0.6
19/11/2020	19 58 07	-21 01 26	10.446650	9.993653	15.84	14.13	60.3	0.6
20/11/2020	19 58 27	-21 00 34	10.460987	9.993502	15.82	14.11	59.4	0.6
21/11/2020	19 58 47	-20 59 40	10.475185	9.993350	15.80	14.09	58.4	0.6
22/11/2020	19 59 07	-20 58 46	10.489240	9.993199	15.77	14.08	57.5	0.6
23/11/2020	19 59 28	-20 57 51	10.503148	9.993047	15.75	14.06	56.6	0.6
24/11/2020	19 59 49	-20 56 55	10.516907	9.992895	15.73	14.04	55.6	0.6
25/11/2020	20 00 10	-20 55 57	10.530513	9.992743	15.71	14.02	54.7	0.6
26/11/2020	20 00 31	-20 54 59	10.543962	9.992591	15.69	14.00	53.8	0.6
27/11/2020	20 00 53	-20 54 00	10.557252	9.992439	15.67	13.98	52.9	0.6
28/11/2020	20 01 15	-20 53 00	10.570380	9.992286	15.65	13.97	51.9	0.6
29/11/2020	20 01 37	-20 51 59	10.583343	9.992134	15.63	13.95	51.0	0.6
30/11/2020	20 02 00	-20 50 57	10.596137	9.991981	15.62	13.93	50.1	0.6
01/12/2020	20 02 22	-20 49 54	10.608759	9.991828	15.60	13.92	49.2	0.6
02/12/2020	20 02 45	-20 48 50	10.621208	9.991675	15.58	13.90	48.2	0.6
03/12/2020	20 03 09	-20 47 45	10.633479	9.991522	15.56	13.88	47.3	0.6
04/12/2020	20 03 32	-20 46 39	10.645571	9.991369	15.54	13.87	46.4	0.6
05/12/2020	20 03 56	-20 45 33	10.657479	9.991215	15.53	13.85	45.5	0.6
06/12/2020	20 04 20	-20 44 26	10.669201	9.991061	15.51	13.84	44.6	0.6
07/12/2020	20 04 44	-20 43 17	10.680735	9.990908	15.49	13.82	43.6	0.6
08/12/2020	20 05 08	-20 42 08	10.692077	9.990754	15.48	13.81	42.7	0.6
09/12/2020	20 05 33	-20 40 58	10.703224	9.990600	15.46	13.79	41.8	0.6
10/12/2020	20 05 58	-20 39 47	10.714173	9.990445	15.44	13.78	40.9	0.6
11/12/2020	20 06 23	-20 38 35	10.724921	9.990291	15.43	13.77	40.0	0.6
12/12/2020	20 06 48	-20 37 23	10.735465	9.990136	15.41	13.75	39.0	0.6
13/12/2020	20 07 14	-20 36 09	10.745802	9.989982	15.40	13.74	38.1	0.6
14/12/2020	20 07 39	-20 34 55	10.755929	9.989827	15.38	13.73	37.2	0.6
15/12/2020	20 08 05	-20 33 40	10.765843	9.989672	15.37	13.71	36.3	0.6
16/12/2020	20 08 31	-20 32 24	10.775542	9.989517	15.36	13.70	35.4	0.6
17/12/2020	20 08 58	-20 31 07	10.785022	9.989362	15.34	13.69	34.5	0.6
18/12/2020	20 09 24	-20 29 50	10.794282	9.989206	15.33	13.68	33.6	0.6
19/12/2020	20 09 51	-20 28 31	10.803320	9.989050	15.32	13.67	32.7	0.6
20/12/2020	20 10 17	-20 27 12	10.812133	9.988895	15.30	13.66	31.7	0.6
21/12/2020	20 10 44	-20 25 53	10.820720	9.988739	15.29	13.64	30.8	0.6
22/12/2020	20 11 11	-20 24 32	10.829078	9.988583	15.28	13.63	29.9	0.6
23/12/2020	20 11 39	-20 23 11	10.837206	9.988427	15.27	13.62	29.0	0.6
24/12/2020	20 12 06	-20 21 49	10.845103	9.988270	15.26	13.61	28.1	0.6
25/12/2020	20 12 34	-20 20 26	10.852767	9.988114	15.25	13.60	27.2	0.6
26/12/2020	20 13 01	-20 19 03	10.860195	9.987957	15.24	13.59	26.3	0.6
27/12/2020	20 13 29	-20 17 39	10.867388	9.987800	15.23	13.59	25.4	0.6
28/12/2020	20 13 57	-20 16 14	10.874343	9.987643	15.22	13.58	24.5	0.6
29/12/2020	20 14 25	-20 14 48	10.881059	9.987486	15.21	13.57	23.6	0.6

GG/MM/AAAA	A.R.	DECL.	Dist.	RV	D.Eq.	D.Pol.	El.	Mag.
30/12/2020	20 14 53	-20 13 22	10.887534	9.987329	15.20	13.56	22.7	0.6
31/12/2020	20 15 22	-20 11 56	10.893768	9.987171	15.19	13.55	21.8	0.6

FENOMENI - PHENOMENAS
2000-2100

```
DATA = nel formato gg/mm/aaaa
RV = distanza in Unità astronomiche

DATA = date in the format dd/mm/yyyy
RV = distance in A.U.
```

PERIELII - PERIHELIA

DATA	ORA	RV
26/07/2003	17:31	9,03090
28/11/2032	17:06	9,01492
05/06/2062	16:29	9,03095

PERIGEI - PERIGEAS

DATA	ORA	RV
19/11/2000	11:42	8,13334
03/12/2001	12:38	8,08059
17/12/2002	14:52	8,05194
31/12/2003	17:42	8,05013
13/01/2005	19:47	8,07562
27/01/2006	20:01	8,12684
10/02/2007	16:26	8,20037
24/02/2008	07:51	8,29141
08/03/2009	18:01	8,39446
21/03/2010	23:16	8,50382
03/04/2011	23:54	8,61394
15/04/2012	19:44	8,71962
28/04/2013	10:25	8,81620
10/05/2014	20:35	8,89968
23/05/2015	04:23	8,96670
03/06/2016	10:41	9,01490
15/06/2017	15:06	9,04268
27/06/2018	18:07	9,04882
09/07/2019	21:37	9,03279
21/07/2020	03:40	8,99470
02/08/2021	12:09	8,93528
14/08/2022	22:50	8,85683
27/08/2023	12:53	8,76300
08/09/2024	08:15	8,65806
21/09/2025	09:04	8,54676
04/10/2026	15:13	8,43424
18/10/2027	01:58	8,32598
30/10/2028	17:24	8,22756
13/11/2029	13:35	8,14440
27/11/2030	13:46	8,08153
11/12/2031	16:36	8,04306
24/12/2032	20:07	8,03159
07/01/2034	22:46	8,04807
21/01/2035	23:18	8,09162
04/02/2036	21:17	8,15940
17/02/2037	15:53	8,24716
03/03/2038	06:02	8,34960
16/03/2039	14:51	8,46054
28/03/2040	17:37	8,57335
10/04/2041	15:27	8,68161
23/04/2042	09:08	8,78023
05/05/2043	23:09	8,86578
17/05/2044	09:05	8,93556
29/05/2045	15:32	8,98721
10/06/2046	20:06	9,01900
23/06/2047	00:45	9,02995
04/07/2048	05:12	9,01986
16/07/2049	09:33	8,98909
28/07/2050	15:30	8,93852
10/08/2051	01:10	8,86995
21/08/2052	15:01	8,78607
03/09/2053	08:44	8,69014
16/09/2054	06:35	8,58618
29/09/2055	09:57	8,47905
11/10/2056	19:23	8,37393
25/10/2057	10:21	8,27623
08/11/2058	05:38	8,19110
22/11/2059	04:25	8,12273
05/12/2060	05:32	8,07448
19/12/2061	08:28	8,04996
02/01/2063	11:55	8,05199
16/01/2064	14:13	8,08110
29/01/2065	13:54	8,13552
12/02/2066	09:14	8,21173
25/02/2067	23:46	8,30485
10/03/2068	09:40	8,40925
23/03/2069	14:55	8,51921
05/04/2070	14:58	8,62926
18/04/2071	09:22	8,73414
29/04/2072	22:45	8,82923
12/05/2073	08:55	8,91071
24/05/2074	16:51	8,97543
05/06/2075	22:22	9,02103
17/06/2076	01:40	9,04595
29/06/2077	04:36	9,04924
11/07/2078	08:51	9,03065
23/07/2079	15:12	8,99049
03/08/2080	23:07	8,92948
16/08/2081	09:42	8,84947
29/08/2082	00:47	8,75403
10/09/2083	21:23	8,64773
22/09/2084	22:47	8,53558
06/10/2085	04:56	8,42276
19/10/2086	15:52	8,31482
02/11/2087	08:20	8,21748
15/11/2088	05:39	8,13614
29/11/2089	06:26	8,07564
13/12/2090	09:07	8,03994
27/12/2091	12:05	8,03138
09/01/2093	14:18	8,05064
23/01/2094	14:54	8,09672
06/02/2095	13:02	8,16670
20/02/2096	07:21	8,25625
04/03/2097	20:34	8,35996
18/03/2098	04:04	8,47183
31/03/2099	06:02	8,58548
13/04/2100	03:57	8,69459

```
APOGEI  -  APOGEAS
DATA         ORA      RV           DATA         ORA      RV
10/05/2000   22:59    10,16611     31/01/2051   03:06    10,90636
25/05/2001   16:32    10,10325     11/02/2052   22:07    10,82963
09/06/2002   16:33    10,06241     23/02/2053   00:34    10,73905
24/06/2003   19:49    10,04735     07/03/2054   12:00    10,63820
08/07/2004   23:15    10,05953     20/03/2055   08:21    10,53169
23/07/2005   23:27    10,09830     01/04/2056   13:48    10,42464
07/08/2006   17:31    10,16111     15/04/2057   05:19    10,32242
22/08/2007   04:09    10,24382     29/04/2058   07:26    10,23041
04/09/2008   05:58    10,34126     13/05/2059   18:47    10,15337
17/09/2009   22:06    10,44785     27/05/2060   13:44    10,09494
01/10/2010   03:54    10,55798     11/06/2061   13:58    10,05847
13/10/2011   22:52    10,66629     26/06/2062   16:47    10,04735
25/10/2012   08:30    10,76789     11/07/2063   19:30    10,06325
06/11/2013   11:09    10,85848     25/07/2064   18:57    10,10542
18/11/2014   07:56    10,93430     09/08/2065   12:38    10,17116
29/11/2015   22:39    10,99240     23/08/2066   22:56    10,25627
10/12/2016   08:44    11,03083     07/09/2067   00:03    10,35546
21/12/2017   17:41    11,04818     19/09/2068   14:44    10,46300
02/01/2019   02:43    11,04348     02/10/2069   18:23    10,57336
13/01/2020   11:42    11,01652     15/10/2070   11:39    10,68126
23/01/2021   22:16    10,96765     27/10/2071   20:51    10,78175
04/02/2022   14:14    10,89825     07/11/2072   23:12    10,87060
16/02/2023   13:08    10,81142     19/11/2073   18:19    10,94424
28/02/2024   18:25    10,71119     01/12/2074   07:27    10,99989
12/03/2025   07:44    10,60216     12/12/2075   17:42    11,03560
25/03/2026   06:54    10,48929     23/12/2076   03:12    11,05006
07/04/2027   17:12    10,37797     03/01/2078   11:33    11,04261
20/04/2028   14:02    10,27380     14/01/2079   19:55    11,01330
04/05/2029   20:20    10,18239     26/01/2080   07:43    10,96261
19/05/2030   10:47    10,10900     06/02/2081   00:52    10,89164
03/06/2031   07:57    10,05825     17/02/2082   23:36    10,80318
17/06/2032   09:56    10,03344     02/03/2083   04:51    10,70146
02/07/2033   13:54    10,03623     13/03/2084   19:33    10,59132
17/07/2034   16:45    10,06667     26/03/2085   20:48    10,47786
01/08/2035   15:33    10,12284     09/04/2086   08:34    10,36650
15/08/2036   07:16    10,20106     23/04/2087   05:57    10,26307
29/08/2037   13:38    10,29658     06/05/2088   12:41    10,17318
12/09/2038   09:34    10,40372     21/05/2089   03:54    10,10194
25/09/2039   19:05    10,51608     05/06/2090   02:05    10,05378
07/10/2040   19:09    10,62714     20/06/2091   04:56    10,03181
20/10/2041   09:54    10,73097     04/07/2092   09:18    10,03748
01/11/2042   15:52    10,82341     19/07/2093   11:53    10,07057
13/11/2043   13:58    10,90153     03/08/2094   09:32    10,12907
24/11/2044   07:16    10,96275     17/08/2095   23:42    10,20927
05/12/2045   21:10    11,00495     31/08/2096   04:40    10,30631
17/12/2046   07:25    11,02669     13/09/2097   23:53    10,41453
28/12/2047   15:21    11,02735     27/09/2098   09:19    10,52780
08/01/2049   00:26    11,00702     10/10/2099   08:53    10,63973
19/01/2050   12:30    10,96625     22/10/2100   21:50    10,74424
```

```
MAGNITUDINE MASSIMA                         DATA         ORA     MAG
MAXIMA MAGNITUDE                            05/10/2026   13:04   0,3
                                            09/04/2027   17:52   0,6
DATA         ORA     MAG                    19/10/2027   03:20   0,1
11/05/2000   12:33   0,2                    21/04/2028   21:19   0,4
20/11/2000   00:29   -0,4                   31/10/2028   08:27   -0,2
25/05/2001   20:27   0,1                    05/05/2029   18:16   0,2
03/12/2001   14:42   -0,4                   14/11/2029   04:58   -0,3
09/06/2002   11:10   0,0                    19/05/2030   18:28   0,1
17/12/2002   15:18   -0,5                   27/11/2030   22:48   -0,4
24/06/2003   12:03   0,0                    03/06/2031   09:30   0,0
31/12/2003   19:00   -0,5                   11/12/2031   16:52   -0,5
08/07/2004   09:21   0,1                    17/06/2032   04:14   0,0
14/01/2005   05:19   -0,4                   24/12/2032   22:30   -0,5
23/07/2005   15:31   0,2                    02/07/2033   06:03   0,0
28/01/2006   12:07   -0,2                   08/01/2034   05:18   -0,4
07/08/2006   22:23   0,3                    17/07/2034   11:06   0,1
11/02/2007   11:15   0,0                    22/01/2035   12:15   -0,3
22/08/2007   09:42   0,6                    01/08/2035   11:11   0,2
25/02/2008   08:11   0,2                    05/02/2036   17:47   -0,1
04/09/2008   08:44   0,8                    15/08/2036   00:59   0,4
10/03/2009   06:59   0,5                    18/02/2037   14:23   0,1
20/09/2009   05:01   1,1                    29/08/2037   07:57   0,7
23/03/2010   05:28   0,5                    04/03/2038   19:37   0,4
03/10/2010   07:37   0,9                    13/09/2038   07:52   1,0
04/04/2011   23:45   0,4                    17/03/2039   06:29   0,6
15/10/2011   12:30   0,7                    28/09/2039   01:06   0,9
16/04/2012   12:02   0,2                    29/03/2040   19:30   0,4
26/10/2012   15:51   0,6                    09/10/2040   11:44   0,8
29/04/2013   04:18   0,1                    11/04/2041   09:41   0,3
07/11/2013   07:40   0,5                    22/10/2041   01:22   0,6
11/05/2014   09:23   0,1                    24/04/2042   07:06   0,2
19/11/2014   00:36   0,5                    02/11/2042   18:02   0,5
23/05/2015   10:11   0,0                    06/05/2043   13:23   0,1
30/11/2015   07:03   0,4                    14/11/2043   08:21   0,5
03/06/2016   12:08   0,0                    17/05/2044   11:04   0,0
10/12/2016   14:51   0,4                    24/11/2044   19:06   0,4
15/06/2017   07:08   0,0                    29/05/2045   17:19   0,0
21/12/2017   22:04   0,4                    06/12/2045   04:20   0,4
27/06/2018   11:36   0,0                    10/06/2046   14:01   0,0
01/01/2019   22:40   0,5                    17/12/2046   11:13   0,4
09/07/2019   17:16   0,1                    22/06/2047   17:02   0,0
13/01/2020   10:13   0,5                    28/12/2047   13:42   0,4
21/07/2020   01:06   0,1                    04/07/2048   01:42   0,0
24/01/2021   00:14   0,6                    08/01/2049   00:29   0,5
02/08/2021   17:33   0,2                    16/07/2049   04:17   0,1
05/02/2022   00:55   0,7                    19/01/2050   16:33   0,5
15/08/2022   16:26   0,3                    28/07/2050   17:28   0,1
17/02/2023   02:48   0,8                    31/01/2051   14:57   0,6
28/08/2023   17:09   0,4                    10/08/2051   15:22   0,2
28/02/2024   23:49   0,9                    12/02/2052   01:37   0,7
09/09/2024   18:14   0,6                    22/08/2052   14:01   0,3
12/03/2025   20:08   1,1                    23/02/2053   07:37   0,9
21/09/2025   22:36   0,6                    04/09/2053   16:25   0,5
27/03/2026   05:01   0,9                    08/03/2054   04:09   1,0
```

DATA	ORA	MAG	DATA	ORA	MAG
17/09/2054	22:05	0,7	29/08/2082	19:18	0,4
22/03/2055	15:29	1,0	02/03/2083	23:37	1,0
30/09/2055	06:11	0,4	12/09/2083	09:25	0,6
03/04/2056	07:15	0,7	24/09/2084	00:15	0,6
12/10/2056	21:16	0,2	29/03/2085	02:17	0,9
17/04/2057	01:19	0,5	07/10/2085	07:48	0,3
26/10/2057	10:25	-0,1	10/04/2086	23:51	0,6
30/04/2058	14:12	0,3	20/10/2086	13:31	0,0
08/11/2058	21:42	-0,3	24/04/2087	11:34	0,4
14/05/2059	13:56	0,1	02/11/2087	23:44	-0,2
22/11/2059	17:07	-0,4	07/05/2088	07:35	0,2
27/05/2060	15:03	0,0	15/11/2088	20:42	-0,3
05/12/2060	07:44	-0,5	21/05/2089	12:32	0,1
11/06/2061	08:47	0,0	29/11/2089	12:50	-0,4
19/12/2061	09:54	-0,5	05/06/2090	00:33	0,0
26/06/2062	08:54	0,0	13/12/2090	08:59	-0,5
02/01/2063	17:12	-0,5	19/06/2091	22:42	0,0
11/07/2063	07:58	0,1	27/12/2091	15:09	-0,5
16/01/2064	22:25	-0,4	03/07/2092	20:52	0,0
25/07/2064	18:10	0,2	09/01/2093	22:23	-0,4
30/01/2065	04:26	-0,2	18/07/2093	22:46	0,1
09/08/2065	11:56	0,4	23/01/2094	23:20	-0,3
13/02/2066	07:40	0,0	02/08/2094	23:09	0,3
24/08/2066	02:22	0,6	07/02/2095	12:12	-0,1
27/02/2067	05:25	0,2	18/08/2095	01:38	0,5
07/09/2067	03:11	0,9	21/02/2096	08:57	0,1
11/03/2068	22:45	0,5	31/08/2096	00:25	0,7
21/09/2068	19:26	1,0	06/03/2097	10:19	0,4
24/03/2069	14:24	0,5	14/09/2097	03:08	1,0
04/10/2069	18:28	0,8	18/03/2098	20:42	0,6
06/04/2070	13:29	0,3	29/09/2098	13:24	0,9
17/10/2070	03:02	0,7	01/04/2099	08:50	0,4
19/04/2071	02:14	0,2	11/10/2099	22:02	0,8
29/10/2071	02:35	0,6	13/04/2100	22:00	0,3
30/04/2072	17:10	0,1	24/10/2100	10:28	0,6
09/11/2072	02:11	0,5			
12/05/2073	16:51	0,1			
20/11/2073	08:18	0,5			
24/05/2074	18:49	0,0			
01/12/2074	17:54	0,4			
05/06/2075	22:53	0,0	OPPOSIZIONI-OPPOSITIONS		
12/12/2075	22:33	0,4			
16/06/2076	18:37	0,0	DATA	ORA	
23/12/2076	03:20	0,4	19/11/2000	13:42	
28/06/2077	19:59	0,0	03/12/2001	15:13	
03/01/2078	08:16	0,5	17/12/2002	18:28	
11/07/2078	02:34	0,1	31/12/2003	21:57	
15/01/2079	02:02	0,5	14/01/2005	00:06	
23/07/2079	16:31	0,1	27/01/2006	23:48	
26/01/2080	18:45	0,6	10/02/2007	19:42	
04/08/2080	06:22	0,2	24/02/2008	10:48	
06/02/2081	11:39	0,7	08/03/2009	20:53	
17/08/2081	04:50	0,3	22/03/2010	01:37	
18/02/2082	21:29	0,8	04/04/2011	00:56	

DATA	ORA	DATA	ORA
15/04/2012	19:26	10/03/2068	12:45
28/04/2013	09:27	23/03/2069	16:48
10/05/2014	19:28	05/04/2070	15:28
23/05/2015	02:35	18/04/2071	09:06
03/06/2016	07:38	29/04/2072	22:16
15/06/2017	11:18	12/05/2073	07:47
27/06/2018	14:28	24/05/2074	14:22
09/07/2019	18:07	05/06/2075	18:48
20/07/2020	23:28	16/06/2076	22:10
02/08/2021	07:15	29/06/2077	01:15
14/08/2022	18:11	11/07/2078	04:55
27/08/2023	09:28	23/07/2079	10:25
08/09/2024	05:35	03/08/2080	18:25
21/09/2025	06:46	16/08/2081	05:40
04/10/2026	13:29	28/08/2082	21:23
18/10/2027	01:36	10/09/2083	18:09
30/10/2028	18:34	22/09/2084	20:03
13/11/2029	16:01	06/10/2085	03:25
27/11/2030	16:56	19/10/2086	16:07
11/12/2031	20:00	02/11/2087	09:50
24/12/2032	23:56	15/11/2088	07:51
08/01/2034	03:12	29/11/2089	09:04
22/01/2035	04:25	13/12/2090	12:22
05/02/2036	02:32	27/12/2091	16:16
17/02/2037	20:28	09/01/2093	19:17
03/03/2038	09:33	23/01/2094	20:18
16/03/2039	17:13	06/02/2095	18:01
28/03/2040	19:16	20/02/2096	11:22
10/04/2041	16:13	04/03/2097	23:53
23/04/2042	08:29	18/03/2098	06:58
05/05/2043	20:39	31/03/2099	08:22
17/05/2044	05:38	13/04/2100	04:46
29/05/2045	11:59		
10/06/2046	16:22	CONGIUNZIONI-CONJUNCTIONS	
22/06/2047	20:09		
04/07/2048	00:05	DATA	ORA
16/07/2049	04:52	10/05/2000	20:45
28/07/2050	11:43	25/05/2001	13:33
09/08/2051	21:41	09/06/2002	12:24
21/08/2052	11:32	24/06/2003	14:39
03/09/2053	05:53	08/07/2004	17:38
16/09/2054	05:11	23/07/2005	18:01
29/09/2055	10:02	07/08/2006	12:54
11/10/2056	20:21	22/08/2007	00:29
25/10/2057	11:40	04/09/2008	03:00
08/11/2058	07:38	17/09/2009	19:22
22/11/2059	07:10	01/10/2010	01:42
05/12/2060	09:06	13/10/2011	22:13
19/12/2061	12:35	25/10/2012	09:32
02/01/2063	16:09	06/11/2013	13:01
16/01/2064	18:09	18/11/2014	09:50
29/01/2065	17:28	30/11/2015	01:16
12/02/2066	12:52	10/12/2016	12:51
26/02/2067	03:20	21/12/2017	22:09

DATA	ORA	DATA	ORA
02/01/2019	06:50	01/12/2074	11:01
13/01/2020	16:16	12/12/2075	22:08
24/01/2021	04:02	23/12/2076	07:09
04/02/2022	20:05	03/01/2078	15:45
16/02/2023	17:49	15/01/2079	01:17
28/02/2024	22:26	26/01/2080	13:22
12/03/2025	11:29	06/02/2081	05:56
25/03/2026	09:55	18/02/2082	04:16
07/04/2027	18:18	02/03/2083	09:39
20/04/2028	13:10	13/03/2084	23:42
04/05/2029	17:57	26/03/2085	23:20
19/05/2030	07:22	09/04/2086	08:59
03/06/2031	03:59	23/04/2087	04:57
17/06/2032	05:23	06/05/2088	10:43
02/07/2033	08:39	21/05/2089	01:09
17/07/2034	10:49	04/06/2090	22:24
01/08/2035	09:04	20/06/2091	00:04
15/08/2036	00:53	04/07/2092	03:25
29/08/2037	08:12	19/07/2093	05:17
12/09/2038	05:43	03/08/2094	02:43
25/09/2039	17:08	17/08/2095	17:39
07/10/2040	18:26	30/08/2096	23:59
20/10/2041	10:08	13/09/2097	20:26
01/11/2042	17:32	27/09/2098	06:50
13/11/2043	17:40	10/10/2099	07:09
24/11/2044	11:46	22/10/2100	21:47
06/12/2045	01:30		
17/12/2046	12:07	MOTO RETROGRADO	
28/12/2047	21:03	RETROGRADE MOTION	
08/01/2049	06:17		
19/01/2050	17:19	DATA	ORA
31/01/2051	07:38	12/09/2000	20:57
12/02/2052	02:53	27/09/2001	04:03
23/02/2053	04:41	11/10/2002	14:06
07/03/2054	14:27	26/10/2003	01:03
20/03/2055	09:11	08/11/2004	11:40
01/04/2056	13:42	22/11/2005	19:25
15/04/2057	04:35	06/12/2006	21:05
29/04/2058	05:29	20/12/2007	13:13
13/05/2059	15:28	01/01/2009	20:41
27/05/2060	09:21	14/01/2010	19:50
11/06/2061	08:53	27/01/2011	09:13
26/06/2062	11:19	08/02/2012	13:25
11/07/2063	14:07	19/02/2013	11:40
25/07/2064	14:06	03/03/2014	05:22
09/08/2065	08:20	14/03/2015	22:53
23/08/2066	18:56	25/03/2016	13:47
06/09/2067	20:21	06/04/2017	06:21
19/09/2068	11:35	18/04/2018	02:35
02/10/2069	16:34	30/04/2019	03:29
15/10/2070	11:45	11/05/2020	10:27
27/10/2071	22:01	23/05/2021	20:54
08/11/2072	00:31	05/06/2022	15:01
19/11/2073	20:18	18/06/2023	16:13

DATA	ORA	DATA	ORA
30/06/2024	22:15	25/05/2080	08:52
14/07/2025	08:57	07/06/2081	04:41
28/07/2026	00:09	20/06/2082	05:25
10/08/2027	18:53	03/07/2083	12:00
23/08/2028	17:15	15/07/2084	23:32
06/09/2029	20:39	29/07/2085	13:54
21/09/2030	03:36	12/08/2086	09:20
05/10/2031	12:50	26/08/2087	09:41
18/10/2032	23:15	08/09/2088	13:48
02/11/2033	10:00	22/09/2089	19:41
16/11/2034	19:45	07/10/2090	04:34
01/12/2035	01:10	21/10/2091	15:45
13/12/2036	23:22	04/11/2092	03:32
27/12/2037	12:46	18/11/2093	12:52
09/01/2039	15:54	02/12/2094	17:25
22/01/2040	08:06	16/12/2095	14:54
02/02/2041	16:40	29/12/2096	03:17
14/02/2042	19:39	11/01/2098	03:42
26/02/2043	15:06	23/01/2099	19:57
09/03/2044	08:18	05/02/2100	04:52
20/03/2045	23:31		
01/04/2046	16:47	MOTO DIRETTO-PROGRADE MOTION	
13/04/2047	12:30		
24/04/2048	09:29	DATA	ORA
06/05/2049	13:43	13/01/2000	02:40
18/05/2050	23:39	25/01/2001	16:42
31/05/2051	16:07	08/02/2002	11:17
12/06/2052	14:12	22/02/2003	11:19
25/06/2053	17:12	07/03/2004	16:16
09/07/2054	02:14	22/03/2005	01:00
22/07/2055	17:32	05/04/2006	13:03
04/08/2056	11:49	20/04/2007	02:20
18/08/2057	09:15	03/05/2008	14:22
01/09/2058	10:25	17/05/2009	19:59
15/09/2059	14:56	31/05/2010	17:18
28/09/2060	22:17	14/06/2011	05:37
13/10/2061	08:40	26/06/2012	10:11
27/10/2062	20:39	09/07/2013	05:16
11/11/2063	07:49	21/07/2014	16:25
24/11/2064	14:03	02/08/2015	20:46
08/12/2065	13:36	13/08/2016	18:54
22/12/2066	05:20	25/08/2017	16:09
04/01/2068	13:18	06/09/2018	11:27
16/01/2069	10:07	18/09/2019	07:14
28/01/2070	21:22	29/09/2020	03:51
10/02/2071	00:51	11/10/2021	03:27
21/02/2072	21:41	23/10/2022	09:32
04/03/2073	16:32	04/11/2023	18:01
16/03/2074	08:08	16/11/2024	06:57
27/03/2075	22:55	29/11/2025	01:35
07/04/2076	16:17	12/12/2026	00:21
19/04/2077	13:12	25/12/2027	04:06
01/05/2078	15:18	06/01/2029	12:10
13/05/2079	20:34	19/01/2030	22:57

DATA	ORA	DATA	ORA
02/02/2031	15:02	21/04/2066	23:12
16/02/2032	13:05	06/05/2067	09:07
01/03/2033	16:59	19/05/2068	12:59
16/03/2034	00:45	02/06/2069	09:56
30/03/2035	12:04	15/06/2070	22:01
13/04/2036	01:11	29/06/2071	00:30
27/04/2037	13:22	10/07/2072	19:01
11/05/2038	21:24	23/07/2073	04:36
25/05/2039	23:51	04/08/2074	06:16
07/06/2040	18:31	16/08/2075	06:05
21/06/2041	03:40	27/08/2076	02:22
04/07/2042	01:13	07/09/2077	21:19
16/07/2043	15:46	19/09/2078	16:16
28/07/2044	00:24	01/10/2079	13:29
09/08/2045	02:18	12/10/2080	15:50
21/08/2046	01:09	24/10/2081	19:55
01/09/2047	20:07	06/11/2082	05:03
12/09/2048	15:55	18/11/2083	19:19
24/09/2049	13:52	30/11/2084	13:41
06/10/2050	12:36	13/12/2085	14:12
18/10/2051	15:21	26/12/2086	18:10
29/10/2052	21:52	09/01/2088	00:52
11/11/2053	10:27	21/01/2089	12:53
24/11/2054	03:56	04/02/2090	06:53
07/12/2055	00:01	18/02/2091	05:37
19/12/2056	01:22	03/03/2092	09:12
01/01/2058	07:32	17/03/2093	17:38
14/01/2059	17:40	01/04/2094	05:24
28/01/2060	08:55	15/04/2095	18:16
10/02/2061	04:36	29/04/2096	05:48
24/02/2062	04:43	13/05/2097	13:55
10/03/2063	09:16	27/05/2098	16:40
23/03/2064	19:47	10/06/2099	09:31
07/04/2065	09:30	23/06/2100	15:35

FENOMENI MUTUI DEI SATELLITI
MUTUAL PHENOMENA OF THE MOONS
2013-2025

Ec.D. : inizio dell'eclisse
Ec.R. : fine dell'eclisse
Oc.D. : inizio dell'occultazione
Oc.R. : fine dell'occultazione   TEMPI IN T.U.
Tr.I. : inizio del transito
Tr.E. : fine del transito   Sono stati presi in
considerazione solo i 4 satelliti
Sh.I. : ingresso dell'ombra   principali
Sh.E. : uscita dell'ombra

Ec.D. : beginning of the eclipse
Ec.R. : ending of the eclipse
Oc.D. : beginning of the occultation
Oc.R. : ending of the occultation
Tr.I. : beginning of the transit   TIMES IN U.T.
Tr.E. : ending of the transit
Sh.I. : beginning of the umbra transit Only the 4 main
satellites
Sh.E. : ending of the umbra transit

Date = data
Time = orario
Phe = fenomeno
Pha = fase
H = altitudine di Saturno sull'orizzonte
H S = altitudine del Sole sull'orizzonte

Date in the format dd/mm/yyyy
Phe = phenomenon
Pha = phase
H = altitude of Saturn above the horizon
H S = altitude of the Sun above the horizon

NB : nessun fenomeno fino al 2023 / No phenomena until 2023.

Data	Ora	Sat.	Fenomeno	
02/05/2023	04:33,8	Tethys	Occ.	D.
03/05/2023	04:01,7	Tethys	Sh.	E.
04/05/2023	03:57,1	Tethys	Occ.	R.
13/05/2023	03:30,5	Dione	Tr.	I.
20/05/2023	02:55,2	Tethys	Sh.	I.
20/05/2023	02:59,5	Tethys	Tr.	I.
20/05/2023	03:57,1	Tethys	Sh.	E.
21/05/2023	03:51,1	Tethys	Occ.	R.
24/05/2023	03:41,9	Dione	Tr.	E.
04/06/2023	02:31,5	Dione	Tr.	E.
06/06/2023	02:36,3	Tethys	Sh.	I.
06/06/2023	02:45,0	Tethys	Tr.	I.
07/06/2023	03:40,3	Tethys	Occ.	R.
08/06/2023	02:19,5	Tethys	Tr.	E.
08/06/2023	03:29,0	Dione	Occ.	D.
15/06/2023	01:17,0	Dione	Tr.	E.
19/06/2023	02:13,2	Dione	Occ.	D.
22/06/2023	03:39,4	Tethys	Ec.	D.
23/06/2023	02:18,5	Tethys	Sh.	I.
23/06/2023	02:29,1	Tethys	Tr.	I.
23/06/2023	03:42,9	Tethys	Sh.	E.
24/06/2023	00:57,5	Tethys	Ec.	D.
24/06/2023	03:24,7	Tethys	Occ.	R.
25/06/2023	01:02,0	Tethys	Sh.	E.
25/06/2023	02:03,7	Tethys	Tr.	E.
26/06/2023	00:42,7	Tethys	Occ.	R.
30/06/2023	00:57,6	Dione	Occ.	D.
30/06/2023	02:30,1	Dione	Occ.	R.
04/07/2023	03:28,8	Dione	Tr.	I.
09/07/2023	03:22,6	Tethys	Ec.	D.
10/07/2023	02:01,7	Tethys	Sh.	I.
10/07/2023	02:11,9	Tethys	Tr.	I.
10/07/2023	03:34,9	Tethys	Sh.	E.
10/07/2023	23:42,7	Dione	Occ.	D.
11/07/2023	00:40,8	Tethys	Ec.	D.
11/07/2023	01:06,2	Dione	Occ.	R.
11/07/2023	03:04,8	Tethys	Occ.	R.
11/07/2023	23:19,9	Tethys	Sh.	I.
11/07/2023	23:30,0	Tethys	Tr.	I.
12/07/2023	00:54,0	Tethys	Sh.	E.
12/07/2023	01:43,5	Tethys	Tr.	E.
13/07/2023	00:22,3	Tethys	Occ.	R.
15/07/2023	02:14,4	Dione	Tr.	I.
15/07/2023	03:31,1	Dione	Tr.	E.
21/07/2023	23:37,6	Dione	Occ.	R.
26/07/2023	01:02,7	Dione	Tr.	I.
26/07/2023	01:59,8	Dione	Tr.	E.
26/07/2023	03:06,7	Tethys	Ec.	D.
27/07/2023	01:45,9	Tethys	Sh.	I.
27/07/2023	01:54,0	Tethys	Tr.	I.
27/07/2023	03:26,8	Tethys	Sh.	E.
27/07/2023	04:02,2	Tethys	Tr.	E.
28/07/2023	00:25,0	Tethys	Ec.	D.
28/07/2023	02:40,9	Tethys	Occ.	R.

Data	Ora	Sat.	Fenomeno	
28/07/2023	23:04,2	Tethys	Sh.	I.
28/07/2023	23:12,0	Tethys	Tr.	I.
29/07/2023	00:45,9	Tethys	Sh.	E.
29/07/2023	01:19,4	Tethys	Tr.	E.
29/07/2023	23:58,0	Tethys	Occ.	R.
30/07/2023	03:37,3	Dione	Occ.	D.
30/07/2023	22:05,0	Tethys	Sh.	E.
30/07/2023	22:36,5	Tethys	Tr.	E.
01/08/2023	22:01,6	Dione	Occ.	R.
11/08/2023	04:12,6	Tethys	Sh.	I.
11/08/2023	04:18,1	Tethys	Tr.	I.
12/08/2023	02:51,8	Tethys	Ec.	D.
13/08/2023	01:31,0	Tethys	Sh.	I.
13/08/2023	01:36,1	Tethys	Tr.	I.
13/08/2023	03:18,9	Tethys	Sh.	E.
13/08/2023	03:35,4	Tethys	Tr.	E.
14/08/2023	00:10,2	Tethys	Ec.	D.
14/08/2023	02:13,9	Tethys	Occ.	R.
14/08/2023	22:49,4	Tethys	Sh.	I.
14/08/2023	22:54,2	Tethys	Tr.	I.
15/08/2023	00:38,0	Tethys	Sh.	E.
15/08/2023	00:52,3	Tethys	Tr.	E.
15/08/2023	21:28,6	Tethys	Ec.	D.
15/08/2023	23:30,8	Tethys	Occ.	R.
16/08/2023	21:57,2	Tethys	Sh.	E.
16/08/2023	22:09,1	Tethys	Tr.	E.
17/08/2023	20:47,7	Tethys	Occ.	R.
28/08/2023	03:58,7	Tethys	Sh.	I.
28/08/2023	04:00,9	Tethys	Tr.	I.
29/08/2023	02:37,9	Tethys	Ec.	D.
29/08/2023	04:31,8	Tethys	Ec.	R.
30/08/2023	01:17,2	Tethys	Sh.	I.
30/08/2023	01:19,1	Tethys	Tr.	I.
30/08/2023	03:06,8	Tethys	Tr.	E.
30/08/2023	03:11,3	Tethys	Sh.	E.
30/08/2023	23:56,4	Tethys	Ec.	D.
31/08/2023	01:51,0	Tethys	Ec.	R.
31/08/2023	22:35,7	Tethys	Sh.	I.
31/08/2023	22:37,3	Tethys	Tr.	I.
01/09/2023	00:23,6	Tethys	Tr.	E.
01/09/2023	00:30,5	Tethys	Sh.	E.
01/09/2023	21:15,0	Tethys	Ec.	D.
01/09/2023	23:10,2	Tethys	Ec.	R.
02/09/2023	19:54,3	Tethys	Sh.	I.
02/09/2023	19:55,5	Tethys	Tr.	I.
02/09/2023	21:40,4	Tethys	Tr.	E.
02/09/2023	21:49,7	Tethys	Sh.	E.
03/09/2023	20:29,4	Tethys	Ec.	R.
15/09/2023	02:24,5	Tethys	Occ.	D.
16/09/2023	01:03,7	Tethys	Tr.	I.
16/09/2023	01:04,4	Tethys	Sh.	I.
16/09/2023	02:38,2	Tethys	Tr.	E.
16/09/2023	03:04,2	Tethys	Sh.	E.
16/09/2023	23:42,9	Tethys	Occ.	D.

Data	Ora	Sat.	Fenomeno	
17/09/2023	01:43,9	Tethys	Ec.	R.
17/09/2023	22:22,1	Tethys	Tr.	I.
17/09/2023	22:23,0	Tethys	Sh.	I.
17/09/2023	23:55,2	Tethys	Tr.	E.
18/09/2023	00:23,4	Tethys	Sh.	E.
18/09/2023	21:01,3	Tethys	Occ.	D.
18/09/2023	23:03,1	Tethys	Ec.	R.
19/09/2023	19:40,5	Tethys	Tr.	I.
19/09/2023	19:41,7	Tethys	Sh.	I.
19/09/2023	21:12,1	Tethys	Tr.	E.
19/09/2023	21:42,6	Tethys	Sh.	E.
20/09/2023	20:22,4	Tethys	Ec.	R.
21/09/2023	19:01,9	Tethys	Sh.	E.
02/10/2023	02:10,7	Tethys	Occ.	D.
03/10/2023	00:50,0	Tethys	Tr.	I.
03/10/2023	00:52,5	Tethys	Sh.	I.
03/10/2023	23:29,2	Tethys	Occ.	D.
04/10/2023	01:37,2	Tethys	Ec.	R.
04/10/2023	22:08,6	Tethys	Tr.	I.
04/10/2023	22:11,2	Tethys	Sh.	I.
04/10/2023	23:29,4	Tethys	Tr.	E.
05/10/2023	00:16,7	Tethys	Sh.	E.
05/10/2023	20:47,8	Tethys	Occ.	D.
05/10/2023	22:56,5	Tethys	Ec.	R.
06/10/2023	19:27,1	Tethys	Tr.	I.
06/10/2023	19:29,9	Tethys	Sh.	I.
06/10/2023	20:46,8	Tethys	Tr.	E.
06/10/2023	21:36,0	Tethys	Sh.	E.
07/10/2023	18:06,4	Tethys	Occ.	D.
07/10/2023	20:15,7	Tethys	Ec.	R.
08/10/2023	18:04,3	Tethys	Tr.	E.
08/10/2023	18:55,3	Tethys	Sh.	E.
12/10/2023	01:15,7	Dione	Ec.	D.
14/10/2023	18:55,1	Dione	Ec.	D.
14/10/2023	19:28,6	Dione	Ec.	R.
18/10/2023	21:24,8	Dione	Sh.	I.
18/10/2023	22:01,2	Dione	Sh.	E.
20/10/2023	00:37,2	Tethys	Tr.	I.
20/10/2023	00:41,4	Tethys	Sh.	I.
20/10/2023	23:16,4	Tethys	Occ.	D.
21/10/2023	21:55,8	Tethys	Tr.	I.
21/10/2023	22:00,2	Tethys	Sh.	I.
21/10/2023	23:09,0	Tethys	Tr.	E.
22/10/2023	00:10,4	Tethys	Sh.	E.
22/10/2023	20:35,0	Tethys	Occ.	D.
22/10/2023	22:50,1	Tethys	Ec.	R.
22/10/2023	23:55,3	Dione	Ec.	D.
23/10/2023	00:42,4	Dione	Ec.	R.
23/10/2023	19:14,3	Tethys	Tr.	I.
23/10/2023	19:19,0	Tethys	Sh.	I.
23/10/2023	20:27,2	Tethys	Tr.	E.
23/10/2023	21:29,7	Tethys	Sh.	E.
24/10/2023	17:53,6	Tethys	Occ.	D.
24/10/2023	20:09,4	Tethys	Ec.	R.

Data	Ora	Sat.	Fenomeno	
25/10/2023	17:35,8	Dione	Ec.	D.
25/10/2023	17:45,5	Tethys	Tr.	E.
25/10/2023	18:26,6	Dione	Ec.	R.
25/10/2023	18:49,0	Tethys	Sh.	E.
26/10/2023	17:28,8	Tethys	Ec.	R.
29/10/2023	20:05,9	Dione	Sh.	I.
29/10/2023	20:58,9	Dione	Sh.	E.
02/11/2023	22:38,1	Dione	Ec.	D.
02/11/2023	23:38,6	Dione	Ec.	R.
05/11/2023	17:22,4	Dione	Ec.	R.
06/11/2023	23:03,2	Tethys	Occ.	D.
07/11/2023	21:42,5	Tethys	Tr.	I.
07/11/2023	21:49,7	Tethys	Sh.	I.
07/11/2023	22:56,1	Tethys	Tr.	E.
08/11/2023	20:21,7	Tethys	Occ.	D.
08/11/2023	22:44,0	Tethys	Ec.	R.
09/11/2023	18:49,4	Dione	Sh.	I.
09/11/2023	19:01,0	Tethys	Tr.	I.
09/11/2023	19:08,5	Tethys	Sh.	I.
09/11/2023	19:54,5	Dione	Sh.	E.
09/11/2023	20:15,1	Tethys	Tr.	E.
09/11/2023	21:23,6	Tethys	Sh.	E.
10/11/2023	17:40,2	Tethys	Occ.	D.
10/11/2023	20:03,3	Tethys	Ec.	R.
11/11/2023	17:34,3	Tethys	Tr.	E.
11/11/2023	18:42,9	Tethys	Sh.	E.
12/11/2023	17:22,6	Tethys	Ec.	R.
13/11/2023	21:22,4	Dione	Ec.	D.
13/11/2023	22:33,6	Dione	Ec.	R.
20/11/2023	17:33,9	Dione	Sh.	I.
20/11/2023	18:49,2	Dione	Sh.	E.
24/11/2023	20:07,5	Dione	Ec.	D.
24/11/2023	21:27,8	Dione	Ec.	R.
24/11/2023	21:28,8	Tethys	Tr.	I.
24/11/2023	21:39,6	Tethys	Sh.	I.
25/11/2023	20:08,0	Tethys	Occ.	D.
26/11/2023	18:47,3	Tethys	Tr.	I.
26/11/2023	18:58,5	Tethys	Sh.	I.
26/11/2023	20:10,5	Tethys	Tr.	E.
26/11/2023	21:17,4	Tethys	Sh.	E.
27/11/2023	17:26,5	Tethys	Occ.	D.
27/11/2023	19:57,1	Tethys	Ec.	R.
28/11/2023	17:30,4	Tethys	Tr.	E.
28/11/2023	18:36,7	Tethys	Sh.	E.
29/11/2023	17:16,5	Tethys	Ec.	R.
01/12/2023	17:43,1	Dione	Sh.	E.
05/12/2023	18:53,1	Dione	Ec.	D.
05/12/2023	20:21,5	Dione	Ec.	R.
09/12/2023	21:23,4	Dione	Sh.	I.
11/12/2023	21:15,7	Tethys	Tr.	I.
11/12/2023	21:29,6	Tethys	Sh.	I.
12/12/2023	16:36,6	Dione	Sh.	E.
12/12/2023	19:55,0	Tethys	Occ.	D.
13/12/2023	18:34,4	Tethys	Tr.	I.

```
Data          Ora       Sat.      Fenomeno
13/12/2023    18:48,5   Tethys    Sh.    I.
13/12/2023    20:11,4   Tethys    Tr.    E.
13/12/2023    21:11,1   Tethys    Sh.    E.
14/12/2023    17:13,7   Tethys    Occ.   D.
14/12/2023    19:50,8   Tethys    Ec.    R.
15/12/2023    17:31,8   Tethys    Tr.    E.
15/12/2023    18:30,3   Tethys    Sh.    E.
16/12/2023    17:10,1   Tethys    Ec.    R.
16/12/2023    17:39,1   Dione     Ec.    D.
16/12/2023    19:14,7   Dione     Ec.    R.
20/12/2023    20:09,3   Dione     Sh.    I.
27/12/2023    18:07,5   Dione     Ec.    R.
29/12/2023    19:43,8   Tethys    Occ.   D.
30/12/2023    18:23,2   Tethys    Tr.    I.
30/12/2023    18:38,4   Tethys    Sh.    I.
30/12/2023    20:15,7   Tethys    Tr.    E.
31/12/2023    17:02,7   Tethys    Occ.   D.
31/12/2023    18:55,4   Dione     Sh.    I.
31/12/2023    19:44,1   Tethys    Ec.    R.
01/01/2024    17:36,4   Tethys    Tr.    E.
01/01/2024    18:23,6   Tethys    Sh.    E.
02/01/2024    17:03,3   Tethys    Ec.    R.
07/01/2024    16:59,9   Dione     Ec.    R.
11/01/2024    17:41,6   Dione     Sh.    I.
11/01/2024    19:31,3   Dione     Sh.    E.
16/01/2024    18:14,2   Tethys    Tr.    I.
16/01/2024    18:28,1   Tethys    Sh.    I.
18/01/2024    17:42,4   Tethys    Tr.    E.
18/01/2024    18:16,3   Tethys    Sh.    E.
22/01/2024    18:23,2   Dione     Sh.    E.
02/02/2024    18:07,1   Tethys    Tr.    I.
02/02/2024    18:17,5   Tethys    Sh.    I.
04/02/2024    17:48,7   Tethys    Tr.    E.
04/02/2024    18:08,4   Tethys    Sh.    E.
06/02/2024    17:43,8   Dione     Occ.   D.
07/05/2024    03:49,7   Tethys    Sh.    I.
07/05/2024    04:17,8   Tethys    Tr.    I.
09/05/2024    03:52,5   Tethys    Sh.    E.
11/05/2024    04:04,8   Dione     Sh.    I.
22/05/2024    03:28,4   Dione     Tr.    I.
24/05/2024    03:36,3   Tethys    Sh.    I.
26/05/2024    03:40,7   Tethys    Sh.    E.
27/05/2024    03:04,9   Tethys    Occ.   R.
29/05/2024    03:01,1   Dione     Occ.   R.
02/06/2024    02:16,5   Dione     Tr.    I.
03/06/2024    03:22,0   Rhea      Ec.    D.
09/06/2024    01:49,5   Dione     Occ.   R.
10/06/2024    02:37,7   Rhea      Tr.    E.
10/06/2024    03:22,8   Tethys    Sh.    I.
11/06/2024    02:02,1   Tethys    Ec.    D.
12/06/2024    03:28,7   Tethys    Sh.    E.
13/06/2024    02:53,5   Tethys    Occ.   R.
13/06/2024    03:05,5   Dione     Sh.    E.
14/06/2024    01:32,7   Tethys    Tr.    E.
```

Data	Ora	Sat.	Fenomeno	
17/06/2024	02:55,8	Dione	Ec.	D.
19/06/2024	01:15,5	Rhea	Sh.	E.
19/06/2024	03:31,3	Rhea	Tr.	E.
24/06/2024	01:53,4	Dione	Sh.	E.
24/06/2024	03:04,9	Dione	Tr.	E.
27/06/2024	03:09,4	Tethys	Sh.	I.
27/06/2024	03:43,7	Tethys	Tr.	I.
28/06/2024	00:37,5	Rhea	Tr.	I.
28/06/2024	01:41,1	Dione	Ec.	D.
28/06/2024	01:48,7	Tethys	Ec.	D.
28/06/2024	02:12,8	Rhea	Sh.	E.
29/06/2024	00:27,9	Tethys	Sh.	I.
29/06/2024	01:01,9	Tethys	Tr.	I.
29/06/2024	03:16,7	Tethys	Sh.	E.
30/06/2024	02:38,9	Tethys	Occ.	R.
01/07/2024	00:35,4	Tethys	Sh.	E.
01/07/2024	01:18,0	Tethys	Tr.	E.
05/07/2024	00:41,3	Dione	Sh.	E.
05/07/2024	01:48,2	Dione	Tr.	E.
07/07/2024	00:32,7	Rhea	Sh.	I.
07/07/2024	01:26,7	Rhea	Tr.	I.
07/07/2024	03:09,9	Rhea	Sh.	E.
09/07/2024	00:26,7	Dione	Ec.	D.
13/07/2024	02:55,2	Dione	Sh.	I.
13/07/2024	03:33,6	Dione	Tr.	I.
13/07/2024	23:44,1	Rhea	Occ.	R.
14/07/2024	02:56,3	Tethys	Sh.	I.
14/07/2024	03:26,7	Tethys	Tr.	I.
15/07/2024	01:35,6	Tethys	Ec.	D.
15/07/2024	23:29,3	Dione	Sh.	E.
16/07/2024	00:14,8	Tethys	Sh.	I.
16/07/2024	00:29,4	Dione	Tr.	E.
16/07/2024	00:44,6	Tethys	Tr.	I.
16/07/2024	01:23,9	Rhea	Sh.	I.
16/07/2024	02:14,4	Rhea	Tr.	I.
16/07/2024	03:04,9	Tethys	Sh.	E.
16/07/2024	03:42,2	Tethys	Tr.	E.
17/07/2024	02:21,2	Tethys	Occ.	R.
18/07/2024	00:23,6	Tethys	Sh.	E.
18/07/2024	01:00,1	Tethys	Tr.	E.
18/07/2024	23:39,0	Tethys	Occ.	R.
19/07/2024	23:12,4	Dione	Ec.	D.
20/07/2024	03:02,3	Dione	Occ.	R.
23/07/2024	00:28,2	Rhea	Occ.	R.
24/07/2024	01:40,9	Dione	Sh.	I.
24/07/2024	02:14,7	Dione	Tr.	I.
25/07/2024	02:15,4	Rhea	Sh.	I.
25/07/2024	03:00,7	Rhea	Tr.	I.
26/07/2024	23:08,7	Dione	Tr.	E.
28/07/2024	04:16,8	Dione	Ec.	D.
30/07/2024	04:04,3	Tethys	Ec.	D.
31/07/2024	01:41,0	Dione	Occ.	R.
31/07/2024	02:43,6	Tethys	Sh.	I.
31/07/2024	03:07,3	Tethys	Tr.	I.

Data	Ora	Sat.	Fenomeno	
01/08/2024	01:09,9	Rhea	Occ.	R.
01/08/2024	01:22,9	Tethys	Ec.	D.
02/08/2024	00:02,2	Tethys	Sh.	I.
02/08/2024	00:25,0	Tethys	Tr.	I.
02/08/2024	02:53,4	Tethys	Sh.	E.
02/08/2024	03:21,7	Tethys	Tr.	E.
02/08/2024	22:41,5	Tethys	Ec.	D.
03/08/2024	02:00,6	Tethys	Occ.	R.
03/08/2024	03:07,2	Rhea	Sh.	I.
03/08/2024	03:45,9	Rhea	Tr.	I.
04/08/2024	00:12,1	Tethys	Sh.	E.
04/08/2024	00:26,9	Dione	Sh.	I.
04/08/2024	00:39,3	Tethys	Tr.	E.
04/08/2024	00:54,5	Dione	Tr.	I.
04/08/2024	03:23,6	Dione	Sh.	E.
04/08/2024	04:06,9	Dione	Tr.	E.
04/08/2024	23:18,2	Tethys	Occ.	R.
05/08/2024	21:56,9	Tethys	Tr.	E.
08/08/2024	03:03,0	Dione	Ec.	D.
09/08/2024	21:45,1	Rhea	Ec.	D.
10/08/2024	01:49,4	Rhea	Occ.	R.
11/08/2024	00:17,9	Dione	Occ.	R.
12/08/2024	03:59,3	Rhea	Sh.	I.
12/08/2024	04:30,2	Rhea	Tr.	I.
14/08/2024	23:13,2	Dione	Sh.	I.
14/08/2024	23:33,6	Dione	Tr.	I.
15/08/2024	02:12,0	Dione	Sh.	E.
15/08/2024	02:43,1	Dione	Tr.	E.
16/08/2024	03:52,1	Tethys	Ec.	D.
17/08/2024	02:31,5	Tethys	Sh.	I.
17/08/2024	02:46,2	Tethys	Tr.	I.
18/08/2024	01:10,8	Tethys	Ec.	D.
18/08/2024	04:20,4	Tethys	Occ.	R.
18/08/2024	22:37,5	Rhea	Ec.	D.
18/08/2024	23:50,2	Tethys	Sh.	I.
19/08/2024	00:03,8	Tethys	Tr.	I.
19/08/2024	01:49,5	Dione	Ec.	D.
19/08/2024	02:26,9	Rhea	Occ.	R.
19/08/2024	02:42,4	Tethys	Sh.	E.
19/08/2024	02:59,0	Tethys	Tr.	E.
19/08/2024	22:29,5	Tethys	Ec.	D.
20/08/2024	01:37,8	Tethys	Occ.	R.
20/08/2024	21:08,9	Tethys	Sh.	I.
20/08/2024	21:21,4	Tethys	Tr.	I.
21/08/2024	00:01,2	Tethys	Sh.	E.
21/08/2024	00:16,4	Tethys	Tr.	E.
21/08/2024	04:51,7	Rhea	Sh.	I.
21/08/2024	22:53,5	Dione	Occ.	R.
21/08/2024	22:55,1	Tethys	Occ.	R.
22/08/2024	21:20,0	Tethys	Sh.	E.
22/08/2024	21:33,7	Tethys	Tr.	E.
23/08/2024	04:18,2	Dione	Sh.	I.
23/08/2024	04:32,6	Dione	Tr.	I.
25/08/2024	20:55,2	Rhea	Tr.	E.

```
Data          Ora       Sat.     Fenomeno
25/08/2024    21:59,8 Dione      Sh.    I.
25/08/2024    22:12,2 Dione      Tr.    I.
26/08/2024    01:00,5 Dione      Sh.    E.
26/08/2024    01:18,2 Dione      Tr.    E.
27/08/2024    23:30,2 Rhea       Ec.    D.
28/08/2024    03:02,8 Rhea       Occ.   R.
30/08/2024    00:36,2 Dione      Ec.    D.
30/08/2024    03:49,5 Dione      Occ.   R.
01/09/2024    05:01,3 Tethys     Sh.    I.
01/09/2024    05:06,9 Tethys     Tr.    I.
01/09/2024    21:28,1 Dione      Occ.   R.
02/09/2024    03:40,7 Tethys     Ec.    D.
03/09/2024    02:20,1 Tethys     Sh.    I.
03/09/2024    02:24,5 Tethys     Tr.    I.
03/09/2024    03:05,0 Dione      Sh.    I.
03/09/2024    03:11,2 Dione      Tr.    I.
03/09/2024    05:13,1 Tethys     Sh.    E.
03/09/2024    05:17,6 Tethys     Tr.    E.
03/09/2024    21:20,2 Rhea       Sh.    E.
03/09/2024    21:30,0 Rhea       Tr.    E.
04/09/2024    00:59,4 Tethys     Ec.    D.
04/09/2024    03:56,4 Tethys     Occ.   R.
04/09/2024    23:38,8 Tethys     Sh.    I.
04/09/2024    23:42,1 Tethys     Tr.    I.
05/09/2024    02:32,0 Tethys     Sh.    E.
05/09/2024    02:34,9 Tethys     Tr.    E.
05/09/2024    20:46,8 Dione      Sh.    I.
05/09/2024    20:50,9 Dione      Tr.    I.
05/09/2024    22:18,2 Tethys     Ec.    D.
05/09/2024    23:49,4 Dione      Sh.    E.
05/09/2024    23:52,4 Dione      Tr.    E.
06/09/2024    00:23,1 Rhea       Ec.    D.
06/09/2024    01:13,7 Tethys     Occ.   R.
06/09/2024    03:37,5 Rhea       Occ.   R.
06/09/2024    20:57,6 Tethys     Sh.    I.
06/09/2024    20:59,7 Tethys     Tr.    I.
06/09/2024    23:50,9 Tethys     Sh.    E.
06/09/2024    23:52,3 Tethys     Tr.    E.
07/09/2024    22:31,0 Tethys     Occ.   R.
08/09/2024    21:09,6 Tethys     Tr.    E.
08/09/2024    21:09,8 Tethys     Sh.    E.
09/09/2024    19:49,3 Tethys     Ec.    R.
09/09/2024    23:23,4 Dione      Ec.    D.
10/09/2024    02:26,3 Dione      Ec.    R.
12/09/2024    20:08,6 Dione      Ec.    R.
12/09/2024    22:04,0 Rhea       Tr.    E.
12/09/2024    22:17,3 Rhea       Sh.    E.
14/09/2024    01:50,2 Dione      Tr.    I.
14/09/2024    01:52,2 Dione      Sh.    I.
15/09/2024    01:15,3 Rhea       Occ.   D.
15/09/2024    04:30,5 Rhea       Ec.    R.
16/09/2024    19:30,1 Dione      Tr.    I.
16/09/2024    19:34,1 Dione      Sh.    I.
16/09/2024    22:26,5 Dione      Tr.    E.
```

Data	Ora	Sat.	Fenomeno	
16/09/2024	22:38,5	Dione	Sh.	E.
19/09/2024	03:24,5	Tethys	Occ.	D.
20/09/2024	02:03,4	Tethys	Tr.	I.
20/09/2024	02:09,4	Tethys	Sh.	I.
20/09/2024	22:03,9	Dione	Occ.	D.
21/09/2024	00:42,2	Tethys	Occ.	D.
21/09/2024	01:15,5	Dione	Ec.	R.
21/09/2024	03:42,9	Tethys	Ec.	R.
21/09/2024	19:51,0	Rhea	Tr.	I.
21/09/2024	19:57,7	Rhea	Sh.	I.
21/09/2024	22:37,7	Rhea	Tr.	E.
21/09/2024	23:14,6	Rhea	Sh.	E.
21/09/2024	23:21,1	Tethys	Tr.	I.
21/09/2024	23:28,3	Tethys	Sh.	I.
22/09/2024	02:11,0	Tethys	Tr.	E.
22/09/2024	02:22,3	Tethys	Sh.	E.
22/09/2024	21:60,0	Tethys	Occ.	D.
23/09/2024	01:01,8	Tethys	Ec.	R.
23/09/2024	18:57,9	Dione	Ec.	R.
23/09/2024	20:38,9	Tethys	Tr.	I.
23/09/2024	20:47,2	Tethys	Sh.	I.
23/09/2024	23:28,4	Tethys	Tr.	E.
23/09/2024	23:41,2	Tethys	Sh.	E.
24/09/2024	02:01,4	Rhea	Occ.	D.
24/09/2024	19:17,8	Tethys	Occ.	D.
24/09/2024	22:20,8	Tethys	Ec.	R.
25/09/2024	00:29,9	Dione	Tr.	I.
25/09/2024	00:39,8	Dione	Sh.	I.
25/09/2024	03:22,4	Dione	Tr.	E.
25/09/2024	03:45,5	Dione	Sh.	E.
25/09/2024	20:45,8	Tethys	Tr.	E.
25/09/2024	21:00,2	Tethys	Sh.	E.
26/09/2024	19:39,8	Tethys	Ec.	R.
27/09/2024	21:01,1	Dione	Tr.	E.
27/09/2024	21:27,8	Dione	Sh.	E.
29/09/2024	03:04,1	Dione	Occ.	D.
30/09/2024	20:38,1	Rhea	Tr.	I.
30/09/2024	20:51,6	Rhea	Sh.	I.
30/09/2024	23:12,0	Rhea	Tr.	E.
01/10/2024	00:11,9	Rhea	Sh.	E.
01/10/2024	20:44,3	Dione	Occ.	D.
02/10/2024	00:05,0	Dione	Ec.	R.
03/10/2024	02:48,8	Rhea	Occ.	D.
05/10/2024	23:10,6	Dione	Tr.	I.
05/10/2024	23:27,7	Dione	Sh.	I.
06/10/2024	01:57,9	Dione	Tr.	E.
06/10/2024	02:35,0	Dione	Sh.	E.
06/10/2024	03:04,9	Tethys	Occ.	D.
07/10/2024	01:43,9	Tethys	Tr.	I.
07/10/2024	01:59,5	Tethys	Sh.	I.
07/10/2024	18:53,8	Rhea	Ec.	R.
08/10/2024	00:22,9	Tethys	Occ.	D.
08/10/2024	19:37,0	Dione	Tr.	E.
08/10/2024	20:17,4	Dione	Sh.	E.

```
Data            Ora      Sat.    Fenomeno
08/10/2024      23:01,9 Tethys   Tr.     I.
08/10/2024      23:18,5 Tethys   Sh.     I.
09/10/2024      01:48,6 Tethys   Tr.     E.
09/10/2024      02:13,2 Tethys   Sh.     E.
09/10/2024      21:26,5 Rhea     Tr.     I.
09/10/2024      21:40,9 Tethys   Occ.    D.
09/10/2024      21:45,7 Rhea     Sh.     I.
09/10/2024      23:47,5 Rhea     Tr.     E.
10/10/2024      00:52,8 Tethys   Ec.     R.
10/10/2024      01:09,3 Rhea     Sh.     E.
10/10/2024      01:45,2 Dione    Occ.    D.
10/10/2024      20:19,9 Tethys   Tr.     I.
10/10/2024      20:37,5 Tethys   Sh.     I.
10/10/2024      23:06,2 Tethys   Tr.     E.
10/10/2024      23:32,3 Tethys   Sh.     E.
11/10/2024      18:58,9 Tethys   Occ.    D.
11/10/2024      22:11,9 Tethys   Ec.     R.
12/10/2024      17:56,4 Tethys   Sh.     I.
12/10/2024      19:25,7 Dione    Occ.    D.
12/10/2024      20:24,0 Tethys   Tr.     E.
12/10/2024      20:51,3 Tethys   Sh.     E.
12/10/2024      22:54,7 Dione    Ec.     R.
13/10/2024      19:30,9 Tethys   Ec.     R.
14/10/2024      18:10,4 Tethys   Sh.     E.
16/10/2024      19:51,3 Rhea     Ec.     R.
16/10/2024      21:52,4 Dione    Tr.     I.
16/10/2024      22:15,9 Dione    Sh.     I.
17/10/2024      00:35,1 Dione    Tr.     E.
17/10/2024      01:24,7 Dione    Sh.     E.
18/10/2024      22:16,0 Rhea     Tr.     I.
18/10/2024      22:40,1 Rhea     Sh.     I.
19/10/2024      00:25,1 Rhea     Tr.     E.
19/10/2024      02:06,9 Rhea     Sh.     E.
19/10/2024      18:14,7 Dione    Tr.     E.
19/10/2024      19:07,2 Dione    Sh.     E.
21/10/2024      00:27,6 Dione    Occ.    D.
23/10/2024      18:08,3 Dione    Occ.    D.
23/10/2024      21:44,6 Dione    Ec.     R.
24/10/2024      01:26,8 Tethys   Tr.     I.
25/10/2024      00:05,9 Tethys   Occ.    D.
25/10/2024      20:48,8 Rhea     Ec.     R.
25/10/2024      22:45,1 Tethys   Tr.     I.
25/10/2024      23:09,4 Tethys   Sh.     I.
26/10/2024      01:29,2 Tethys   Tr.     E.
26/10/2024      21:24,2 Tethys   Occ.    D.
27/10/2024      00:44,4 Tethys   Ec.     R.
27/10/2024      20:03,4 Tethys   Tr.     I.
27/10/2024      20:28,4 Tethys   Sh.     I.
27/10/2024      20:35,4 Dione    Tr.     I.
27/10/2024      21:04,4 Dione    Sh.     I.
27/10/2024      22:47,3 Tethys   Tr.     E.
27/10/2024      23:06,4 Rhea     Tr.     I.
27/10/2024      23:14,7 Dione    Tr.     E.
27/10/2024      23:23,9 Tethys   Sh.     E.
```

Data	Ora	Sat.	Fenomeno	
27/10/2024	23:34,7	Rhea	Sh.	I.
28/10/2024	00:14,6	Dione	Sh.	E.
28/10/2024	01:05,9	Rhea	Tr.	E.
28/10/2024	18:42,5	Tethys	Occ.	D.
28/10/2024	22:03,5	Tethys	Ec.	R.
29/10/2024	17:21,7	Tethys	Tr.	I.
29/10/2024	17:47,4	Tethys	Sh.	I.
29/10/2024	20:05,5	Tethys	Tr.	E.
29/10/2024	20:43,0	Tethys	Sh.	E.
30/10/2024	17:57,1	Dione	Sh.	E.
30/10/2024	19:22,6	Tethys	Ec.	R.
31/10/2024	17:23,7	Tethys	Tr.	E.
31/10/2024	18:02,1	Tethys	Sh.	E.
31/10/2024	23:11,1	Dione	Occ.	D.
03/11/2024	17:43,1	Rhea	Occ.	D.
03/11/2024	20:34,6	Dione	Ec.	R.
03/11/2024	21:46,4	Rhea	Ec.	R.
05/11/2024	23:57,1	Rhea	Tr.	I.
06/11/2024	00:29,6	Rhea	Sh.	I.
07/11/2024	19:19,6	Dione	Tr.	I.
07/11/2024	19:53,1	Dione	Sh.	I.
07/11/2024	21:57,1	Dione	Tr.	E.
07/11/2024	23:04,7	Dione	Sh.	E.
10/11/2024	23:51,7	Tethys	Occ.	D.
11/11/2024	21:55,8	Dione	Occ.	D.
11/11/2024	22:31,0	Tethys	Tr.	I.
11/11/2024	23:00,7	Tethys	Sh.	I.
12/11/2024	18:33,8	Rhea	Occ.	D.
12/11/2024	21:10,3	Tethys	Occ.	D.
12/11/2024	21:38,3	Titan	Ec.	D.
12/11/2024	22:44,0	Rhea	Ec.	R.
12/11/2024	22:57,4	Titan	Ec.	R.
13/11/2024	19:49,6	Tethys	Tr.	I.
13/11/2024	20:19,8	Tethys	Sh.	I.
13/11/2024	22:32,6	Tethys	Tr.	E.
13/11/2024	23:15,9	Tethys	Sh.	E.
14/11/2024	18:28,9	Tethys	Occ.	D.
14/11/2024	19:24,8	Dione	Ec.	R.
14/11/2024	21:55,5	Tethys	Ec.	R.
15/11/2024	17:08,3	Tethys	Tr.	I.
15/11/2024	17:38,9	Tethys	Sh.	I.
15/11/2024	19:51,2	Tethys	Tr.	E.
15/11/2024	20:35,0	Tethys	Sh.	E.
16/11/2024	19:14,6	Tethys	Ec.	R.
17/11/2024	17:09,9	Tethys	Tr.	E.
17/11/2024	17:54,1	Tethys	Sh.	E.
18/11/2024	18:05,0	Dione	Tr.	I.
18/11/2024	18:42,0	Dione	Sh.	I.
18/11/2024	20:42,6	Dione	Tr.	E.
18/11/2024	21:54,8	Dione	Sh.	E.
19/11/2024	17:28,5	Rhea	Sh.	E.
20/11/2024	21:45,6	Titan	Sh.	I.
20/11/2024	22:42,7	Titan	Sh.	E.
21/11/2024	19:24,3	Rhea	Occ.	D.

Data	Ora	Sat.	Fenomeno	
21/11/2024	23:41,6	Rhea	Ec.	R.
22/11/2024	20:41,6	Dione	Occ.	D.
25/11/2024	18:15,0	Dione	Ec.	R.
26/11/2024	23:09,8	Dione	Tr.	I.
28/11/2024	18:26,1	Rhea	Sh.	E.
28/11/2024	20:07,9	Titan	Ec.	D.
28/11/2024	22:19,7	Tethys	Tr.	I.
28/11/2024	22:51,4	Titan	Ec.	R.
28/11/2024	22:52,4	Tethys	Sh.	I.
29/11/2024	16:51,5	Dione	Tr.	I.
29/11/2024	17:31,0	Dione	Sh.	I.
29/11/2024	19:31,2	Dione	Tr.	E.
29/11/2024	20:45,0	Dione	Sh.	E.
29/11/2024	20:59,2	Tethys	Occ.	D.
30/11/2024	19:38,6	Tethys	Tr.	I.
30/11/2024	20:11,5	Tethys	Sh.	I.
30/11/2024	20:15,0	Rhea	Occ.	D.
30/11/2024	22:22,3	Tethys	Tr.	E.
30/11/2024	23:08,1	Tethys	Sh.	E.
01/12/2024	18:18,1	Tethys	Occ.	D.
01/12/2024	21:47,7	Tethys	Ec.	R.
02/12/2024	16:57,6	Tethys	Tr.	I.
02/12/2024	17:30,6	Tethys	Sh.	I.
02/12/2024	19:41,4	Tethys	Tr.	E.
02/12/2024	20:27,2	Tethys	Sh.	E.
03/12/2024	19:06,9	Tethys	Ec.	R.
03/12/2024	19:28,7	Dione	Occ.	D.
04/12/2024	17:00,6	Tethys	Tr.	E.
04/12/2024	17:46,4	Tethys	Sh.	E.
06/12/2024	17:05,2	Dione	Ec.	R.
06/12/2024	20:05,7	Titan	Sh.	I.
06/12/2024	22:53,0	Titan	Sh.	E.
07/12/2024	17:04,3	Rhea	Tr.	E.
07/12/2024	19:23,7	Rhea	Sh.	E.
07/12/2024	21:57,2	Dione	Tr.	I.
07/12/2024	22:37,9	Dione	Sh.	I.
09/12/2024	21:06,1	Rhea	Occ.	D.
10/12/2024	18:22,6	Dione	Tr.	E.
10/12/2024	19:35,2	Dione	Sh.	E.
14/12/2024	18:16,9	Dione	Occ.	D.
14/12/2024	18:55,1	Titan	Ec.	D.
14/12/2024	22:12,9	Dione	Ec.	R.
15/12/2024	22:11,1	Tethys	Tr.	I.
16/12/2024	16:38,2	Rhea	Sh.	I.
16/12/2024	18:08,6	Rhea	Tr.	E.
16/12/2024	20:21,1	Rhea	Sh.	E.
16/12/2024	20:50,7	Tethys	Occ.	D.
17/12/2024	19:30,3	Tethys	Tr.	I.
17/12/2024	20:03,3	Tethys	Sh.	I.
17/12/2024	22:16,1	Tethys	Tr.	E.
18/12/2024	18:09,9	Tethys	Occ.	D.
18/12/2024	20:45,9	Dione	Tr.	I.
18/12/2024	21:27,0	Dione	Sh.	I.
18/12/2024	21:40,0	Tethys	Ec.	R.

```
Data          Ora     Sat.    Fenomeno
18/12/2024    21:58,3 Rhea    Occ.    D.
19/12/2024    16:49,5 Tethys  Tr.     I.
19/12/2024    17:22,4 Tethys  Sh.     I.
19/12/2024    19:35,7 Tethys  Tr.     E.
19/12/2024    20:19,5 Tethys  Sh.     E.
20/12/2024    18:59,1 Tethys  Ec.     R.
21/12/2024    16:55,3 Tethys  Tr.     E.
21/12/2024    17:16,6 Dione   Tr.     E.
21/12/2024    17:38,6 Tethys  Sh.     E.
21/12/2024    18:25,3 Dione   Sh.     E.
22/12/2024    18:52,4 Titan   Sh.     I.
25/12/2024    17:06,5 Dione   Occ.    D.
25/12/2024    17:33,6 Rhea    Sh.     I.
25/12/2024    19:15,6 Rhea    Tr.     E.
25/12/2024    21:03,0 Dione   Ec.     R.
25/12/2024    21:18,5 Rhea    Sh.     E.
29/12/2024    19:35,9 Dione   Tr.     I.
29/12/2024    20:16,0 Dione   Sh.     I.
30/12/2024    17:48,8 Titan   Ec.     D.
01/01/2025    17:15,3 Dione   Sh.     E.
02/01/2025    20:44,6 Tethys  Occ.    D.
03/01/2025    17:34,4 Rhea    Tr.     I.
03/01/2025    18:29,0 Rhea    Sh.     I.
03/01/2025    19:24,4 Tethys  Tr.     I.
03/01/2025    19:55,0 Tethys  Sh.     I.
03/01/2025    20:24,6 Rhea    Tr.     E.
04/01/2025    18:04,1 Tethys  Occ.    D.
05/01/2025    17:14,1 Tethys  Sh.     I.
05/01/2025    19:33,3 Tethys  Tr.     E.
05/01/2025    19:52,9 Dione   Ec.     R.
05/01/2025    20:11,5 Tethys  Sh.     E.
06/01/2025    18:51,1 Tethys  Ec.     R.
07/01/2025    16:53,1 Tethys  Tr.     E.
07/01/2025    17:30,6 Tethys  Sh.     E.
07/01/2025    17:47,1 Titan   Sh.     I.
09/01/2025    18:27,2 Dione   Tr.     I.
09/01/2025    19:05,0 Dione   Sh.     I.
10/01/2025    16:57,1 Rhea    Ec.     R.
12/01/2025    18:31,2 Rhea    Tr.     I.
12/01/2025    19:24,5 Rhea    Sh.     I.
16/01/2025    18:42,7 Dione   Ec.     R.
19/01/2025    17:54,0 Rhea    Ec.     R.
20/01/2025    17:19,8 Dione   Tr.     I.
20/01/2025    17:53,9 Dione   Sh.     I.
20/01/2025    19:20,6 Tethys  Tr.     I.
20/01/2025    19:46,4 Tethys  Sh.     I.
21/01/2025    18:00,4 Tethys  Occ.    D.
21/01/2025    19:29,8 Rhea    Tr.     I.
22/01/2025    19:33,1 Tethys  Tr.     E.
22/01/2025    20:03,2 Tethys  Sh.     E.
23/01/2025    18:42,8 Tethys  Ec.     R.
24/01/2025    17:22,3 Tethys  Sh.     E.
24/01/2025    19:59,4 Dione   Occ.    D.
27/01/2025    17:32,3 Dione   Ec.     R.
```

```
Data            Ora     Sat.    Fenomeno
28/01/2025      18:50,7 Rhea    Ec.     R.
31/01/2025      19:23,5 Dione   Tr.     E.
04/02/2025      18:53,7 Dione   Occ.    D.
06/02/2025      19:18,4 Tethys  Tr.     I.
07/02/2025      17:58,4 Tethys  Occ.    D.
09/02/2025      18:34,0 Tethys  Ec.     R.
11/02/2025      18:23,0 Dione   Tr.     E.
11/02/2025      18:51,0 Dione   Sh.     E.
13/05/2025      03:57,0 Tethys  Ec.     D.
30/05/2025      03:44,7 Tethys  Ec.     D.
31/05/2025      03:05,8 Tethys  Tr.     I.
01/06/2025      03:26,6 Dione   Sh.     I.
02/06/2025      02:41,1 Tethys  Sh.     E.
02/06/2025      02:44,7 Rhea    Tr.     E.
02/06/2025      03:16,2 Tethys  Tr.     E.
04/06/2025      03:45,2 Rhea    Ec.     D.
11/06/2025      02:24,5 Rhea    Sh.     E.
11/06/2025      03:39,9 Rhea    Tr.     E.
12/06/2025      02:13,4 Dione   Sh.     I.
12/06/2025      03:20,0 Dione   Tr.     I.
16/06/2025      03:32,3 Tethys  Ec.     D.
17/06/2025      02:11,6 Tethys  Sh.     I.
17/06/2025      02:56,8 Tethys  Tr.     I.
19/06/2025      02:28,5 Tethys  Sh.     E.
19/06/2025      02:43,1 Dione   Occ.    R.
19/06/2025      03:05,4 Tethys  Tr.     E.
20/06/2025      01:44,8 Tethys  Occ.    R.
20/06/2025      03:18,2 Rhea    Sh.     E.
23/06/2025      02:08,7 Dione   Tr.     I.
27/06/2025      03:37,6 Dione   Ec.     D.
29/06/2025      02:16,8 Rhea    Tr.     I.
30/06/2025      01:29,1 Dione   Occ.    R.
03/07/2025      03:19,8 Tethys  Ec.     D.
04/07/2025      00:55,1 Dione   Tr.     I.
04/07/2025      01:59,1 Tethys  Sh.     I.
04/07/2025      02:44,2 Tethys  Tr.     I.
04/07/2025      03:07,7 Dione   Sh.     E.
05/07/2025      00:38,4 Tethys  Ec.     D.
06/07/2025      02:15,8 Tethys  Sh.     E.
06/07/2025      02:52,0 Tethys  Tr.     E.
07/07/2025      01:31,3 Tethys  Occ.    R.
08/07/2025      01:10,5 Rhea    Sh.     I.
08/07/2025      02:24,5 Dione   Ec.     D.
08/07/2025      03:09,1 Rhea    Tr.     I.
11/07/2025      00:13,8 Dione   Occ.    R.
15/07/2025      00:53,4 Rhea    Occ.    R.
15/07/2025      01:54,1 Dione   Sh.     E.
15/07/2025      02:40,8 Dione   Tr.     E.
17/07/2025      02:05,0 Rhea    Sh.     I.
17/07/2025      03:58,3 Rhea    Tr.     I.
19/07/2025      01:11,5 Dione   Ec.     D.
20/07/2025      03:07,4 Tethys  Ec.     D.
21/07/2025      01:46,8 Tethys  Sh.     I.
21/07/2025      02:27,9 Tethys  Tr.     I.
```

Data	Ora	Sat.	Fenomeno	
22/07/2025	00:26,1	Tethys	Ec.	D.
22/07/2025	03:57,1	Tethys	Occ.	R.
22/07/2025	23:45,9	Tethys	Tr.	I.
23/07/2025	02:03,2	Tethys	Sh.	E.
23/07/2025	02:36,1	Tethys	Tr.	E.
23/07/2025	03:39,2	Dione	Sh.	I.
24/07/2025	01:15,2	Tethys	Occ.	R.
24/07/2025	01:42,6	Rhea	Occ.	R.
24/07/2025	23:21,9	Tethys	Sh.	E.
24/07/2025	23:54,2	Tethys	Tr.	E.
26/07/2025	00:40,7	Dione	Sh.	E.
26/07/2025	01:23,6	Dione	Tr.	E.
26/07/2025	02:59,7	Rhea	Sh.	I.
29/07/2025	23:58,6	Dione	Ec.	D.
30/07/2025	03:58,7	Dione	Occ.	R.
02/08/2025	02:30,6	Rhea	Occ.	R.
03/08/2025	02:26,5	Dione	Sh.	I.
03/08/2025	03:20,4	Dione	Tr.	I.
04/08/2025	03:54,5	Rhea	Sh.	I.
05/08/2025	04:16,1	Tethys	Sh.	I.
05/08/2025	23:27,3	Dione	Sh.	E.
06/08/2025	00:05,0	Dione	Tr.	E.
06/08/2025	02:55,4	Tethys	Ec.	D.
07/08/2025	01:34,7	Tethys	Sh.	I.
07/08/2025	02:08,2	Tethys	Tr.	I.
07/08/2025	04:32,3	Tethys	Sh.	E.
08/08/2025	00:14,1	Tethys	Ec.	D.
08/08/2025	03:38,9	Tethys	Occ.	R.
08/08/2025	22:53,4	Tethys	Sh.	I.
08/08/2025	23:25,8	Tethys	Tr.	I.
09/08/2025	01:51,0	Tethys	Sh.	E.
09/08/2025	02:17,7	Tethys	Tr.	E.
09/08/2025	22:46,0	Dione	Ec.	D.
10/08/2025	00:56,7	Tethys	Occ.	R.
10/08/2025	02:39,7	Dione	Occ.	R.
10/08/2025	22:34,2	Rhea	Ec.	D.
10/08/2025	23:09,6	Tethys	Sh.	E.
10/08/2025	23:35,6	Tethys	Tr.	E.
11/08/2025	03:17,3	Rhea	Occ.	R.
11/08/2025	22:14,5	Tethys	Occ.	R.
14/08/2025	01:13,9	Dione	Sh.	I.
14/08/2025	01:58,3	Dione	Tr.	I.
14/08/2025	04:32,4	Dione	Sh.	E.
16/08/2025	22:14,1	Dione	Sh.	E.
16/08/2025	22:45,2	Dione	Tr.	E.
17/08/2025	21:53,5	Rhea	Tr.	E.
18/08/2025	03:51,7	Dione	Ec.	D.
19/08/2025	23:29,3	Rhea	Ec.	D.
20/08/2025	04:02,6	Rhea	Occ.	R.
20/08/2025	21:33,6	Dione	Ec.	D.
21/08/2025	01:19,6	Dione	Occ.	R.
22/08/2025	04:04,5	Tethys	Sh.	I.
22/08/2025	04:28,4	Tethys	Tr.	I.
23/08/2025	02:43,9	Tethys	Ec.	D.

```
Data          Ora      Sat.     Fenomeno
24/08/2025    01:23,2  Tethys   Sh.    I.
24/08/2025    01:45,8  Tethys   Tr.    I.
24/08/2025    04:20,5  Tethys   Sh.    E.
24/08/2025    04:39,7  Tethys   Tr.    E.
25/08/2025    00:01,6  Dione    Sh.    I.
25/08/2025    00:02,6  Tethys   Ec.    D.
25/08/2025    00:34,7  Dione    Tr.    I.
25/08/2025    03:18,6  Tethys   Occ.   R.
25/08/2025    03:19,3  Dione    Sh.    E.
25/08/2025    03:44,6  Dione    Tr.    E.
25/08/2025    22:42,0  Tethys   Sh.    I.
25/08/2025    23:03,2  Tethys   Tr.    I.
26/08/2025    01:39,2  Tethys   Sh.    E.
26/08/2025    01:57,3  Tethys   Tr.    E.
26/08/2025    21:21,4  Tethys   Ec.    D.
26/08/2025    22:00,9  Rhea     Sh.    E.
26/08/2025    22:37,8  Rhea     Tr.    E.
27/08/2025    00:36,2  Tethys   Occ.   R.
27/08/2025    04:55,1  Titan    Ec.    D.
27/08/2025    21:01,1  Dione    Sh.    E.
27/08/2025    21:24,3  Dione    Tr.    E.
27/08/2025    22:57,9  Tethys   Sh.    E.
27/08/2025    23:14,9  Tethys   Tr.    E.
28/08/2025    21:53,8  Tethys   Occ.   R.
29/08/2025    00:24,8  Rhea     Ec.    D.
29/08/2025    02:39,6  Dione    Ec.    D.
29/08/2025    04:46,6  Rhea     Occ.   R.
31/08/2025    23:58,3  Dione    Occ.   R.
02/09/2025    05:07,6  Dione    Sh.    I.
04/09/2025    22:49,6  Dione    Sh.    I.
04/09/2025    22:54,9  Rhea     Sh.    E.
04/09/2025    23:10,2  Dione    Tr.    I.
04/09/2025    23:20,9  Rhea     Tr.    E.
05/09/2025    02:06,5  Dione    Sh.    E.
05/09/2025    02:23,0  Dione    Tr.    E.
07/09/2025    01:20,5  Rhea     Ec.    D.
07/09/2025    05:14,1  Tethys   Ec.    D.
08/09/2025    03:53,6  Tethys   Sh.    I.
08/09/2025    04:04,7  Tethys   Tr.    I.
09/09/2025    01:27,7  Dione    Ec.    D.
09/09/2025    02:33,0  Tethys   Ec.    D.
09/09/2025    04:56,9  Dione    Occ.   R.
10/09/2025    01:12,4  Tethys   Sh.    I.
10/09/2025    01:22,0  Tethys   Tr.    I.
10/09/2025    04:09,2  Tethys   Sh.    E.
10/09/2025    04:17,9  Tethys   Tr.    E.
10/09/2025    23:51,8  Tethys   Ec.    D.
11/09/2025    02:56,8  Tethys   Occ.   R.
11/09/2025    22:31,2  Tethys   Sh.    I.
11/09/2025    22:36,4  Dione    Occ.   R.
11/09/2025    22:39,3  Tethys   Tr.    I.
12/09/2025    01:28,0  Tethys   Sh.    E.
12/09/2025    01:35,5  Tethys   Tr.    E.
12/09/2025    04:19,7  Titan    Ec.    D.
```

```
Data            Ora      Sat.     Fenomeno
12/09/2025      21:10,6 Tethys   Ec.    D.
13/09/2025      00:14,3 Tethys   Occ.   R.
13/09/2025      03:55,9 Dione    Sh.    I.
13/09/2025      04:06,5 Dione    Tr.    I.
13/09/2025      19:50,1 Tethys   Sh.    I.
13/09/2025      19:56,7 Tethys   Tr.    I.
13/09/2025      20:04,1 Rhea     Sh.    I.
13/09/2025      20:20,6 Rhea     Tr.    I.
13/09/2025      22:46,8 Tethys   Sh.    E.
13/09/2025      22:53,0 Tethys   Tr.    E.
13/09/2025      23:49,0 Rhea     Sh.    E.
14/09/2025      00:03,0 Rhea     Tr.    E.
14/09/2025      21:31,8 Tethys   Occ.   R.
15/09/2025      20:05,6 Tethys   Sh.    E.
15/09/2025      20:10,5 Tethys   Tr.    E.
15/09/2025      21:38,0 Dione    Sh.    I.
15/09/2025      21:45,2 Dione    Tr.    I.
16/09/2025      00:53,9 Dione    Sh.    E.
16/09/2025      01:00,8 Dione    Tr.    E.
16/09/2025      02:16,4 Rhea     Ec.    D.
20/09/2025      00:16,2 Dione    Ec.    D.
20/09/2025      03:34,6 Dione    Occ.   R.
20/09/2025      05:31,3 Titan    Tr.    I.
22/09/2025      20:57,5 Rhea     Tr.    I.
22/09/2025      21:00,3 Rhea     Sh.    I.
22/09/2025      21:14,0 Dione    Occ.   R.
23/09/2025      00:43,2 Rhea     Sh.    E.
23/09/2025      00:44,5 Rhea     Tr.    E.
24/09/2025      02:41,7 Dione    Tr.    I.
24/09/2025      02:44,5 Dione    Sh.    I.
24/09/2025      05:02,1 Tethys   Occ.   D.
25/09/2025      03:05,1 Rhea     Occ.   D.
25/09/2025      03:40,9 Tethys   Tr.    I.
25/09/2025      03:43,3 Tethys   Sh.    I.
26/09/2025      02:19,5 Tethys   Occ.   D.
26/09/2025      20:20,6 Dione    Tr.    I.
26/09/2025      20:26,7 Dione    Sh.    I.
26/09/2025      23:38,3 Dione    Tr.    E.
26/09/2025      23:41,6 Dione    Sh.    E.
27/09/2025      00:58,3 Tethys   Tr.    I.
27/09/2025      01:02,3 Tethys   Sh.    I.
27/09/2025      03:55,7 Tethys   Tr.    E.
27/09/2025      03:58,7 Tethys   Sh.    E.
27/09/2025      23:37,0 Tethys   Occ.   D.
28/09/2025      02:36,1 Titan    Occ.   D.
28/09/2025      02:38,2 Tethys   Ec.    R.
28/09/2025      22:15,7 Tethys   Tr.    I.
28/09/2025      22:21,2 Tethys   Sh.    I.
29/09/2025      01:13,3 Tethys   Tr.    E.
29/09/2025      01:17,5 Tethys   Sh.    E.
29/09/2025      19:22,0 Rhea     Ec.    R.
29/09/2025      20:54,4 Tethys   Occ.   D.
29/09/2025      23:57,0 Tethys   Ec.    R.
30/09/2025      19:33,1 Tethys   Tr.    I.
```

```
Data            Ora     Sat.    Fenomeno
30/09/2025      19:40,1 Tethys  Sh.     I.
30/09/2025      22:30,8 Tethys  Tr.     E.
30/09/2025      22:36,4 Tethys  Sh.     E.
30/09/2025      22:54,0 Dione   Occ.    D.
01/10/2025      02:19,3 Dione   Ec.     R.
01/10/2025      21:15,9 Tethys  Ec.     R.
01/10/2025      21:35,2 Rhea    Tr.     I.
01/10/2025      21:56,8 Rhea    Sh.     I.
02/10/2025      01:25,8 Rhea    Tr.     E.
02/10/2025      01:37,6 Rhea    Sh.     E.
02/10/2025      19:48,4 Tethys  Tr.     E.
02/10/2025      19:55,3 Tethys  Sh.     E.
03/10/2025      18:34,8 Tethys  Ec.     R.
03/10/2025      20:01,3 Dione   Ec.     R.
04/10/2025      03:43,1 Rhea    Occ.    D.
05/10/2025      01:17,5 Dione   Tr.     I.
05/10/2025      01:33,4 Dione   Sh.     I.
06/10/2025      02:24,7 Titan   Tr.     I.
07/10/2025      18:56,7 Dione   Tr.     I.
07/10/2025      19:15,7 Dione   Sh.     I.
07/10/2025      22:16,0 Dione   Tr.     E.
07/10/2025      22:29,5 Dione   Sh.     E.
08/10/2025      20:16,5 Rhea    Ec.     R.
09/10/2025      03:51,4 Dione   Occ.    D.
10/10/2025      22:14,0 Rhea    Tr.     I.
10/10/2025      22:53,6 Rhea    Sh.     I.
11/10/2025      02:07,4 Rhea    Tr.     E.
11/10/2025      02:32,1 Rhea    Sh.     E.
11/10/2025      21:30,7 Dione   Occ.    D.
12/10/2025      01:07,4 Dione   Ec.     R.
12/10/2025      03:18,4 Tethys  Tr.     I.
12/10/2025      03:33,9 Tethys  Sh.     I.
13/10/2025      01:57,2 Tethys  Occ.    D.
13/10/2025      23:55,9 Titan   Occ.    D.
14/10/2025      00:36,0 Tethys  Tr.     I.
14/10/2025      00:52,9 Tethys  Sh.     I.
14/10/2025      03:34,2 Tethys  Tr.     E.
14/10/2025      18:49,4 Dione   Ec.     R.
14/10/2025      23:14,8 Tethys  Occ.    D.
15/10/2025      02:28,3 Tethys  Ec.     R.
15/10/2025      21:53,7 Tethys  Tr.     I.
15/10/2025      22:11,9 Tethys  Sh.     I.
15/10/2025      23:54,6 Dione   Tr.     I.
16/10/2025      00:22,7 Dione   Sh.     I.
16/10/2025      00:51,9 Tethys  Tr.     E.
16/10/2025      01:07,7 Tethys  Sh.     E.
16/10/2025      03:14,8 Dione   Tr.     E.
16/10/2025      03:35,6 Dione   Sh.     E.
16/10/2025      20:32,5 Tethys  Occ.    D.
16/10/2025      23:47,3 Tethys  Ec.     R.
17/10/2025      19:11,4 Tethys  Tr.     I.
17/10/2025      19:30,9 Tethys  Sh.     I.
17/10/2025      21:11,1 Rhea    Ec.     R.
17/10/2025      22:09,7 Tethys  Tr.     E.
```

Data	Ora	Sat.	Fenomeno	
17/10/2025	22:26,7	Tethys	Sh.	E.
18/10/2025	17:50,2	Tethys	Occ.	D.
18/10/2025	18:05,1	Dione	Sh.	I.
18/10/2025	20:54,5	Dione	Tr.	E.
18/10/2025	21:06,2	Tethys	Ec.	R.
18/10/2025	21:17,7	Dione	Sh.	E.
19/10/2025	19:27,5	Tethys	Tr.	E.
19/10/2025	19:45,6	Tethys	Sh.	E.
19/10/2025	22:54,4	Rhea	Tr.	I.
19/10/2025	23:50,6	Rhea	Sh.	I.
20/10/2025	02:29,0	Dione	Occ.	D.
20/10/2025	02:49,6	Rhea	Tr.	E.
20/10/2025	18:25,2	Tethys	Ec.	R.
21/10/2025	23:45,9	Titan	Tr.	I.
22/10/2025	20:08,7	Dione	Occ.	D.
22/10/2025	23:55,7	Dione	Ec.	R.
25/10/2025	17:37,8	Dione	Ec.	R.
26/10/2025	17:24,5	Rhea	Occ.	D.
26/10/2025	22:05,8	Rhea	Ec.	R.
26/10/2025	22:33,3	Dione	Tr.	I.
26/10/2025	23:12,4	Dione	Sh.	I.
27/10/2025	01:54,2	Dione	Tr.	E.
27/10/2025	02:24,0	Dione	Sh.	E.
28/10/2025	23:36,8	Rhea	Tr.	I.
29/10/2025	00:48,0	Rhea	Sh.	I.
29/10/2025	19:34,3	Dione	Tr.	E.
29/10/2025	20:06,1	Dione	Sh.	E.
29/10/2025	21:39,1	Titan	Occ.	D.
30/10/2025	01:37,3	Tethys	Occ.	D.
31/10/2025	00:16,3	Tethys	Tr.	I.
31/10/2025	00:44,2	Tethys	Sh.	I.
31/10/2025	01:08,4	Dione	Occ.	D.
31/10/2025	22:55,3	Tethys	Occ.	D.
01/11/2025	02:19,1	Tethys	Ec.	R.
01/11/2025	21:34,4	Tethys	Tr.	I.
01/11/2025	22:03,3	Tethys	Sh.	I.
02/11/2025	00:32,8	Tethys	Tr.	E.
02/11/2025	00:58,5	Tethys	Sh.	E.
02/11/2025	18:48,6	Dione	Occ.	D.
02/11/2025	20:13,4	Tethys	Occ.	D.
02/11/2025	22:44,2	Dione	Ec.	R.
02/11/2025	23:38,1	Tethys	Ec.	R.
03/11/2025	18:52,4	Tethys	Tr.	I.
03/11/2025	19:22,4	Tethys	Sh.	I.
03/11/2025	21:50,9	Tethys	Tr.	E.
03/11/2025	22:17,6	Tethys	Sh.	E.
04/11/2025	17:31,5	Tethys	Occ.	D.
04/11/2025	18:08,5	Rhea	Occ.	D.
04/11/2025	20:57,1	Tethys	Ec.	R.
04/11/2025	23:00,5	Rhea	Ec.	R.
05/11/2025	19:09,0	Tethys	Tr.	E.
05/11/2025	19:36,6	Tethys	Sh.	E.
06/11/2025	18:16,2	Tethys	Ec.	R.
06/11/2025	21:13,8	Dione	Tr.	I.

```
Data          Ora      Sat.     Fenomeno
06/11/2025    21:34,9 Titan    Tr.    I.
06/11/2025    22:02,3 Dione    Sh.    I.
07/11/2025    00:21,3 Rhea     Tr.    I.
07/11/2025    00:35,1 Dione    Tr.    E.
07/11/2025    01:12,5 Dione    Sh.    E.
07/11/2025    01:45,5 Rhea     Sh.    I.
09/11/2025    18:15,7 Dione    Tr.    E.
09/11/2025    18:54,7 Dione    Sh.    E.
10/11/2025    23:49,8 Dione    Occ.   D.
11/11/2025    17:43,7 Rhea     Sh.    E.
13/11/2025    17:30,5 Dione    Occ.   D.
13/11/2025    18:54,7 Rhea     Occ.   D.
13/11/2025    21:32,9 Dione    Ec.    R.
13/11/2025    23:55,4 Rhea     Ec.    R.
14/11/2025    19:47,0 Titan    Occ.   D.
16/11/2025    01:08,2 Rhea     Tr.    I.
16/11/2025    01:20,9 Tethys   Occ.   D.
17/11/2025    00:00,1 Tethys   Tr.    I.
17/11/2025    00:36,2 Tethys   Sh.    I.
17/11/2025    19:56,5 Dione    Tr.    I.
17/11/2025    20:52,4 Dione    Sh.    I.
17/11/2025    22:39,2 Tethys   Occ.   D.
17/11/2025    23:18,0 Dione    Tr.    E.
18/11/2025    00:01,2 Dione    Sh.    E.
18/11/2025    21:18,5 Tethys   Tr.    I.
18/11/2025    21:55,3 Tethys   Sh.    I.
19/11/2025    00:16,9 Tethys   Tr.    E.
19/11/2025    00:49,9 Tethys   Sh.    E.
19/11/2025    19:57,7 Tethys   Occ.   D.
19/11/2025    23:29,4 Tethys   Ec.    R.
20/11/2025    16:59,0 Dione    Tr.    E.
20/11/2025    17:29,9 Rhea     Tr.    E.
20/11/2025    17:43,4 Dione    Sh.    E.
20/11/2025    18:36,9 Tethys   Tr.    I.
20/11/2025    18:38,5 Rhea     Sh.    E.
20/11/2025    19:14,4 Tethys   Sh.    I.
20/11/2025    21:35,4 Tethys   Tr.    E.
20/11/2025    22:08,9 Tethys   Sh.    E.
21/11/2025    17:16,2 Tethys   Occ.   D.
21/11/2025    20:48,5 Tethys   Ec.    R.
21/11/2025    22:33,3 Dione    Occ.   D.
22/11/2025    18:53,9 Tethys   Tr.    E.
22/11/2025    19:28,0 Tethys   Sh.    E.
22/11/2025    19:43,4 Rhea     Occ.   D.
22/11/2025    19:52,5 Titan    Tr.    I.
23/11/2025    00:50,2 Rhea     Ec.    R.
23/11/2025    18:07,6 Tethys   Ec.    R.
24/11/2025    16:47,0 Tethys   Sh.    E.
24/11/2025    20:21,7 Dione    Ec.    R.
28/11/2025    18:41,4 Dione    Tr.    I.
28/11/2025    19:42,8 Dione    Sh.    I.
28/11/2025    22:02,9 Dione    Tr.    E.
28/11/2025    22:50,1 Dione    Sh.    E.
29/11/2025    18:20,5 Rhea     Tr.    E.
```

```
Data            Ora    Sat.    Fenomeno
29/11/2025   19:33,4 Rhea    Sh.    E.
30/11/2025   18:20,7 Titan   Occ.   D.
01/12/2025   00:08,3 Titan   Occ.   R.
01/12/2025   20:34,5 Rhea    Occ.   D.
02/12/2025   21:19,0 Dione   Occ.   D.
03/12/2025   23:47,4 Tethys  Tr.    I.
04/12/2025   22:26,8 Tethys  Occ.   D.
05/12/2025   19:10,6 Dione   Ec.    R.
05/12/2025   21:06,2 Tethys  Tr.    I.
05/12/2025   21:47,6 Tethys  Sh.    I.
06/12/2025   00:04,7 Tethys  Tr.    E.
06/12/2025   19:45,6 Tethys  Occ.   D.
06/12/2025   23:21,1 Tethys  Ec.    R.
06/12/2025   23:46,5 Dione   Tr.    I.
07/12/2025   18:25,1 Tethys  Tr.    I.
07/12/2025   19:06,8 Tethys  Sh.    I.
07/12/2025   21:23,6 Tethys  Tr.    E.
07/12/2025   22:00,5 Tethys  Sh.    E.
08/12/2025   17:04,5 Tethys  Occ.   D.
08/12/2025   17:08,6 Rhea    Sh.    I.
08/12/2025   18:39,8 Titan   Tr.    I.
08/12/2025   19:13,3 Rhea    Tr.    E.
08/12/2025   20:28,2 Rhea    Sh.    E.
08/12/2025   20:40,1 Tethys  Ec.    R.
09/12/2025   17:28,5 Dione   Tr.    I.
09/12/2025   18:33,3 Dione   Sh.    I.
09/12/2025   18:42,5 Tethys  Tr.    E.
09/12/2025   19:19,6 Tethys  Sh.    E.
09/12/2025   20:49,9 Dione   Tr.    E.
09/12/2025   21:38,9 Dione   Sh.    E.
10/12/2025   17:59,2 Tethys  Ec.    R.
10/12/2025   21:28,1 Rhea    Occ.   D.
11/12/2025   16:38,7 Tethys  Sh.    E.
13/12/2025   20:07,0 Dione   Occ.   D.
16/12/2025   17:21,2 Titan   Occ.   D.
16/12/2025   17:59,4 Dione   Ec.    R.
16/12/2025   23:04,3 Titan   Occ.   R.
17/12/2025   18:07,0 Rhea    Sh.    I.
17/12/2025   20:08,3 Rhea    Tr.    E.
17/12/2025   21:22,9 Rhea    Sh.    E.
17/12/2025   22:35,2 Dione   Tr.    I.
19/12/2025   22:24,2 Rhea    Occ.   D.
20/12/2025   17:23,9 Dione   Sh.    I.
20/12/2025   19:38,8 Dione   Tr.    E.
20/12/2025   20:27,7 Dione   Sh.    E.
21/12/2025   22:17,9 Tethys  Occ.   D.
22/12/2025   20:57,5 Tethys  Tr.    I.
22/12/2025   21:40,2 Tethys  Sh.    I.
23/12/2025   19:37,1 Tethys  Occ.   D.
24/12/2025   17:58,7 Titan   Tr.    I.
24/12/2025   18:16,8 Tethys  Tr.    I.
24/12/2025   18:57,1 Dione   Occ.   D.
24/12/2025   18:59,3 Tethys  Sh.    I.
24/12/2025   21:15,3 Tethys  Tr.    E.
```

```
Data            Ora      Sat.     Fenomeno
24/12/2025      21:52,2 Tethys    Sh.      E.
25/12/2025      16:56,4 Tethys    Occ.     D.
25/12/2025      20:31,8 Tethys    Ec.      R.
26/12/2025      17:09,4 Rhea      Tr.      I.
26/12/2025      18:34,6 Tethys    Tr.      E.
26/12/2025      19:05,5 Rhea      Sh.      I.
26/12/2025      19:11,3 Tethys    Sh.      E.
26/12/2025      21:05,4 Rhea      Tr.      E.
26/12/2025      22:17,5 Rhea      Sh.      E.
27/12/2025      16:48,3 Dione     Ec.      R.
27/12/2025      17:50,9 Tethys    Ec.      R.
28/12/2025      21:26,1 Dione     Tr.      I.
28/12/2025      22:31,9 Dione     Sh.      I.
```

OCCULTAZIONI TRA I SATELLITI
OCCULTATIONS BETWEEN THE MOONS
2013-2025

Ore in T.U.

Legenda :

Data nel formato mese/giorno, un asterisco indica che le lune si avvicinano ma non si occultano
Event type : tipo di evento, eclissi o occultazione
Ph : fenomeno, M=mancato, E=eclisse penombrale,
P=eclisse/occultazione parziale, T=eclisse/occultazione totale,
A=eclisse/occultazione anulare
Durn : durata in secondi
dMag : caduta di luce in magnitudini
%ill : cambio in illuminazione, rispetto alla illuminazione intera, della luna rimanente (occultazione) o di entrambe (eclissi)
Sep : distanza in " tra satellite occultato/eclissato e centro del pianeta
Pa : angolo di posizione tra satellite occultato/eclissato e pianeta
MinSep : distanza minima tra i centri delle lune o tra la luna e l'ombra
T1-T7 : inizio/fine della fase di contatto con la penombra
T2-T6 : inizio/fine della fase di contatto con l'ombra o tra i lembi delle lune
T3-T5 : inizio/fine della fase di totalità
Tmax : tempo di metà evento

Satelliti :

I = Mimas
II = Enceladus
III = Tethys
IV = Dione
V = Rhea
VI = Titan
VII = Hyperion

Times in T.U.

Date in the format month/day, an asterisk shows that the moons are near but they don't occult
Event type : eclipse or occultation
Ph : phenomenon, M=missed, E=penumbral eclipse, P=partial eclipse/occultation, T=total eclipse/occultation, A=annular eclipse/occultation
Durn : duration in seconds
dMag : difference magnitude
%ill : defect of illumination, respect to integer
Sep : distance in " between the satellite and the center of the planet
Pa : position angle between the satellite and the center of the planet
MinD : least distance between the satellies
T1-T7 : penumbral phase begins/ends
T2-T6 : umbra phase begins/ends
T3-T5 : totalità phase begins/ends
Tmax : middle time of the event

Satellites :

I = Mimas
II = Enceladus
III = Tethys
IV = Dione
V = Rhea
VI = Titan
VII = Hyperion
© (8)

```
Year   M  D  h  m  s  Event Type       Ph   Dur  dMag   %Ill   Sep  PA   MinD
2022  12 24  5 35 42  (VIII) ecl (II)   E   243   0.1   89.5   9.4  44   0.277
2024   4 15 11 55  8  (II) occ (III)    A  1168   0.2   81.9   2.8  49   0.019
2024   5 20  3 46 12  (III) occ (II)    P   304   0.1   94.6  31.0  96   0.082
2024   5 26  2 24 48  (II) occ (I)      P   144   0.3   77.1  25.7 273   0.027
2024   6  8 22 58 34  (II) occ (III)    P   137   0.0   96.2  34.2 275   0.091
2024   6 24  1 35  2  (II) occ (III)    P    32   0.0  100.0  34.6 275   0.114
2024   7  9 10 20 19  (II) occ (III)    P  1067   0.2   84.6   2.5 304   0.056
2024   9 29 13 43 13  (I) occ (II)      P   430   0.1   94.2  11.6 289   0.055
2024  10 14 13 18  1  (I) ecl (II)      A   351   0.1   95.2  24.1 281   0.001
2024  10 14 13 18  1  (I) ecl (II)      A   351   0.1   95.2  24.1 281   0.001
2024  10 29 14 47 43  (I) ecl (II)      P   233   0.6   57.7  24.7 281   0.024
2024  10 29 14 47 43  (I) ecl (II)      P   233   0.6   57.7  24.7 281   0.024
2024  11 13 16 25  8  (I) ecl (II)      P   179   0.4   69.2  24.7 281   0.033
2024  11 13 16 25  7  (I) ecl (II)      P   178   0.4   69.2  24.7 281   0.033
2024  11 16 11 59 40  (I) ecl (III)     E    96   0.0   99.8  24.1 282   0.109
2024  11 16 11 59 40  (I) ecl (III)     E    96   0.0   99.8  24.1 282   0.109
2024  11 18  9 20  4  (I) ecl (III)     P   191   0.1   93.7  23.9 282   0.078
2024  11 20  6 40 50  (I) ecl (III)     A   246   0.1   89.5  23.7 282   0.050
2024  11 22  4  2  2  (I) ecl (III)     A   282   0.0  100.0  23.4 282   0.025
2024  11 22  4  2  2  (I) ecl (III)     A   282   0.0  100.0  23.4 282   0.025
2024  11 24  1 23 45  (I) ecl (III)     A   311   0.0  100.0  23.1 282   0.005
2024  11 25 22 46  7  (I) ecl (III)     A   339   0.0  100.0  22.7 283   0.011
2024  11 27 20  9 20  (I) ecl (III)     A   371   0.0  100.0  22.3 283   0.022
2024  11 28 18  6 26  (I) ecl (II)      P   135   0.2   85.2  24.5 281   0.046
2024  11 29 17 33 42  (I) ecl (III)     A   413   0.0  100.0  21.8 283   0.027
2024  11 29 17 33 43  (I) ecl (III)     A   417   0.0  100.0  21.8 283   0.027
2024  12  1 14 59 47  (I) ecl (III)     A   498   0.0  100.0  21.1 283   0.024
2024  12  3 12 28 40  (I) ecl (III)     A   649   0.0  100.0  20.2 284   0.009
2024  12  9 14 24 45  (III) ecl (IV)    P  5177   1.1   35.8  34.3  89   0.040
2024  12 13 19 50  3  (I) ecl (II)      E    11   0.0  100.0  24.2 280   0.073
2024  12 22  0 49 27  (IV) ecl (III)    P   413   0.1   87.4  40.7 274   0.122
2024  12 26  2 31  3  (II) ecl (III)    A   667   0.0  100.0  27.7 279   0.015
2024  12 26  2 31  3  (II) ecl (III)    A   668   0.0  100.0  27.7 279   0.015
2024  12 26  2 31  3  (II) ecl (III)    A   668   0.0  100.0  27.7 279   0.015
2025   1 30  0 24 56  (III) ecl (II)    T   428   9.9    0.0  30.0  96   0.024
2025   2 14 18 21 48  (IV) occ (III)    P   446   0.1   91.1  37.0 273   0.102
2025   2 18 19 53 28  (II) ecl (III)    P   166   0.0   96.0  30.4 276   0.094
2025   2 27  2 45 49  (III) occ (IV)    P   351   0.3   74.0  38.4  94   0.055
2025   2 27  2 58 47  (III) ecl (IV)    P   238   0.0   95.7  39.0  94   0.140
2025   3  5 22 27 42  (II) occ (III)    A   319   0.2   81.9  30.6 275   0.000
2025   3  5 22 32 48  (II) ecl (III)    A   340   0.0  100.0  30.3 275   0.030
2025   3  9  3 53  9  (I) occ (II)      A    64   0.5   61.2  22.2  94   0.001
2025   3  9  3 54 53  (I) ecl (II)      A    78   0.7   52.5  22.3  94   0.018
2025   3  9 18  1 54  (II) occ (I)      P    31   0.2   81.2  11.0 273   0.029
2025   3 10 15 50 52  (III) occ (II)    P    94   0.0   96.6  30.4  95   0.084
2025   3 11 21 59 43  (I) occ (II)      P   128   0.2   79.7  23.4  94   0.028
2025   3 11 10 31 49  (IV) ecl (III)    P   295   0.6   55.8  38.1 274   0.075
2025   3 12 11 28 54  (VI) ecl (V)      E  1282   0.1   91.3  11.3 100   0.454
2025   3 12 11 35 24  (VI) occ (V)      T  2147   0.1   91.9  10.9 101   0.117
2025   3 12 12 53 29  (II) ecl (I)      P    56   0.8   48.2  16.6 273   0.022
2025   3 12 23 40  5  (VI) occ (III)    P   764   0.0   98.2  19.6 272   0.339
2025   3 13  2 31 41  (I) occ (II)      P    27   0.2   84.3   0.9  73   0.033
2025   3 15  9 46 43  (II) occ (III)    P    54   0.0   98.4  28.4 275   0.091
2025   3 15 21 24 52  (I) ecl (II)      E    37   0.1   91.9   7.2  93   0.061
2025   3 16 11 10 13  (IV) occ (I)      P    54   0.1   90.0   7.0  97   0.054
2025   3 17 20 31 55  (I) occ (IV)      P    44   0.1   94.2   5.0 278   0.070
2025   3 18  4 51 34  (III) occ (IV)    P   144   0.4   71.5  31.4  94   0.049
2025   3 18 16 16 40  (I) ecl (III)     E    39   0.1   93.4  13.1  94   0.062
2025   3 19  6 31  5  (IV) occ (II)     P   341   0.0   96.6   0.6 260   0.087
2025   3 19 13 52 49  (I) occ (V)       A    99   0.1   93.7  18.5  93   0.057
2025   3 19 19 49 26  (I) occ (II)      P    41   0.4   69.4  17.0 275   0.017
```

Year	M	D	h	m	s	Event Type	Ph	Dur	dMag	%Ill	Sep	PA	MinD
2025	3	19	20	59	45	(IV) occ (VI)	A	795	0.1	95.5	48.4	274	0.159
2025	3	20	3	54	53	(III) occ (II)	P	91	0.2	82.4	25.3	95	0.040
2025	3	20	6	38	56	(III) occ (I)	P	49	0.1	91.8	12.9	96	0.061
2025	3	20	15	15	14	(IV) occ (VI)	A	1277	0.1	95.5	0.4	271	0.190
2025	3	20	15	21	6	(II) occ (VI)	A	299	0.0	99.1	0.2	265	0.076
2025	3	21	1	52	40	(II) ecl (III)	P	652	0.2	80.9	28.0	274	0.052
2025	3	21	1	52	41	(II) ecl (III)	P	657	0.2	80.9	28.0	274	0.052
2025	3	21	1	52	41	(II) ecl (III)	P	657	0.2	80.9	28.0	274	0.052
2025	3	21	9	43	8	(IV) occ (VI)	A	773	0.1	95.5	48.2	94	0.172
2025	3	21	11	17	1	(I) occ (III)	P	28	0.0	99.2	17.9	92	0.088
2025	3	21	17	12	23	(IV) occ (II)	P	265	0.1	87.8	30.2	95	0.058
2025	3	22	0	31	58	(IV) occ (II)	T	565	0.2	83.4	1.8	273	0.038
2025	3	22	1	2	15	(II) ecl (I)	A	48	0.5	64.7	5.5	268	0.014
2025	3	22	3	56	16	(III) occ (I)	T	64	0.1	87.7	13.1	96	0.013
2025	3	22	6	57	58	(IV) occ (II)	P	278	0.1	90.5	29.8	275	0.067
2025	3	23	8	34	35	(I) occ (V)	A	73	0.1	87.7	17.7	93	0.010
2025	3	23	9	6	17	(II) occ (IV)	P	63	0.2	85.1	0.1	80	0.049
2025	3	23	17	58	33	(III) ecl (IV)	P	266	1.1	37.5	37.0	95	0.042
2025	3	24	3	28	40	(I) occ (V)	A	573	0.1	93.7	22.4	94	0.006
2025	3	24	1	13	35	(III) occ (I)	P	30	0.0	98.4	13.4	96	0.084
2025	3	24	3	28	40	(I) occ (V)	A	575	0.1	93.7	22.4	94	0.006
2025	3	24	8	13	14	(IV) occ (V)	P	184	0.3	77.6	39.2	95	0.074
2025	3	24	10	54	52	(IV) occ (II)	T	296	0.2	83.4	30.3	95	0.028
2025	3	24	18	32	57	(IV) occ (II)	T	608	0.2	83.4	3.1	275	0.011
2025	3	24	20	1	0	(IV) ecl (I)	E	39	0.0	98.4	11.1	271	0.132
2025	3	24	22	5	38	(II) occ (III)	P	48	0.0	96.4	21.8	274	0.083
2025	3	24	22	23	26	(IV) occ (III)	P	103	0.3	78.3	20.5	275	0.065
2025	3	25	0	39	25	(IV) occ (II)	T	374	0.2	83.4	29.6	275	0.016
2025	3	25	18	14	26	(III) ecl (II)	T	227	9.9	0.0	30.9	95	0.003
2025	3	26	3	22	34	(V) occ (IV)	P	136	0.4	71.4	2.6	97	0.053
2025	3	26	5	21	37	(I) ecl (IV)	E	75	0.1	92.6	11.8	95	0.084
2025	3	26	12	0	35	(V) occ (II)	T	208	0.1	90.4	30.6	275	0.003
2025	3	27	12	34	7	(IV) occ (II)	P	511	0.1	88.4	4.4	276	0.060
2025	3	27	14	54	19	(IV) ecl (I)	T	99	9.9	0.0	16.5	272	0.004
2025	3	27	18	20	27	(IV) occ (II)	P	172	0.0	98.6	29.5	275	0.095
2025	3	27	22	40	38	(IV) occ (V)	P	205	0.3	78.3	42.9	275	0.076
2025	3	28	20	54	31	(II) occ (III)	P	57	0.2	84.5	1.2	284	0.048
2025	3	28	4	22	59	(I) ecl (II)	E	44	0.4	70.9	0.7	105	0.038
2025	3	29	0	12	55	(I) ecl (IV)	E	101	0.1	89.3	16.9	95	0.032
2025	3	30	17	39	44	(V) occ (III)	P	109	0.2	84.2	4.2	276	0.093
2025	3	30	9	40	46	(IV) ecl (I)	E	81	0.2	80.2	21.1	273	0.100
2025	3	31	18	53	23	(I) ecl (IV)	E	78	0.0	98.7	21.0	95	0.111
2025	4	1	19	14	27	(IV) occ (III)	P	104	0.3	72.9	17.8	93	0.052
2025	4	1	7	36	13	(VII) occ (V)	P	93	0.0	98.5	53.2	275	0.100
2025	4	3	8	0	15	(II) ecl (I)	E	44	0.5	60.8	0.7	165	0.040
2025	4	3	12	56	43	(I) ecl (IV)	A	226	0.1	89.5	22.4	96	0.066
2025	4	4	11	37	12	(IV) occ (V)	P	50	0.0	99.3	23.6	94	0.093
2025	4	5	1	13	59	(IV) ecl (III)	P	233	1.2	34.6	36.9	274	0.047
2025	4	5	5	54	10	(III) ecl (VI)	E	1210	0.0	98.4	26.6	269	0.395
2025	4	5	15	32	38	(I) ecl (VI)	E	76	0.0	100.0	2.5	201	0.481
2025	4	6	13	56	25	(III) occ (II)	P	83	0.2	83.0	24.0	274	0.043
2025	4	7	6	48	29	(II) occ (I)	P	42	0.1	93.8	22.5	94	0.045
2025	4	9	20	44	1	(III) ecl (II)	P	179	0.2	85.9	31.3	94	0.097
2025	4	9	23	54	1	(IV) ecl (III)	A	3179	0.2	80.3	19.8	93	0.002
2025	4	10	13	53	43	(III) occ (V)	P	265	0.3	76.5	38.2	274	0.067
2025	4	11	8	7	7	(II) occ (III)	A	110	0.2	81.9	27.4	94	0.013
2025	4	11	4	23	43	(I) ecl (V)	E	135	0.1	92.1	17.6	98	0.091
2025	4	12	6	13	54	(I) ecl (II)	E	32	0.0	95.8	0.8	139	0.069
2025	4	13	3	44	2	(V) occ (I)	T	403	0.1	93.7	10.2	89	0.017
2025	4	13	11	42	10	(V) ecl (I)	T	217	9.9	0.0	24.4	273	0.022
2025	4	13	16	1	52	(VI) ecl (I)	T	335	9.9	0.0	5.3	264	0.174
2025	4	14	14	15	36	(II) ecl (III)	A	178	0.0	100.0	31.5	273	0.021

```
Year  M  D  h  m  s   Event Type      Ph   Dur  dMag  %Ill   Sep   PA  MinD
2025  4 16  2  7 36   (III) occ (II)   T   143   0.2  81.9  30.0  274  0.004
2025  4 16 23 51 27   (I)   ecl (IV)   E    55   0.0  97.8   4.2  259  0.112
2025  4 17  8 29 25   (III) ecl (IV)   P   195   0.5  63.6  33.8   96  0.080
2025  4 18  4 15 38   (V)   ecl (III)  E   250   0.1  94.0  38.9  274  0.172
2025  4 18  9 26 28   (IV)  ecl (I)    T    85   9.9   0.0   3.4  258  0.007
2025  4 18  9 50  9   (II)  ecl (I)    E    44   0.5  60.8   1.1  218  0.040
2025  4 19 18 49 51   (I)   ecl (IV)   E    73   0.1  89.5   2.2  128  0.074
2025  4 19  8 12 38   (III) ecl (II)   P   115   0.7  51.8  27.5   95  0.075
2025  4 21  6 32 58   (IV)  ecl (VI)   E   464   0.0  95.5  26.4  264  0.239
2025  4 21  6 45 15   (II)  ecl (VI)   E   412   0.0 100.0  25.8  264  0.135
2025  4 21 15 41  9   (I)   ecl (VI)   E   313   0.0 100.0   4.8  199  0.218
2025  4 24 13 11 10   (I)   ecl (II)   E    40   0.2  85.9   6.1  266  0.053
2025  4 24 21 50  2   (III) ecl (V)    A   246   0.5  63.4  32.1   97  0.069
2025  4 26 20 24 26   (V)   ecl (I)    E    62   0.1  94.1   7.5  266  0.159
2025  4 26  6 56 37   (IV)  ecl (II)   E   142   0.1  91.7  31.6   95  0.110
2025  4 27  8 27 21   (V)   ecl (IV)   E   156   0.0  99.4  50.0  274  0.203
2025  4 29  0 38 34   (IV)  ecl (II)   P   188   0.7  54.1  31.7   95  0.081
2025  4 29  1 20 35   (VI)  ecl (II)   E   773   0.1  87.9  31.8   94  0.435
2025  4 29  3 57 11   (I)   ecl (V)    E   119   0.0  97.6   7.5  110  0.038
2025  4 29  4 57 45   (VI)  ecl (II)   E   852   0.2  85.7  23.7   93  0.424
2025  4 29  6  0 51   (VI)  ecl (V)    T   616   9.9   0.0  15.7  102  0.039
2025  4 29 15 38  0   (IV)  ecl (III)  E   118   0.0  96.5  35.5  273  0.150
2025  4 29 20  4 54   (VI)  ecl (III)  T   475   9.9   0.0  19.0  271  0.134
2025  4 29 21 39 52   (VI)  ecl (II)   T   470   9.9   0.0  22.4  272  0.056
2025  4 30  0 26 25   (IV)  ecl (VII)  E   562   0.2  85.2  62.0  268  0.042
2025  4 30  4 59 16   (VI)  ecl (VII)  E   698   0.1  92.7  51.5  267  0.253
2025  4 30  6 10 20   (VI)  ecl (IV)   T   714   9.9   0.0  44.3  273  0.067
2025  5  1 18 20 37   (IV)  ecl (II)   P   212   0.8  46.3  31.7   95  0.050
2025  5  3 11  7 28   (II)  ecl (IV)   E    77   0.1  92.6   1.8  178  0.097
2025  5  4  3 18 17   (IV)  ecl (V)    P   438   0.5  63.1  47.2   97  0.076
2025  5  4 10 24 26   (III) ecl (II)   P   112   0.3  73.3  29.0   95  0.088
2025  5  4 12  2 44   (IV)  ecl (II)   T   221   9.9   0.0  31.7   95  0.020
2025  5  4 16 22  0   (II)  occ (I)    T   127   0.5  61.2  24.5   93  0.004
2025  5  6  4 51 51   (II)  ecl (IV)   E    95   0.2  81.0   1.9  176  0.034
2025  5  6  9 12 36   (III) ecl (IV)   P   135   0.4  69.4  20.9   99  0.091
2025  5  6 22 42 18   (III) ecl (VI)   E   784   0.0 100.0  48.3  266  0.037
2025  5  7  5 44 56   (IV)  ecl (II)   T   219   9.9   0.0  31.8   95  0.012
2025  5  8 22 36 14   (II)  ecl (IV)   E    96   0.2  79.9   2.1  174  0.028
2025  5  9  4 26 59   (II)  ecl (III)  A   118   0.2  82.0  29.0  272  0.044
2025  5  9 15  1 36   (I)   ecl (II)   E    48   0.0 100.0   6.2  262  0.001
2025  5  9 23 27 11   (IV)  ecl (II)   P   204   0.5  61.6  31.8   95  0.044
2025  5 10 15 33  0   (III) occ (II)   T   363   0.2  81.9  31.4  275  0.013
2025  5 10 16 22  4   (V)   ecl (II)   E   240   0.5  65.1  32.1  274  0.119
2025  5 10 22  1  1   (V)   ecl (IV)   P   597   0.3  75.8  50.4  275  0.017
2025  5 11  0 39 29   (I)   ecl (II)   P   518   0.3  73.0   2.1  235  0.035
2025  5 11 16 20 35   (II)  ecl (IV)   E    80   0.1  90.9   2.2  173  0.091
2025  5 12 13 54 12   (VII) ecl (II)   E   156   0.3  75.0  22.7   97  0.079
2025  5 12 17  9 31   (IV)  ecl (II)   P   176   0.8  48.4  31.8   95  0.077
2025  5 12 19 44 43   (IV)  ecl (V)    A   197   0.6  59.2  16.6  104  0.052
2025  5 12 20 57 53   (II)  ecl (V)    E   156   0.1  88.5  21.4  102  0.079
2025  5 12 22 49 31   (IV)  ecl (I)    P    79   0.5  64.3   5.3  104  0.063
2025  5 13 22 35 13   (III) ecl (II)   T   109   9.9   0.0  21.8   97  0.009
2025  5 14  8 14 24   (I)   ecl (IV)   E    84   0.0  96.6   8.8  260  0.018
2025  5 14 10  4 56   (II)  ecl (IV)   E    27   0.0 100.0   2.3  171  0.153
2025  5 14 14 32 31   (V)   ecl (IV)   E   145   0.1  90.3  21.8  100  0.176
2025  5 15  0 32 36   (V)   ecl (II)   P   137   0.2  79.8  17.8  270  0.050
2025  5 15  5 25 22   (VI)  ecl (III)  E   340   0.4  67.1  16.8   97  0.404
2025  5 15 10 51 55   (IV)  ecl (II)   E   126   0.1  91.5  31.9   95  0.111
2025  5 15 17 46 22   (IV)  ecl (I)    E    26   0.0  99.7   1.5  226  0.142
2025  5 15 18 36 16   (II)  ecl (I)    E    33   0.1  94.3   4.8  106  0.070
2025  5 16 10 54 11   (VI)  ecl (V)    P   689   0.6  56.1  60.8  273  0.295
2025  5 17  3 15 29   (I)   ecl (V)    E   111   0.0  97.5   5.2  239  0.034
```

Year	M	D	h	m	s	Event Type	Ph	Dur	dMag	%Ill	Sep	PA	MinD
2025	5	17	3	54	48	(II) ecl (V)	E	130	0.0	96.7	3.4	211	0.023
2025	5	17	15	40	51	(IV) ecl (V)	P	963	0.7	54.8	44.2	98	0.056
2025	5	18	16	46	16	(II) ecl (III)	A	98	0.0	96.2	22.1	271	0.014
2025	5	18	16	14	49	(IV) ecl (III)	P	133	0.5	62.2	24.5	271	0.085
2025	5	19	7	12	23	(V) ecl (II)	T	134	9.9	0.0	5.9	109	0.003
2025	5	19	15	18	13	(V) ecl (IV)	E	147	0.1	89.3	28.6	270	0.173
2025	5	21	10	0	8	(IV) ecl (V)	A	197	0.6	56.7	27.9	268	0.053
2025	5	21	10	36	47	(II) ecl (V)	E	148	0.0	100.0	25.5	268	0.001
2025	5	21	20	45	46	(III) ecl (VII)	E	151	0.1	95.0	40.3	261	0.146
2025	5	21	23	10	7	(I) ecl (VII)	E	113	0.1	94.4	34.6	259	0.094
2025	5	22	13	7	12	(II) ecl (VII)	E	111	0.1	90.5	9.0	177	0.118
2025	5	23	10	58	29	(III) ecl (II)	P	92	0.3	77.3	12.4	101	0.022
2025	5	23	14	24	16	(V) ecl (II)	T	193	9.9	0.0	28.3	96	0.027
2025	5	24	16	51	52	(I) ecl (II)	E	39	0.1	87.5	6.3	259	0.055
2025	5	25	9	33	45	(III) ecl (IV)	A	133	0.2	81.7	4.4	130	0.010
2025	5	25	22	38	31	(I) occ (II)	P	207	0.1	94.6	23.1	271	0.049
2025	5	25	22	38	31	(I) occ (II)	P	207	0.1	94.6	23.1	271	0.049
2025	5	25	22	38	31	(I) occ (II)	P	208	0.1	94.6	20.2	278	0.049
2025	5	28	5	12	38	(II) ecl (III)	A	88	0.2	84.1	13.2	267	0.023
2025	5	30	20	24	33	(II) ecl (I)	A	49	0.5	65.7	4.3	108	0.016
2025	5	30	2	30	31	(IV) ecl (V)	P	431	0.4	70.2	56.8	272	0.093
2025	6	1	23	25	40	(III) ecl (II)	P	87	0.2	85.7	2.4	144	0.012
2025	6	1	2	46	12	(IV) ecl (III)	P	129	1.0	39.0	3.6	120	0.052
2025	6	3	14	23	52	(IV) ecl (III)	P	1681	1.0	38.2	36.4	92	0.007
2025	6	3	19	56	41	(VII) ecl (V)	E	251	0.2	86.1	41.8	270	0.131
2025	6	4	2	31	55	(I) ecl (V)	E	93	0.1	94.9	16.4	261	0.115
2025	6	5	23	48	53	(I) ecl (II)	E	27	0.0	98.6	12.8	266	0.077
2025	6	5	21	27	38	(V) ecl (IV)	P	388	1.5	24.6	51.4	95	0.059
2025	6	6	10	14	38	(V) ecl (I)	E	96	0.3	73.3	1.4	149	0.107
2025	6	6	12	15	48	(IV) ecl (I)	E	76	0.5	64.8	14.4	97	0.090
2025	6	6	17	41	10	(II) ecl (III)	E	86	0.0	100.0	3.2	241	0.003
2025	6	7	21	40	50	(I) ecl (IV)	E	91	0.0	100.0	18.8	265	0.009
2025	6	7	20	5	3	(III) ecl (IV)	P	133	0.5	62.7	26.1	268	0.080
2025	6	9	7	8	57	(IV) ecl (I)	E	68	0.4	70.6	8.3	100	0.095
2025	6	11	11	53	42	(III) ecl (II)	P	87	0.2	86.0	9.8	263	0.014
2025	6	13	9	50	37	(III) ecl (IV)	E	44	0.0	99.9	15.3	263	0.192
2025	6	14	1	1	50	(II) ecl (III)	P	619	0.1	89.6	32.5	271	0.075
2025	6	14	1	1	49	(II) ecl (III)	P	614	0.1	89.6	32.5	271	0.075
2025	6	14	1	1	49	(II) ecl (III)	P	615	0.1	89.6	32.5	271	0.075
2025	6	14	4	53	10	(II) occ (III)	P	1708	0.2	86.0	14.5	267	0.058
2025	6	14	13	29	18	(IV) ecl (III)	P	155	0.4	71.7	31.4	96	0.099
2025	6	14	22	12	33	(II) ecl (I)	E	36	0.1	90.9	4.0	109	0.065
2025	6	16	6	9	25	(II) ecl (III)	A	89	0.1	89.2	8.5	106	0.017
2025	6	17	9	45	56	(III) ecl (V)	E	134	0.0	98.0	41.4	269	0.188
2025	6	19	18	39	22	(V) ecl (I)	E	16	0.0	100.0	23.4	94	0.178
2025	6	20	3	6	9	(IV) ecl (III)	E	94	0.0	95.7	21.2	98	0.153
2025	6	21	0	20	22	(III) ecl (II)	P	94	0.3	77.1	20.1	269	0.022
2025	6	21	1	38	53	(I) ecl (II)	E	45	0.3	73.9	12.7	265	0.040
2025	6	21	7	40	52	(III) ecl (IV)	P	260	0.3	73.9	45.3	272	0.096
2025	6	22	1	58	1	(I) ecl (V)	E	140	0.0	100.0	27.1	266	0.028
2025	6	24	9	32	22	(V) ecl (I)	E	80	0.2	85.3	12.1	98	0.144
2025	6	24	2	52	50	(V) ecl (III)	P	275	0.7	53.5	40.4	94	0.106
2025	6	25	18	34	45	(II) ecl (III)	A	102	0.0	100.0	19.0	99	0.003
2025	6	26	20	39	36	(III) ecl (IV)	P	174	0.4	66.2	40.6	271	0.085
2025	6	27	5	9	35	(II) ecl (I)	A	52	0.4	71.3	10.7	99	0.011
2025	6	28	7	40	32	(IV) ecl (I)	E	126	0.1	89.5	27.1	93	0.105
2025	6	29	16	47	7	(I) ecl (IV)	E	44	0.0	100.0	31.1	269	0.130
2025	6	30	12	42	5	(III) ecl (II)	P	112	0.2	85.9	28.9	272	0.023
2025	6	30	22	9	56	(III) ecl (V)	P	897	0.2	79.6	45.8	270	0.111
2025	7	1	8	0	39	(I) ecl (III)	E	19	0.0	100.0	5.2	116	0.133
2025	7	3	5	16	53	(I) ecl (III)	E	30	0.0	99.8	5.1	117	0.126
2025	7	3	8	37	7	(I) ecl (II)	P	50	0.4	66.8	18.8	268	0.033

Year	M	D	h	m	s	Event Type	Ph	Dur	dMag	%Ill	Sep	PA	MinD
2025	7	3	15	5	34	(IV) ecl (III)	P	363	1.1	36.7	43.2	94	0.050
2025	7	5	2	33	7	(I) ecl (III)	E	38	0.0	99.5	4.9	118	0.119
2025	7	5	6	51	16	(II) ecl (III)	P	104	0.1	91.6	28.1	97	0.083
2025	7	6	23	49	21	(I) ecl (III)	E	44	0.0	98.8	4.7	119	0.111
2025	7	8	21	5	35	(I) ecl (III)	E	50	0.0	97.6	4.5	120	0.103
2025	7	9	12	8	29	(II) ecl (I)	E	50	0.4	72.1	17.3	96	0.046
2025	7	10	3	0	4	(I) ecl (II)	A	183	0.8	46.1	28.9	271	0.014
2025	7	10	18	21	49	(I) ecl (III)	E	56	0.0	95.6	4.4	121	0.093
2025	7	11	11	5	46	(III) ecl (I)	E	19	0.0	100.0	25.4	94	0.125
2025	7	12	20	58	57	(I) ecl (II)	A	83	0.3	73.8	28.2	271	0.005
2025	7	12	15	38	2	(I) ecl (III)	E	61	0.1	92.9	4.2	122	0.082
2025	7	13	8	22	43	(III) ecl (I)	E	89	0.3	78.5	25.7	94	0.091
2025	7	14	12	54	16	(I) ecl (III)	E	65	0.1	89.4	4.0	124	0.070
2025	7	15	5	39	41	(III) ecl (I)	P	116	0.9	42.4	25.9	94	0.056
2025	7	16	10	10	30	(I) ecl (III)	E	69	0.2	86.3	3.9	125	0.058
2025	7	17	2	56	42	(III) ecl (I)	T	130	9.9	0.0	26.2	94	0.021
2025	7	18	7	26	43	(I) ecl (III)	E	72	0.2	85.3	3.7	127	0.044
2025	7	19	0	13	46	(III) ecl (I)	T	132	9.9	0.0	26.4	94	0.016
2025	7	19	0	41	26	(II) ecl (I)	E	31	0.0	99.9	27.5	94	0.074
2025	7	19	10	50	24	(III) occ (II)	T	1152	0.2	81.9	29.8	276	0.003
2025	7	20	4	42	57	(I) ecl (III)	E	74	0.1	88.2	3.5	128	0.029
2025	7	20	21	30	52	(III) ecl (I)	P	123	0.8	47.7	26.7	94	0.053
2025	7	22	1	59	10	(I) ecl (III)	E	75	0.0	100.0	3.4	130	0.013
2025	7	22	18	48	2	(III) ecl (I)	P	95	0.3	77.9	26.9	94	0.090
2025	7	23	23	15	24	(I) ecl (III)	E	75	0.0	100.0	3.2	131	0.004
2025	7	25	20	31	38	(I) ecl (III)	E	74	0.1	91.7	3.1	133	0.023
2025	7	25	3	0	22	(III) ecl (II)	P	127	0.8	46.4	34.8	273	0.072
2025	7	27	17	47	51	(I) ecl (III)	E	71	0.2	84.9	3.0	135	0.043
2025	7	29	15	4	5	(I) ecl (III)	E	67	0.1	87.4	2.8	137	0.063
2025	7	29	20	54	3	(II) ecl (III)	P	148	0.1	94.1	34.3	96	0.089
2025	7	31	12	20	19	(I) ecl (III)	E	59	0.1	93.8	2.7	139	0.086
2025	8	2	9	36	33	(I) ecl (III)	E	46	0.0	98.4	2.5	141	0.109
2025	8	4	6	52	47	(I) ecl (III)	E	19	0.0	100.0	2.4	144	0.134
2025	8	18	16	39	59	(III) ecl (II)	P	204	0.3	73.0	37.3	274	0.088
2025	8	28	0	16	20	(III) ecl (I)	P	986	1.2	33.1	22.8	276	0.067
2025	8	29	21	53	5	(III) ecl (I)	T	665	9.9	0.0	24.6	275	0.025
2025	8	31	19	22	23	(III) ecl (I)	T	519	9.9	0.0	25.7	275	0.003
2025	9	2	16	48	34	(III) ecl (I)	T	425	9.9	0.0	26.5	275	0.024
2025	9	4	14	12	58	(III) ecl (I)	P	351	0.3	75.9	27.1	275	0.042
2025	9	6	11	36	8	(III) ecl (I)	P	299	1.4	28.1	27.6	275	0.056
2025	9	7	0	8	19	(II) ecl (III)	P	518	0.0	96.4	34.0	273	0.095
2025	9	7	0	8	20	(II) ecl (III)	P	522	0.0	96.4	34.0	273	0.095
2025	9	7	0	8	20	(II) ecl (III)	P	521	0.0	96.4	34.0	273	0.095
2025	9	7	12	3	56	(II) occ (III)	P	325	0.0	96.0	35.7	95	0.101
2025	9	8	8	58	27	(III) ecl (I)	P	256	1.2	33.8	28.0	275	0.067
2025	9	10	6	31	35	(III) occ (I)	P	147	0.0	95.9	28.7	275	0.092
2025	9	10	6	20	6	(III) ecl (I)	P	222	0.7	52.2	28.3	275	0.076
2025	9	12	3	50	35	(III) occ (I)	T	214	0.1	87.7	28.9	275	0.037
2025	9	12	3	41	14	(III) ecl (I)	P	195	0.5	65.2	28.6	275	0.082
2025	9	14	1	9	20	(III) occ (I)	T	212	0.1	87.7	29.0	275	0.019
2025	9	14	1	1	56	(III) ecl (I)	P	176	0.3	73.0	28.8	275	0.086
2025	9	15	22	27	51	(III) occ (I)	P	157	0.1	92.0	29.1	275	0.076
2025	9	15	22	22	17	(III) ecl (I)	P	163	0.3	76.3	29.0	275	0.088
2025	9	17	19	42	19	(III) ecl (I)	P	156	0.3	75.8	29.1	275	0.088
2025	9	17	19	42	19	(III) ecl (I)	P	156	0.3	75.8	29.1	275	0.088
2025	9	19	17	2	7	(III) ecl (I)	P	155	0.4	71.4	29.2	275	0.086
2025	9	21	14	21	41	(III) ecl (I)	P	156	0.5	62.7	29.3	275	0.081
2025	9	22	14	57	37	(II) occ (III)	A	304	0.2	81.9	38.2	94	0.025
2025	9	22	14	57	35	(II) ecl (III)	P	241	0.1	93.3	38.2	94	0.086
2025	9	23	11	41	3	(III) ecl (I)	P	160	0.8	49.1	29.3	275	0.074
2025	9	25	9	0	16	(III) ecl (I)	P	164	1.3	31.2	29.4	275	0.066
2025	9	25	9	0	15	(III) ecl (I)	P	165	1.3	31.2	29.4	275	0.066

Year	M	D	h	m	s	Event Type	Ph	Dur	dMag	%Ill	Sep	PA	MinD
2025	9	27	6	19	18	(III) ecl (I)	P	170	1.0	38.4	29.4	276	0.055
2025	9	29	3	38	13	(III) ecl (I)	P	173	0.4	67.2	29.3	276	0.042
2025	10	1	0	57	1	(III) ecl (I)	T	174	9.9	0.0	29.3	276	0.027
2025	10	2	22	15	41	(III) ecl (I)	T	174	9.9	0.0	29.3	276	0.010
2025	10	4	19	34	16	(III) ecl (I)	T	169	9.9	0.0	29.2	276	0.009
2025	10	6	16	52	45	(III) ecl (I)	P	160	0.1	95.0	29.1	276	0.031
2025	10	7	17	23	45	(II) occ (III)	P	148	0.1	94.8	38.4	94	0.096
2025	10	8	14	11	9	(III) ecl (I)	P	145	0.8	48.0	29.0	276	0.054
2025	10	10	11	29	29	(III) ecl (I)	P	121	0.6	59.1	28.9	276	0.079
2025	10	11	21	16	33	(III) occ (II)	T	380	0.2	81.9	37.1	94	0.033
2025	10	12	8	47	44	(III) ecl (I)	E	77	0.0	96.0	28.8	276	0.107
2025	10	15	17	47	39	(I) occ (II)	P	37	0.1	87.4	23.3	96	0.045
2025	10	18	23	21	47	(IV) occ (I)	P	52	0.0	98.8	28.2	276	0.109
2025	10	18	1	48	58	(III) occ (II)	T	129	0.2	81.9	35.3	274	0.013
2025	10	20	8	36	5	(I) occ (IV)	A	153	0.1	88.8	29.8	96	0.019
2025	10	21	21	14	58	(II) occ (I)	P	23	0.0	96.3	19.6	276	0.060
2025	10	21	16	11	40	(IV) occ (I)	T	1310	0.1	88.8	23.8	276	0.046
2025	10	23	15	44	11	(III) occ (II)	P	64	0.1	90.0	25.5	274	0.078
2025	10	24	9	19	33	(I) occ (III)	P	29	0.1	97.9	5.8	277	0.100
2025	10	26	6	35	13	(I) occ (III)	P	45	0.1	91.8	6.1	277	0.073
2025	10	27	0	8	19	(I) occ (V)	A	123	0.1	93.7	27.2	96	0.075
2025	10	28	0	45	47	(I) occ (II)	P	13	0.0	99.2	17.2	96	0.067
2025	10	28	3	50	53	(I) occ (III)	A	52	0.1	87.7	6.3	277	0.050
2025	10	28	9	55	33	(II) occ (III)	P	54	0.0	96.5	30.2	94	0.101
2025	10	28	14	37	4	(V) occ (III)	P	223	0.2	85.4	45.4	94	0.117
2025	10	29	3	27	34	(V) occ (I)	P	198	0.0	99.0	13.8	277	0.137
2025	10	29	5	24	5	(III) occ (II)	T	65	0.2	81.9	12.3	273	0.037
2025	10	29	6	35	26	(V) occ (I)	P	198	0.0	98.0	28.3	276	0.128
2025	10	30	0	50	27	(II) occ (III)	P	36	0.0	96.8	8.2	277	0.102
2025	10	30	1	6	36	(I) occ (III)	A	56	0.1	87.7	6.5	277	0.031
2025	10	30	20	16	12	(III) occ (II)	P	47	0.0	96.9	27.1	95	0.103
2025	10	31	3	21	22	(III) occ (V)	P	123	0.3	77.8	16.2	273	0.086
2025	10	31	16	41	30	(II) occ (III)	P	186	0.1	88.0	37.2	275	0.070
2025	10	31	22	22	20	(I) occ (III)	A	58	0.1	87.7	6.8	277	0.015
2025	11	1	4	46	22	(IV) occ (III)	P	96	0.1	89.1	31.2	94	0.114
2025	11	2	19	38	5	(I) occ (III)	A	58	0.1	87.7	7.0	278	0.002
2025	11	2	23	39	31	(II) occ (III)	P	13	0.0	99.9	18.2	93	0.120
2025	11	3	19	0	28	(III) occ (II)	P	60	0.2	82.2	2.4	103	0.047
2025	11	4	16	53	53	(I) occ (III)	A	58	0.1	87.7	7.2	278	0.007
2025	11	4	14	28	51	(II) occ (III)	A	76	0.2	81.9	21.7	275	0.011
2025	11	5	10	16	21	(III) occ (II)	T	135	0.2	81.9	35.7	95	0.042
2025	11	5	15	1	44	(III) occ (IV)	P	80	0.1	87.5	10.4	97	0.108
2025	11	6	14	9	42	(I) occ (III)	A	58	0.1	87.7	7.4	278	0.012
2025	11	6	18	26	40	(IV) occ (III)	P	110	0.7	53.4	19.2	93	0.008
2025	11	6	19	43	25	(V) occ (III)	P	49	0.0	99.3	26.2	93	0.190
2025	11	7	22	26	50	(III) occ (IV)	P	191	0.6	56.2	42.2	274	0.016
2025	11	8	11	25	33	(I) occ (III)	A	58	0.1	87.7	7.7	278	0.015
2025	11	8	6	55	1	(I) occ (VII)	P	45	0.2	81.3	23.8	96	0.026
2025	11	9	0	14	20	(II) occ (V)	A	714	0.1	90.4	33.5	274	0.070
2025	11	9	3	3	4	(II) occ (V)	A	926	0.1	90.4	20.9	274	0.007
2025	11	9	8	37	45	(III) occ (II)	P	17	0.0	99.7	16.4	95	0.117
2025	11	9	9	39	54	(III) occ (V)	P	126	0.4	71.7	10.2	97	0.060
2025	11	10	8	41	26	(I) occ (III)	A	58	0.1	87.7	7.9	278	0.013
2025	11	10	4	18	5	(II) occ (III)	P	71	0.1	94.6	32.2	275	0.092
2025	11	11	3	48	21	(I) occ (IV)	P	51	0.1	94.3	18.1	96	0.084
2025	11	11	4	45	45	(III) occ (IV)	P	112	0.5	63.2	23.1	95	0.035
2025	11	12	2	32	33	(I) occ (II)	P	35	0.2	80.7	17.3	95	0.034
2025	11	12	5	57	21	(I) occ (III)	A	59	0.1	87.7	8.1	278	0.009
2025	11	12	8	11	50	(IV) occ (III)	P	81	0.2	86.5	6.0	90	0.103
2025	11	12	13	9	9	(IV) occ (I)	T	72	0.1	88.8	21.1	276	0.051
2025	11	13	23	41	47	(I) occ (V)	A	96	0.1	93.7	17.7	96	0.039
2025	11	13	11	49	46	(III) occ (IV)	P	101	0.1	89.3	33.3	274	0.113

```
Year  M  D  h  m  s   Event Type      Ph   Dur  dMag  %Ill   Sep   PA   MinD
2025 11 14  3 13 18   (I) occ (III)    A    59  0.1   87.7   8.3  278  0.001
2025 11 16  0 29 17   (I) occ (III)    A    59  0.1   87.7   8.5  278  0.011
2025 11 16 18 24  9   (III) occ (IV)   P   134  0.5   65.9  33.8   95  0.042
2025 11 17 20 32 39   (IV) occ (I)     P   251  0.1   94.9   0.6   65  0.086
2025 11 17 21 45 18   (I) occ (III)    A    58  0.1   87.7   8.7  278  0.025
2025 11 17 21 58 34   (IV) occ (III)   P    51  0.0   97.2   7.4  278  0.145
2025 11 18  7  8 19   (I) occ (V)      A   293  0.1   93.7   5.5  272  0.067
2025 11 18 15 43 53   (III) occ (V)    P   161  0.4   72.4  33.6   95  0.062
2025 11 19 19  1 20   (I) occ (III)    A    55  0.1   87.7   9.0  278  0.043
2025 11 19 19 48 38   (VII) occ (III)  P    40  0.0   98.4   4.1  282  0.089
2025 11 20  2  9 35   (V) occ (IV)     P   324  0.0   99.4  52.8   94  0.193
2025 11 20  5 33  9   (IV) occ (III)   P   209  0.5   62.9  42.8   94  0.034
2025 11 20 13 10 23   (V) occ (IV)     P   938  0.0   96.5   6.3   91  0.170
2025 11 21 16 17 25   (I) occ (III)    P    49  0.1   90.0   9.2  278  0.064
2025 11 22 13  9 10   (II) occ (V)     P    74  0.0   98.8  34.0  274  0.139
2025 11 22  7 46  5   (III) occ (IV)   P   108  0.0   96.2  41.8   95  0.139
2025 11 23 13 33 32   (I) occ (III)    P    36  0.0   96.1   9.4  278  0.088
2025 11 23 11 44 21   (IV) occ (III)   P    77  0.1   91.4  20.0  276  0.119
2025 11 25 18 50 43   (IV) occ (III)   P    74  0.0   96.9  34.7   94  0.141
2025 11 25  8 15 47   (V) occ (III)    P   115  0.1   87.5  24.2  275  0.121
2025 11 26 22 56 17   (III) occ (V)    P   401  0.4   71.7  44.3  275  0.058
2025 11 26 19 28 10   (IV) occ (V)     P   430  0.1   88.3  56.6  275  0.128
2025 11 29  1 25 43   (IV) occ (III)   P   130  0.5   61.2  31.0  275  0.029
2025 12  1  8 28 55   (IV) occ (III)   P    30  0.0   99.6  24.0   93  0.158
2025 12  2 12 53 46   (III) occ (IV)   P   231  0.3   74.1  43.2  274  0.063
2025 12  2  0 38 54   (III) occ (V)    P    24  0.0   99.9  14.0   96  0.190
2025 12  3 14  4 14   (V) occ (IV)     P   414  0.4   66.7  56.1   79  0.041
2025 12  4 14 54 15   (IV) occ (III)   P   128  0.1   90.6  39.4  275  0.113
2025 12  5 18 49 22   (III) occ (IV)   P   100  0.3   74.3  16.5   96  0.063
2025 12  6 22 14 36   (IV) occ (III)   P    86  0.2   84.7  11.8   92  0.093
2025 12  8  2  0 45   (III) occ (IV)   A   156  0.7   52.8  36.3  274  0.002
2025 12  8 17  0 50   (V) occ (III)    P    89  0.1   92.4   3.5  282  0.140
2025 12  8 19 55 52   (V) occ (II)     P   428  0.0   96.4  16.5  275  0.119
2025 12  8 19 55 52   (V) occ (II)     P   429  0.0   96.4  16.5  275  0.119
2025 12  8 21 41 37   (V) occ (I)      T   115  0.1   93.7  24.1  275  0.064
2025 12 10  8 53 59   (IV) occ (V)     P   302  0.2   80.5  54.9  274  0.094
2025 12 11  8 33 29   (III) occ (IV)   P   108  0.2   80.3  27.7   95  0.080
2025 12 12 12  3 11   (IV) occ (III)   P    99  0.5   65.2   1.1  299  0.038
2025 12 12 19 53 16   (V) occ (III)    P   190  0.4   72.0  37.8   94  0.058
2025 12 13 11 40 33   (III) occ (II)   P    26  0.0   98.9   4.8  271  0.105
2025 12 13 15 36 35   (III) occ (IV)   P   109  0.3   77.3  26.4  274  0.071
2025 12 14  7  7 41   (II) occ (III)   P    56  0.1   89.0  14.1  276  0.068
2025 12 15  2 40 19   (III) occ (II)   P    79  0.1   91.3  29.8   95  0.076
2025 12 15  9 21 24   (III) occ (V)    A   131  0.4   67.5   7.0  271  0.018
2025 12 15 10 52 44   (IV) occ (I)     P   108  0.1   91.3  26.8  276  0.067
2025 12 17 10 24 16   (III) occ (II)   P    59  0.1   94.9  26.9  274  0.087
2025 12 18  5 58 56   (II) occ (III)   A    68  0.2   81.9  10.7   93  0.001
2025 12 19  1 19 22   (II) occ (III)   P    62  0.2   82.0   8.8   97  0.042
2025 12 19 20 52 18   (II) occ (III)   A    87  0.2   81.9  25.5  275  0.019
2025 12 20  9  8 45   (I) ecl (II)     P   475  1.0   40.5   1.9  107  0.012
2025 12 22  4 35  3   (II) occ (III)   A   110  0.2   81.9  30.5   94  0.026
2025 12 25 10 59 30   (II) occ (III)   A   151  0.2   81.9  33.0  275  0.019
2025 12 26 19 59 35   (III) occ (I)    P    56  0.1   93.8  21.7  274  0.074
2025 12 26 22 31  0   (III) occ (II)   T   148  0.2   81.9  32.8  274  0.011
2025 12 28 17 16 51   (III) occ (I)    T    79  0.1   87.7  21.4  274  0.012
2025 12 30 14 34  8   (III) occ (I)    P    17  0.0   99.8  21.2  274  0.101
```

MERIDIANO CENTRALE I

(Banda equatoriale nord NEB, zona equatoriale EZ, banda equatoriale sud SEB)

CENTRAL MERIDIAN I

(North Equatorial Band, equatorial zone, Sud Equatorial Band)

2013-2020

Orari in T.U. in cui transita il Meridiano Centrale

Date in the format dd/mm/yyyy

TIMES IN U.T.

Data	Ora	Ora	Ora	Data	Ora	Ora	Ora
02/01/2013	04:35,4	14:49,4		16/03/2013	02:22,5	12:36,4	22:50,3
03/01/2013	01:03,4	11:17,4	21:31,4	17/03/2013	09:04,3	19:18,2	
04/01/2013	07:45,4	17:59,4		18/03/2013	05:32,1	15:46,0	
05/01/2013	04:13,4	14:27,4		19/03/2013	01:60,0	12:13,9	22:27,8
06/01/2013	00:41,4	10:55,4	21:09,4	20/03/2013	08:41,7	18:55,7	
07/01/2013	07:23,4	17:37,4		21/03/2013	05:09,6	15:23,5	
08/01/2013	03:51,4	14:05,4		22/03/2013	01:37,5	11:51,4	22:05,3
09/01/2013	00:19,4	10:33,4	20:47,4	23/03/2013	08:19,2	18:33,2	
10/01/2013	07:01,4	17:15,4		24/03/2013	04:47,1	15:01,0	
11/01/2013	03:29,3	13:43,3	23:57,3	25/03/2013	01:14,9	11:28,9	21:42,8
12/01/2013	10:11,3	20:25,3		26/03/2013	07:56,7	18:10,6	
13/01/2013	06:39,3	16:53,3		27/03/2013	04:24,6	14:38,5	
14/01/2013	03:07,3	13:21,3	23:35,2	28/03/2013	00:52,4	11:06,4	21:20,3
15/01/2013	09:49,2	20:03,2		29/03/2013	07:34,2	17:48,1	
16/01/2013	06:17,2	16:31,2		30/03/2013	04:02,1	14:16,0	
17/01/2013	02:45,2	12:59,1	23:13,1	31/03/2013	00:29,9	10:43,8	20:57,8
18/01/2013	09:27,1	19:41,1		01/04/2013	07:11,7	17:25,6	
19/01/2013	05:55,1	16:09,1		02/04/2013	03:39,5	13:53,5	
20/01/2013	02:23,0	12:37,0	22:51,0	03/04/2013	00:07,4	10:21,3	20:35,3
21/01/2013	09:05,0	19:18,9		04/04/2013	06:49,2	17:03,1	
22/01/2013	05:32,9	15:46,9		05/04/2013	03:17,0	13:31,0	23:44,9
23/01/2013	02:00,9	12:14,8	22:28,8	06/04/2013	09:58,8	20:12,8	
24/01/2013	08:42,8	18:56,8		07/04/2013	06:26,7	16:40,6	
25/01/2013	05:10,7	15:24,7		08/04/2013	02:54,5	13:08,5	23:22,4
26/01/2013	01:38,7	11:52,7	22:06,6	09/04/2013	09:36,3	19:50,3	
27/01/2013	08:20,6	18:34,6		10/04/2013	06:04,2	16:18,1	
28/01/2013	04:48,5	15:02,5		11/04/2013	02:32,1	12:46,0	22:59,9
29/01/2013	01:16,5	11:30,4	21:44,4	12/04/2013	09:13,9	19:27,8	
30/01/2013	07:58,4	18:12,3		13/04/2013	05:41,7	15:55,6	
31/01/2013	04:26,3	14:40,3		14/04/2013	02:09,6	12:23,5	22:37,4
01/02/2013	00:54,2	11:08,2	21:22,2	15/04/2013	08:51,4	19:05,3	
02/02/2013	07:36,1	17:50,1		16/04/2013	05:19,2	15:33,2	
03/02/2013	04:04,0	14:18,0		17/04/2013	01:47,1	12:01,0	22:15,0
04/02/2013	00:32,0	10:45,9	20:59,9	18/04/2013	08:28,9	18:42,9	
05/02/2013	07:13,8	17:27,8		19/04/2013	04:56,8	15:10,7	
06/02/2013	03:41,8	13:55,7		20/04/2013	01:24,7	11:38,6	21:52,5
07/02/2013	00:09,7	10:23,6	20:37,6	21/04/2013	08:06,5	18:20,4	
08/02/2013	06:51,6	17:05,5		22/04/2013	04:34,4	14:48,3	
09/02/2013	03:19,5	13:33,4	23:47,4	23/04/2013	01:02,2	11:16,2	21:30,1
10/02/2013	10:01,3	20:15,3		24/04/2013	07:44,0	17:58,0	
11/02/2013	06:29,2	16:43,2		25/04/2013	04:11,9	14:25,9	
12/02/2013	02:57,1	13:11,1	23:25,0	26/04/2013	00:39,8	10:53,8	21:07,7
13/02/2013	09:39,0	19:52,9		27/04/2013	07:21,6	17:35,6	
14/02/2013	06:06,9	16:20,8		28/04/2013	03:49,5	14:03,5	
15/02/2013	02:34,8	12:48,7	23:02,7	29/04/2013	00:17,4	10:31,4	20:45,3
16/02/2013	09:16,6	19:30,6		30/04/2013	06:59,3	17:13,2	
17/02/2013	05:44,5	15:58,5		01/05/2013	03:27,2	13:41,1	23:55,1
18/02/2013	02:12,4	12:26,4	22:40,3	02/05/2013	10:09,0	20:23,0	
19/02/2013	08:54,2	19:08,2		03/05/2013	06:36,9	16:50,8	
20/02/2013	05:22,1	15:36,1		04/05/2013	03:04,8	13:18,8	23:32,7
21/02/2013	01:50,0	12:04,0	22:17,9	05/05/2013	09:46,7	20:00,6	
22/02/2013	08:31,8	18:45,8		06/05/2013	06:14,6	16:28,5	
23/02/2013	04:59,7	15:13,7		07/05/2013	02:42,5	12:56,4	23:10,4
24/02/2013	01:27,6	11:41,5	21:55,5	08/05/2013	09:24,3	19:38,3	
25/02/2013	08:09,4	18:23,4		09/05/2013	05:52,3	16:06,2	
26/02/2013	04:37,3	14:51,2		10/05/2013	02:20,2	12:34,1	22:48,1
27/02/2013	01:05,2	11:19,1	21:33,1	11/05/2013	09:02,1	19:16,0	
28/02/2013	07:47,0	18:00,9		12/05/2013	05:30,0	15:43,9	
01/03/2013	04:14,9	14:28,8		13/05/2013	01:57,9	12:11,9	22:25,8
02/03/2013	00:42,7	10:56,7	21:10,6	14/05/2013	08:39,8	18:53,8	
03/03/2013	07:24,5	17:38,5		15/05/2013	05:07,7	15:21,7	
04/03/2013	03:52,4	14:06,3		16/05/2013	01:35,7	11:49,6	22:03,6
05/03/2013	00:20,3	10:34,2	20:48,1	17/05/2013	08:17,6	18:31,5	
06/03/2013	07:02,1	17:16,0		18/05/2013	04:45,5	14:59,5	
07/03/2013	03:29,9	13:43,9	23:57,8	19/05/2013	01:13,4	11:27,4	21:41,4
08/03/2013	10:11,7	20:25,7		20/05/2013	07:55,4	18:09,3	
09/03/2013	06:39,6	16:53,5		21/05/2013	04:23,3	14:37,3	
10/03/2013	03:07,5	13:21,4	23:35,3	22/05/2013	00:51,3	11:05,2	21:19,2
11/03/2013	09:49,2	20:03,2		23/05/2013	07:33,2	17:47,2	
12/03/2013	06:17,1	16:31,0		24/05/2013	04:01,2	14:15,1	
13/03/2013	02:45,0	12:58,9	23:12,8	25/05/2013	00:29,1	10:43,1	20:57,1
14/03/2013	09:26,8	19:40,7		26/05/2013	07:11,1	17:25,1	
15/03/2013	05:54,6	16:08,5		27/05/2013	03:39,0	13:53,0	

Data	Ora	Ora	Ora	Data	Ora	Ora	Ora
28/05/2013	00:07,0	10:21,0	20:35,0	09/08/2013	08:22,7	18:36,8	
29/05/2013	06:49,0	17:03,0		10/08/2013	04:50,9	15:05,0	
30/05/2013	03:17,0	13:30,9	23:44,9	11/08/2013	01:19,1	11:33,2	21:47,3
31/05/2013	09:58,9	20:12,9		12/08/2013	08:01,4	18:15,5	
01/06/2013	06:26,9	16:40,9		13/08/2013	04:29,6	14:43,7	
02/06/2013	02:54,9	13:08,9	23:22,9	14/08/2013	00:57,7	11:11,8	21:25,9
03/06/2013	09:36,9	19:50,9		15/08/2013	07:40,0	17:54,1	
04/06/2013	06:04,9	16:18,9		16/08/2013	04:08,2	14:22,3	
05/06/2013	02:32,9	12:46,9	23:00,9	17/08/2013	00:36,4	10:50,5	21:04,6
06/06/2013	09:14,9	19:28,9		18/08/2013	07:18,7	17:32,8	
07/06/2013	05:42,9	15:56,9		19/08/2013	03:46,9	14:01,0	
08/06/2013	02:10,9	12:24,9	22:38,9	20/08/2013	00:15,1	10:29,2	20:43,3
09/06/2013	08:52,9	19:06,9		21/08/2013	06:57,4	17:11,5	
10/06/2013	05:20,9	15:34,9		22/08/2013	03:25,6	13:39,7	23:53,8
11/06/2013	01:49,0	12:03,0	22:17,0	23/08/2013	10:07,9	20:22,0	
12/06/2013	08:31,0	18:45,0		24/08/2013	06:36,2	16:50,3	
13/06/2013	04:59,0	15:13,0		25/08/2013	03:04,4	13:18,5	23:32,6
14/06/2013	01:27,0	11:41,1	21:55,1	26/08/2013	09:46,7	20:00,8	
15/06/2013	08:09,1	18:23,1		27/08/2013	06:14,9	16:29,0	
16/06/2013	04:37,1	14:51,1		28/08/2013	02:43,1	12:57,2	23:11,3
17/06/2013	01:05,2	11:19,2	21:33,2	29/08/2013	09:25,4	19:39,5	
18/06/2013	07:47,2	18:01,3		30/08/2013	05:53,6	16:07,7	
19/06/2013	04:15,3	14:29,3		31/08/2013	02:21,8	12:35,9	22:50,1
20/06/2013	00:43,3	10:57,4	21:11,4	01/09/2013	09:04,2	19:18,3	
21/06/2013	07:25,4	17:39,4		02/09/2013	05:32,4	15:46,5	
22/06/2013	03:53,5	14:07,5		03/09/2013	02:00,6	12:14,7	22:28,8
23/06/2013	00:21,5	10:35,6	20:49,6	04/09/2013	08:42,9	18:57,0	
24/06/2013	07:03,6	17:17,6		05/09/2013	05:11,1	15:25,2	
25/06/2013	03:31,7	13:45,7	23:59,7	06/09/2013	01:39,3	11:53,4	22:07,6
26/06/2013	10:13,8	20:27,8		07/09/2013	08:21,7	18:35,8	
27/06/2013	06:41,9	16:55,9		08/09/2013	04:49,9	15:04,0	
28/06/2013	03:09,9	13:24,0	23:38,0	09/09/2013	01:18,1	11:32,2	21:46,3
29/06/2013	09:52,1	20:06,1		10/09/2013	08:00,4	18:14,5	
30/06/2013	06:20,1	16:34,2		11/09/2013	04:28,6	14:42,8	
01/07/2013	02:48,2	13:02,3	23:16,3	12/09/2013	00:56,9	11:11,0	21:25,1
02/07/2013	09:30,4	19:44,4		13/09/2013	07:39,2	17:53,3	
03/07/2013	05:58,4	16:12,5		14/09/2013	04:07,4	14:21,5	
04/07/2013	02:26,5	12:40,6	22:54,6	15/09/2013	00:35,6	10:49,8	21:03,9
05/07/2013	09:08,7	19:22,7		16/09/2013	07:18,0	17:32,1	
06/07/2013	05:36,8	15:50,8		17/09/2013	03:46,2	14:00,3	
07/07/2013	02:04,9	12:19,0	22:33,0	18/09/2013	00:14,4	10:28,5	20:42,6
08/07/2013	08:47,1	19:01,1		19/09/2013	06:56,7	17:10,9	
09/07/2013	05:15,2	15:29,2		20/09/2013	03:25,0	13:39,1	23:53,2
10/07/2013	01:43,3	11:57,3	22:11,4	21/09/2013	10:07,3	20:21,4	
11/07/2013	08:25,5	18:39,5		22/09/2013	06:35,5	16:49,6	
12/07/2013	04:53,6	15:07,6		23/09/2013	03:03,7	13:17,9	23:32,0
13/07/2013	01:21,7	11:35,8	21:49,8	24/09/2013	09:46,1	20:00,2	
14/07/2013	08:03,9	18:17,9		25/09/2013	06:14,3	16:28,4	
15/07/2013	04:32,0	14:46,1		26/09/2013	02:42,5	12:56,6	23:10,7
16/07/2013	01:00,1	11:14,2	21:28,3	27/09/2013	09:24,8	19:39,0	
17/07/2013	07:42,3	17:56,4		28/09/2013	05:53,1	16:07,2	
18/07/2013	04:10,5	14:24,5		29/09/2013	02:21,3	12:35,4	22:49,5
19/07/2013	00:38,6	10:52,7	21:06,7	30/09/2013	09:03,6	19:17,7	
20/07/2013	07:20,8	17:34,9		01/10/2013	05:31,8	15:45,9	
21/07/2013	03:49,0	14:03,0		02/10/2013	02:00,0	12:14,2	22:28,3
22/07/2013	00:17,1	10:31,2	20:45,3	03/10/2013	08:42,4	18:56,5	
23/07/2013	06:59,3	17:13,4		04/10/2013	05:10,6	15:24,7	
24/07/2013	03:27,5	13:41,6	23:55,6	05/10/2013	01:38,8	11:52,9	22:07,0
25/07/2013	10:09,7	20:23,8		06/10/2013	08:21,1	18:35,2	
26/07/2013	06:37,9	16:52,0		07/10/2013	04:49,3	15:03,4	
27/07/2013	03:06,0	13:20,1	23:34,2	08/10/2013	01:17,6	11:31,7	21:45,8
28/07/2013	09:48,3	20:02,3		09/10/2013	07:59,9	18:14,0	
29/07/2013	06:16,4	16:30,5		10/10/2013	04:28,1	14:42,2	
30/07/2013	02:44,6	12:58,7	23:12,8	11/10/2013	00:56,3	11:10,4	21:24,5
31/07/2013	09:26,8	19:40,9		12/10/2013	07:38,6	17:52,7	
01/08/2013	05:55,0	16:09,1		13/10/2013	04:06,8	14:20,9	
02/08/2013	02:23,2	12:37,3	22:51,4	14/10/2013	00:35,0	10:49,1	21:03,2
03/08/2013	09:05,4	19:19,5		15/10/2013	07:17,4	17:31,5	
04/08/2013	05:33,6	15:47,7		16/10/2013	03:45,6	13:59,7	
05/08/2013	02:01,8	12:15,9	22:30,0	17/10/2013	00:13,8	10:27,9	20:42,0
06/08/2013	08:44,1	18:58,1		18/10/2013	06:56,1	17:10,2	
07/08/2013	05:12,2	15:26,3		19/10/2013	03:24,3	13:38,4	23:52,5
08/08/2013	01:40,4	11:54,5	22:08,6	20/10/2013	10:06,6	20:20,7	

Data	Ora	Ora	Ora	Data	Ora	Ora	Ora
21/10/2013	06:34,8	16:48,9		02/01/2014	04:40,1	14:54,1	
22/10/2013	03:03,0	13:17,1	23:31,2	03/01/2014	01:08,1	11:22,2	21:36,2
23/10/2013	09:45,3	19:59,4		04/01/2014	07:50,2	18:04,2	
24/10/2013	06:13,5	16:27,6		05/01/2014	04:18,2	14:32,3	
25/10/2013	02:41,7	12:55,8	23:09,9	06/01/2014	00:46,3	11:00,3	21:14,3
26/10/2013	09:24,0	19:38,1		07/01/2014	07:28,3	17:42,3	
27/10/2013	05:52,2	16:06,3		08/01/2014	03:56,4	14:10,4	
28/10/2013	02:20,4	12:34,5	22:48,6	09/01/2014	00:24,4	10:38,4	20:52,4
29/10/2013	09:02,6	19:16,7		10/01/2014	07:06,4	17:20,4	
30/10/2013	05:30,8	15:44,9		11/01/2014	03:34,4	13:48,4	
31/10/2013	01:59,0	12:13,1	22:27,2	12/01/2014	00:02,5	10:16,5	20:30,5
01/11/2013	08:41,3	18:55,4		13/01/2014	06:44,5	16:58,5	
02/11/2013	05:09,5	15:23,6		14/01/2014	03:12,5	13:26,5	23:40,5
03/11/2013	01:37,7	11:51,8	22:05,9	15/01/2014	09:54,5	20:08,5	
04/11/2013	08:19,9	18:34,0		16/01/2014	06:22,5	16:36,5	
05/11/2013	04:48,1	15:02,2		17/01/2014	02:50,5	13:04,5	23:18,5
06/11/2013	01:16,3	11:30,4	21:44,5	18/01/2014	09:32,5	19:46,5	
07/11/2013	07:58,6	18:12,7		19/01/2014	06:00,5	16:14,5	
08/11/2013	04:26,7	14:40,8		20/01/2014	02:28,5	12:42,5	22:56,5
09/11/2013	00:54,9	11:09,0	21:23,1	21/01/2014	09:10,5	19:24,5	
10/11/2013	07:37,2	17:51,3		22/01/2014	05:38,5	15:52,5	
11/11/2013	04:05,3	14:19,4		23/01/2014	02:06,5	12:20,5	22:34,4
12/11/2013	00:33,5	10:47,6	21:01,7	24/01/2014	08:48,4	19:02,4	
13/11/2013	07:15,8	17:29,8		25/01/2014	05:16,4	15:30,4	
14/11/2013	03:43,9	13:58,0		26/01/2014	01:44,4	11:58,4	22:12,4
15/11/2013	00:12,1	10:26,2	20:40,3	27/01/2014	08:26,4	18:40,3	
16/11/2013	06:54,3	17:08,4		28/01/2014	04:54,3	15:08,3	
17/11/2013	03:22,5	13:36,6	23:50,6	29/01/2014	01:22,3	11:36,3	21:50,3
18/11/2013	10:04,7	20:18,8		30/01/2014	08:04,2	18:18,2	
19/11/2013	06:32,9	16:47,0		31/01/2014	04:32,2	14:46,2	
20/11/2013	03:01,0	13:15,1	23:29,2	01/02/2014	01:00,2	11:14,2	21:28,1
21/11/2013	09:43,3	19:57,3		02/02/2014	07:42,1	17:56,1	
22/11/2013	06:11,4	16:25,5		03/02/2014	04:10,1	14:24,0	
23/11/2013	02:39,6	12:53,6	23:07,7	04/02/2014	00:38,0	10:52,0	21:06,0
24/11/2013	09:21,8	19:35,8		05/02/2014	07:19,9	17:33,9	
25/11/2013	05:49,9	16:04,0		06/02/2014	03:47,9	14:01,9	
26/11/2013	02:18,0	12:32,1	22:46,2	07/02/2014	00:15,8	10:29,8	20:43,8
27/11/2013	09:00,3	19:14,3		08/02/2014	06:57,8	17:11,7	
28/11/2013	05:28,4	15:42,5		09/02/2014	03:25,7	13:39,7	23:53,6
29/11/2013	01:56,5	12:10,6	22:24,7	10/02/2014	10:07,6	20:21,6	
30/11/2013	08:38,7	18:52,8		11/02/2014	06:35,5	16:49,5	
01/12/2013	05:06,9	15:20,9		12/02/2014	03:03,5	13:17,4	23:31,4
02/12/2013	01:35,0	11:49,0	22:03,1	13/02/2014	09:45,4	19:59,3	
03/12/2013	08:17,2	18:31,2		14/02/2014	06:13,3	16:27,3	
04/12/2013	04:45,3	14:59,3		15/02/2014	02:41,2	12:55,2	23:09,1
05/12/2013	01:13,4	11:27,5	21:41,5	16/02/2014	09:23,1	19:37,1	
06/12/2013	07:55,6	18:09,6		17/02/2014	05:51,0	16:05,0	
07/12/2013	04:23,7	14:37,7		18/02/2014	02:18,9	12:32,9	22:46,8
08/12/2013	00:51,8	11:05,9	21:19,9	19/02/2014	09:00,8	19:14,8	
09/12/2013	07:34,0	17:48,0		20/02/2014	05:28,7	15:42,7	
10/12/2013	04:02,1	14:16,1		21/02/2014	01:56,6	12:10,6	22:24,5
11/12/2013	00:30,2	10:44,2	20:58,3	22/02/2014	08:38,5	18:52,4	
12/12/2013	07:12,3	17:26,4		23/02/2014	05:06,4	15:20,3	
13/12/2013	03:40,4	13:54,5		24/02/2014	01:34,3	11:48,3	22:02,2
14/12/2013	00:08,5	10:22,6	20:36,6	25/02/2014	08:16,2	18:30,1	
15/12/2013	06:50,7	17:04,7		26/02/2014	04:44,1	14:58,0	
16/12/2013	03:18,8	13:32,8	23:46,8	27/02/2014	01:11,9	11:25,9	21:39,8
17/12/2013	10:00,9	20:14,9		28/02/2014	07:53,8	18:07,7	
18/12/2013	06:29,0	16:43,0		01/03/2014	04:21,7	14:35,6	
19/12/2013	02:57,1	13:11,1	23:25,1	02/03/2014	00:49,6	11:03,5	21:17,5
20/12/2013	09:39,2	19:53,2		03/03/2014	07:31,4	17:45,4	
21/12/2013	06:07,3	16:21,3		04/03/2014	03:59,3	14:13,2	
22/12/2013	02:35,3	12:49,4	23:03,4	05/03/2014	00:27,2	10:41,1	20:55,1
23/12/2013	09:17,4	19:31,5		06/03/2014	07:09,0	17:22,9	
24/12/2013	05:45,5	15:59,5		07/03/2014	03:36,9	13:50,8	
25/12/2013	02:13,6	12:27,6	22:41,6	08/03/2014	00:04,8	10:18,7	20:32,6
26/12/2013	08:55,7	19:09,7		09/03/2014	06:46,6	17:00,5	
27/12/2013	05:23,7	15:37,8		10/03/2014	03:14,5	13:28,4	23:42,3
28/12/2013	01:51,8	12:05,8	22:19,9	11/03/2014	09:56,3	20:10,2	
29/12/2013	08:33,9	18:47,9		12/03/2014	06:24,1	16:38,1	
30/12/2013	05:01,9	15:16,0		13/03/2014	02:52,0	13:05,9	23:19,9
31/12/2013	01:30,0	11:44,0	21:58,0	14/03/2014	09:33,8	19:47,7	
01/01/2014	08:12,1	18:26,1		15/03/2014	06:01,7	16:15,6	

Data	Ora	Ora	Ora	Data	Ora	Ora	Ora
16/03/2014	02:29,5	12:43,5	22:57,4	28/05/2014	00:12,4	10:26,4	20:40,4
17/03/2014	09:11,3	19:25,3		29/05/2014	06:54,3	17:08,3	
18/03/2014	05:39,2	15:53,1		30/05/2014	03:22,3	13:36,2	23:50,2
19/03/2014	02:07,1	12:21,0	22:34,9	31/05/2014	10:04,2	20:18,2	
20/03/2014	08:48,9	19:02,8		01/06/2014	06:32,1	16:46,1	
21/03/2014	05:16,7	15:30,7		02/06/2014	03:00,1	13:14,0	23:28,0
22/03/2014	01:44,6	11:58,5	22:12,4	03/06/2014	09:42,0	19:56,0	
23/03/2014	08:26,4	18:40,3		04/06/2014	06:09,9	16:23,9	
24/03/2014	04:54,2	15:08,2		05/06/2014	02:37,9	12:51,9	23:05,8
25/03/2014	01:22,1	11:36,0	21:49,9	06/06/2014	09:19,8	19:33,8	
26/03/2014	08:03,9	18:17,8		07/06/2014	05:47,8	16:01,8	
27/03/2014	04:31,7	14:45,7		08/06/2014	02:15,8	12:29,7	22:43,7
28/03/2014	00:59,6	11:13,5	21:27,4	09/06/2014	08:57,7	19:11,7	
29/03/2014	07:41,4	17:55,3		10/06/2014	05:25,7	15:39,7	
30/03/2014	04:09,2	14:23,1		11/06/2014	01:53,6	12:07,6	22:21,6
31/03/2014	00:37,1	10:51,0	21:04,9	12/06/2014	08:35,6	18:49,6	
01/04/2014	07:18,8	17:32,8		13/06/2014	05:03,6	15:17,6	
02/04/2014	03:46,7	14:00,6		14/06/2014	01:31,6	11:45,6	21:59,6
03/04/2014	00:14,5	10:28,5	20:42,4	15/06/2014	08:13,6	18:27,6	
04/04/2014	06:56,3	17:10,2		16/06/2014	04:41,5	14:55,5	
05/04/2014	03:24,2	13:38,1	23:52,0	17/06/2014	01:09,5	11:23,5	21:37,5
06/04/2014	10:05,9	20:19,9		18/06/2014	07:51,5	18:05,5	
07/04/2014	06:33,8	16:47,7		19/06/2014	04:19,5	14:33,5	
08/04/2014	03:01,6	13:15,6	23:29,5	20/06/2014	00:47,5	11:01,5	21:15,6
09/04/2014	09:43,4	19:57,3		21/06/2014	07:29,6	17:43,6	
10/04/2014	06:11,3	16:25,2		22/06/2014	03:57,6	14:11,6	
11/04/2014	02:39,1	12:53,0	23:07,0	23/06/2014	00:25,6	10:39,6	20:53,6
12/04/2014	09:20,9	19:34,8		24/06/2014	07:07,6	17:21,6	
13/04/2014	05:48,7	16:02,7		25/06/2014	03:35,6	13:49,6	
14/04/2014	02:16,6	12:30,5	22:44,4	26/06/2014	00:03,7	10:17,7	20:31,7
15/04/2014	08:58,4	19:12,3		27/06/2014	06:45,7	16:59,7	
16/04/2014	05:26,2	15:40,1		28/06/2014	03:13,7	13:27,7	23:41,8
17/04/2014	01:54,1	12:08,0	22:21,9	29/06/2014	09:55,8	20:09,8	
18/04/2014	08:35,8	18:49,8		30/06/2014	06:23,8	16:37,8	
19/04/2014	05:03,7	15:17,6		01/07/2014	02:51,9	13:05,9	23:19,9
20/04/2014	01:31,6	11:45,5	21:59,4	02/07/2014	09:33,9	19:48,0	
21/04/2014	08:13,3	18:27,3		03/07/2014	06:02,0	16:16,0	
22/04/2014	04:41,2	14:55,1		04/07/2014	02:30,0	12:44,1	22:58,1
23/04/2014	01:09,1	11:23,0	21:36,9	05/07/2014	09:12,1	19:26,2	
24/04/2014	07:50,8	18:04,8		06/07/2014	05:40,2	15:54,2	
25/04/2014	04:18,7	14:32,6		07/07/2014	02:08,2	12:22,3	22:36,3
26/04/2014	00:46,6	11:00,5	21:14,4	08/07/2014	08:50,3	19:04,4	
27/04/2014	07:28,3	17:42,3		09/07/2014	05:18,4	15:32,5	
28/04/2014	03:56,2	14:10,1		10/07/2014	01:46,5	12:00,5	22:14,6
29/04/2014	00:24,1	10:38,0	20:51,9	11/07/2014	08:28,6	18:42,6	
30/04/2014	07:05,9	17:19,8		12/07/2014	04:56,7	15:10,7	
01/05/2014	03:33,7	13:47,7		13/07/2014	01:24,8	11:38,8	21:52,9
02/05/2014	00:01,6	10:15,5	20:29,5	14/07/2014	08:06,9	18:20,9	
03/05/2014	06:43,4	16:57,3		15/07/2014	04:35,0	14:49,0	
04/05/2014	03:11,3	13:25,2	23:39,2	16/07/2014	01:03,1	11:17,1	21:31,2
05/05/2014	09:53,1	20:07,0		17/07/2014	07:45,2	17:59,3	
06/05/2014	06:21,0	16:34,9		18/07/2014	04:13,3	14:27,4	
07/05/2014	02:48,8	13:02,8	23:16,7	19/07/2014	00:41,4	10:55,5	21:09,5
08/05/2014	09:30,7	19:44,6		20/07/2014	07:23,6	17:37,6	
09/05/2014	05:58,6	16:12,5		21/07/2014	03:51,7	14:05,7	
10/05/2014	02:26,4	12:40,4	22:54,3	22/07/2014	00:19,8	10:33,9	20:47,9
11/05/2014	09:08,3	19:22,2		23/07/2014	07:02,0	17:16,0	
12/05/2014	05:36,1	15:50,1		24/07/2014	03:30,1	13:44,2	23:58,2
13/05/2014	02:04,0	12:18,0	22:31,9	25/07/2014	10:12,3	20:26,3	
14/05/2014	08:45,9	18:59,8		26/07/2014	06:40,4	16:54,5	
15/05/2014	05:13,8	15:27,7		27/07/2014	03:08,5	13:22,6	23:36,7
16/05/2014	01:41,7	11:55,6	22:09,6	28/07/2014	09:50,7	20:04,8	
17/05/2014	08:23,5	18:37,5		29/07/2014	06:18,9	16:32,9	
18/05/2014	04:51,4	15:05,4		30/07/2014	02:47,0	13:01,1	23:15,1
19/05/2014	01:19,3	11:33,3	21:47,2	31/07/2014	09:29,2	19:43,3	
20/05/2014	08:01,2	18:15,1		01/08/2014	05:57,3	16:11,4	
21/05/2014	04:29,1	14:43,0		02/08/2014	02:25,5	12:39,6	22:53,6
22/05/2014	00:57,0	11:11,0	21:24,9	03/08/2014	09:07,7	19:21,8	
23/05/2014	07:38,9	17:52,8		04/08/2014	05:35,8	15:49,9	
24/05/2014	04:06,8	14:20,7		05/08/2014	02:04,0	12:18,1	22:32,2
25/05/2014	00:34,7	10:48,7	21:02,6	06/08/2014	08:46,2	19:00,3	
26/05/2014	07:16,6	17:30,6		07/08/2014	05:14,4	15:28,5	
27/05/2014	03:44,5	13:58,5		08/08/2014	01:42,5	11:56,6	22:10,7

Data	Ora	Ora	Ora	Data	Ora	Ora	Ora
09/08/2014	08:24,8	18:38,9		21/10/2014	06:36,8	16:50,9	
10/08/2014	04:53,0	15:07,0		22/10/2014	03:05,0	13:19,1	23:33,2
11/08/2014	01:21,1	11:35,2	21:49,3	23/10/2014	09:47,3	20:01,4	
12/08/2014	08:03,4	18:17,5		24/10/2014	06:15,6	16:29,7	
13/08/2014	04:31,5	14:45,6		25/10/2014	02:43,8	12:57,9	23:12,0
14/08/2014	00:59,7	11:13,8	21:27,9	26/10/2014	09:26,1	19:40,2	
15/08/2014	07:42,0	17:56,1		27/10/2014	05:54,3	16:08,4	
16/08/2014	04:10,1	14:24,2		28/10/2014	02:22,5	12:36,6	22:50,7
17/08/2014	00:38,3	10:52,4	21:06,5	29/10/2014	09:04,8	19:19,0	
18/08/2014	07:20,6	17:34,7		30/10/2014	05:33,1	15:47,2	
19/08/2014	03:48,8	14:02,9		31/10/2014	02:01,3	12:15,4	22:29,5
20/08/2014	00:17,0	10:31,1	20:45,2	01/11/2014	08:43,6	18:57,7	
21/08/2014	06:59,2	17:13,3		02/11/2014	05:11,8	15:25,9	
22/08/2014	03:27,4	13:41,5	23:55,6	03/11/2014	01:40,0	11:54,1	22:08,2
23/08/2014	10:09,7	20:23,8		04/11/2014	08:22,3	18:36,4	
24/08/2014	06:37,9	16:52,0		05/11/2014	04:50,5	15:04,6	
25/08/2014	03:06,1	13:20,2	23:34,3	06/11/2014	01:18,7	11:32,8	21:46,9
26/08/2014	09:48,4	20:02,5		07/11/2014	08:01,0	18:15,1	
27/08/2014	06:16,6	16:30,7		08/11/2014	04:29,2	14:43,3	
28/08/2014	02:44,8	12:58,9	23:13,0	09/11/2014	00:57,4	11:11,5	21:25,6
29/08/2014	09:27,1	19:41,2		10/11/2014	07:39,7	17:53,8	
30/08/2014	05:55,3	16:09,4		11/11/2014	04:07,9	14:22,0	
31/08/2014	02:23,5	12:37,6	22:51,7	12/11/2014	00:36,1	10:50,2	21:04,3
01/09/2014	09:05,8	19:19,9		13/11/2014	07:18,4	17:32,5	
02/09/2014	05:34,0	15:48,1		14/11/2014	03:46,6	14:00,7	
03/09/2014	02:02,2	12:16,3	22:30,4	15/11/2014	00:14,8	10:28,9	20:43,0
04/09/2014	08:44,5	18:58,6		16/11/2014	06:57,1	17:11,2	
05/09/2014	05:12,8	15:26,9		17/11/2014	03:25,3	13:39,4	23:53,4
06/09/2014	01:41,0	11:55,1	22:09,2	18/11/2014	10:07,5	20:21,6	
07/09/2014	08:23,3	18:37,4		19/11/2014	06:35,7	16:49,8	
08/09/2014	04:51,5	15:05,6		20/11/2014	03:03,9	13:18,0	23:32,1
09/09/2014	01:19,7	11:33,8	21:47,9	21/11/2014	09:46,2	20:00,3	
10/09/2014	08:02,0	18:16,1		22/11/2014	06:14,4	16:28,4	
11/09/2014	04:30,2	14:44,4		23/11/2014	02:42,5	12:56,6	23:10,7
12/09/2014	00:58,5	11:12,6	21:26,7	24/11/2014	09:24,8	19:38,9	
13/09/2014	07:40,8	17:54,9		25/11/2014	05:53,0	16:07,0	
14/09/2014	04:09,0	14:23,1		26/11/2014	02:21,1	12:35,2	22:49,3
15/09/2014	00:37,2	10:51,4	21:05,5	27/11/2014	09:03,4	19:17,5	
16/09/2014	07:19,6	17:33,7		28/11/2014	05:31,5	15:45,6	
17/09/2014	03:47,8	14:01,9		29/11/2014	01:59,7	12:13,8	22:27,9
18/09/2014	00:16,0	10:30,1	20:44,2	30/11/2014	08:42,0	18:56,0	
19/09/2014	06:58,3	17:12,5		01/12/2014	05:10,1	15:24,2	
20/09/2014	03:26,6	13:40,7	23:54,8	02/12/2014	01:38,3	11:52,4	22:06,4
21/09/2014	10:08,9	20:23,0		03/12/2014	08:20,5	18:34,6	
22/09/2014	06:37,1	16:51,2		04/12/2014	04:48,7	15:02,7	
23/09/2014	03:05,4	13:19,5	23:33,6	05/12/2014	01:16,8	11:30,9	21:45,0
24/09/2014	09:47,7	20:01,8		06/12/2014	07:59,0	18:13,1	
25/09/2014	06:15,9	16:30,0		07/12/2014	04:27,2	14:41,3	
26/09/2014	02:44,1	12:58,3	23:12,4	08/12/2014	00:55,3	11:09,4	21:23,5
27/09/2014	09:26,5	19:40,6		09/12/2014	07:37,6	17:51,6	
28/09/2014	05:54,7	16:08,8		10/12/2014	04:05,7	14:19,8	
29/09/2014	02:22,9	12:37,1	22:51,2	11/12/2014	00:33,8	10:47,9	21:02,0
30/09/2014	09:05,3	19:19,4		12/12/2014	07:16,0	17:30,1	
01/10/2014	05:33,5	15:47,6		13/12/2014	03:44,2	13:58,2	
02/10/2014	02:01,7	12:15,9	22:30,0	14/12/2014	00:12,3	10:26,4	20:40,4
03/10/2014	08:44,1	18:58,2		15/12/2014	06:54,5	17:08,6	
04/10/2014	05:12,3	15:26,4		16/12/2014	03:22,6	13:36,7	23:50,7
05/10/2014	01:40,5	11:54,6	22:08,8	17/12/2014	10:04,8	20:18,9	
06/10/2014	08:22,9	18:37,0		18/12/2014	06:32,9	16:47,0	
07/10/2014	04:51,1	15:05,2		19/12/2014	03:01,0	13:15,1	23:29,2
08/10/2014	01:19,3	11:33,4	21:47,6	20/12/2014	09:43,2	19:57,3	
09/10/2014	08:01,7	18:15,8		21/12/2014	06:11,3	16:25,4	
10/10/2014	04:29,9	14:44,0		22/12/2014	02:39,4	12:53,5	23:07,6
11/10/2014	00:58,1	11:12,2	21:26,3	23/12/2014	09:21,6	19:35,7	
12/10/2014	07:40,5	17:54,6		24/12/2014	05:49,7	16:03,8	
13/10/2014	04:08,7	14:22,8		25/12/2014	02:17,8	12:31,9	22:45,9
14/10/2014	00:36,9	10:51,0	21:05,1	26/12/2014	08:60,0	19:14,0	
15/10/2014	07:19,2	17:33,3		27/12/2014	05:28,1	15:42,1	
16/10/2014	03:47,5	14:01,6		28/12/2014	01:56,2	12:10,2	22:24,3
17/10/2014	00:15,7	10:29,8	20:43,9	29/12/2014	08:38,3	18:52,3	
18/10/2014	06:58,0	17:12,1		30/12/2014	05:06,4	15:20,4	
19/10/2014	03:26,2	13:40,4	23:54,5	31/12/2014	01:34,5	11:48,5	22:02,6
20/10/2014	10:08,6	20:22,7		01/01/2015	08:16,6	18:30,6	

Data	Ora	Ora	Ora	Data	Ora	Ora	Ora
02/01/2015	04:44,7	14:58,7		16/03/2015	02:36,8	12:50,8	23:04,7
03/01/2015	01:12,8	11:26,8	21:40,8	17/03/2015	09:18,7	19:32,6	
04/01/2015	07:54,9	18:08,9		18/03/2015	05:46,5	16:00,5	
05/01/2015	04:23,0	14:37,0		19/03/2015	02:14,4	12:28,4	22:42,3
06/01/2015	00:51,0	11:05,1	21:19,1	20/03/2015	08:56,2	19:10,2	
07/01/2015	07:33,1	17:47,2		21/03/2015	05:24,1	15:38,1	
08/01/2015	04:01,2	14:15,2		22/03/2015	01:52,0	12:05,9	22:19,9
09/01/2015	00:29,3	10:43,3	20:57,3	23/03/2015	08:33,8	18:47,7	
10/01/2015	07:11,3	17:25,4		24/03/2015	05:01,7	15:15,6	
11/01/2015	03:39,4	13:53,4		25/03/2015	01:29,5	11:43,5	21:57,4
12/01/2015	00:07,5	10:21,5	20:35,5	26/03/2015	08:11,3	18:25,3	
13/01/2015	06:49,5	17:03,6		27/03/2015	04:39,2	14:53,1	
14/01/2015	03:17,6	13:31,6	23:45,6	28/03/2015	01:07,1	11:21,0	21:34,9
15/01/2015	09:59,6	20:13,7		29/03/2015	07:48,9	18:02,8	
16/01/2015	06:27,7	16:41,7		30/03/2015	04:16,7	14:30,7	
17/01/2015	02:55,7	13:09,7	23:23,8	31/03/2015	00:44,6	10:58,5	21:12,5
18/01/2015	09:37,8	19:51,8		01/04/2015	07:26,4	17:40,3	
19/01/2015	06:05,8	16:19,8		02/04/2015	03:54,2	14:08,2	
20/01/2015	02:33,9	12:47,9	23:01,9	03/04/2015	00:22,1	10:36,0	20:50,0
21/01/2015	09:15,9	19:29,9		04/04/2015	07:03,9	17:17,8	
22/01/2015	05:43,9	15:57,9		05/04/2015	03:31,7	13:45,7	23:59,6
23/01/2015	02:11,9	12:26,0	22:40,0	06/04/2015	10:13,5	20:27,4	
24/01/2015	08:54,0	19:08,0		07/04/2015	06:41,4	16:55,3	
25/01/2015	05:22,0	15:36,0		08/04/2015	03:09,2	13:23,2	23:37,1
26/01/2015	01:50,0	12:04,0	22:18,0	09/04/2015	09:51,0	20:04,9	
27/01/2015	08:32,0	18:46,0		10/04/2015	06:18,9	16:32,8	
28/01/2015	05:00,0	15:14,0		11/04/2015	02:46,7	13:00,6	23:14,6
29/01/2015	01:28,0	11:42,0	21:56,0	12/04/2015	09:28,5	19:42,4	
30/01/2015	08:10,0	18:24,0		13/04/2015	05:56,3	16:10,3	
31/01/2015	04:38,0	14:52,0		14/04/2015	02:24,2	12:38,1	22:52,0
01/02/2015	01:06,0	11:20,0	21:34,0	15/04/2015	09:06,0	19:19,9	
02/02/2015	07:48,0	18:02,0		16/04/2015	05:33,8	15:47,7	
03/02/2015	04:16,0	14:30,0		17/04/2015	02:01,6	12:15,6	22:29,5
04/02/2015	00:44,0	10:58,0	21:12,0	18/04/2015	08:43,4	18:57,3	
05/02/2015	07:26,0	17:40,0		19/04/2015	05:11,3	15:25,2	
06/02/2015	03:54,0	14:07,9		20/04/2015	01:39,1	11:53,0	22:07,0
07/02/2015	00:21,9	10:35,9	20:49,9	21/04/2015	08:20,9	18:34,8	
08/02/2015	07:03,9	17:17,9		22/04/2015	04:48,7	15:02,6	
09/02/2015	03:31,9	13:45,9	23:59,8	23/04/2015	01:16,6	11:30,5	21:44,4
10/02/2015	10:13,8	20:27,8		24/04/2015	07:58,3	18:12,3	
11/02/2015	06:41,8	16:55,8		25/04/2015	04:26,2	14:40,1	
12/02/2015	03:09,8	13:23,7	23:37,7	26/04/2015	00:54,0	11:08,0	21:21,9
13/02/2015	09:51,7	20:05,7		27/04/2015	07:35,8	17:49,7	
14/02/2015	06:19,7	16:33,6		28/04/2015	04:03,7	14:17,6	
15/02/2015	02:47,6	13:01,6	23:15,6	29/04/2015	00:31,5	10:45,4	20:59,4
16/02/2015	09:29,5	19:43,5		30/04/2015	07:13,3	17:27,2	
17/02/2015	05:57,5	16:11,5		01/05/2015	03:41,1	13:55,1	
18/02/2015	02:25,4	12:39,4	22:53,4	02/05/2015	00:09,0	10:22,9	20:36,8
19/02/2015	09:07,4	19:21,3		03/05/2015	06:50,8	17:04,7	
20/02/2015	05:35,3	15:49,3		04/05/2015	03:18,6	13:32,5	23:46,5
21/02/2015	02:03,2	12:17,2	22:31,2	05/05/2015	10:00,4	20:14,3	
22/02/2015	08:45,2	18:59,1		06/05/2015	06:28,2	16:42,2	
23/02/2015	05:13,1	15:27,1		07/05/2015	02:56,1	13:10,0	23:24,0
24/02/2015	01:41,0	11:55,0	22:08,9	08/05/2015	09:37,9	19:51,8	
25/02/2015	08:22,9	18:36,9		09/05/2015	06:05,7	16:19,7	
26/02/2015	04:50,8	15:04,8		10/05/2015	02:33,6	12:47,5	23:01,5
27/02/2015	01:18,8	11:32,7	21:46,7	11/05/2015	09:15,4	19:29,3	
28/02/2015	08:00,6	18:14,6		12/05/2015	05:43,3	15:57,2	
01/03/2015	04:28,6	14:42,5		13/05/2015	02:11,1	12:25,0	22:39,0
02/03/2015	00:56,5	11:10,4	21:24,4	14/05/2015	08:52,9	19:06,8	
03/03/2015	07:38,4	17:52,3		15/05/2015	05:20,8	15:34,7	
04/03/2015	04:06,3	14:20,2		16/05/2015	01:48,6	12:02,6	22:16,5
05/03/2015	00:34,2	10:48,1	21:02,1	17/05/2015	08:30,4	18:44,4	
06/03/2015	07:16,0	17:30,0		18/05/2015	04:58,3	15:12,3	
07/03/2015	03:43,9	13:57,9		19/05/2015	01:26,2	11:40,1	21:54,1
08/03/2015	00:11,8	10:25,8	20:39,7	20/05/2015	08:08,0	18:21,9	
09/03/2015	06:53,7	17:07,6		21/05/2015	04:35,9	14:49,8	
10/03/2015	03:21,6	13:35,5	23:49,5	22/05/2015	01:03,8	11:17,7	21:31,6
11/03/2015	10:03,4	20:17,4		23/05/2015	07:45,6	17:59,5	
12/03/2015	06:31,3	16:45,3		24/05/2015	04:13,5	14:27,4	
13/03/2015	02:59,2	13:13,2	23:27,1	25/05/2015	00:41,3	10:55,3	21:09,2
14/03/2015	09:41,1	19:55,0		26/05/2015	07:23,2	17:37,1	
15/03/2015	06:08,9	16:22,9		27/05/2015	03:51,1	14:05,0	

Data	Ora	Ora	Ora	Data	Ora	Ora	Ora
28/05/2015	00:19,0	10:32,9	20:46,8	09/08/2015	08:27,8	18:41,8	
29/05/2015	07:00,8	17:14,7		10/08/2015	04:55,9	15:09,9	
30/05/2015	03:28,7	13:42,6	23:56,6	11/08/2015	01:24,0	11:38,1	21:52,2
31/05/2015	10:10,5	20:24,5		12/08/2015	08:06,2	18:20,3	
01/06/2015	06:38,4	16:52,4		13/08/2015	04:34,4	14:48,4	
02/06/2015	03:06,4	13:20,3	23:34,3	14/08/2015	01:02,5	11:16,6	21:30,7
03/06/2015	09:48,2	20:02,2		15/08/2015	07:44,7	17:58,8	
04/06/2015	06:16,1	16:30,1		16/08/2015	04:12,9	14:27,0	
05/06/2015	02:44,0	12:58,0	23:12,0	17/08/2015	00:41,0	10:55,1	21:09,2
06/06/2015	09:25,9	19:39,9		18/08/2015	07:23,3	17:37,3	
07/06/2015	05:53,8	16:07,8		19/08/2015	03:51,4	14:05,5	
08/06/2015	02:21,8	12:35,7	22:49,7	20/08/2015	00:19,6	10:33,7	20:47,7
09/06/2015	09:03,6	19:17,6		21/08/2015	07:01,8	17:15,9	
10/06/2015	05:31,6	15:45,5		22/08/2015	03:30,0	13:44,1	23:58,2
11/06/2015	01:59,5	12:13,5	22:27,4	23/08/2015	10:12,2	20:26,3	
12/06/2015	08:41,4	18:55,4		24/08/2015	06:40,4	16:54,5	
13/06/2015	05:09,3	15:23,3		25/08/2015	03:08,6	13:22,7	23:36,8
14/06/2015	01:37,3	11:51,2	22:05,2	26/08/2015	09:50,8	20:04,9	
15/06/2015	08:19,2	18:33,2		27/08/2015	06:19,0	16:33,1	
16/06/2015	04:47,1	15:01,1		28/08/2015	02:47,2	13:01,3	23:15,4
17/06/2015	01:15,1	11:29,1	21:43,0	29/08/2015	09:29,5	19:43,6	
18/06/2015	07:57,0	18:11,0		30/08/2015	05:57,7	16:11,7	
19/06/2015	04:25,0	14:38,9		31/08/2015	02:25,8	12:39,9	22:54,0
20/06/2015	00:52,9	11:06,9	21:20,9	01/09/2015	09:08,1	19:22,2	
21/06/2015	07:34,9	17:48,9		02/09/2015	05:36,3	15:50,4	
22/06/2015	04:02,8	14:16,8		03/09/2015	02:04,5	12:18,6	22:32,7
23/06/2015	00:30,8	10:44,8	20:58,8	04/09/2015	08:46,8	19:00,9	
24/06/2015	07:12,8	17:26,8		05/09/2015	05:15,0	15:29,1	
25/06/2015	03:40,7	13:54,7		06/09/2015	01:43,2	11:57,3	22:11,4
26/06/2015	00:08,7	10:22,7	20:36,7	07/09/2015	08:25,5	18:39,6	
27/06/2015	06:50,7	17:04,7		08/09/2015	04:53,7	15:07,8	
28/06/2015	03:18,7	13:32,7	23:46,7	09/09/2015	01:21,9	11:36,0	21:50,1
29/06/2015	10:00,7	20:14,7		10/09/2015	08:04,2	18:18,3	
30/06/2015	06:28,7	16:42,7		11/09/2015	04:32,4	14:46,5	
01/07/2015	02:56,7	13:10,7	23:24,7	12/09/2015	01:00,6	11:14,7	21:28,8
02/07/2015	09:38,7	19:52,7		13/09/2015	07:42,9	17:57,0	
03/07/2015	06:06,7	16:20,7		14/09/2015	04:11,1	14:25,2	
04/07/2015	02:34,7	12:48,7	23:02,7	15/09/2015	00:39,3	10:53,5	21:07,6
05/07/2015	09:16,7	19:30,7		16/09/2015	07:21,7	17:35,8	
06/07/2015	05:44,7	15:58,7		17/09/2015	03:49,9	14:04,0	
07/07/2015	02:12,7	12:26,7	22:40,7	18/09/2015	00:18,1	10:32,2	20:46,3
08/07/2015	08:54,8	19:08,8		19/09/2015	07:00,4	17:14,5	
09/07/2015	05:22,8	15:36,8		20/09/2015	03:28,6	13:42,7	23:56,8
10/07/2015	01:50,8	12:04,8	22:18,8	21/09/2015	10:11,0	20:25,1	
11/07/2015	08:32,9	18:46,9		22/09/2015	06:39,2	16:53,3	
12/07/2015	05:00,9	15:14,9		23/09/2015	03:07,4	13:21,5	23:35,6
13/07/2015	01:28,9	11:43,0	21:57,0	24/09/2015	09:49,7	20:03,8	
14/07/2015	08:11,0	18:25,0		25/09/2015	06:18,0	16:32,1	
15/07/2015	04:39,1	14:53,1		26/09/2015	02:46,2	13:00,3	23:14,4
16/07/2015	01:07,1	11:21,1	21:35,2	27/09/2015	09:28,5	19:42,6	
17/07/2015	07:49,2	18:03,2		28/09/2015	05:56,7	16:10,9	
18/07/2015	04:17,2	14:31,3		29/09/2015	02:25,0	12:39,1	22:53,2
19/07/2015	00:45,3	10:59,3	21:13,4	30/09/2015	09:07,3	19:21,4	
20/07/2015	07:27,4	17:41,4		01/10/2015	05:35,5	15:49,7	
21/07/2015	03:55,5	14:09,5		02/10/2015	02:03,8	12:17,9	22:32,0
22/07/2015	00:23,5	10:37,6	20:51,6	03/10/2015	08:46,1	19:00,2	
23/07/2015	07:05,6	17:19,7		04/10/2015	05:14,3	15:28,5	
24/07/2015	03:33,7	13:47,8		05/10/2015	01:42,6	11:56,7	22:10,8
25/07/2015	00:01,8	10:15,9	20:29,9	06/10/2015	08:24,9	18:39,0	
26/07/2015	06:43,9	16:58,0		07/10/2015	04:53,2	15:07,3	
27/07/2015	03:12,0	13:26,1	23:40,1	08/10/2015	01:21,4	11:35,5	21:49,6
28/07/2015	09:54,2	20:08,2		09/10/2015	08:03,7	18:17,9	
29/07/2015	06:22,3	16:36,3		10/10/2015	04:32,0	14:46,1	
30/07/2015	02:50,4	13:04,4	23:18,5	11/10/2015	01:00,2	11:14,3	21:28,4
31/07/2015	09:32,5	19:46,6		12/10/2015	07:42,5	17:56,7	
01/08/2015	06:00,6	16:14,7		13/10/2015	04:10,8	14:24,9	
02/08/2015	02:28,7	12:42,8	22:56,8	14/10/2015	00:39,0	10:53,1	21:07,2
03/08/2015	09:10,9	19:25,0		15/10/2015	07:21,4	17:35,5	
04/08/2015	05:39,0	15:53,1		16/10/2015	03:49,6	14:03,7	
05/08/2015	02:07,1	12:21,2	22:35,2	17/10/2015	00:17,8	10:31,9	20:46,1
06/08/2015	08:49,3	19:03,4		18/10/2015	07:00,2	17:14,3	
07/08/2015	05:17,4	15:31,5		19/10/2015	03:28,4	13:42,5	23:56,6
08/08/2015	01:45,6	11:59,6	22:13,7	20/10/2015	10:10,8	20:24,9	

Data	Ora	Ora	Ora	Data	Ora	Ora	Ora
21/10/2015	06:39,0	16:53,1		02/01/2016	04:49,1	15:03,1	
22/10/2015	03:07,2	13:21,3	23:35,5	03/01/2016	01:17,2	11:31,2	21:45,3
23/10/2015	09:49,6	20:03,7		04/01/2016	07:59,3	18:13,4	
24/10/2015	06:17,8	16:31,9		05/01/2016	04:27,4	14:41,5	
25/10/2015	02:46,0	13:00,1	23:14,3	06/01/2016	00:55,5	11:09,6	21:23,6
26/10/2015	09:28,4	19:42,5		07/01/2016	07:37,7	17:51,8	
27/10/2015	05:56,6	16:10,7		08/01/2016	04:05,8	14:19,8	
28/10/2015	02:24,8	12:38,9	22:53,1	09/01/2016	00:33,9	10:47,9	21:02,0
29/10/2015	09:07,2	19:21,3		10/01/2016	07:16,0	17:30,1	
30/10/2015	05:35,4	15:49,5		11/01/2016	03:44,1	13:58,2	
31/10/2015	02:03,6	12:17,8	22:31,9	12/01/2016	00:12,2	10:26,3	20:40,3
01/11/2015	08:46,0	19:00,1		13/01/2016	06:54,4	17:08,4	
02/11/2015	05:14,2	15:28,3		14/01/2016	03:22,4	13:36,5	23:50,5
03/11/2015	01:42,4	11:56,5	22:10,6	15/01/2016	10:04,6	20:18,6	
04/11/2015	08:24,8	18:38,9		16/01/2016	06:32,6	16:46,7	
05/11/2015	04:53,0	15:07,1		17/01/2016	03:00,7	13:14,7	23:28,8
06/11/2015	01:21,2	11:35,3	21:49,4	18/01/2016	09:42,8	19:56,9	
07/11/2015	08:03,5	18:17,7		19/01/2016	06:10,9	16:24,9	
08/11/2015	04:31,8	14:45,9		20/01/2016	02:39,0	12:53,0	23:07,0
09/11/2015	00:60,0	11:14,1	21:28,2	21/01/2016	09:21,0	19:35,1	
10/11/2015	07:42,3	17:56,4		22/01/2016	05:49,1	16:03,1	
11/11/2015	04:10,5	14:24,6		23/01/2016	02:17,2	12:31,2	22:45,2
12/11/2015	00:38,7	10:52,9	21:07,0	24/01/2016	08:59,2	19:13,3	
13/11/2015	07:21,1	17:35,2		25/01/2016	05:27,3	15:41,3	
14/11/2015	03:49,3	14:03,4		26/01/2016	01:55,3	12:09,4	22:23,4
15/11/2015	00:17,5	10:31,6	20:45,7	27/01/2016	08:37,4	18:51,4	
16/11/2015	06:59,8	17:13,9		28/01/2016	05:05,5	15:19,5	
17/11/2015	03:28,0	13:42,1	23:56,2	29/01/2016	01:33,5	11:47,5	22:01,5
18/11/2015	10:10,3	20:24,4		30/01/2016	08:15,6	18:29,6	
19/11/2015	06:38,5	16:52,7		31/01/2016	04:43,6	14:57,6	
20/11/2015	03:06,7	13:20,9	23:35,0	01/02/2016	01:11,6	11:25,6	21:39,7
21/11/2015	09:49,1	20:03,2		02/02/2016	07:53,7	18:07,7	
22/11/2015	06:17,3	16:31,4		03/02/2016	04:21,7	14:35,7	
23/11/2015	02:45,5	12:59,6	23:13,7	04/02/2016	00:49,7	11:03,7	21:17,7
24/11/2015	09:27,8	19:41,9		05/02/2016	07:31,7	17:45,8	
25/11/2015	05:56,0	16:10,1		06/02/2016	03:59,8	14:13,8	
26/11/2015	02:24,2	12:38,3	22:52,4	07/02/2016	00:27,8	10:41,8	20:55,8
27/11/2015	09:06,4	19:20,5		08/02/2016	07:09,8	17:23,8	
28/11/2015	05:34,6	15:48,7		09/02/2016	03:37,8	13:51,8	
29/11/2015	02:02,8	12:16,9	22:31,0	10/02/2016	00:05,8	10:19,8	20:33,8
30/11/2015	08:45,1	18:59,2		11/02/2016	06:47,8	17:01,8	
01/12/2015	05:13,3	15:27,4		12/02/2016	03:15,8	13:29,8	23:43,8
02/12/2015	01:41,5	11:55,6	22:09,7	13/02/2016	09:57,8	20:11,8	
03/12/2015	08:23,8	18:37,9		14/02/2016	06:25,8	16:39,8	
04/12/2015	04:52,0	15:06,0		15/02/2016	02:53,8	13:07,8	23:21,8
05/12/2015	01:20,1	11:34,2	21:48,3	16/02/2016	09:35,8	19:49,8	
06/12/2015	08:02,4	18:16,5		17/02/2016	06:03,8	16:17,7	
07/12/2015	04:30,6	14:44,7		18/02/2016	02:31,7	12:45,7	22:59,7
08/12/2015	00:58,8	11:12,8	21:26,9	19/02/2016	09:13,7	19:27,7	
09/12/2015	07:41,0	17:55,1		20/02/2016	05:41,7	15:55,7	
10/12/2015	04:09,2	14:23,3		21/02/2016	02:09,6	12:23,6	22:37,6
11/12/2015	00:37,4	10:51,4	21:05,5	22/02/2016	08:51,6	19:05,6	
12/12/2015	07:19,6	17:33,7		23/02/2016	05:19,6	15:33,6	
13/12/2015	03:47,8	14:01,8		24/02/2016	01:47,5	12:01,5	22:15,5
14/12/2015	00:15,9	10:30,0	20:44,1	25/02/2016	08:29,5	18:43,5	
15/12/2015	06:58,2	17:12,2		26/02/2016	04:57,4	15:11,4	
16/12/2015	03:26,3	13:40,4	23:54,5	27/02/2016	01:25,4	11:39,4	21:53,3
17/12/2015	10:08,6	20:22,6		28/02/2016	08:07,3	18:21,3	
18/12/2015	06:36,7	16:50,8		29/02/2016	04:35,3	14:49,2	
19/12/2015	03:04,9	13:18,9	23:33,0	01/03/2016	01:03,2	11:17,2	21:31,2
20/12/2015	09:47,1	20:01,2		02/03/2016	07:45,1	17:59,1	
21/12/2015	06:15,2	16:29,3		03/03/2016	04:13,1	14:27,1	
22/12/2015	02:43,4	12:57,4	23:11,5	04/03/2016	00:41,0	10:55,0	21:09,0
23/12/2015	09:25,6	19:39,7		05/03/2016	07:22,9	17:36,9	
24/12/2015	05:53,7	16:07,8		06/03/2016	03:50,9	14:04,8	
25/12/2015	02:21,9	12:35,9	22:50,0	07/03/2016	00:18,8	10:32,8	20:46,7
26/12/2015	09:04,1	19:18,1		08/03/2016	07:00,7	17:14,7	
27/12/2015	05:32,2	15:46,3		09/03/2016	03:28,6	13:42,6	23:56,5
28/12/2015	02:00,3	12:14,4	22:28,4	10/03/2016	10:10,5	20:24,5	
29/12/2015	08:42,5	18:56,6		11/03/2016	06:38,4	16:52,4	
30/12/2015	05:10,6	15:24,7		12/03/2016	03:06,3	13:20,3	23:34,3
31/12/2015	01:38,8	11:52,8	22:06,9	13/03/2016	09:48,2	20:02,2	
01/01/2016	08:20,9	18:35,0		14/03/2016	06:16,1	16:30,1	

Data	Ora	Ora	Ora	Data	Ora	Ora	Ora
15/03/2016	02:44,0	12:58,0	23:11,9	27/05/2016	00:26,3	10:40,2	20:54,2
16/03/2016	09:25,9	19:39,9		28/05/2016	07:08,1	17:22,0	
17/03/2016	05:53,8	16:07,8		29/05/2016	03:36,0	13:49,9	
18/03/2016	02:21,7	12:35,7	22:49,6	30/05/2016	00:03,8	10:17,8	20:31,7
19/03/2016	09:03,6	19:17,5		31/05/2016	06:45,6	16:59,6	
20/03/2016	05:31,5	15:45,4		01/06/2016	03:13,5	13:27,4	23:41,4
21/03/2016	01:59,4	12:13,3	22:27,3	02/06/2016	09:55,3	20:09,3	
22/03/2016	08:41,2	18:55,2		03/06/2016	06:23,2	16:37,1	
23/03/2016	05:09,1	15:23,0		04/06/2016	02:51,1	13:05,0	23:19,0
24/03/2016	01:37,0	11:50,9	22:04,9	05/06/2016	09:32,9	19:46,9	
25/03/2016	08:18,8	18:32,8		06/06/2016	06:00,8	16:14,7	
26/03/2016	04:46,7	15:00,7		07/06/2016	02:28,7	12:42,6	22:56,6
27/03/2016	01:14,6	11:28,5	21:42,5	08/06/2016	09:10,5	19:24,5	
28/03/2016	07:56,4	18:10,4		09/06/2016	05:38,4	15:52,4	
29/03/2016	04:24,3	14:38,2		10/06/2016	02:06,3	12:20,2	22:34,2
30/03/2016	00:52,2	11:06,1	21:20,1	11/06/2016	08:48,1	19:02,1	
31/03/2016	07:34,0	17:47,9		12/06/2016	05:16,0	15:30,0	
01/04/2016	04:01,9	14:15,8		13/06/2016	01:43,9	11:57,9	22:11,9
02/04/2016	00:29,7	10:43,7	20:57,6	14/06/2016	08:25,8	18:39,8	
03/04/2016	07:11,6	17:25,5		15/06/2016	04:53,7	15:07,7	
04/04/2016	03:39,4	13:53,4		16/06/2016	01:21,6	11:35,6	21:49,5
05/04/2016	00:07,3	10:21,2	20:35,2	17/06/2016	08:03,5	18:17,4	
06/04/2016	06:49,1	17:03,0		18/06/2016	04:31,4	14:45,4	
07/04/2016	03:17,0	13:30,9	23:44,8	19/06/2016	00:59,3	11:13,3	21:27,2
08/04/2016	09:58,8	20:12,7		20/06/2016	07:41,2	17:55,2	
09/04/2016	06:26,6	16:40,6		21/06/2016	04:09,1	14:23,1	
10/04/2016	02:54,5	13:08,4	23:22,3	22/06/2016	00:37,1	10:51,0	21:05,0
11/04/2016	09:36,3	19:50,2		23/06/2016	07:19,0	17:32,9	
12/04/2016	06:04,1	16:18,1		24/06/2016	03:46,9	14:00,9	
13/04/2016	02:32,0	12:45,9	22:59,8	25/06/2016	00:14,8	10:28,8	20:42,8
14/04/2016	09:13,8	19:27,7		26/06/2016	06:56,7	17:10,7	
15/04/2016	05:41,6	15:55,5		27/06/2016	03:24,7	13:38,7	23:52,6
16/04/2016	02:09,5	12:23,4	22:37,3	28/06/2016	10:06,6	20:20,6	
17/04/2016	08:51,3	19:05,2		29/06/2016	06:34,6	16:48,5	
18/04/2016	05:19,1	15:33,0		30/06/2016	03:02,5	13:16,5	23:30,5
19/04/2016	01:47,0	12:00,9	22:14,8	01/07/2016	09:44,4	19:58,4	
20/04/2016	08:28,7	18:42,7		02/07/2016	06:12,4	16:26,4	
21/04/2016	04:56,6	15:10,5		03/07/2016	02:40,4	12:54,3	23:08,3
22/04/2016	01:24,4	11:38,4	21:52,3	04/07/2016	09:22,3	19:36,3	
23/04/2016	08:06,2	18:20,1		05/07/2016	05:50,3	16:04,3	
24/04/2016	04:34,1	14:48,0		06/07/2016	02:18,3	12:32,2	22:46,2
25/04/2016	01:01,9	11:15,8	21:29,8	07/07/2016	09:00,2	19:14,2	
26/04/2016	07:43,7	17:57,6		08/07/2016	05:28,2	15:42,2	
27/04/2016	04:11,5	14:25,4		09/07/2016	01:56,2	12:10,2	22:24,2
28/04/2016	00:39,4	10:53,3	21:07,2	10/07/2016	08:38,2	18:52,2	
29/04/2016	07:21,1	17:35,1		11/07/2016	05:06,2	15:20,2	
30/04/2016	03:49,0	14:02,9		12/07/2016	01:34,2	11:48,2	22:02,2
01/05/2016	00:16,8	10:30,7	20:44,7	13/07/2016	08:16,2	18:30,2	
02/05/2016	06:58,6	17:12,5		14/07/2016	04:44,2	14:58,2	
03/05/2016	03:26,4	13:40,4	23:54,3	15/07/2016	01:12,2	11:26,2	21:40,2
04/05/2016	10:08,2	20:22,1		16/07/2016	07:54,2	18:08,2	
05/05/2016	06:36,0	16:50,0		17/07/2016	04:22,2	14:36,2	
06/05/2016	03:03,9	13:17,8	23:31,7	18/07/2016	00:50,2	11:04,2	21:18,2
07/05/2016	09:45,7	19:59,6		19/07/2016	07:32,2	17:46,2	
08/05/2016	06:13,5	16:27,4		20/07/2016	04:00,3	14:14,3	
09/05/2016	02:41,4	12:55,3	23:09,2	21/07/2016	00:28,3	10:42,3	20:56,3
10/05/2016	09:23,1	19:37,0		22/07/2016	07:10,3	17:24,4	
11/05/2016	05:51,0	16:04,9		23/07/2016	03:38,4	13:52,4	
12/05/2016	02:18,8	12:32,7	22:46,7	24/07/2016	00:06,4	10:20,4	20:34,5
13/05/2016	09:00,6	19:14,5		25/07/2016	06:48,5	17:02,5	
14/05/2016	05:28,4	15:42,4		26/07/2016	03:16,5	13:30,5	23:44,6
15/05/2016	01:56,3	12:10,2	22:24,1	27/07/2016	09:58,6	20:12,6	
16/05/2016	08:38,1	18:52,0		28/07/2016	06:26,6	16:40,7	
17/05/2016	05:05,9	15:19,8		29/07/2016	02:54,7	13:08,7	23:22,8
18/05/2016	01:33,8	11:47,7	22:01,6	30/07/2016	09:36,8	19:50,8	
19/05/2016	08:15,6	18:29,5		31/07/2016	06:04,9	16:18,9	
20/05/2016	04:43,4	14:57,3		01/08/2016	02:32,9	12:47,0	23:01,0
21/05/2016	01:11,3	11:25,2	21:39,1	02/08/2016	09:15,0	19:29,1	
22/05/2016	07:53,1	18:07,0		03/08/2016	05:43,1	15:57,1	
23/05/2016	04:20,9	14:34,8		04/08/2016	02:11,2	12:25,2	22:39,3
24/05/2016	00:48,8	11:02,7	21:16,6	05/08/2016	08:53,3	19:07,3	
25/05/2016	07:30,6	17:44,5		06/08/2016	05:21,4	15:35,4	
26/05/2016	03:58,4	14:12,4		07/08/2016	01:49,5	12:03,5	22:17,6

Data	Ora	Ora	Ora	Data	Ora	Ora	Ora
08/08/2016	08:31,6	18:45,7		20/10/2016	06:41,4	16:55,5	
09/08/2016	04:59,7	15:13,8		21/10/2016	03:09,6	13:23,7	23:37,8
10/08/2016	01:27,8	11:41,9	21:55,9	22/10/2016	09:52,0	20:06,1	
11/08/2016	08:10,0	18:24,0		23/10/2016	06:20,2	16:34,3	
12/08/2016	04:38,1	14:52,1		24/10/2016	02:48,4	13:02,5	23:16,7
13/08/2016	01:06,2	11:20,2	21:34,3	25/10/2016	09:30,8	19:44,9	
14/08/2016	07:48,3	18:02,4		26/10/2016	05:59,0	16:13,1	
15/08/2016	04:16,5	14:30,5		27/10/2016	02:27,3	12:41,4	22:55,5
16/08/2016	00:44,6	10:58,6	21:12,7	28/10/2016	09:09,6	19:23,7	
17/08/2016	07:26,8	17:40,8		29/10/2016	05:37,8	15:52,0	
18/08/2016	03:54,9	14:08,9		30/10/2016	02:06,1	12:20,2	22:34,3
19/08/2016	00:23,0	10:37,1	20:51,1	31/10/2016	08:48,4	19:02,5	
20/08/2016	07:05,2	17:19,3		01/11/2016	05:16,7	15:30,8	
21/08/2016	03:33,3	13:47,4		02/11/2016	01:44,9	11:59,0	22:13,1
22/08/2016	00:01,5	10:15,5	20:29,6	03/11/2016	08:27,3	18:41,4	
23/08/2016	06:43,7	16:57,7		04/11/2016	04:55,5	15:09,6	
24/08/2016	03:11,8	13:25,9	23:40,0	05/11/2016	01:23,7	11:37,8	21:52,0
25/08/2016	09:54,0	20:08,1		06/11/2016	08:06,1	18:20,2	
26/08/2016	06:22,2	16:36,3		07/11/2016	04:34,3	14:48,4	
27/08/2016	02:50,3	13:04,4	23:18,5	08/11/2016	01:02,5	11:16,7	21:30,8
28/08/2016	09:32,6	19:46,6		09/11/2016	07:44,9	17:59,0	
29/08/2016	06:00,7	16:14,8		10/11/2016	04:13,1	14:27,2	
30/08/2016	02:28,9	12:43,0	22:57,0	11/11/2016	00:41,3	10:55,5	21:09,6
31/08/2016	09:11,1	19:25,2		12/11/2016	07:23,7	17:37,8	
01/09/2016	05:39,3	15:53,4		13/11/2016	03:51,9	14:06,0	
02/09/2016	02:07,4	12:21,5	22:35,6	14/11/2016	00:20,2	10:34,3	20:48,4
03/09/2016	08:49,7	19:03,8		15/11/2016	07:02,5	17:16,6	
04/09/2016	05:17,9	15:32,0		16/11/2016	03:30,7	13:44,8	23:58,9
05/09/2016	01:46,0	12:00,1	22:14,2	17/11/2016	10:13,1	20:27,2	
06/09/2016	08:28,3	18:42,4		18/11/2016	06:41,3	16:55,4	
07/09/2016	04:56,5	15:10,6		19/11/2016	03:09,5	13:23,6	23:37,7
08/09/2016	01:24,7	11:38,8	21:52,9	20/11/2016	09:51,8	20:05,9	
09/09/2016	08:06,9	18:21,0		21/11/2016	06:20,1	16:34,2	
10/09/2016	04:35,1	14:49,2		22/11/2016	02:48,3	13:02,4	23:16,5
11/09/2016	01:03,3	11:17,4	21:31,5	23/11/2016	09:30,6	19:44,7	
12/09/2016	07:45,6	17:59,7		24/11/2016	05:58,8	16:12,9	
13/09/2016	04:13,8	14:27,9		25/11/2016	02:27,1	12:41,2	22:55,3
14/09/2016	00:42,0	10:56,1	21:10,2	26/11/2016	09:09,4	19:23,5	
15/09/2016	07:24,3	17:38,4		27/11/2016	05:37,6	15:51,7	
16/09/2016	03:52,5	14:06,6		28/11/2016	02:05,8	12:19,9	22:34,0
17/09/2016	00:20,7	10:34,8	20:48,9	29/11/2016	08:48,1	19:02,2	
18/09/2016	07:03,0	17:17,1		30/11/2016	05:16,3	15:30,4	
19/09/2016	03:31,2	13:45,3	23:59,4	01/12/2016	01:44,5	11:58,6	22:12,7
20/09/2016	10:13,5	20:27,6		02/12/2016	08:26,8	18:40,9	
21/09/2016	06:41,7	16:55,8		03/12/2016	04:55,0	15:09,1	
22/09/2016	03:09,9	13:24,0	23:38,1	04/12/2016	01:23,3	11:37,3	21:51,5
23/09/2016	09:52,2	20:06,3		05/12/2016	08:05,5	18:19,7	
24/09/2016	06:20,4	16:34,5		06/12/2016	04:33,7	14:47,9	
25/09/2016	02:48,7	13:02,8	23:16,9	07/12/2016	01:01,9	11:16,1	21:30,1
26/09/2016	09:31,0	19:45,1		08/12/2016	07:44,2	17:58,3	
27/09/2016	05:59,2	16:13,3		09/12/2016	04:12,4	14:26,5	
28/09/2016	02:27,4	12:41,5	22:55,6	10/12/2016	00:40,6	10:54,7	21:08,8
29/09/2016	09:09,7	19:23,9		11/12/2016	07:22,9	17:37,0	
30/09/2016	05:38,0	15:52,1		12/12/2016	03:51,1	14:05,2	
01/10/2016	02:06,2	12:20,3	22:34,4	13/12/2016	00:19,3	10:33,4	20:47,5
02/10/2016	08:48,5	19:02,6		14/12/2016	07:01,6	17:15,7	
03/10/2016	05:16,7	15:30,8		15/12/2016	03:29,8	13:43,9	23:57,9
04/10/2016	01:45,0	11:59,1	22:13,2	16/12/2016	10:12,0	20:26,1	
05/10/2016	08:27,3	18:41,4		17/12/2016	06:40,2	16:54,3	
06/10/2016	04:55,5	15:09,6		18/12/2016	03:08,4	13:22,5	23:36,6
07/10/2016	01:23,8	11:37,9	21:52,0	19/12/2016	09:50,7	20:04,7	
08/10/2016	08:06,1	18:20,2		20/12/2016	06:18,8	16:32,9	
09/10/2016	04:34,3	14:48,4		21/12/2016	02:47,0	13:01,1	23:15,2
10/10/2016	01:02,6	11:16,7	21:30,8	22/12/2016	09:29,2	19:43,3	
11/10/2016	07:44,9	17:59,0		23/12/2016	05:57,4	16:11,5	
12/10/2016	04:13,1	14:27,3		24/12/2016	02:25,6	12:39,7	22:53,8
13/10/2016	00:41,4	10:55,5	21:09,6	25/12/2016	09:07,8	19:21,9	
14/10/2016	07:23,7	17:37,8		26/12/2016	05:36,0	15:50,1	
15/10/2016	03:52,0	14:06,1		27/12/2016	02:04,1	12:18,2	22:32,3
16/10/2016	00:20,2	10:34,3	20:48,4	28/12/2016	08:46,4	19:00,5	
17/10/2016	07:02,5	17:16,7		29/12/2016	05:14,5	15:28,6	
18/10/2016	03:30,8	13:44,9	23:59,0	30/12/2016	01:42,7	11:56,8	22:10,8
19/10/2016	10:13,1	20:27,2		31/12/2016	08:24,9	18:39,0	

Data	Ora	Ora	Ora	Data	Ora	Ora	Ora
01/01/2017	04:53,1	15:07,1		15/03/2017	02:50,8	13:04,8	23:18,7
02/01/2017	01:21,2	11:35,3	21:49,3	16/03/2017	09:32,7	19:46,7	
03/01/2017	08:03,4	18:17,5		17/03/2017	06:00,6	16:14,6	
04/01/2017	04:31,5	14:45,6		18/03/2017	02:28,6	12:42,5	22:56,5
05/01/2017	00:59,7	11:13,8	21:27,8	19/03/2017	09:10,5	19:24,4	
06/01/2017	07:41,9	17:55,9		20/03/2017	05:38,4	15:52,4	
07/01/2017	04:10,0	14:24,1		21/03/2017	02:06,3	12:20,3	22:34,3
08/01/2017	00:38,1	10:52,2	21:06,3	22/03/2017	08:48,2	19:02,2	
09/01/2017	07:20,3	17:34,4		23/03/2017	05:16,1	15:30,1	
10/01/2017	03:48,5	14:02,5		24/03/2017	01:44,0	11:58,0	22:12,0
11/01/2017	00:16,6	10:30,6	20:44,7	25/03/2017	08:25,9	18:39,9	
12/01/2017	06:58,8	17:12,8		26/03/2017	04:53,8	15:07,8	
13/01/2017	03:26,9	13:40,9	23:55,0	27/03/2017	01:21,7	11:35,7	21:49,7
14/01/2017	10:09,0	20:23,1		28/03/2017	08:03,6	18:17,6	
15/01/2017	06:37,1	16:51,2		29/03/2017	04:31,5	14:45,5	
16/01/2017	03:05,3	13:19,3	23:33,4	30/03/2017	00:59,4	11:13,4	21:27,3
17/01/2017	09:47,4	20:01,5		31/03/2017	07:41,3	17:55,2	
18/01/2017	06:15,5	16:29,6		01/04/2017	04:09,2	14:23,1	
19/01/2017	02:43,6	12:57,7	23:11,7	02/04/2017	00:37,1	10:51,0	21:05,0
20/01/2017	09:25,8	19:39,8		03/04/2017	07:18,9	17:32,9	
21/01/2017	05:53,9	16:07,9		04/04/2017	03:46,8	14:00,7	
22/01/2017	02:21,9	12:36,0	22:50,0	05/04/2017	00:14,7	10:28,6	20:42,6
23/01/2017	09:04,1	19:18,1		06/04/2017	06:56,5	17:10,5	
24/01/2017	05:32,2	15:46,2		07/04/2017	03:24,4	13:38,3	23:52,3
25/01/2017	02:00,2	12:14,3	22:28,3	08/04/2017	10:06,2	20:20,2	
26/01/2017	08:42,4	18:56,4		09/04/2017	06:34,1	16:48,1	
27/01/2017	05:10,4	15:24,5		10/04/2017	03:02,0	13:15,9	23:29,9
28/01/2017	01:38,5	11:52,5	22:06,6	11/04/2017	09:43,8	19:57,8	
29/01/2017	08:20,6	18:34,7		12/04/2017	06:11,7	16:25,6	
30/01/2017	04:48,7	15:02,7		13/04/2017	02:39,6	12:53,5	23:07,4
31/01/2017	01:16,8	11:30,8	21:44,8	14/04/2017	09:21,4	19:35,3	
01/02/2017	07:58,8	18:12,9		15/04/2017	05:49,3	16:03,2	
02/02/2017	04:26,9	14:40,9		16/04/2017	02:17,1	12:31,1	22:45,0
03/02/2017	00:55,0	11:09,0	21:23,0	17/04/2017	08:58,9	19:12,9	
04/02/2017	07:37,0	17:51,1		18/04/2017	05:26,8	15:40,7	
05/02/2017	04:05,1	14:19,1		19/04/2017	01:54,7	12:08,6	22:22,5
06/02/2017	00:33,1	10:47,2	21:01,2	20/04/2017	08:36,4	18:50,4	
07/02/2017	07:15,2	17:29,2		21/04/2017	05:04,3	15:18,2	
08/02/2017	03:43,2	13:57,3		22/04/2017	01:32,2	11:46,1	22:00,0
09/02/2017	00:11,3	10:25,3	20:39,3	23/04/2017	08:14,0	18:27,9	
10/02/2017	06:53,3	17:07,4		24/04/2017	04:41,8	14:55,7	
11/02/2017	03:21,4	13:35,4	23:49,4	25/04/2017	01:09,7	11:23,6	21:37,5
12/02/2017	10:03,4	20:17,4		26/04/2017	07:51,5	18:05,4	
13/02/2017	06:31,4	16:45,5		27/04/2017	04:19,3	14:33,2	
14/02/2017	02:59,5	13:13,5	23:27,5	28/04/2017	00:47,2	11:01,1	21:15,0
15/02/2017	09:41,5	19:55,5		29/04/2017	07:28,9	17:42,9	
16/02/2017	06:09,5	16:23,5		30/04/2017	03:56,8	14:10,7	
17/02/2017	02:37,5	12:51,5	23:05,5	01/05/2017	00:24,7	10:38,6	20:52,5
18/02/2017	09:19,5	19:33,6		02/05/2017	07:06,4	17:20,4	
19/02/2017	05:47,6	16:01,6		03/05/2017	03:34,3	13:48,2	
20/02/2017	02:15,6	12:29,6	22:43,6	04/05/2017	00:02,1	10:16,1	20:30,0
21/02/2017	08:57,6	19:11,6		05/05/2017	06:43,9	16:57,8	
22/02/2017	05:25,6	15:39,6		06/05/2017	03:11,7	13:25,7	23:39,6
23/02/2017	01:53,6	12:07,6	22:21,6	07/05/2017	09:53,5	20:07,4	
24/02/2017	08:35,6	18:49,6		08/05/2017	06:21,4	16:35,3	
25/02/2017	05:03,5	15:17,5		09/05/2017	02:49,2	13:03,1	23:17,1
26/02/2017	01:31,5	11:45,5	21:59,5	10/05/2017	09:31,0	19:44,9	
27/02/2017	08:13,5	18:27,5		11/05/2017	05:58,8	16:12,7	
28/02/2017	04:41,5	14:55,5		12/05/2017	02:26,7	12:40,6	22:54,5
01/03/2017	01:09,5	11:23,5	21:37,5	13/05/2017	09:08,4	19:22,4	
02/03/2017	07:51,4	18:05,4		14/05/2017	05:36,3	15:50,2	
03/03/2017	04:19,4	14:33,4		15/05/2017	02:04,1	12:18,1	22:32,0
04/03/2017	00:47,4	11:01,4	21:15,4	16/05/2017	08:45,9	18:59,8	
05/03/2017	07:29,3	17:43,3		17/05/2017	05:13,7	15:27,7	
06/03/2017	03:57,3	14:11,3		18/05/2017	01:41,6	11:55,5	22:09,4
07/03/2017	00:25,3	10:39,3	20:53,2	19/05/2017	08:23,4	18:37,3	
08/03/2017	07:07,2	17:21,2		20/05/2017	04:51,2	15:05,1	
09/03/2017	03:35,2	13:49,1		21/05/2017	01:19,0	11:33,0	21:46,9
10/03/2017	00:03,1	10:17,1	20:31,1	22/05/2017	08:00,8	18:14,7	
11/03/2017	06:45,0	16:59,0		23/05/2017	04:28,7	14:42,6	
12/03/2017	03:13,0	13:27,0	23:40,9	24/05/2017	00:56,5	11:10,4	21:24,4
13/03/2017	09:54,9	20:08,9		25/05/2017	07:38,3	17:52,2	
14/03/2017	06:22,9	16:36,8		26/05/2017	04:06,1	14:20,1	

Data	Ora	Ora	Ora	Data	Ora	Ora	Ora
27/05/2017	00:34,0	10:47,9	21:01,8	08/08/2017	08:36,2	18:50,3	
28/05/2017	07:15,8	17:29,7		09/08/2017	05:04,3	15:18,3	
29/05/2017	03:43,6	13:57,5		10/08/2017	01:32,3	11:46,4	22:00,4
30/05/2017	00:11,5	10:25,4	20:39,3	11/08/2017	08:14,4	18:28,5	
31/05/2017	06:53,3	17:07,2		12/08/2017	04:42,5	14:56,5	
01/06/2017	03:21,1	13:35,0	23:49,0	13/08/2017	01:10,6	11:24,6	21:38,6
02/06/2017	10:02,9	20:16,8		14/08/2017	07:52,7	18:06,7	
03/06/2017	06:30,7	16:44,7		15/08/2017	04:20,7	14:34,8	
04/06/2017	02:58,6	13:12,5	23:26,5	16/08/2017	00:48,8	11:02,9	21:16,9
05/06/2017	09:40,4	19:54,3		17/08/2017	07:30,9	17:45,0	
06/06/2017	06:08,3	16:22,2		18/08/2017	03:59,0	14:13,1	
07/06/2017	02:36,1	12:50,1	23:04,0	19/08/2017	00:27,1	10:41,2	20:55,2
08/06/2017	09:17,9	19:31,9		20/08/2017	07:09,2	17:23,3	
09/06/2017	05:45,8	15:59,7		21/08/2017	03:37,3	13:51,4	
10/06/2017	02:13,7	12:27,6	22:41,5	22/08/2017	00:05,4	10:19,5	20:33,5
11/06/2017	08:55,5	19:09,4		23/08/2017	06:47,6	17:01,6	
12/06/2017	05:23,3	15:37,3		24/08/2017	03:15,7	13:29,8	23:43,8
13/06/2017	01:51,2	12:05,1	22:19,1	25/08/2017	09:57,9	20:11,9	
14/06/2017	08:33,0	18:47,0		26/08/2017	06:26,0	16:40,0	
15/06/2017	05:00,9	15:14,8		27/08/2017	02:54,1	13:08,1	23:22,2
16/06/2017	01:28,8	11:42,7	21:56,7	28/08/2017	09:36,3	19:50,3	
17/06/2017	08:10,6	18:24,5		29/08/2017	06:04,4	16:18,4	
18/06/2017	04:38,5	14:52,4		30/08/2017	02:32,5	12:46,6	23:00,6
19/06/2017	01:06,4	11:20,3	21:34,3	31/08/2017	09:14,7	19:28,8	
20/06/2017	07:48,2	18:02,1		01/09/2017	05:42,8	15:56,9	
21/06/2017	04:16,1	14:30,0		02/09/2017	02:11,0	12:25,0	22:39,1
22/06/2017	00:44,0	10:57,9	21:11,9	03/09/2017	08:53,2	19:07,2	
23/06/2017	07:25,8	17:39,8		04/09/2017	05:21,3	15:35,4	
24/06/2017	03:53,7	14:07,7		05/09/2017	01:49,5	12:03,5	22:17,6
25/06/2017	00:21,6	10:35,6	20:49,5	06/09/2017	08:31,7	18:45,7	
26/06/2017	07:03,5	17:17,4		07/09/2017	04:59,8	15:13,9	
27/06/2017	03:31,4	13:45,3	23:59,3	08/09/2017	01:28,0	11:42,1	21:56,1
28/06/2017	10:13,3	20:27,2		09/09/2017	08:10,2	18:24,3	
29/06/2017	06:41,2	16:55,1		10/09/2017	04:38,4	14:52,4	
30/06/2017	03:09,1	13:23,0	23:37,0	11/09/2017	01:06,5	11:20,6	21:34,7
01/07/2017	09:51,0	20:04,9		12/09/2017	07:48,8	18:02,9	
02/07/2017	06:18,9	16:32,8		13/09/2017	04:16,9	14:31,0	
03/07/2017	02:46,8	13:00,8	23:14,7	14/09/2017	00:45,1	10:59,2	21:13,3
04/07/2017	09:28,7	19:42,7		15/09/2017	07:27,4	17:41,4	
05/07/2017	05:56,6	16:10,6		16/09/2017	03:55,5	14:09,6	
06/07/2017	02:24,6	12:38,5	22:52,5	17/09/2017	00:23,7	10:37,8	20:51,9
07/07/2017	09:06,5	19:20,4		18/09/2017	07:06,0	17:20,1	
08/07/2017	05:34,4	15:48,4		19/09/2017	03:34,1	13:48,2	
09/07/2017	02:02,3	12:16,3	22:30,3	20/09/2017	00:02,3	10:16,4	20:30,5
10/07/2017	08:44,3	18:58,2		21/09/2017	06:44,6	16:58,7	
11/07/2017	05:12,2	15:26,2		22/09/2017	03:12,8	13:26,9	23:41,0
12/07/2017	01:40,2	11:54,1	22:08,1	23/09/2017	09:55,1	20:09,2	
13/07/2017	08:22,1	18:36,1		24/09/2017	06:23,3	16:37,4	
14/07/2017	04:50,1	15:04,0		25/09/2017	02:51,5	13:05,6	23:19,7
15/07/2017	01:18,0	11:32,0	21:46,0	26/09/2017	09:33,8	19:47,9	
16/07/2017	07:60,0	18:14,0		27/09/2017	06:02,0	16:16,1	
17/07/2017	04:27,9	14:41,9		28/09/2017	02:30,2	12:44,3	22:58,4
18/07/2017	00:55,9	11:09,9	21:23,9	29/09/2017	09:12,5	19:26,6	
19/07/2017	07:37,9	17:51,9		30/09/2017	05:40,7	15:54,8	
20/07/2017	04:05,9	14:19,9		01/10/2017	02:08,9	12:23,0	22:37,1
21/07/2017	00:33,8	10:47,8	21:01,8	02/10/2017	08:51,2	19:05,3	
22/07/2017	07:15,8	17:29,8		03/10/2017	05:19,4	15:33,5	
23/07/2017	03:43,8	13:57,8		04/10/2017	01:47,6	12:01,7	22:15,8
24/07/2017	00:11,8	10:25,8	20:39,8	05/10/2017	08:29,9	18:44,0	
25/07/2017	06:53,8	17:07,8		06/10/2017	04:58,1	15:12,2	
26/07/2017	03:21,8	13:35,8	23:49,8	07/10/2017	01:26,3	11:40,4	21:54,6
27/07/2017	10:03,8	20:17,8		08/10/2017	08:08,7	18:22,8	
28/07/2017	06:31,8	16:45,8		09/10/2017	04:36,9	14:51,0	
29/07/2017	02:59,8	13:13,8	23:27,9	10/10/2017	01:05,1	11:19,2	21:33,3
30/07/2017	09:41,9	19:55,9		11/10/2017	07:47,4	18:01,5	
31/07/2017	06:09,9	16:23,9		12/10/2017	04:15,7	14:29,8	
01/08/2017	02:37,9	12:51,9	23:05,9	13/10/2017	00:43,9	10:58,0	21:12,1
02/08/2017	09:19,9	19:34,0		14/10/2017	07:26,2	17:40,3	
03/08/2017	05:48,0	16:02,0		15/10/2017	03:54,4	14:08,5	
04/08/2017	02:16,0	12:30,0	22:44,1	16/10/2017	00:22,7	10:36,8	20:50,9
05/08/2017	08:58,1	19:12,1		17/10/2017	07:05,0	17:19,1	
06/08/2017	05:26,1	15:40,1		18/10/2017	03:33,2	13:47,3	
07/08/2017	01:54,2	12:08,2	22:22,2	19/10/2017	00:01,5	10:15,6	20:29,7

Data	Ora	Ora	Ora	Data	Ora	Ora	Ora
20/10/2017	06:43,8	16:57,9		01/01/2018	04:56,5	15:10,6	
21/10/2017	03:12,0	13:26,2	23:40,3	02/01/2018	01:24,7	11:38,7	21:52,8
22/10/2017	09:54,4	20:08,5		03/01/2018	08:06,9	18:21,0	
23/10/2017	06:22,6	16:36,7		04/01/2018	04:35,1	14:49,2	
24/10/2017	02:50,9	13:05,0	23:19,1	05/01/2018	01:03,2	11:17,3	21:31,4
25/10/2017	09:33,2	19:47,3		06/01/2018	07:45,5	17:59,6	
26/10/2017	06:01,4	16:15,6		07/01/2018	04:13,6	14:27,7	
27/10/2017	02:29,7	12:43,8	22:57,9	08/01/2018	00:41,8	10:55,9	21:09,9
28/10/2017	09:12,0	19:26,1		09/01/2018	07:24,0	17:38,1	
29/10/2017	05:40,3	15:54,4		10/01/2018	03:52,2	14:06,2	
30/10/2017	02:08,5	12:22,6	22:36,7	11/01/2018	00:20,3	10:34,4	20:48,5
31/10/2017	08:50,9	19:05,0		12/01/2018	07:02,5	17:16,6	
01/11/2017	05:19,1	15:33,2		13/01/2018	03:30,7	13:44,8	23:58,8
02/11/2017	01:47,3	12:01,4	22:15,6	14/01/2018	10:12,9	20:27,0	
03/11/2017	08:29,7	18:43,8		15/01/2018	06:41,0	16:55,1	
04/11/2017	04:57,9	15:12,0		16/01/2018	03:09,2	13:23,2	23:37,3
05/11/2017	01:26,2	11:40,3	21:54,4	17/01/2018	09:51,4	20:05,4	
06/11/2017	08:08,5	18:22,6		18/01/2018	06:19,5	16:33,6	
07/11/2017	04:36,7	14:50,9		19/01/2018	02:47,6	13:01,7	23:15,7
08/11/2017	01:05,0	11:19,1	21:33,2	20/01/2018	09:29,8	19:43,9	
09/11/2017	07:47,3	18:01,5		21/01/2018	05:57,9	16:12,0	
10/11/2017	04:15,6	14:29,7		22/01/2018	02:26,1	12:40,1	22:54,2
11/11/2017	00:43,8	10:57,9	21:12,0	23/01/2018	09:08,2	19:22,3	
12/11/2017	07:26,2	17:40,3		24/01/2018	05:36,3	15:50,4	
13/11/2017	03:54,4	14:08,5		25/01/2018	02:04,4	12:18,5	22:32,6
14/11/2017	00:22,6	10:36,8	20:50,9	26/01/2018	08:46,6	19:00,7	
15/11/2017	07:05,0	17:19,1		27/01/2018	05:14,7	15:28,8	
16/11/2017	03:33,2	13:47,3		28/01/2018	01:42,8	11:56,9	22:10,9
17/11/2017	00:01,5	10:15,6	20:29,7	29/01/2018	08:25,0	18:39,0	
18/11/2017	06:43,8	16:57,9		30/01/2018	04:53,1	15:07,1	
19/11/2017	03:12,0	13:26,2	23:40,3	31/01/2018	01:21,2	11:35,2	21:49,3
20/11/2017	09:54,4	20:08,5		01/02/2018	08:03,3	18:17,3	
21/11/2017	06:22,6	16:36,7		02/02/2018	04:31,4	14:45,4	
22/11/2017	02:50,9	13:05,0	23:19,1	03/02/2018	00:59,5	11:13,5	21:27,6
23/11/2017	09:33,2	19:47,3		04/02/2018	07:41,6	17:55,6	
24/11/2017	06:01,4	16:15,5		05/02/2018	04:09,7	14:23,7	
25/11/2017	02:29,7	12:43,8	22:57,9	06/02/2018	00:37,8	10:51,8	21:05,8
26/11/2017	09:12,0	19:26,1		07/02/2018	07:19,9	17:33,9	
27/11/2017	05:40,2	15:54,3		08/02/2018	03:48,0	14:02,0	
28/11/2017	02:08,5	12:22,6	22:36,5	09/02/2018	00:16,0	10:30,1	20:44,1
29/11/2017	08:50,8	19:04,9		10/02/2018	06:58,1	17:12,2	
30/11/2017	05:19,0	15:33,1		11/02/2018	03:26,2	13:40,2	23:54,2
01/12/2017	01:47,2	12:01,4	22:15,5	12/02/2018	10:08,3	20:22,3	
02/12/2017	08:29,6	18:43,7		13/02/2018	06:36,3	16:50,4	
03/12/2017	04:57,8	15:11,9		14/02/2018	03:04,4	13:18,4	23:32,4
04/12/2017	01:26,0	11:40,1	21:54,2	15/02/2018	09:46,5	20:00,5	
05/12/2017	08:08,3	18:22,5		16/02/2018	06:14,5	16:28,5	
06/12/2017	04:36,6	14:50,7		17/02/2018	02:42,6	12:56,6	23:10,6
07/12/2017	01:04,8	11:18,9	21:33,0	18/02/2018	09:24,6	19:38,6	
08/12/2017	07:47,1	18:01,2		19/02/2018	05:52,7	16:06,7	
09/12/2017	04:15,3	14:29,4		20/02/2018	02:20,7	12:34,7	22:48,7
10/12/2017	00:43,5	10:57,6	21:11,7	21/02/2018	09:02,8	19:16,8	
11/12/2017	07:25,8	17:39,9		22/02/2018	05:30,8	15:44,8	
12/12/2017	03:54,0	14:08,1		23/02/2018	01:58,8	12:12,8	22:26,8
13/12/2017	00:22,3	10:36,3	20:50,5	24/02/2018	08:40,9	18:54,9	
14/12/2017	07:04,6	17:18,7		25/02/2018	05:08,9	15:22,9	
15/12/2017	03:32,8	13:46,9		26/02/2018	01:36,9	11:50,9	22:04,9
16/12/2017	00:01,0	10:15,1	20:29,2	27/02/2018	08:18,9	18:32,9	
17/12/2017	06:43,3	16:57,4		28/02/2018	04:46,9	15:00,9	
18/12/2017	03:11,5	13:25,6	23:39,7	01/03/2018	01:14,9	11:29,0	21:43,0
19/12/2017	09:53,8	20:07,9		02/03/2018	07:57,0	18:11,0	
20/12/2017	06:22,0	16:36,0		03/03/2018	04:25,0	14:39,0	
21/12/2017	02:50,1	13:04,2	23:18,3	04/03/2018	00:53,0	11:07,0	21:21,0
22/12/2017	09:32,4	19:46,5		05/03/2018	07:35,0	17:49,0	
23/12/2017	06:00,6	16:14,7		06/03/2018	04:03,0	14:17,0	
24/12/2017	02:28,8	12:42,9	22:57,0	07/03/2018	00:31,0	10:45,0	20:59,0
25/12/2017	09:11,1	19:25,2		08/03/2018	07:12,9	17:26,9	
26/12/2017	05:39,3	15:53,4		09/03/2018	03:40,9	13:54,9	
27/12/2017	02:07,4	12:21,5	22:35,6	10/03/2018	00:08,9	10:22,9	20:36,9
28/12/2017	08:49,7	19:03,8		11/03/2018	06:50,9	17:04,9	
29/12/2017	05:17,9	15:32,0		12/03/2018	03:18,9	13:32,9	23:46,9
30/12/2017	01:46,1	12:00,2	22:14,2	13/03/2018	10:00,8	20:14,8	
31/12/2017	08:28,3	18:42,4		14/03/2018	06:28,8	16:42,8	

Data	Ora	Ora	Ora	Data	Ora	Ora	Ora
15/03/2018	02:56,8	13:10,8	23:24,8	27/05/2018	00:41,5	10:55,4	21:09,3
16/03/2018	09:38,7	19:52,7		28/05/2018	07:23,3	17:37,2	
17/03/2018	06:06,7	16:20,7		29/05/2018	03:51,1	14:05,0	
18/03/2018	02:34,7	12:48,6	23:02,6	30/05/2018	00:19,0	10:32,9	20:46,8
19/03/2018	09:16,6	19:30,6		31/05/2018	07:00,7	17:14,7	
20/03/2018	05:44,6	15:58,5		01/06/2018	03:28,6	13:42,5	23:56,4
21/03/2018	02:12,5	12:26,5	22:40,5	02/06/2018	10:10,4	20:24,3	
22/03/2018	08:54,4	19:08,4		03/06/2018	06:38,2	16:52,1	
23/03/2018	05:22,4	15:36,4		04/06/2018	03:06,0	13:20,0	23:33,9
24/03/2018	01:50,3	12:04,3	22:18,3	05/06/2018	09:47,8	20:01,8	
25/03/2018	08:32,3	18:46,2		06/06/2018	06:15,7	16:29,6	
26/03/2018	05:00,2	15:14,2		07/06/2018	02:43,5	12:57,5	23:11,4
27/03/2018	01:28,1	11:42,1	21:56,1	08/06/2018	09:25,3	19:39,2	
28/03/2018	08:10,0	18:24,0		09/06/2018	05:53,2	16:07,1	
29/03/2018	04:38,0	14:51,9		10/06/2018	02:21,0	12:34,9	22:48,9
30/03/2018	01:05,9	11:19,9	21:33,8	11/06/2018	09:02,8	19:16,7	
31/03/2018	07:47,8	18:01,8		12/06/2018	05:30,7	15:44,6	
01/04/2018	04:15,7	14:29,7		13/06/2018	01:58,5	12:12,4	22:26,4
02/04/2018	00:43,7	10:57,6	21:11,6	14/06/2018	08:40,3	18:54,2	
03/04/2018	07:25,5	17:39,5		15/06/2018	05:08,2	15:22,1	
04/04/2018	03:53,5	14:07,4		16/06/2018	01:36,0	11:49,9	22:03,9
05/04/2018	00:21,4	10:35,3	20:49,3	17/06/2018	08:17,8	18:31,7	
06/04/2018	07:03,2	17:17,2		18/06/2018	04:45,7	14:59,6	
07/04/2018	03:31,2	13:45,1	23:59,1	19/06/2018	01:13,5	11:27,5	21:41,4
08/04/2018	10:13,0	20:27,0		20/06/2018	07:55,3	18:09,3	
09/04/2018	06:40,9	16:54,9		21/06/2018	04:23,2	14:37,1	
10/04/2018	03:08,8	13:22,8	23:36,7	22/06/2018	00:51,1	11:05,0	21:18,9
11/04/2018	09:50,7	20:04,6		23/06/2018	07:32,9	17:46,8	
12/04/2018	06:18,6	16:32,5		24/06/2018	04:00,8	14:14,7	
13/04/2018	02:46,5	13:00,4	23:14,4	25/06/2018	00:28,6	10:42,6	20:56,5
14/04/2018	09:28,3	19:42,3		26/06/2018	07:10,5	17:24,4	
15/04/2018	05:56,2	16:10,2		27/06/2018	03:38,3	13:52,3	
16/04/2018	02:24,1	12:38,1	22:52,0	28/06/2018	00:06,2	10:20,2	20:34,1
17/04/2018	09:05,9	19:19,9		29/06/2018	06:48,0	17:02,0	
18/04/2018	05:33,8	15:47,8		30/06/2018	03:15,9	13:29,9	23:43,8
19/04/2018	02:01,7	12:15,7	22:29,6	01/07/2018	09:57,8	20:11,7	
20/04/2018	08:43,5	18:57,5		02/07/2018	06:25,6	16:39,6	
21/04/2018	05:11,4	15:25,4		03/07/2018	02:53,5	13:07,5	23:21,4
22/04/2018	01:39,3	11:53,3	22:07,2	04/07/2018	09:35,4	19:49,3	
23/04/2018	08:21,1	18:35,1		05/07/2018	06:03,3	16:17,2	
24/04/2018	04:49,0	15:02,9		06/07/2018	02:31,2	12:45,1	22:59,1
25/04/2018	01:16,9	11:30,8	21:44,8	07/07/2018	09:13,0	19:27,0	
26/04/2018	07:58,7	18:12,6		08/07/2018	05:40,9	15:54,9	
27/04/2018	04:26,6	14:40,5		09/07/2018	02:08,8	12:22,8	22:36,8
28/04/2018	00:54,4	11:08,4	21:22,3	10/07/2018	08:50,7	19:04,7	
29/04/2018	07:36,2	17:50,2		11/07/2018	05:18,6	15:32,6	
30/04/2018	04:04,1	14:18,0		12/07/2018	01:46,5	12:00,5	22:14,5
01/05/2018	00:32,0	10:45,9	20:59,8	13/07/2018	08:28,4	18:42,4	
02/05/2018	07:13,8	17:27,7		14/07/2018	04:56,3	15:10,3	
03/05/2018	03:41,6	13:55,6		15/07/2018	01:24,3	11:38,2	21:52,2
04/05/2018	00:09,5	10:23,4	20:37,4	16/07/2018	08:06,2	18:20,1	
05/05/2018	06:51,3	17:05,2		17/07/2018	04:34,1	14:48,1	
06/05/2018	03:19,1	13:33,1	23:47,0	18/07/2018	01:02,0	11:16,0	21:30,0
07/05/2018	10:00,9	20:14,9		19/07/2018	07:43,9	17:57,9	
08/05/2018	06:28,8	16:42,7		20/07/2018	04:11,9	14:25,8	
09/05/2018	02:56,6	13:10,6	23:24,5	21/07/2018	00:39,8	10:53,8	21:07,8
10/05/2018	09:38,4	19:52,4		22/07/2018	07:21,7	17:35,7	
11/05/2018	06:06,3	16:20,2		23/07/2018	03:49,7	14:03,7	
12/05/2018	02:34,1	12:48,1	23:02,0	24/07/2018	00:17,6	10:31,6	20:45,6
13/05/2018	09:15,9	19:29,8		25/07/2018	06:59,6	17:13,6	
14/05/2018	05:43,8	15:57,7		26/07/2018	03:27,5	13:41,5	23:55,5
15/05/2018	02:11,6	12:25,5	22:39,5	27/07/2018	10:09,5	20:23,5	
16/05/2018	08:53,4	19:07,3		28/07/2018	06:37,5	16:51,4	
17/05/2018	05:21,2	15:35,2		29/07/2018	03:05,4	13:19,4	23:33,4
18/05/2018	01:49,1	12:03,0	22:16,9	30/07/2018	09:47,4	20:01,4	
19/05/2018	08:30,9	18:44,8		31/07/2018	06:15,4	16:29,4	
20/05/2018	04:58,7	15:12,6		01/08/2018	02:43,3	12:57,3	23:11,3
21/05/2018	01:26,6	11:40,5	21:54,4	02/08/2018	09:25,3	19:39,3	
22/05/2018	08:08,3	18:22,3		03/08/2018	05:53,3	16:07,3	
23/05/2018	04:36,2	14:50,1		04/08/2018	02:21,3	12:35,3	22:49,3
24/05/2018	01:04,0	11:17,9	21:31,9	05/08/2018	09:03,3	19:17,3	
25/05/2018	07:45,8	17:59,7		06/08/2018	05:31,3	15:45,3	
26/05/2018	04:13,6	14:27,6		07/08/2018	01:59,3	12:13,3	22:27,3

Data	Ora	Ora	Ora	Data	Ora	Ora	Ora
08/08/2018	08:41,3	18:55,3		20/10/2018	06:46,2	17:00,3	
09/08/2018	05:09,3	15:23,3		21/10/2018	03:14,4	13:28,5	23:42,6
10/08/2018	01:37,3	11:51,3	22:05,3	22/10/2018	09:56,7	20:10,8	
11/08/2018	08:19,4	18:33,4		23/10/2018	06:24,9	16:39,0	
12/08/2018	04:47,4	15:01,4		24/10/2018	02:53,2	13:07,3	23:21,4
13/08/2018	01:15,4	11:29,4	21:43,4	25/10/2018	09:35,5	19:49,6	
14/08/2018	07:57,4	18:11,5		26/10/2018	06:03,7	16:17,8	
15/08/2018	04:25,5	14:39,5		27/10/2018	02:31,9	12:46,0	23:00,2
16/08/2018	00:53,5	11:07,5	21:21,5	28/10/2018	09:14,3	19:28,4	
17/08/2018	07:35,6	17:49,6		29/10/2018	05:42,5	15:56,6	
18/08/2018	04:03,6	14:17,6		30/10/2018	02:10,7	12:24,8	22:39,0
19/08/2018	00:31,7	10:45,7	20:59,7	31/10/2018	08:53,1	19:07,2	
20/08/2018	07:13,7	17:27,8		01/11/2018	05:21,3	15:35,4	
21/08/2018	03:41,8	13:55,8		02/11/2018	01:49,5	12:03,7	22:17,8
22/08/2018	00:09,8	10:23,9	20:37,9	03/11/2018	08:31,9	18:46,0	
23/08/2018	06:51,9	17:06,0		04/11/2018	05:00,1	15:14,2	
24/08/2018	03:20,0	13:34,0	23:48,1	05/11/2018	01:28,3	11:42,5	21:56,6
25/08/2018	10:02,1	20:16,1		06/11/2018	08:10,7	18:24,8	
26/08/2018	06:30,2	16:44,2		07/11/2018	04:38,9	14:53,0	
27/08/2018	02:58,2	13:12,3	23:26,3	08/11/2018	01:07,1	11:21,3	21:35,4
28/08/2018	09:40,4	19:54,4		09/11/2018	07:49,5	18:03,6	
29/08/2018	06:08,4	16:22,5		10/11/2018	04:17,7	14:31,9	
30/08/2018	02:36,5	12:50,6	23:04,6	11/11/2018	00:46,0	11:00,1	21:14,2
31/08/2018	09:18,7	19:32,7		12/11/2018	07:28,3	17:42,4	
01/09/2018	05:46,7	16:00,8		13/11/2018	03:56,6	14:10,7	
02/09/2018	02:14,8	12:28,9	22:42,9	14/11/2018	00:24,8	10:38,9	20:53,0
03/09/2018	08:57,0	19:11,0		15/11/2018	07:07,1	17:21,3	
04/09/2018	05:25,1	15:39,2		16/11/2018	03:35,4	13:49,5	
05/09/2018	01:53,2	12:07,3	22:21,3	17/11/2018	00:03,6	10:17,7	20:31,9
06/09/2018	08:35,4	18:49,4		18/11/2018	06:46,0	17:00,1	
07/09/2018	05:03,5	15:17,5		19/11/2018	03:14,2	13:28,3	23:42,4
08/09/2018	01:31,6	11:45,7	21:59,7	20/11/2018	09:56,6	20:10,7	
09/09/2018	08:13,8	18:27,8		21/11/2018	06:24,8	16:38,9	
10/09/2018	04:41,9	14:56,0		22/11/2018	02:53,0	13:07,1	23:21,3
11/09/2018	01:10,1	11:24,1	21:38,1	23/11/2018	09:35,4	19:49,5	
12/09/2018	07:52,2	18:06,3		24/11/2018	06:03,6	16:17,7	
13/09/2018	04:20,3	14:34,4		25/11/2018	02:31,8	12:46,0	23:00,1
14/09/2018	00:48,5	11:02,5	21:16,6	26/11/2018	09:14,2	19:28,3	
15/09/2018	07:30,7	17:44,7		27/11/2018	05:42,4	15:56,5	
16/09/2018	03:58,8	14:12,9		28/11/2018	02:10,7	12:24,8	22:38,9
17/09/2018	00:27,0	10:41,0	20:55,1	29/11/2018	08:53,0	19:07,1	
18/09/2018	07:09,2	17:23,3		30/11/2018	05:21,2	15:35,3	
19/09/2018	03:37,3	13:51,4		01/12/2018	01:49,5	12:03,6	22:17,7
20/09/2018	00:05,5	10:19,6	20:33,6	02/12/2018	08:31,8	18:45,9	
21/09/2018	06:47,7	17:01,8		03/12/2018	05:00,0	15:14,1	
22/09/2018	03:15,9	13:30,0	23:44,0	04/12/2018	01:28,3	11:42,4	21:56,5
23/09/2018	09:58,1	20:12,2		05/12/2018	08:10,6	18:24,7	
24/09/2018	06:26,3	16:40,4		06/12/2018	04:38,8	14:52,9	
25/09/2018	02:54,4	13:08,5	23:22,6	07/12/2018	01:07,1	11:21,2	21:35,3
26/09/2018	09:36,7	19:50,8		08/12/2018	07:49,4	18:03,5	
27/09/2018	06:04,9	16:19,0		09/12/2018	04:17,6	14:31,7	
28/09/2018	02:33,0	12:47,1	23:01,2	10/12/2018	00:45,8	10:60,0	21:14,1
29/09/2018	09:15,3	19:29,4		11/12/2018	07:28,2	17:42,3	
30/09/2018	05:43,5	15:57,6		12/12/2018	03:56,4	14:10,5	
01/10/2018	02:11,7	12:25,8	22:39,8	13/12/2018	00:24,6	10:38,7	20:52,8
02/10/2018	08:53,9	19:08,0		14/12/2018	07:06,9	17:21,0	
03/10/2018	05:22,1	15:36,2		15/12/2018	03:35,1	13:49,3	
04/10/2018	01:50,3	12:04,4	22:18,5	16/12/2018	00:03,4	10:17,5	20:31,6
05/10/2018	08:32,6	18:46,7		17/12/2018	06:45,7	16:59,8	
06/10/2018	05:00,8	15:14,9		18/12/2018	03:13,9	13:28,0	23:42,1
07/10/2018	01:29,0	11:43,1	21:57,2	19/12/2018	09:56,2	20:10,3	
08/10/2018	08:11,3	18:25,4		20/12/2018	06:24,4	16:38,5	
09/10/2018	04:39,5	14:53,6		21/12/2018	02:52,6	13:06,7	23:20,8
10/10/2018	01:07,7	11:21,8	21:35,9	22/12/2018	09:34,9	19:49,0	
11/10/2018	07:50,0	18:04,1		23/12/2018	06:03,2	16:17,2	
12/10/2018	04:18,2	14:32,3		24/12/2018	02:31,4	12:45,4	22:59,6
13/10/2018	00:46,4	11:00,5	21:14,6	25/12/2018	09:13,7	19:27,8	
14/10/2018	07:28,7	17:42,8		26/12/2018	05:41,8	15:56,0	
15/10/2018	03:56,9	14:11,0		27/12/2018	02:10,0	12:24,2	22:38,2
16/10/2018	00:25,1	10:39,2	20:53,3	28/12/2018	08:52,3	19:06,4	
17/10/2018	07:07,4	17:21,5		29/12/2018	05:20,5	15:34,6	
18/10/2018	03:35,6	13:49,7		30/12/2018	01:48,7	12:02,8	22:16,9
19/10/2018	00:03,9	10:18,0	20:32,1	31/12/2018	08:31,0	18:45,1	

Data	Ora	Ora	Ora	Data	Ora	Ora	Ora
01/01/2019	04:59,2	15:13,3		15/03/2019	03:01,7	13:15,7	23:29,7
02/01/2019	01:27,4	11:41,5	21:55,6	16/03/2019	09:43,7	19:57,7	
03/01/2019	08:09,7	18:23,8		17/03/2019	06:11,7	16:25,7	
04/01/2019	04:37,9	14:52,0		18/03/2019	02:39,7	12:53,7	23:07,7
05/01/2019	01:06,0	11:20,1	21:34,2	19/03/2019	09:21,7	19:35,7	
06/01/2019	07:48,3	18:02,4		20/03/2019	05:49,7	16:03,7	
07/01/2019	04:16,5	14:30,6		21/03/2019	02:17,7	12:31,7	22:45,7
08/01/2019	00:44,7	10:58,8	21:12,8	22/03/2019	08:59,6	19:13,6	
09/01/2019	07:26,9	17:41,0		23/03/2019	05:27,6	15:41,6	
10/01/2019	03:55,1	14:09,2		24/03/2019	01:55,6	12:09,6	22:23,6
11/01/2019	00:23,3	10:37,3	20:51,4	25/03/2019	08:37,6	18:51,5	
12/01/2019	07:05,5	17:19,6		26/03/2019	05:05,5	15:19,5	
13/01/2019	03:33,7	13:47,8		27/03/2019	01:33,5	11:47,5	22:01,5
14/01/2019	00:01,8	10:15,9	20:30,0	28/03/2019	08:15,4	18:29,4	
15/01/2019	06:44,1	16:58,2		29/03/2019	04:43,4	14:57,4	
16/01/2019	03:12,2	13:26,3	23:40,4	30/03/2019	01:11,4	11:25,3	21:39,3
17/01/2019	09:54,5	20:08,5		31/03/2019	07:53,3	18:07,3	
18/01/2019	06:22,6	16:36,7		01/04/2019	04:21,3	14:35,2	
19/01/2019	02:50,8	13:04,8	23:18,9	02/04/2019	00:49,2	11:03,2	21:17,2
20/01/2019	09:33,0	19:47,1		03/04/2019	07:31,1	17:45,1	
21/01/2019	06:01,1	16:15,2		04/04/2019	03:59,1	14:13,1	
22/01/2019	02:29,3	12:43,4	22:57,4	05/04/2019	00:27,0	10:41,0	20:55,0
23/01/2019	09:11,5	19:25,6		06/04/2019	07:08,9	17:22,9	
24/01/2019	05:39,6	15:53,7		07/04/2019	03:36,9	13:50,8	
25/01/2019	02:07,8	12:21,8	22:35,9	08/04/2019	00:04,8	10:18,8	20:32,7
26/01/2019	08:50,0	19:04,0		09/04/2019	06:46,7	17:00,7	
27/01/2019	05:18,1	15:32,2		10/04/2019	03:14,6	13:28,6	23:42,6
28/01/2019	01:46,2	12:00,3	22:14,4	11/04/2019	09:56,5	20:10,5	
29/01/2019	08:28,4	18:42,5		12/04/2019	06:24,5	16:38,4	
30/01/2019	04:56,6	15:10,6		13/04/2019	02:52,4	13:06,4	23:20,3
31/01/2019	01:24,7	11:38,7	21:52,8	14/04/2019	09:34,3	19:48,2	
01/02/2019	08:06,8	18:20,9		15/04/2019	06:02,2	16:16,2	
02/02/2019	04:35,0	14:49,0		16/04/2019	02:30,1	12:44,1	22:58,0
03/02/2019	01:03,1	11:17,1	21:31,2	17/04/2019	09:12,0	19:25,9	
04/02/2019	07:45,2	17:59,3		18/04/2019	05:39,9	15:53,9	
05/02/2019	04:13,3	14:27,4		19/04/2019	02:07,8	12:21,8	22:35,7
06/02/2019	00:41,5	10:55,5	21:09,6	20/04/2019	08:49,7	19:03,6	
07/02/2019	07:23,6	17:37,7		21/04/2019	05:17,6	15:31,5	
08/02/2019	03:51,7	14:05,8		22/04/2019	01:45,5	11:59,4	22:13,4
09/02/2019	00:19,8	10:33,9	20:47,9	23/04/2019	08:27,3	18:41,3	
10/02/2019	07:01,9	17:16,0		24/04/2019	04:55,2	15:09,2	
11/02/2019	03:30,0	13:44,1	23:58,1	25/04/2019	01:23,1	11:37,1	21:51,0
12/02/2019	10:12,2	20:26,2		26/04/2019	08:05,0	18:18,9	
13/02/2019	06:40,3	16:54,3		27/04/2019	04:32,9	14:46,8	
14/02/2019	03:08,4	13:22,4	23:36,4	28/04/2019	01:00,8	11:14,7	21:28,7
15/02/2019	09:50,5	20:04,5		29/04/2019	07:42,6	17:56,5	
16/02/2019	06:18,5	16:32,6		30/04/2019	04:10,5	14:24,4	
17/02/2019	02:46,6	13:00,6	23:14,7	01/05/2019	00:38,4	10:52,3	21:06,3
18/02/2019	09:28,7	19:42,8		02/05/2019	07:20,2	17:34,1	
19/02/2019	05:56,8	16:10,8		03/05/2019	03:48,1	14:02,0	
20/02/2019	02:24,9	12:38,9	22:52,9	04/05/2019	00:16,0	10:29,9	20:43,8
21/02/2019	09:06,9	19:21,0		05/05/2019	06:57,8	17:11,7	
22/02/2019	05:35,0	15:49,0		06/05/2019	03:25,7	13:39,6	23:53,5
23/02/2019	02:03,1	12:17,1	22:31,1	07/05/2019	10:07,5	20:21,4	
24/02/2019	08:45,2	18:59,2		08/05/2019	06:35,4	16:49,3	
25/02/2019	05:13,2	15:27,2		09/05/2019	03:03,2	13:17,2	23:31,1
26/02/2019	01:41,3	11:55,3	22:09,3	10/05/2019	09:45,0	19:59,0	
27/02/2019	08:23,3	18:37,3		11/05/2019	06:12,9	16:26,8	
28/02/2019	04:51,4	15:05,4		12/05/2019	02:40,8	12:54,7	23:08,6
01/03/2019	01:19,4	11:33,4	21:47,4	13/05/2019	09:22,6	19:36,5	
02/03/2019	08:01,5	18:15,5		14/05/2019	05:50,4	16:04,4	
03/03/2019	04:29,5	14:43,5		15/05/2019	02:18,3	12:32,2	22:46,2
04/03/2019	00:57,5	11:11,5	21:25,6	16/05/2019	09:00,1	19:14,0	
05/03/2019	07:39,6	17:53,6		17/05/2019	05:28,0	15:41,9	
06/03/2019	04:07,6	14:21,6		18/05/2019	01:55,8	12:09,8	22:23,7
07/03/2019	00:35,6	10:49,6	21:03,6	19/05/2019	08:37,6	18:51,5	
08/03/2019	07:17,7	17:31,7		20/05/2019	05:05,5	15:19,4	
09/03/2019	03:45,7	13:59,7		21/05/2019	01:33,3	11:47,3	22:01,2
10/03/2019	00:13,7	10:27,7	20:41,7	22/05/2019	08:15,1	18:29,0	
11/03/2019	06:55,7	17:09,7		23/05/2019	04:43,0	14:56,9	
12/03/2019	03:23,7	13:37,7	23:51,7	24/05/2019	01:10,8	11:24,8	21:38,7
13/03/2019	10:05,7	20:19,7		25/05/2019	07:52,6	18:06,5	
14/03/2019	06:33,7	16:47,7		26/05/2019	04:20,5	14:34,4	

Data	Ora	Ora	Ora	Data	Ora	Ora	Ora
27/05/2019	00:48,3	11:02,2	21:16,2	08/08/2019	08:46,5	19:00,4	
28/05/2019	07:30,1	17:44,0		09/08/2019	05:14,4	15:28,4	
29/05/2019	03:58,0	14:11,9		10/08/2019	01:42,4	11:56,4	22:10,4
30/05/2019	00:25,8	10:39,7	20:53,7	11/08/2019	08:24,4	18:38,4	
31/05/2019	07:07,6	17:21,5		12/08/2019	04:52,3	15:06,3	
01/06/2019	03:35,4	13:49,4		13/08/2019	01:20,3	11:34,3	21:48,3
02/06/2019	00:03,3	10:17,2	20:31,1	14/08/2019	08:02,3	18:16,3	
03/06/2019	06:45,1	16:59,0		15/08/2019	04:30,3	14:44,3	
04/06/2019	03:12,9	13:26,8	23:40,8	16/08/2019	00:58,3	11:12,3	21:26,3
05/06/2019	09:54,7	20:08,6		17/08/2019	07:40,3	17:54,3	
06/06/2019	06:22,5	16:36,5		18/08/2019	04:08,3	14:22,3	
07/06/2019	02:50,4	13:04,3	23:18,2	19/08/2019	00:36,3	10:50,3	21:04,3
08/06/2019	09:32,2	19:46,1		20/08/2019	07:18,3	17:32,3	
09/06/2019	06:00,0	16:13,9		21/08/2019	03:46,3	14:00,3	
10/06/2019	02:27,9	12:41,8	22:55,7	22/08/2019	00:14,3	10:28,3	20:42,4
11/06/2019	09:09,6	19:23,6		23/08/2019	06:56,4	17:10,4	
12/06/2019	05:37,5	15:51,4		24/08/2019	03:24,4	13:38,4	23:52,4
13/06/2019	02:05,3	12:19,3	22:33,2	25/08/2019	10:06,4	20:20,4	
14/06/2019	08:47,1	19:01,1		26/08/2019	06:34,5	16:48,5	
15/06/2019	05:15,0	15:28,9		27/08/2019	03:02,5	13:16,5	23:30,5
16/06/2019	01:42,8	11:56,8	22:10,7	28/08/2019	09:44,5	19:58,6	
17/06/2019	08:24,6	18:38,5		29/08/2019	06:12,6	16:26,6	
18/06/2019	04:52,5	15:06,4		30/08/2019	02:40,6	12:54,6	23:08,7
19/06/2019	01:20,3	11:34,2	21:48,2	31/08/2019	09:22,7	19:36,7	
20/06/2019	08:02,1	18:16,0		01/09/2019	05:50,7	16:04,8	
21/06/2019	04:30,0	14:43,9		02/09/2019	02:18,8	12:32,8	22:46,9
22/06/2019	00:57,8	11:11,7	21:25,7	03/09/2019	09:00,9	19:14,9	
23/06/2019	07:39,6	17:53,5		04/09/2019	05:29,0	15:43,0	
24/06/2019	04:07,5	14:21,4		05/09/2019	01:57,0	12:11,1	22:25,1
25/06/2019	00:35,3	10:49,2	21:03,2	06/09/2019	08:39,1	18:53,2	
26/06/2019	07:17,1	17:31,0		07/09/2019	05:07,2	15:21,2	
27/06/2019	03:45,0	13:58,9		08/09/2019	01:35,3	11:49,3	22:03,3
28/06/2019	00:12,8	10:26,8	20:40,7	09/09/2019	08:17,4	18:31,4	
29/06/2019	06:54,6	17:08,6		10/09/2019	04:45,5	14:59,5	
30/06/2019	03:22,5	13:36,4	23:50,4	11/09/2019	01:13,6	11:27,6	21:41,6
01/07/2019	10:04,3	20:18,3		12/09/2019	07:55,7	18:09,7	
02/07/2019	06:32,2	16:46,1		13/09/2019	04:23,8	14:37,8	
03/07/2019	03:00,1	13:14,0	23:27,9	14/09/2019	00:51,9	11:05,9	21:20,0
04/07/2019	09:41,9	19:55,8		15/09/2019	07:34,0	17:48,1	
05/07/2019	06:09,7	16:23,7		16/09/2019	04:02,1	14:16,2	
06/07/2019	02:37,6	12:51,6	23:05,5	17/09/2019	00:30,2	10:44,3	20:58,3
07/07/2019	09:19,4	19:33,4		18/09/2019	07:12,4	17:26,5	
08/07/2019	05:47,3	16:01,3		19/09/2019	03:40,5	13:54,6	
09/07/2019	02:15,2	12:29,1	22:43,1	20/09/2019	00:08,6	10:22,7	20:36,7
10/07/2019	08:57,0	19:11,0		21/09/2019	06:50,8	17:04,9	
11/07/2019	05:24,9	15:38,9		22/09/2019	03:18,9	13:33,0	23:47,1
12/07/2019	01:52,8	12:06,7	22:20,7	23/09/2019	10:01,1	20:15,2	
13/07/2019	08:34,6	18:48,6		24/09/2019	06:29,2	16:43,3	
14/07/2019	05:02,5	15:16,5		25/09/2019	02:57,4	13:11,4	23:25,5
15/07/2019	01:30,4	11:44,4	21:58,3	26/09/2019	09:39,6	19:53,6	
16/07/2019	08:12,3	18:26,2		27/09/2019	06:07,7	16:21,8	
17/07/2019	04:40,2	14:54,1		28/09/2019	02:35,9	12:49,9	23:04,0
18/07/2019	01:08,1	11:22,0	21:36,0	29/09/2019	09:18,1	19:32,1	
19/07/2019	07:49,9	18:03,9		30/09/2019	05:46,2	16:00,3	
20/07/2019	04:17,9	14:31,8		01/10/2019	02:14,4	12:28,4	22:42,5
21/07/2019	00:45,8	10:59,7	21:13,7	02/10/2019	08:56,6	19:10,7	
22/07/2019	07:27,6	17:41,6		03/10/2019	05:24,7	15:38,8	
23/07/2019	03:55,6	14:09,5		04/10/2019	01:52,9	12:07,0	22:21,1
24/07/2019	00:23,5	10:37,4	20:51,4	05/10/2019	08:35,1	18:49,2	
25/07/2019	07:05,4	17:19,3		06/10/2019	05:03,3	15:17,4	
26/07/2019	03:33,3	13:47,2		07/10/2019	01:31,5	11:45,6	21:59,6
27/07/2019	00:01,2	10:15,2	20:29,1	08/10/2019	08:13,7	18:27,8	
28/07/2019	06:43,1	16:57,1		09/10/2019	04:41,9	14:56,0	
29/07/2019	03:11,0	13:25,0	23:39,0	10/10/2019	01:10,1	11:24,2	21:38,2
30/07/2019	09:52,9	20:06,9		11/10/2019	07:52,3	18:06,4	
31/07/2019	06:20,9	16:34,9		12/10/2019	04:20,5	14:34,6	
01/08/2019	02:48,8	13:02,8	23:16,8	13/10/2019	00:48,7	11:02,8	21:16,9
02/08/2019	09:30,8	19:44,7		14/10/2019	07:31,0	17:45,0	
03/08/2019	05:58,7	16:12,7		15/10/2019	03:59,1	14:13,2	
04/08/2019	02:26,7	12:40,6	22:54,6	16/10/2019	00:27,3	10:41,4	20:55,5
05/08/2019	09:08,6	19:22,6		17/10/2019	07:09,6	17:23,7	
06/08/2019	05:36,5	15:50,5		18/10/2019	03:37,8	13:51,9	
07/08/2019	02:04,5	12:18,5	22:32,5	19/10/2019	00:06,0	10:20,1	20:34,2

Data	Ora	Ora	Ora	Data	Ora	Ora	Ora
20/10/2019	06:48,3	17:02,4		01/01/2020	05:01,1	15:15,2	
21/10/2019	03:16,5	13:30,6	23:44,7	02/01/2020	01:29,3	11:43,4	21:57,5
22/10/2019	09:58,8	20:12,9		03/01/2020	08:11,6	18:25,7	
23/10/2019	06:27,0	16:41,1		04/01/2020	04:39,7	14:53,9	
24/10/2019	02:55,2	13:09,3	23:23,4	05/01/2020	01:07,9	11:22,0	21:36,2
25/10/2019	09:37,5	19:51,6		06/01/2020	07:50,2	18:04,3	
26/10/2019	06:05,7	16:19,8		07/01/2020	04:18,4	14:32,5	
27/10/2019	02:33,9	12:48,0	23:02,1	08/01/2020	00:46,6	11:00,7	21:14,8
28/10/2019	09:16,2	19:30,3		09/01/2020	07:28,9	17:43,0	
29/10/2019	05:44,4	15:58,5		10/01/2020	03:57,1	14:11,2	
30/10/2019	02:12,6	12:26,7	22:40,8	11/01/2020	00:25,3	10:39,4	20:53,5
31/10/2019	08:54,9	19:09,0		12/01/2020	07:07,6	17:21,6	
01/11/2019	05:23,2	15:37,3		13/01/2020	03:35,7	13:49,8	
02/11/2019	01:51,4	12:05,5	22:19,6	14/01/2020	00:03,9	10:18,0	20:32,1
03/11/2019	08:33,7	18:47,8		15/01/2020	06:46,2	17:00,3	
04/11/2019	05:01,9	15:16,0		16/01/2020	03:14,4	13:28,5	23:42,5
05/11/2019	01:30,1	11:44,2	21:58,3	17/01/2020	09:56,6	20:10,7	
06/11/2019	08:12,5	18:26,6		18/01/2020	06:24,8	16:38,9	
07/11/2019	04:40,7	14:54,8		19/01/2020	02:53,0	13:07,0	23:21,1
08/11/2019	01:08,9	11:23,0	21:37,1	20/01/2020	09:35,2	19:49,3	
09/11/2019	07:51,2	18:05,3		21/01/2020	06:03,4	16:17,5	
10/11/2019	04:19,5	14:33,6		22/01/2020	02:31,5	12:45,6	22:59,7
11/11/2019	00:47,7	11:01,8	21:15,9	23/01/2020	09:13,8	19:27,9	
12/11/2019	07:30,0	17:44,1		24/01/2020	05:41,9	15:56,0	
13/11/2019	03:58,2	14:12,4		25/01/2020	02:10,1	12:24,2	22:38,3
14/11/2019	00:26,5	10:40,6	20:54,7	26/01/2020	08:52,3	19:06,4	
15/11/2019	07:08,8	17:22,9		27/01/2020	05:20,5	15:34,6	
16/11/2019	03:37,0	13:51,1		28/01/2020	01:48,6	12:02,7	22:16,8
17/11/2019	00:05,3	10:19,4	20:33,5	29/01/2020	08:30,9	18:44,9	
18/11/2019	06:47,6	17:01,7		30/01/2020	04:59,0	15:13,1	
19/11/2019	03:15,8	13:30,0	23:44,1	31/01/2020	01:27,1	11:41,2	21:55,3
20/11/2019	09:58,2	20:12,3		01/02/2020	08:09,4	18:23,4	
21/11/2019	06:26,4	16:40,5		02/02/2020	04:37,5	14:51,6	
22/11/2019	02:54,6	13:08,7	23:22,9	03/02/2020	01:05,6	11:19,7	21:33,8
23/11/2019	09:37,0	19:51,1		04/02/2020	07:47,8	18:01,9	
24/11/2019	06:05,2	16:19,3		05/02/2020	04:16,0	14:30,0	
25/11/2019	02:33,5	12:47,6	23:01,7	06/02/2020	00:44,1	10:58,2	21:12,2
26/11/2019	09:15,8	19:29,9		07/02/2020	07:26,3	17:40,3	
27/11/2019	05:44,0	15:58,1		08/02/2020	03:54,4	14:08,5	
28/11/2019	02:12,2	12:26,4	22:40,5	09/02/2020	00:22,5	10:36,6	20:50,6
29/11/2019	08:54,6	19:08,7		10/02/2020	07:04,7	17:18,8	
30/11/2019	05:22,8	15:36,9		11/02/2020	03:32,8	13:46,9	
01/12/2019	01:51,1	12:05,2	22:19,3	12/02/2020	00:00,9	10:15,0	20:29,0
02/12/2019	08:33,4	18:47,5		13/02/2020	06:43,1	16:57,1	
03/12/2019	05:01,6	15:15,7		14/02/2020	03:11,2	13:25,3	23:39,3
04/12/2019	01:29,2	11:44,0	21:58,1	15/02/2020	09:53,4	20:07,4	
05/12/2019	08:12,2	18:26,3		16/02/2020	06:21,5	16:35,5	
06/12/2019	04:40,4	14:54,5		17/02/2020	02:49,6	13:03,6	23:17,7
07/12/2019	01:08,7	11:22,8	21:36,9	18/02/2020	09:31,7	19:45,8	
08/12/2019	07:51,0	18:05,1		19/02/2020	05:59,8	16:13,8	
09/12/2019	04:19,2	14:33,3		20/02/2020	02:27,9	12:41,9	22:56,0
10/12/2019	00:47,5	11:01,6	21:15,7	21/02/2020	09:10,0	19:24,1	
11/12/2019	07:29,8	17:43,9		22/02/2020	05:38,1	15:52,2	
12/12/2019	03:58,0	14:12,1		23/02/2020	02:06,2	12:20,2	22:34,3
13/12/2019	00:26,2	10:40,3	20:54,5	24/02/2020	08:48,3	19:02,4	
14/12/2019	07:08,6	17:22,7		25/02/2020	05:16,4	15:30,4	
15/12/2019	03:36,8	13:50,9		26/02/2020	01:44,5	11:58,5	22:12,6
16/12/2019	00:05,0	10:19,1	20:33,2	27/02/2020	08:26,6	18:40,6	
17/12/2019	06:47,4	17:01,5		28/02/2020	04:54,7	15:08,7	
18/12/2019	03:15,6	13:29,7	23:43,8	29/02/2020	01:22,7	11:36,8	21:50,8
19/12/2019	09:57,9	20:12,0		01/03/2020	08:04,8	18:18,9	
20/12/2019	06:26,1	16:40,2		02/03/2020	04:32,9	14:46,9	
21/12/2019	02:54,3	13:08,4	23:22,6	03/03/2020	01:00,9	11:15,0	21:29,0
22/12/2019	09:36,7	19:50,8		04/03/2020	07:43,0	17:57,1	
23/12/2019	06:04,9	16:19,0		05/03/2020	04:11,1	14:25,1	
24/12/2019	02:33,1	12:47,2	23:01,3	06/03/2020	00:39,1	10:53,2	21:07,2
25/12/2019	09:15,4	19:29,5		07/03/2020	07:21,2	17:35,2	
26/12/2019	05:43,6	15:57,7		08/03/2020	03:49,3	14:03,3	
27/12/2019	02:11,8	12:25,9	22:40,0	09/03/2020	00:17,3	10:31,3	20:45,3
28/12/2019	08:54,1	19:08,2		10/03/2020	06:59,4	17:13,4	
29/12/2019	05:22,3	15:36,5		11/03/2020	03:27,4	13:41,4	23:55,4
30/12/2019	01:50,5	12:04,7	22:18,8	12/03/2020	10:09,4	20:23,5	
31/12/2019	08:32,9	18:47,0		13/03/2020	06:37,5	16:51,5	

Data	Ora	Ora	Ora	Data	Ora	Ora	Ora
14/03/2020	03:05,5	13:19,5	23:33,5	26/05/2020	00:54,2	11:08,1	21:22,0
15/03/2020	09:47,5	20:01,6		27/05/2020	07:36,0	17:49,9	
16/03/2020	06:15,6	16:29,6		28/05/2020	04:03,8	14:17,8	
17/03/2020	02:43,6	12:57,6	23:11,6	29/05/2020	00:31,7	10:45,6	20:59,6
18/03/2020	09:25,6	19:39,6		30/05/2020	07:13,5	17:27,4	
19/03/2020	05:53,6	16:07,6		31/05/2020	03:41,4	13:55,3	
20/03/2020	02:21,6	12:35,7	22:49,7	01/06/2020	00:09,2	10:23,1	20:37,1
21/03/2020	09:03,7	19:17,7		02/06/2020	06:51,0	17:04,9	
22/03/2020	05:31,7	15:45,7		03/06/2020	03:18,9	13:32,8	23:46,7
23/03/2020	01:59,7	12:13,7	22:27,7	04/06/2020	10:00,7	20:14,6	
24/03/2020	08:41,7	18:55,7		05/06/2020	06:28,5	16:42,4	
25/03/2020	05:09,7	15:23,7		06/06/2020	02:56,4	13:10,3	23:24,2
26/03/2020	01:37,7	11:51,7	22:05,7	07/06/2020	09:38,2	19:52,1	
27/03/2020	08:19,7	18:33,7		08/06/2020	06:06,0	16:19,9	
28/03/2020	04:47,7	15:01,6		09/06/2020	02:33,9	12:47,8	23:01,7
29/03/2020	01:15,6	11:29,6	21:43,6	10/06/2020	09:15,7	19:29,6	
30/03/2020	07:57,6	18:11,6		11/06/2020	05:43,5	15:57,4	
31/03/2020	04:25,6	14:39,6		12/06/2020	02:11,4	12:25,3	22:39,2
01/04/2020	00:53,6	11:07,6	21:21,6	13/06/2020	08:53,1	19:07,1	
02/04/2020	07:35,5	17:49,5		14/06/2020	05:21,0	15:34,9	
03/04/2020	04:03,5	14:17,5		15/06/2020	01:48,9	12:02,8	22:16,7
04/04/2020	00:31,5	10:45,5	20:59,5	16/06/2020	08:30,6	18:44,6	
05/04/2020	07:13,4	17:27,4		17/06/2020	04:58,5	15:12,4	
06/04/2020	03:41,4	13:55,4		18/06/2020	01:26,3	11:40,3	21:54,2
07/04/2020	00:09,4	10:23,4	20:37,3	19/06/2020	08:08,1	18:22,0	
08/04/2020	06:51,3	17:05,3		20/06/2020	04:36,0	14:49,9	
09/04/2020	03:19,3	13:33,3	23:47,2	21/06/2020	01:03,8	11:17,8	21:31,7
10/04/2020	10:01,2	20:15,2		22/06/2020	07:45,6	17:59,5	
11/04/2020	06:29,2	16:43,2		23/06/2020	04:13,5	14:27,4	
12/04/2020	02:57,1	13:11,1	23:25,1	24/06/2020	00:41,3	10:55,2	21:09,2
13/04/2020	09:39,0	19:53,0		25/06/2020	07:23,1	17:37,0	
14/04/2020	06:07,0	16:21,0		26/06/2020	03:51,0	14:04,9	
15/04/2020	02:34,9	12:48,9	23:02,9	27/06/2020	00:18,8	10:32,8	20:46,7
16/04/2020	09:16,9	19:30,8		28/06/2020	07:00,6	17:14,5	
17/04/2020	05:44,8	15:58,8		29/06/2020	03:28,5	13:42,4	23:56,3
18/04/2020	02:12,7	12:26,7	22:40,7	30/06/2020	10:10,3	20:24,2	
19/04/2020	08:54,6	19:08,6		01/07/2020	06:38,1	16:52,0	
20/04/2020	05:22,6	15:36,5		02/07/2020	03:06,0	13:19,9	23:33,8
21/04/2020	01:50,5	12:04,5	22:18,4	03/07/2020	09:47,8	20:01,7	
22/04/2020	08:32,4	18:46,4		04/07/2020	06:15,6	16:29,6	
23/04/2020	05:00,3	15:14,3		05/07/2020	02:43,5	12:57,4	23:11,4
24/04/2020	01:28,2	11:42,2	21:56,2	06/07/2020	09:25,3	19:39,2	
25/04/2020	08:10,1	18:24,1		07/07/2020	05:53,2	16:07,1	
26/04/2020	04:38,0	14:52,0		08/07/2020	02:21,0	12:35,0	22:48,9
27/04/2020	01:06,0	11:19,9	21:33,9	09/07/2020	09:02,8	19:16,8	
28/04/2020	07:47,8	18:01,8		10/07/2020	05:30,7	15:44,6	
29/04/2020	04:15,7	14:29,7		11/07/2020	01:58,6	12:12,5	22:26,4
30/04/2020	00:43,6	10:57,6	21:11,6	12/07/2020	08:40,4	18:54,3	
01/05/2020	07:25,5	17:39,5		13/07/2020	05:08,3	15:22,2	
02/05/2020	03:53,4	14:07,4		14/07/2020	01:36,1	11:50,1	22:04,0
03/05/2020	00:21,3	10:35,3	20:49,2	15/07/2020	08:18,0	18:31,9	
04/05/2020	07:03,2	17:17,1		16/07/2020	04:45,8	14:59,8	
05/05/2020	03:31,1	13:45,0	23:59,0	17/07/2020	01:13,7	11:27,7	21:41,6
06/05/2020	10:12,9	20:26,9		18/07/2020	07:55,5	18:09,5	
07/05/2020	06:40,8	16:54,8		19/07/2020	04:23,4	14:37,4	
08/05/2020	03:08,7	13:22,7	23:36,6	20/07/2020	00:51,3	11:05,3	21:19,2
09/05/2020	09:50,5	20:04,5		21/07/2020	07:33,1	17:47,1	
10/05/2020	06:18,4	16:32,4		22/07/2020	04:01,0	14:15,0	
11/05/2020	02:46,3	13:00,3	23:14,2	23/07/2020	00:28,9	10:42,9	20:56,8
12/05/2020	09:28,2	19:42,1		24/07/2020	07:10,8	17:24,7	
13/05/2020	05:56,0	16:10,0		25/07/2020	03:38,7	13:52,6	
14/05/2020	02:23,9	12:37,9	22:51,8	26/07/2020	00:06,6	10:20,5	20:34,5
15/05/2020	09:05,8	19:19,7		27/07/2020	06:48,4	17:02,4	
16/05/2020	05:33,6	15:47,6		28/07/2020	03:16,3	13:30,3	23:44,2
17/05/2020	02:01,5	12:15,4	22:29,4	29/07/2020	09:58,2	20:12,1	
18/05/2020	08:43,3	18:57,3		30/07/2020	06:26,1	16:40,1	
19/05/2020	05:11,2	15:25,1		31/07/2020	02:54,0	13:08,0	23:21,9
20/05/2020	01:39,1	11:53,0	22:07,0	01/08/2020	09:35,9	19:49,8	
21/05/2020	08:20,9	18:34,8		02/08/2020	06:03,8	16:17,8	
22/05/2020	04:48,8	15:02,7		03/08/2020	02:31,7	12:45,7	22:59,7
23/05/2020	01:16,6	11:30,6	21:44,5	04/08/2020	09:13,6	19:27,6	
24/05/2020	07:58,4	18:12,4		05/08/2020	05:41,5	15:55,5	
25/05/2020	04:26,3	14:40,2		06/08/2020	02:09,5	12:23,4	22:37,4

Data	Ora	Ora	Ora	Data	Ora	Ora	Ora
07/08/2020	08:51,4	19:05,3		19/10/2020	06:50,0	17:04,1	
08/08/2020	05:19,3	15:33,3		20/10/2020	03:18,2	13:32,3	23:46,3
09/08/2020	01:47,2	12:01,2	22:15,2	21/10/2020	10:00,4	20:14,5	
10/08/2020	08:29,1	18:43,1		22/10/2020	06:28,6	16:42,7	
11/08/2020	04:57,1	15:11,1		23/10/2020	02:56,8	13:10,9	23:25,0
12/08/2020	01:25,0	11:39,0	21:53,0	24/10/2020	09:39,1	19:53,1	
13/08/2020	08:07,0	18:20,9		25/10/2020	06:07,2	16:21,3	
14/08/2020	04:34,9	14:48,9		26/10/2020	02:35,4	12:49,5	23:03,6
15/08/2020	01:02,9	11:16,9	21:30,8	27/10/2020	09:17,7	19:31,8	
16/08/2020	07:44,8	17:58,8		28/10/2020	05:45,9	15:60,0	
17/08/2020	04:12,8	14:26,8		29/10/2020	02:14,1	12:28,2	22:42,2
18/08/2020	00:40,7	10:54,7	21:08,7	30/10/2020	08:56,3	19:10,4	
19/08/2020	07:22,7	17:36,7		31/10/2020	05:24,5	15:38,6	
20/08/2020	03:50,7	14:04,7		01/11/2020	01:52,7	12:06,8	22:20,9
21/08/2020	00:18,6	10:32,6	20:46,6	02/11/2020	08:35,0	18:49,1	
22/08/2020	07:00,6	17:14,6		03/11/2020	05:03,2	15:17,3	
23/08/2020	03:28,6	13:42,6	23:56,6	04/11/2020	01:31,4	11:45,5	21:59,6
24/08/2020	10:10,6	20:24,6		05/11/2020	08:13,7	18:27,8	
25/08/2020	06:38,6	16:52,6		06/11/2020	04:41,9	14:56,0	
26/08/2020	03:06,6	13:20,6	23:34,6	07/11/2020	01:10,1	11:24,2	21:38,3
27/08/2020	09:48,6	20:02,6		08/11/2020	07:52,4	18:06,5	
28/08/2020	06:16,6	16:30,6		09/11/2020	04:20,6	14:34,7	
29/08/2020	02:44,6	12:58,6	23:12,6	10/11/2020	00:48,8	11:02,9	21:17,0
30/08/2020	09:26,6	19:40,6		11/11/2020	07:31,2	17:45,3	
31/08/2020	05:54,6	16:08,6		12/11/2020	03:59,4	14:13,5	
01/09/2020	02:22,6	12:36,6	22:50,6	13/11/2020	00:27,6	10:41,7	20:55,8
02/09/2020	09:04,6	19:18,6		14/11/2020	07:09,9	17:24,0	
03/09/2020	05:32,6	15:46,7		15/11/2020	03:38,1	13:52,2	
04/09/2020	02:00,7	12:14,7	22:28,7	16/11/2020	00:06,3	10:20,4	20:34,5
05/09/2020	08:42,7	18:56,7		17/11/2020	06:48,6	17:02,8	
06/09/2020	05:10,7	15:24,8		18/11/2020	03:16,9	13:31,0	23:45,1
07/09/2020	01:38,8	11:52,8	22:06,8	19/11/2020	09:59,2	20:13,3	
08/09/2020	08:20,8	18:34,8		20/11/2020	06:27,4	16:41,5	
09/09/2020	04:48,9	15:02,9		21/11/2020	02:55,6	13:09,7	23:23,8
10/09/2020	01:16,9	11:30,9	21:45,0	22/11/2020	09:38,0	19:52,1	
11/09/2020	07:59,0	18:13,0		23/11/2020	06:06,2	16:20,3	
12/09/2020	04:27,0	14:41,1		24/11/2020	02:34,4	12:48,5	23:02,6
13/09/2020	00:55,1	11:09,1	21:23,2	25/11/2020	09:16,7	19:30,8	
14/09/2020	07:37,2	17:51,2		26/11/2020	05:44,9	15:59,1	
15/09/2020	04:05,2	14:19,3		27/11/2020	02:13,2	12:27,3	22:41,4
16/09/2020	00:33,3	10:47,3	21:01,4	28/11/2020	08:55,5	19:09,6	
17/09/2020	07:15,4	17:29,5		29/11/2020	05:23,7	15:37,8	
18/09/2020	03:43,5	13:57,5		30/11/2020	01:51,9	12:06,1	22:20,2
19/09/2020	00:11,6	10:25,6	20:39,6	01/12/2020	08:34,3	18:48,4	
20/09/2020	06:53,7	17:07,7		02/12/2020	05:02,5	15:16,6	
21/09/2020	03:21,8	13:35,8	23:49,9	03/12/2020	01:30,7	11:44,8	21:59,0
22/09/2020	10:03,9	20:17,9		04/12/2020	08:13,1	18:27,2	
23/09/2020	06:32,0	16:46,0		05/12/2020	04:41,3	14:55,4	
24/09/2020	03:00,1	13:14,1	23:28,2	06/12/2020	01:09,5	11:23,6	21:37,7
25/09/2020	09:42,2	19:56,3		07/12/2020	07:51,9	18:06,0	
26/09/2020	06:10,3	16:24,4		08/12/2020	04:20,1	14:34,2	
27/09/2020	02:38,4	12:52,5	23:06,5	09/12/2020	00:48,3	11:02,4	21:16,5
28/09/2020	09:20,6	19:34,7		10/12/2020	07:30,6	17:44,7	
29/09/2020	05:48,7	16:02,8		11/12/2020	03:58,9	14:13,0	
30/09/2020	02:16,8	12:30,9	22:44,9	12/12/2020	00:27,1	10:41,2	20:55,3
01/10/2020	08:59,0	19:13,1		13/12/2020	07:09,4	17:23,5	
02/10/2020	05:27,1	15:41,2		14/12/2020	03:37,7	13:51,8	
03/10/2020	01:55,2	12:09,3	22:23,4	15/12/2020	00:05,9	10:20,0	20:34,1
04/10/2020	08:37,4	18:51,5		16/12/2020	06:48,2	17:02,3	
05/10/2020	05:05,5	15:19,6		17/12/2020	03:16,4	13:30,5	23:44,6
06/10/2020	01:33,7	11:47,7	22:01,8	18/12/2020	09:58,8	20:12,9	
07/10/2020	08:15,9	18:29,9		19/12/2020	06:27,0	16:41,1	
08/10/2020	04:44,0	14:58,1		20/12/2020	02:55,2	13:09,3	23:23,4
09/10/2020	01:12,2	11:26,2	21:40,3	21/12/2020	09:37,5	19:51,6	
10/10/2020	07:54,4	18:08,4		22/12/2020	06:05,8	16:19,9	
11/10/2020	04:22,5	14:36,6		23/12/2020	02:34,0	12:48,1	23:02,2
12/10/2020	00:50,7	11:04,7	21:18,8	24/12/2020	09:16,3	19:30,4	
13/10/2020	07:32,9	17:47,0		25/12/2020	05:44,5	15:58,6	
14/10/2020	04:01,0	14:15,1		26/12/2020	02:12,7	12:26,8	22:40,9
15/10/2020	00:29,2	10:43,3	20:57,4	27/12/2020	08:55,0	19:09,1	
16/10/2020	07:11,4	17:25,5		28/12/2020	05:23,3	15:37,4	
17/10/2020	03:39,6	13:53,7		29/12/2020	01:51,5	12:05,6	22:19,7
18/10/2020	00:07,8	10:21,8	20:35,9	30/12/2020	08:33,8	18:47,9	

MERIDIANO CENTRALE III
(Origine delle radio emissioni)

CENTRAL MERIDIAN III
(Radio emissions)

Orari in T.U. in cui transita il Meridiano Centrale

Date in the format dd/mm/yyyy

TIMES IN U.T.

```
Data         Ora      Ora      Ora            Data         Ora      Ora      Ora
01/01/2013   02:47,7  13:27,1                 14/03/2013   00:59,8  11:39,1  22:18,4
02/01/2013   00:06,5  10:45,8  21:25,2        15/03/2013   08:57,6  19:36,9
03/01/2013   08:04,6  18:44,0                 16/03/2013   06:16,2  16:55,5
04/01/2013   05:23,3  16:02,7                 17/03/2013   03:34,8  14:14,1
05/01/2013   02:42,1  13:21,5                 18/03/2013   00:53,4  11:32,7  22:12,0
06/01/2013   00:00,8  10:40,2  21:19,6        19/03/2013   08:51,3  19:30,6
07/01/2013   07:59,0  18:38,3                 20/03/2013   06:09,9  16:49,2
08/01/2013   05:17,7  15:57,1                 21/03/2013   03:28,5  14:07,8
09/01/2013   02:36,5  13:15,8  23:55,2        22/03/2013   00:47,1  11:26,4  22:05,7
10/01/2013   10:34,6  21:13,9                 23/03/2013   08:45,0  19:24,3
11/01/2013   07:53,3  18:32,7                 24/03/2013   06:03,6  16:42,9
12/01/2013   05:12,0  15:51,4                 25/03/2013   03:22,2  14:01,5
13/01/2013   02:30,7  13:10,1  23:49,5        26/03/2013   00:40,8  11:20,1  21:59,4
14/01/2013   10:28,8  21:08,2                 27/03/2013   08:38,6  19:17,9
15/01/2013   07:47,6  18:26,9                 28/03/2013   05:57,2  16:36,5
16/01/2013   05:06,3  15:45,6                 29/03/2013   03:15,8  13:55,1
17/01/2013   02:25,0  13:04,4  23:43,7        30/03/2013   00:34,4  11:13,7  21:53,0
18/01/2013   10:23,1  21:02,4                 31/03/2013   08:32,3  19:11,6
19/01/2013   07:41,8  18:21,1                 01/04/2013   05:50,9  16:30,2
20/01/2013   05:00,5  15:39,8                 02/04/2013   03:09,5  13:48,8
21/01/2013   02:19,2  12:58,5  23:37,9        03/04/2013   00:28,1  11:07,4  21:46,7
22/01/2013   10:17,2  20:56,6                 04/04/2013   08:26,0  19:05,3
23/01/2013   07:35,9  18:15,3                 05/04/2013   05:44,6  16:23,9
24/01/2013   04:54,6  15:34,0                 06/04/2013   03:03,2  13:42,5
25/01/2013   02:13,3  12:52,7  23:32,0        07/04/2013   00:21,8  11:01,0  21:40,3
26/01/2013   10:11,4  20:50,7                 08/04/2013   08:19,7  18:58,9
27/01/2013   07:30,1  18:09,4                 09/04/2013   05:38,2  16:17,5
28/01/2013   04:48,7  15:28,1                 10/04/2013   02:56,8  13:36,1
29/01/2013   02:07,4  12:46,8  23:26,1        11/04/2013   00:15,4  10:54,7  21:34,0
30/01/2013   10:05,5  20:44,8                 12/04/2013   08:13,3  18:52,6
31/01/2013   07:24,1  18:03,5                 13/04/2013   05:31,9  16:11,2
01/02/2013   04:42,8  15:22,1                 14/04/2013   02:50,5  13:29,8
02/02/2013   02:01,5  12:40,8  23:20,1        15/04/2013   00:09,1  10:48,4  21:27,7
03/02/2013   09:59,5  20:38,8                 16/04/2013   08:07,1  18:46,4
04/02/2013   07:18,1  17:57,5                 17/04/2013   05:25,7  16:05,0
05/02/2013   04:36,8  15:16,1                 18/04/2013   02:44,3  13:23,6
06/02/2013   01:55,5  12:34,8  23:14,1        19/04/2013   00:02,9  10:42,2  21:21,5
07/02/2013   09:53,5  20:32,8                 20/04/2013   08:00,8  18:40,1
08/02/2013   07:12,1  17:51,5                 21/04/2013   05:19,4  15:58,7
09/02/2013   04:30,8  15:10,1                 22/04/2013   02:38,0  13:17,3  23:56,6
10/02/2013   01:49,4  12:28,8  23:08,1        23/04/2013   10:35,9  21:15,2
11/02/2013   09:47,4  20:26,7                 24/04/2013   07:54,6  18:33,9
12/02/2013   07:06,1  17:45,4                 25/04/2013   05:13,2  15:52,5
13/02/2013   04:24,7  15:04,0                 26/04/2013   02:31,8  13:11,1  23:50,4
14/02/2013   01:43,3  12:22,7  23:02,0        27/04/2013   10:29,7  21:09,0
15/02/2013   09:41,3  20:20,6                 28/04/2013   07:48,4  18:27,7
16/02/2013   06:59,9  17:39,3                 29/04/2013   05:07,0  15:46,3
17/02/2013   04:18,6  14:57,9                 30/04/2013   02:25,6  13:04,9  23:44,3
18/02/2013   01:37,2  12:16,5  22:55,8        01/05/2013   10:23,6  21:02,9
19/02/2013   09:35,2  20:14,5                 02/05/2013   07:42,2  18:21,5
20/02/2013   06:53,8  17:33,1                 03/05/2013   05:00,8  15:40,2
21/02/2013   04:12,4  14:51,7                 04/05/2013   02:19,5  12:58,8  23:38,1
22/02/2013   01:31,0  12:10,4  22:49,7        05/05/2013   10:17,4  20:56,8
23/02/2013   09:29,0  20:08,3                 06/05/2013   07:36,1  18:15,4
24/02/2013   06:47,6  17:26,9                 07/05/2013   04:54,7  15:34,1
25/02/2013   04:06,2  14:45,5                 08/05/2013   02:13,4  12:52,7  23:32,0
26/02/2013   01:24,8  12:04,1  22:43,5        09/05/2013   10:11,4  20:50,7
27/02/2013   09:22,8  20:02,1                 10/05/2013   07:30,0  18:09,4
28/02/2013   06:41,4  17:20,7                 11/05/2013   04:48,7  15:28,0
01/03/2013   03:60,0  14:39,3                 12/05/2013   02:07,3  12:46,7  23:26,0
02/03/2013   01:18,6  11:57,9  22:37,2        13/05/2013   10:05,3  20:44,7
03/03/2013   09:16,5  19:55,8                 14/05/2013   07:24,0  18:03,3
04/03/2013   06:35,1  17:14,4                 15/05/2013   04:42,7  15:22,0
05/03/2013   03:53,7  14:33,0                 16/05/2013   02:01,4  12:40,7  23:20,0
06/03/2013   01:12,3  11:51,7  22:31,0        17/05/2013   09:59,4  20:38,7
07/03/2013   09:10,3  19:49,6                 18/05/2013   07:18,1  17:57,4
08/03/2013   06:28,9  17:08,2                 19/05/2013   04:36,7  15:16,1
09/03/2013   03:47,5  14:26,8                 20/05/2013   01:55,4  12:34,8  23:14,1
10/03/2013   01:06,1  11:45,4  22:24,7        21/05/2013   09:53,5  20:32,8
11/03/2013   09:04,0  19:43,3                 22/05/2013   07:12,2  17:51,5
12/03/2013   06:22,6  17:01,9                 23/05/2013   04:30,9  15:10,2
13/03/2013   03:41,2  14:20,5                 24/05/2013   01:49,6  12:28,9  23:08,3
```

Data	Ora	Ora	Ora	Data	Ora	Ora	Ora
25/05/2013	09:47,6	20:27,0		06/08/2013	05:31,7	16:11,2	
26/05/2013	07:06,3	17:45,7		07/08/2013	02:50,7	13:30,2	
27/05/2013	04:25,0	15:04,4		08/08/2013	00:09,6	10:49,1	21:28,6
28/05/2013	01:43,7	12:23,1	23:02,5	09/08/2013	08:08,0	18:47,5	
29/05/2013	09:41,8	20:21,2		10/08/2013	05:27,0	16:06,4	
30/05/2013	07:00,5	17:39,9		11/08/2013	02:45,9	13:25,4	
31/05/2013	04:19,3	14:58,6		12/08/2013	00:04,9	10:44,3	21:23,8
01/06/2013	01:38,0	12:17,4	22:56,7	13/08/2013	08:03,3	18:42,8	
02/06/2013	09:36,1	20:15,5		14/08/2013	05:22,2	16:01,7	
03/06/2013	06:54,8	17:34,2		15/08/2013	02:41,2	13:20,7	
04/06/2013	04:13,6	14:52,9		16/08/2013	00:00,2	10:39,6	21:19,1
05/06/2013	01:32,3	12:11,7	22:51,0	17/08/2013	07:58,6	18:38,1	
06/06/2013	09:30,4	20:09,8		18/08/2013	05:17,5	15:57,0	
07/06/2013	06:49,2	17:28,6		19/08/2013	02:36,5	13:16,0	23:55,5
08/06/2013	04:07,9	14:47,3		20/08/2013	10:34,9	21:14,4	
09/06/2013	01:26,5	12:06,1	22:45,4	21/08/2013	07:53,9	18:33,4	
10/06/2013	09:24,8	20:04,2		22/08/2013	05:12,9	15:52,4	
11/06/2013	06:43,6	17:23,0		23/08/2013	02:31,8	13:11,3	23:50,8
12/06/2013	04:02,4	14:41,7		24/08/2013	10:30,3	21:09,8	
13/06/2013	01:21,1	12:00,5	22:39,9	25/08/2013	07:49,3	18:28,7	
14/06/2013	09:19,3	19:58,7		26/08/2013	05:08,2	15:47,7	
15/06/2013	06:38,1	17:17,5		27/08/2013	02:27,2	13:06,7	23:46,2
16/06/2013	03:56,9	14:36,2		28/08/2013	10:25,6	21:05,1	
17/06/2013	01:15,6	11:55,0	22:34,4	29/08/2013	07:44,6	18:24,1	
18/06/2013	09:13,8	19:53,2		30/08/2013	05:03,6	15:43,1	
19/06/2013	06:32,6	17:12,0		31/08/2013	02:22,6	13:02,0	23:41,5
20/06/2013	03:51,4	14:30,8		01/09/2013	10:21,0	21:00,5	
21/06/2013	01:10,2	11:49,6	22:29,0	02/09/2013	07:40,0	18:19,5	
22/06/2013	09:08,4	19:47,8		03/09/2013	04:59,0	15:38,5	
23/06/2013	06:27,2	17:06,6		04/09/2013	02:18,0	12:57,4	23:36,9
24/06/2013	03:46,0	14:25,5		05/09/2013	10:16,4	20:55,9	
25/06/2013	01:04,9	11:44,3	22:23,7	06/09/2013	07:35,4	18:14,9	
26/06/2013	09:03,1	19:42,5		07/09/2013	04:54,4	15:33,9	
27/06/2013	06:21,9	17:01,3		08/09/2013	02:13,4	12:52,8	23:32,3
28/06/2013	03:40,7	14:20,1		09/09/2013	10:11,8	20:51,3	
29/06/2013	00:59,6	11:39,0	22:18,4	10/09/2013	07:30,8	18:10,3	
30/06/2013	08:57,8	19:37,2		11/09/2013	04:49,8	15:29,3	
01/07/2013	06:16,6	16:56,1		12/09/2013	02:08,8	12:48,3	23:27,8
02/07/2013	03:35,5	14:14,9		13/09/2013	10:07,2	20:46,7	
03/07/2013	00:54,3	11:33,7	22:13,2	14/09/2013	07:26,2	18:05,7	
04/07/2013	08:52,6	19:32,0		15/09/2013	04:45,2	15:24,7	
05/07/2013	06:11,4	16:50,9		16/09/2013	02:04,2	12:43,7	23:23,2
06/07/2013	03:30,3	14:09,7		17/09/2013	10:02,7	20:42,2	
07/07/2013	00:49,1	11:28,6	22:08,0	18/09/2013	07:21,7	18:01,2	
08/07/2013	08:47,4	19:26,9		19/09/2013	04:40,6	15:20,1	
09/07/2013	06:06,3	16:45,7		20/09/2013	01:59,6	12:39,1	23:18,6
10/07/2013	03:25,2	14:04,6		21/09/2013	09:58,1	20:37,6	
11/07/2013	00:44,0	11:23,5	22:02,9	22/09/2013	07:17,1	17:56,6	
12/07/2013	08:42,3	19:21,8		23/09/2013	04:36,1	15:15,6	
13/07/2013	06:01,2	16:40,6		24/09/2013	01:55,0	12:34,5	23:14,0
14/07/2013	03:20,1	13:59,5		25/09/2013	09:53,5	20:33,0	
15/07/2013	00:39,0	11:18,4	21:57,9	26/09/2013	07:12,5	17:52,0	
16/07/2013	08:37,3	19:16,7		27/09/2013	04:31,5	15:11,0	
17/07/2013	05:56,2	16:35,6		28/09/2013	01:50,5	12:30,0	23:09,5
18/07/2013	03:15,1	13:54,5		29/09/2013	09:48,9	20:28,4	
19/07/2013	00:34,0	11:13,4	21:52,9	30/09/2013	07:07,9	17:47,4	
20/07/2013	08:32,3	19:11,7		01/10/2013	04:26,9	15:06,4	
21/07/2013	05:51,2	16:30,6		02/10/2013	01:45,9	12:25,4	23:04,9
22/07/2013	03:10,1	13:49,6		03/10/2013	09:44,4	20:23,8	
23/07/2013	00:29,0	11:08,5	21:47,9	04/10/2013	07:03,3	17:42,8	
24/07/2013	08:27,4	19:06,8		05/10/2013	04:22,3	15:01,8	
25/07/2013	05:46,3	16:25,7		06/10/2013	01:41,3	12:20,8	23:00,3
26/07/2013	03:05,2	13:44,6		07/10/2013	09:39,8	20:19,2	
27/07/2013	00:24,1	11:03,6	21:43,0	08/10/2013	06:58,7	17:38,2	
28/07/2013	08:22,5	19:01,9		09/10/2013	04:17,7	14:57,2	
29/07/2013	05:41,4	16:20,8		10/10/2013	01:36,7	12:16,2	22:55,7
30/07/2013	03:00,3	13:39,8		11/10/2013	09:35,1	20:14,6	
31/07/2013	00:19,2	10:58,7	21:38,2	12/10/2013	06:54,1	17:33,6	
01/08/2013	08:17,6	18:57,1		13/10/2013	04:13,1	14:52,6	
02/08/2013	05:36,5	16:16,0		14/10/2013	01:32,1	12:11,6	22:51,0
03/08/2013	02:55,5	13:34,9		15/10/2013	09:30,5	20:10,0	
04/08/2013	00:14,4	10:53,9	21:33,3	16/10/2013	06:49,5	17:29,0	
05/08/2013	08:12,8	18:52,3		17/10/2013	04:08,5	14:48,0	

Data	Ora	Ora	Ora	Data	Ora	Ora	Ora
18/10/2013	01:27,4	12:06,9	22:46,4	30/12/2013	07:56,6	18:36,0	
19/10/2013	09:25,9	20:05,4		31/12/2013	05:15,4	15:54,8	
20/10/2013	06:44,9	17:24,3		01/01/2014	02:34,2	13:13,6	23:53,0
21/10/2013	04:03,8	14:43,3		02/01/2014	10:32,4	21:11,8	
22/10/2013	01:22,8	12:02,3	22:41,7	03/01/2014	07:51,2	18:30,6	
23/10/2013	09:21,2	20:00,7		04/01/2014	05:10,0	15:49,4	
24/10/2013	06:40,2	17:19,7		05/01/2014	02:28,8	13:08,2	23:47,6
25/10/2013	03:59,1	14:38,6		06/01/2014	10:27,0	21:06,4	
26/10/2013	01:18,1	11:57,6	22:37,1	07/01/2014	07:45,8	18:25,2	
27/10/2013	09:16,5	19:56,0		08/01/2014	05:04,5	15:43,9	
28/10/2013	06:35,5	17:15,0		09/01/2014	02:23,3	13:02,7	23:42,1
29/10/2013	03:54,5	14:33,9		10/01/2014	10:21,5	21:00,9	
30/10/2013	01:13,4	11:52,9	22:32,3	11/01/2014	07:40,3	18:19,6	
31/10/2013	09:11,8	19:51,3		12/01/2014	04:59,0	15:38,4	
01/11/2013	06:30,8	17:10,3		13/01/2014	02:17,8	12:57,2	23:36,6
02/11/2013	03:49,7	14:29,2		14/01/2014	10:15,9	20:55,3	
03/11/2013	01:08,7	11:48,1	22:27,6	15/01/2014	07:34,7	18:14,1	
04/11/2013	09:07,1	19:46,6		16/01/2014	04:53,5	15:32,8	
05/11/2013	06:26,0	17:05,5		17/01/2014	02:12,2	12:51,6	23:31,0
06/11/2013	03:45,0	14:24,4		18/01/2014	10:10,3	20:49,7	
07/11/2013	01:03,9	11:43,4	22:22,8	19/01/2014	07:29,1	18:08,5	
08/11/2013	09:02,3	19:41,8		20/01/2014	04:47,8	15:27,2	
09/11/2013	06:21,3	17:00,7		21/01/2014	02:06,6	12:46,0	23:25,3
10/11/2013	03:40,2	14:19,6		22/01/2014	10:04,7	20:44,1	
11/11/2013	00:59,1	11:38,6	22:18,0	23/01/2014	07:23,4	18:02,8	
12/11/2013	08:57,5	19:37,0		24/01/2014	04:42,2	15:21,5	
13/11/2013	06:16,4	16:55,9		25/01/2014	02:00,9	12:40,3	23:19,6
14/11/2013	03:35,4	14:14,8		26/01/2014	09:59,0	20:38,3	
15/11/2013	00:54,3	11:33,8	22:13,2	27/01/2014	07:17,7	17:57,1	
16/11/2013	08:52,7	19:32,1		28/01/2014	04:36,4	15:15,8	
17/11/2013	06:11,6	16:51,1		29/01/2014	01:55,2	12:34,5	23:13,9
18/11/2013	03:30,5	14:10,0		30/01/2014	09:53,2	20:32,6	
19/11/2013	00:49,4	11:28,9	22:08,3	31/01/2014	07:11,9	17:51,3	
20/11/2013	08:47,8	19:27,3		01/02/2014	04:30,6	15:10,0	
21/11/2013	06:06,7	16:46,2		02/02/2014	01:49,4	12:28,7	23:08,1
22/11/2013	03:25,6	14:05,1		03/02/2014	09:47,4	20:26,8	
23/11/2013	00:44,5	11:24,0	22:03,4	04/02/2014	07:06,1	17:45,5	
24/11/2013	08:42,9	19:22,3		05/02/2014	04:24,8	15:04,2	
25/11/2013	06:01,8	16:41,2		06/02/2014	01:43,5	12:22,9	23:02,2
26/11/2013	03:20,7	14:00,1		07/02/2014	09:41,5	20:20,9	
27/11/2013	00:39,6	11:19,0	21:58,5	08/02/2014	07:00,2	17:39,6	
28/11/2013	08:37,9	19:17,4		09/02/2014	04:18,9	14:58,3	
29/11/2013	05:56,8	16:36,3		10/02/2014	01:37,6	12:16,9	22:56,3
30/11/2013	03:15,7	13:55,2		11/02/2014	09:35,6	20:15,0	
01/12/2013	00:34,6	11:14,0	21:53,5	12/02/2014	06:54,3	17:33,6	
02/12/2013	08:32,9	19:12,4		13/02/2014	04:13,0	14:52,3	
03/12/2013	05:51,8	16:31,2		14/02/2014	01:31,7	12:11,0	22:50,3
04/12/2013	03:10,7	13:50,1		15/02/2014	09:29,7	20:09,0	
05/12/2013	00:29,6	11:09,0	21:48,4	16/02/2014	06:48,3	17:27,7	
06/12/2013	08:27,9	19:07,3		17/02/2014	04:07,0	14:46,3	
07/12/2013	05:46,8	16:26,2		18/02/2014	01:25,7	12:05,0	22:44,3
08/12/2013	03:05,6	13:45,1		19/02/2014	09:23,6	20:03,0	
09/12/2013	00:24,5	11:03,9	21:43,4	20/02/2014	06:42,3	17:21,6	
10/12/2013	08:22,8	19:02,2		21/02/2014	04:01,0	14:40,3	
11/12/2013	05:41,7	16:21,1		22/02/2014	01:19,6	11:58,9	22:38,3
12/12/2013	03:00,5	13:39,9		23/02/2014	09:17,6	19:56,9	
13/12/2013	00:19,4	10:58,8	21:38,2	24/02/2014	06:36,2	17:15,6	
14/12/2013	08:17,7	18:57,1		25/02/2014	03:54,9	14:34,2	
15/12/2013	05:36,5	16:15,9		26/02/2014	01:13,5	11:52,8	22:32,2
16/12/2013	02:55,4	13:34,8		27/02/2014	09:11,5	19:50,8	
17/12/2013	00:14,2	10:53,6	21:33,0	28/02/2014	06:30,1	17:09,4	
18/12/2013	08:12,5	18:51,9		01/03/2014	03:48,8	14:28,1	
19/12/2013	05:31,3	16:10,7		02/03/2014	01:07,4	11:46,7	22:26,0
20/12/2013	02:50,1	13:29,6		03/03/2014	09:05,3	19:44,7	
21/12/2013	00:09,0	10:48,4	21:27,8	04/03/2014	06:24,0	17:03,3	
22/12/2013	08:07,2	18:46,6		05/03/2014	03:42,6	14:21,9	
23/12/2013	05:26,1	16:05,5		06/03/2014	01:01,2	11:40,5	22:19,8
24/12/2013	02:44,9	13:24,3		07/03/2014	08:59,2	19:38,5	
25/12/2013	00:03,7	10:43,1	21:22,5	08/03/2014	06:17,8	16:57,1	
26/12/2013	08:01,9	18:41,4		09/03/2014	03:36,4	14:15,7	
27/12/2013	05:20,8	16:00,2		10/03/2014	00:55,0	11:34,3	22:13,6
28/12/2013	02:39,6	13:19,0	23:58,4	11/03/2014	08:52,9	19:32,2	
29/12/2013	10:37,8	21:17,2		12/03/2014	06:11,5	16:50,9	

Data	Ora	Ora	Ora	Data	Ora	Ora	Ora
13/03/2014	03:30,2	14:09,5		25/05/2014	09:35,2	20:14,5	
14/03/2014	00:48,8	11:28,1	22:07,4	26/05/2014	06:53,8	17:33,1	
15/03/2014	08:46,7	19:26,0		27/05/2014	04:12,5	14:51,8	
16/03/2014	06:05,3	16:44,6		28/05/2014	01:31,1	12:10,5	22:49,8
17/03/2014	03:23,9	14:03,2		29/05/2014	09:29,2	20:08,5	
18/03/2014	00:42,5	11:21,8	22:01,1	30/05/2014	06:47,8	17:27,2	
19/03/2014	08:40,4	19:19,7		31/05/2014	04:06,5	14:45,8	
20/03/2014	05:59,0	16:38,3		01/06/2014	01:25,2	12:04,5	22:43,9
21/03/2014	03:17,6	13:56,9		02/06/2014	09:23,2	20:02,6	
22/03/2014	00:36,2	11:15,5	21:54,8	03/06/2014	06:41,9	17:21,2	
23/03/2014	08:34,1	19:13,4		04/06/2014	04:00,6	14:39,9	
24/03/2014	05:52,7	16:32,0		05/06/2014	01:19,3	11:58,6	22:38,0
25/03/2014	03:11,3	13:50,6		06/06/2014	09:17,3	19:56,7	
26/03/2014	00:29,9	11:09,2	21:48,5	07/06/2014	06:36,0	17:15,4	
27/03/2014	08:27,8	19:07,1		08/06/2014	03:54,7	14:34,1	
28/03/2014	05:46,4	16:25,7		09/06/2014	01:13,5	11:52,8	22:32,2
29/03/2014	03:05,0	13:44,3		10/06/2014	09:11,5	19:50,9	
30/03/2014	00:23,6	11:02,8	21:42,1	11/06/2014	06:30,2	17:09,6	
31/03/2014	08:21,4	19:00,7		12/06/2014	03:49,0	14:28,3	
01/04/2014	05:40,0	16:19,3		13/06/2014	01:07,7	11:47,0	22:26,4
02/04/2014	02:58,6	13:37,9		14/06/2014	09:05,8	19:45,1	
03/04/2014	00:17,2	10:56,5	21:35,8	15/06/2014	06:24,5	17:03,9	
04/04/2014	08:15,1	18:54,4		16/06/2014	03:43,2	14:22,6	
05/04/2014	05:33,7	16:13,0		17/06/2014	01:02,0	11:41,3	22:20,7
06/04/2014	02:52,3	13:31,6		18/06/2014	09:00,1	19:39,5	
07/04/2014	00:10,8	10:50,1	21:29,4	19/06/2014	06:18,8	16:58,2	
08/04/2014	08:08,7	18:48,0		20/06/2014	03:37,6	14:17,0	
09/04/2014	05:27,3	16:06,6		21/06/2014	00:56,3	11:35,7	22:15,1
10/04/2014	02:45,9	13:25,2		22/06/2014	08:54,5	19:33,8	
11/04/2014	00:04,5	10:43,8	21:23,1	23/06/2014	06:13,2	16:52,6	
12/04/2014	08:02,4	18:41,7		24/06/2014	03:32,0	14:11,4	
13/04/2014	05:21,0	16:00,2		25/06/2014	00:50,8	11:30,1	22:09,5
14/04/2014	02:39,5	13:18,8	23:58,1	26/06/2014	08:48,9	19:28,3	
15/04/2014	10:37,4	21:16,7		27/06/2014	06:07,7	16:47,1	
16/04/2014	07:56,0	18:35,3		28/06/2014	03:26,5	14:05,9	
17/04/2014	05:14,6	15:53,9		29/06/2014	00:45,2	11:24,6	22:04,0
18/04/2014	02:33,2	13:12,5	23:51,8	30/06/2014	08:43,4	19:22,8	
19/04/2014	10:31,1	21:10,4		01/07/2014	06:02,2	16:41,6	
20/04/2014	07:49,7	18:29,0		02/07/2014	03:21,0	14:00,4	
21/04/2014	05:08,3	15:47,6		03/07/2014	00:39,8	11:19,2	21:58,6
22/04/2014	02:26,9	13:06,2	23:45,5	04/07/2014	08:38,0	19:17,4	
23/04/2014	10:24,7	21:04,0		05/07/2014	05:56,8	16:36,2	
24/04/2014	07:43,3	18:22,6		06/07/2014	03:15,6	13:55,0	
25/04/2014	05:01,9	15:41,2		07/07/2014	00:34,4	11:13,8	21:53,2
26/04/2014	02:20,5	12:59,8	23:39,1	08/07/2014	08:32,7	19:12,1	
27/04/2014	10:18,4	20:57,7		09/07/2014	05:51,5	16:30,9	
28/04/2014	07:37,0	18:16,3		10/07/2014	03:10,3	13:49,7	
29/04/2014	04:55,6	15:34,9		11/07/2014	00:29,1	11:08,5	21:47,9
30/04/2014	02:14,2	12:53,5	23:32,8	12/07/2014	08:27,4	19:06,8	
01/05/2014	10:12,1	20:51,4		13/07/2014	05:46,2	16:25,6	
02/05/2014	07:30,7	18:10,0		14/07/2014	03:05,0	13:44,5	
03/05/2014	04:49,3	15:28,7		15/07/2014	00:23,9	11:03,3	21:42,7
04/05/2014	02:08,0	12:47,3	23:26,6	16/07/2014	08:22,1	19:01,6	
05/05/2014	10:05,9	20:45,2		17/07/2014	05:41,0	16:20,4	
06/05/2014	07:24,5	18:03,8		18/07/2014	02:59,8	13:39,3	
07/05/2014	04:43,1	15:22,4		19/07/2014	00:18,7	10:58,1	21:37,5
08/05/2014	02:01,7	12:41,0	23:20,3	20/07/2014	08:17,0	18:56,4	
09/05/2014	09:59,6	20:39,0		21/07/2014	05:35,8	16:15,3	
10/05/2014	07:18,3	17:57,6		22/07/2014	02:54,7	13:34,1	
11/05/2014	04:36,9	15:16,2		23/07/2014	00:13,6	10:53,0	21:32,4
12/05/2014	01:55,5	12:34,8	23:14,1	24/07/2014	08:11,9	18:51,3	
13/05/2014	09:53,4	20:32,8		25/07/2014	05:30,7	16:10,2	
14/05/2014	07:12,1	17:51,4		26/07/2014	02:49,6	13:29,1	
15/05/2014	04:30,7	15:10,0		27/07/2014	00:08,5	10:47,9	21:27,4
16/05/2014	01:49,3	12:28,7	23:08,0	28/07/2014	08:06,8	18:46,3	
17/05/2014	09:47,3	20:26,6		29/07/2014	05:25,7	16:05,1	
18/05/2014	07:05,9	17:45,3		30/07/2014	02:44,6	13:24,0	
19/05/2014	04:24,6	15:03,9		31/07/2014	00:03,5	10:42,9	21:22,4
20/05/2014	01:43,2	12:22,6	23:01,9	01/08/2014	08:01,8	18:41,3	
21/05/2014	09:41,2	20:20,5		02/08/2014	05:20,7	16:00,2	
22/05/2014	06:59,9	17:39,2		03/08/2014	02:39,6	13:19,1	23:58,5
23/05/2014	04:18,5	14:57,8		04/08/2014	10:38,0	21:17,4	
24/05/2014	01:37,2	12:16,5	22:55,8	05/08/2014	07:56,9	18:36,3	

Data	Ora	Ora	Ora	Data	Ora	Ora	Ora
06/08/2014	05:15,8	15:55,3		18/10/2014	01:11,2	11:50,7	22:30,2
07/08/2014	02:34,7	13:14,2	23:53,6	19/10/2014	09:09,7	19:49,2	
08/08/2014	10:33,1	21:12,5		20/10/2014	06:28,7	17:08,2	
09/08/2014	07:52,0	18:31,5		21/10/2014	03:47,7	14:27,2	
10/08/2014	05:10,9	15:50,4		22/10/2014	01:06,6	11:46,1	22:25,6
11/08/2014	02:29,8	13:09,3	23:48,8	23/10/2014	09:05,1	19:44,6	
12/08/2014	10:28,2	21:07,7		24/10/2014	06:24,1	17:03,6	
13/08/2014	07:47,1	18:26,6		25/10/2014	03:43,1	14:22,6	
14/08/2014	05:06,1	15:45,5		26/10/2014	01:02,0	11:41,5	22:21,0
15/08/2014	02:25,0	13:04,5	23:43,9	27/10/2014	09:00,5	19:40,0	
16/08/2014	10:23,4	21:02,9		28/10/2014	06:19,5	16:59,0	
17/08/2014	07:42,3	18:21,8		29/10/2014	03:38,5	14:18,0	
18/08/2014	05:01,3	15:40,8		30/10/2014	00:57,4	11:36,9	22:16,4
19/08/2014	02:20,2	12:59,7	23:39,2	31/10/2014	08:55,9	19:35,4	
20/08/2014	10:18,6	20:58,1		01/11/2014	06:14,9	16:54,4	
21/08/2014	07:37,6	18:17,1		02/11/2014	03:33,9	14:13,3	
22/08/2014	04:56,5	15:36,0	15:36,0	03/11/2014	00:52,8	11:32,3	22:11,8
23/08/2014	02:15,5	12:55,0	23:34,4	04/11/2014	08:51,3	19:30,8	
24/08/2014	10:13,9	20:53,4		05/11/2014	06:10,3	16:49,7	
25/08/2014	07:32,9	18:12,3		06/11/2014	03:29,2	14:08,7	
26/08/2014	04:51,8	15:31,3		07/11/2014	00:48,2	11:27,7	22:07,2
27/08/2014	02:10,8	12:50,2	23:29,7	08/11/2014	08:46,6	19:26,1	
28/08/2014	10:09,2	20:48,7		09/11/2014	06:05,6	16:45,1	
29/08/2014	07:28,2	18:07,7		10/11/2014	03:24,6	14:04,0	
30/08/2014	04:47,1	15:26,6		11/11/2014	00:43,5	11:23,0	22:02,5
31/08/2014	02:06,1	12:45,6	23:25,1	12/11/2014	08:42,0	19:21,4	
01/09/2014	10:04,5	20:44,0		13/11/2014	06:00,9	16:40,4	
02/09/2014	07:23,5	18:03,0		14/11/2014	03:19,9	13:59,3	
03/09/2014	04:42,5	15:22,0		15/11/2014	00:38,8	11:18,3	21:57,8
04/09/2014	02:01,4	12:40,9	23:20,4	16/11/2014	08:37,3	19:16,7	
05/09/2014	09:59,9	20:39,4		17/11/2014	05:56,2	16:35,7	
06/09/2014	07:18,9	17:58,4		18/11/2014	03:15,1	13:54,6	
07/09/2014	04:37,8	15:17,3		19/11/2014	00:34,1	11:13,6	21:53,0
08/09/2014	01:56,8	12:36,3	23:15,8	20/11/2014	08:32,5	19:12,0	
09/09/2014	09:55,3	20:34,8		21/11/2014	05:51,4	16:30,9	
10/09/2014	07:14,3	17:53,7		22/11/2014	03:10,4	13:49,9	
11/09/2014	04:33,2	15:12,7		23/11/2014	00:29,3	11:08,8	21:48,3
12/09/2014	01:52,2	12:31,7	23:11,2	24/11/2014	08:27,7	19:07,2	
13/09/2014	09:50,7	20:30,2		25/11/2014	05:46,7	16:26,1	
14/09/2014	07:09,7	17:49,2		26/11/2014	03:05,6	13:45,1	
15/09/2014	04:28,6	15:08,1		27/11/2014	00:24,5	11:04,0	21:43,5
16/09/2014	01:47,6	12:27,1	23:06,6	28/11/2014	08:22,9	19:02,4	
17/09/2014	09:46,1	20:25,6		29/11/2014	05:41,9	16:21,3	
18/09/2014	07:05,1	17:44,6		30/11/2014	03:00,8	13:40,2	
19/09/2014	04:24,1	15:03,6		01/12/2014	00:19,7	10:59,2	21:38,6
20/09/2014	01:43,1	12:22,6	23:02,1	02/12/2014	08:18,1	18:57,5	
21/09/2014	09:41,5	20:21,0		03/12/2014	05:37,0	16:16,5	
22/09/2014	07:00,5	17:40,0		04/12/2014	02:55,9	13:35,4	
23/09/2014	04:19,5	14:59,0		05/12/2014	00:14,8	10:54,3	21:33,7
24/09/2014	01:38,5	12:18,0	22:57,5	06/12/2014	08:13,2	18:52,6	
25/09/2014	09:37,0	20:16,5		07/12/2014	05:32,1	16:11,6	
26/09/2014	06:56,0	17:35,5		08/12/2014	02:51,0	13:30,5	
27/09/2014	04:15,0	14:54,5		09/12/2014	00:09,9	10:49,4	21:28,8
28/09/2014	01:34,0	12:13,5	22:52,9	10/12/2014	08:08,3	18:47,7	
29/09/2014	09:32,4	20:11,9		11/12/2014	05:27,2	16:06,6	
30/09/2014	06:51,4	17:30,9		12/12/2014	02:46,1	13:25,5	
01/10/2014	04:10,4	14:49,9		13/12/2014	00:05,0	10:44,4	21:23,8
02/10/2014	01:29,4	12:08,9	22:48,4	14/12/2014	08:03,3	18:42,7	
03/10/2014	09:27,9	20:07,4		15/12/2014	05:22,2	16:01,6	
04/10/2014	06:46,9	17:26,4		16/12/2014	02:41,1	13:20,5	23:59,9
05/10/2014	04:05,9	14:45,4		17/12/2014	10:39,4	21:18,8	
06/10/2014	01:24,9	12:04,4	22:43,8	18/12/2014	07:58,3	18:37,7	
07/10/2014	09:23,3	20:02,8		19/12/2014	05:17,2	15:56,6	
08/10/2014	06:42,3	17:21,8		20/12/2014	02:36,0	13:15,5	23:54,9
09/10/2014	04:01,3	14:40,8		21/12/2014	10:34,3	21:13,8	
10/10/2014	01:20,3	11:59,8	22:39,3	22/12/2014	07:53,2	18:32,6	
11/10/2014	09:18,8	19:58,3		23/12/2014	05:12,1	15:51,5	
12/10/2014	06:37,8	17:17,3		24/12/2014	02:30,9	13:10,4	23:49,8
13/10/2014	03:56,8	14:36,3		25/12/2014	10:29,2	21:08,7	
14/10/2014	01:15,8	11:55,3	22:34,7	26/12/2014	07:48,1	18:27,5	
15/10/2014	09:14,2	19:53,7		27/12/2014	05:06,9	15:46,4	
16/10/2014	06:33,2	17:12,7		28/12/2014	02:25,8	13:05,2	23:44,7
17/10/2014	03:52,2	14:31,7		29/12/2014	10:24,1	21:03,5	

Data	Ora	Ora	Ora	Data	Ora	Ora	Ora
30/12/2014	07:42,9	18:22,3		13/03/2015	03:19,3	13:58,7	
31/12/2014	05:01,8	15:41,2		14/03/2015	00:38,0	11:17,3	21:56,6
01/01/2015	02:20,6	13:00,0	23:39,5	15/03/2015	08:35,9	19:15,2	
02/01/2015	10:18,9	20:58,3		16/03/2015	05:54,6	16:33,9	
03/01/2015	07:37,7	18:17,1		17/03/2015	03:13,2	13:52,5	
04/01/2015	04:56,5	15:36,0		18/03/2015	00:31,8	11:11,1	21:50,4
05/01/2015	02:15,4	12:54,8	23:34,2	19/03/2015	08:29,7	19:09,0	
06/01/2015	10:13,6	20:53,0		20/03/2015	05:48,4	16:27,7	
07/01/2015	07:32,4	18:11,8		21/03/2015	03:07,0	13:46,3	
08/01/2015	04:51,3	15:30,7		22/03/2015	00:25,6	11:04,9	21:44,2
09/01/2015	02:10,1	12:49,5	23:28,9	23/03/2015	08:23,5	19:02,8	
10/01/2015	10:08,3	20:47,7		24/03/2015	05:42,1	16:21,4	
11/01/2015	07:27,1	18:06,5		25/03/2015	03:00,7	13:40,0	
12/01/2015	04:45,9	15:25,3		26/03/2015	00:19,3	10:58,6	21:37,9
13/01/2015	02:04,7	12:44,1	23:23,5	27/03/2015	08:17,3	18:56,6	
14/01/2015	10:02,9	20:42,3		28/03/2015	05:35,9	16:15,2	
15/01/2015	07:21,7	18:01,1		29/03/2015	02:54,5	13:33,8	
16/01/2015	04:40,5	15:19,9		30/03/2015	00:13,1	10:52,4	21:31,7
17/01/2015	01:59,3	12:38,7	23:18,1	31/03/2015	08:11,0	18:50,3	
18/01/2015	09:57,5	20:36,9		01/04/2015	05:29,6	16:08,9	
19/01/2015	07:16,3	17:55,7		02/04/2015	02:48,2	13:27,5	
20/01/2015	04:35,1	15:14,5		03/04/2015	00:06,8	10:46,1	21:25,4
21/01/2015	01:53,9	12:33,3	23:12,6	04/04/2015	08:04,7	18:43,9	
22/01/2015	09:52,0	20:31,4		05/04/2015	05:23,2	16:02,5	
23/01/2015	07:10,8	17:50,2		06/04/2015	02:41,8	13:21,1	
24/01/2015	04:29,6	15:09,0		07/04/2015	00:00,4	10:39,7	21:19,0
25/01/2015	01:48,4	12:27,7	23:07,1	08/04/2015	07:58,3	18:37,6	
26/01/2015	09:46,5	20:25,9		09/04/2015	05:16,9	15:56,2	
27/01/2015	07:05,3	17:44,6		10/04/2015	02:35,5	13:14,8	23:54,1
28/01/2015	04:24,0	15:03,4		11/04/2015	10:33,4	21:12,7	
29/01/2015	01:42,8	12:22,2	23:01,5	12/04/2015	07:52,0	18:31,3	
30/01/2015	09:40,9	20:20,3		13/04/2015	05:10,5	15:49,8	
31/01/2015	06:59,7	17:39,0		14/04/2015	02:29,1	13:08,4	23:47,7
01/02/2015	04:18,4	14:57,8		15/04/2015	10:27,0	21:06,3	
02/02/2015	01:37,2	12:16,5	22:55,9	16/04/2015	07:45,6	18:24,9	
03/02/2015	09:35,3	20:14,6		17/04/2015	05:04,2	15:43,5	
04/02/2015	06:54,0	17:33,4		18/04/2015	02:22,8	13:02,1	23:41,4
05/02/2015	04:12,7	14:52,1		19/04/2015	10:20,6	20:59,9	
06/02/2015	01:31,5	12:10,8	22:50,2	20/04/2015	07:39,2	18:18,5	
07/02/2015	09:29,6	20:08,9		21/04/2015	04:57,8	15:37,1	
08/02/2015	06:48,3	17:27,7		22/04/2015	02:16,4	12:55,7	23:35,0
09/02/2015	04:07,0	14:46,4		23/04/2015	10:14,3	20:53,6	
10/02/2015	01:25,7	12:05,1	22:44,5	24/04/2015	07:32,9	18:12,1	
11/02/2015	09:23,8	20:03,2		25/04/2015	04:51,4	15:30,7	
12/02/2015	06:42,5	17:21,9		26/04/2015	02:10,0	12:49,3	23:28,6
13/02/2015	04:01,2	14:40,6		27/04/2015	10:07,9	20:47,2	
14/02/2015	01:19,9	11:59,3	22:38,7	28/04/2015	07:26,5	18:05,8	
15/02/2015	09:18,0	19:57,4		29/04/2015	04:45,1	15:24,4	
16/02/2015	06:36,7	17:16,1		30/04/2015	02:03,7	12:42,9	23:22,2
17/02/2015	03:55,4	14:34,8		01/05/2015	10:01,5	20:40,8	
18/02/2015	01:14,1	11:53,4	22:32,8	02/05/2015	07:20,1	17:59,4	
19/02/2015	09:12,1	19:51,5		03/05/2015	04:38,7	15:18,0	
20/02/2015	06:30,8	17:10,2		04/05/2015	01:57,3	12:36,6	23:15,9
21/02/2015	03:49,5	14:28,9		05/05/2015	09:55,2	20:34,5	
22/02/2015	01:08,2	11:47,5	22:26,9	06/05/2015	07:13,8	17:53,1	
23/02/2015	09:06,2	19:45,6		07/05/2015	04:32,4	15:11,7	
24/02/2015	06:24,9	17:04,2		08/05/2015	01:51,0	12:30,3	23:09,6
25/02/2015	03:43,6	14:22,9		09/05/2015	09:48,8	20:28,1	
26/02/2015	01:02,3	11:41,6	22:20,9	10/05/2015	07:07,4	17:46,7	
27/02/2015	09:00,3	19:39,6		11/05/2015	04:26,0	15:05,3	
28/02/2015	06:18,9	16:58,3		12/05/2015	01:44,6	12:23,9	23:03,2
01/03/2015	03:37,6	14:16,9		13/05/2015	09:42,5	20:21,8	
02/03/2015	00:56,3	11:35,6	22:14,9	14/05/2015	07:01,1	17:40,4	
03/03/2015	08:54,2	19:33,6		15/05/2015	04:19,7	14:59,0	
04/03/2015	06:12,9	16:52,2		16/05/2015	01:38,3	12:17,6	22:56,9
05/03/2015	03:31,6	14:10,9		17/05/2015	09:36,2	20:15,6	
06/03/2015	00:50,2	11:29,5	22:08,9	18/05/2015	06:54,9	17:34,2	
07/03/2015	08:48,2	19:27,5		19/05/2015	04:13,5	14:52,8	
08/03/2015	06:06,8	16:46,2		20/05/2015	01:32,1	12:11,4	22:50,7
09/03/2015	03:25,5	14:04,8		21/05/2015	09:30,0	20:09,3	
10/03/2015	00:44,1	11:23,4	22:02,8	22/05/2015	06:48,6	17:27,9	
11/03/2015	08:42,1	19:21,4		23/05/2015	04:07,2	14:46,5	
12/03/2015	06:00,7	16:40,0		24/05/2015	01:25,9	12:05,2	22:44,5

Data	Ora	Ora	Ora	Data	Ora	Ora	Ora
25/05/2015	09:23,8	20:03,1		06/08/2015	05:00,8	15:40,2	
26/05/2015	06:42,4	17:21,7		07/08/2015	02:19,7	12:59,1	23:38,6
27/05/2015	04:01,0	14:40,4		08/08/2015	10:18,0	20:57,4	
28/05/2015	01:19,7	11:59,0	22:38,3	09/08/2015	07:36,9	18:16,3	
29/05/2015	09:17,6	19:56,9		10/08/2015	04:55,8	15:35,2	
30/05/2015	06:36,3	17:15,6		11/08/2015	02:14,6	12:54,1	23:33,5
31/05/2015	03:54,9	14:34,2		12/08/2015	10:13,0	20:52,4	
01/06/2015	01:13,5	11:52,9	22:32,2	13/08/2015	07:31,9	18:11,3	
02/06/2015	09:11,5	19:50,8		14/08/2015	04:50,8	15:30,2	
03/06/2015	06:30,1	17:09,5		15/08/2015	02:09,7	12:49,1	23:28,6
04/06/2015	03:48,8	14:28,1		16/08/2015	10:08,0	20:47,5	
05/06/2015	01:07,4	11:46,8	22:26,1	17/08/2015	07:27,0	18:06,4	
06/06/2015	09:05,4	19:44,8		18/08/2015	04:45,9	15:25,3	
07/06/2015	06:24,1	17:03,4		19/08/2015	02:04,8	12:44,2	23:23,7
08/06/2015	03:42,7	14:22,1		20/08/2015	10:03,1	20:42,6	
09/06/2015	01:01,4	11:40,7	22:20,1	21/08/2015	07:22,1	18:01,5	
10/06/2015	08:59,4	19:38,7		22/08/2015	04:41,0	15:20,4	
11/06/2015	06:18,1	16:57,4		23/08/2015	01:59,9	12:39,4	23:18,8
12/06/2015	03:36,7	14:16,1		24/08/2015	09:58,3	20:37,8	
13/06/2015	00:55,4	11:34,8	22:14,1	25/08/2015	07:17,2	17:56,7	
14/06/2015	08:53,4	19:32,8		26/08/2015	04:36,2	15:15,6	
15/06/2015	06:12,1	16:51,5		27/08/2015	01:55,1	12:34,6	23:14,0
16/06/2015	03:30,8	14:10,2		28/08/2015	09:53,5	20:33,0	
17/06/2015	00:49,5	11:28,9	22:08,2	29/08/2015	07:12,4	17:51,9	
18/06/2015	08:47,5	19:26,9		30/08/2015	04:31,4	15:10,8	
19/06/2015	06:06,2	16:45,6		31/08/2015	01:50,3	12:29,8	23:09,3
20/06/2015	03:24,9	14:04,3		01/09/2015	09:48,7	20:28,2	
21/06/2015	00:43,6	11:23,0	22:02,4	02/09/2015	07:07,7	17:47,2	
22/06/2015	08:41,7	19:21,1		03/09/2015	04:26,6	15:06,1	
23/06/2015	06:00,4	16:39,8		04/09/2015	01:45,6	12:25,1	23:04,5
24/06/2015	03:19,1	13:58,5		05/09/2015	09:44,0	20:23,5	
25/06/2015	00:37,9	11:17,2	21:56,6	06/09/2015	07:03,0	17:42,5	
26/06/2015	08:35,9	19:15,3		07/09/2015	04:21,9	15:01,4	
27/06/2015	05:54,7	16:34,0		08/09/2015	01:40,9	12:20,4	22:59,9
28/06/2015	03:13,4	13:52,8		09/09/2015	09:39,3	20:18,8	
29/06/2015	00:32,1	11:11,5	21:50,9	10/09/2015	06:58,3	17:37,8	
30/06/2015	08:30,2	19:09,6		11/09/2015	04:17,3	14:56,7	
01/07/2015	05:49,0	16:28,3		12/09/2015	01:36,2	12:15,7	22:55,2
02/07/2015	03:07,7	13:47,1		13/09/2015	09:34,7	20:14,2	
03/07/2015	00:26,5	11:05,8	21:45,2	14/09/2015	06:53,7	17:33,1	
04/07/2015	08:24,6	19:04,0		15/09/2015	04:12,6	14:52,1	
05/07/2015	05:43,4	16:22,7		16/09/2015	01:31,6	12:11,1	22:50,6
06/07/2015	03:02,1	13:41,5		17/09/2015	09:30,1	20:09,5	
07/07/2015	00:20,9	11:00,3	21:39,6	18/09/2015	06:49,0	17:28,5	
08/07/2015	08:19,0	18:58,4		19/09/2015	04:08,0	14:47,5	
09/07/2015	05:37,8	16:17,2		20/09/2015	01:27,0	12:06,5	22:46,0
10/07/2015	02:56,6	13:36,0		21/09/2015	09:25,5	20:05,0	
11/07/2015	00:15,4	10:54,7	21:34,1	22/09/2015	06:44,4	17:23,9	
12/07/2015	08:13,5	18:52,9		23/09/2015	04:03,4	14:42,9	
13/07/2015	05:32,3	16:11,7		24/09/2015	01:22,4	12:01,9	22:41,4
14/07/2015	02:51,1	13:30,5		25/09/2015	09:20,9	20:00,4	
15/07/2015	00:09,9	10:49,3	21:28,7	26/09/2015	06:39,9	17:19,4	
16/07/2015	08:08,1	18:47,5		27/09/2015	03:58,9	14:38,4	
17/07/2015	05:26,9	16:06,3		28/09/2015	01:17,9	11:57,3	22:36,8
18/07/2015	02:45,7	13:25,1		29/09/2015	09:16,3	19:55,8	
19/07/2015	00:04,5	10:43,9	21:23,3	30/09/2015	06:35,3	17:14,8	
20/07/2015	08:02,7	18:42,1		01/10/2015	03:54,3	14:33,8	
21/07/2015	05:21,5	16:01,0		02/10/2015	01:13,3	11:52,8	22:32,3
22/07/2015	02:40,4	13:19,8	23:59,2	03/10/2015	09:11,8	19:51,3	
23/07/2015	10:38,6	21:18,0		04/10/2015	06:30,8	17:10,3	
24/07/2015	07:57,4	18:36,8		05/10/2015	03:49,8	14:29,3	
25/07/2015	05:16,3	15:55,7		06/10/2015	01:08,8	11:48,3	22:27,8
26/07/2015	02:35,1	13:14,5	23:53,9	07/10/2015	09:07,3	19:46,8	
27/07/2015	10:33,4	21:12,8		08/10/2015	06:26,3	17:05,8	
28/07/2015	07:52,2	18:31,6		09/10/2015	03:45,3	14:24,8	
29/07/2015	05:11,0	15:50,5		10/10/2015	01:04,2	11:43,7	22:23,2
30/07/2015	02:29,9	13:09,3	23:48,7	11/10/2015	09:02,7	19:42,2	
31/07/2015	10:28,2	21:07,6		12/10/2015	06:21,7	17:01,2	
01/08/2015	07:47,0	18:26,5		13/10/2015	03:40,7	14:20,2	
02/08/2015	05:05,9	15:45,3		14/10/2015	00:59,7	11:39,2	22:18,7
03/08/2015	02:24,8	13:04,2	23:43,6	15/10/2015	08:58,2	19:37,7	
04/08/2015	10:23,1	21:02,5		16/10/2015	06:17,2	16:56,7	
05/08/2015	07:41,9	18:21,4		17/10/2015	03:36,2	14:15,7	

Data	Ora	Ora	Ora	Data	Ora	Ora	Ora
18/10/2015	00:55,2	11:34,7	22:14,2	30/12/2015	07:29,0	18:08,5	
19/10/2015	08:53,7	19:33,2		31/12/2015	04:47,9	15:27,4	
20/10/2015	06:12,7	16:52,2		01/01/2016	02:06,8	12:46,2	23:25,7
21/10/2015	03:31,7	14:11,2		02/01/2016	10:05,1	20:44,6	
22/10/2015	00:50,7	11:30,2	22:09,7	03/01/2016	07:24,0	18:03,4	
23/10/2015	08:49,2	19:28,7		04/01/2016	04:42,9	15:22,3	
24/10/2015	06:08,2	16:47,7		05/01/2016	02:01,7	12:41,2	23:20,6
25/10/2015	03:27,2	14:06,7		06/01/2016	10:00,0	20:39,5	
26/10/2015	00:46,2	11:25,7	22:05,2	07/01/2016	07:18,9	17:58,3	
27/10/2015	08:44,7	19:24,2		08/01/2016	04:37,7	15:17,2	
28/10/2015	06:03,7	16:43,1		09/01/2016	01:56,6	12:36,0	23:15,5
29/10/2015	03:22,6	14:02,1		10/01/2016	09:54,9	20:34,3	
30/10/2015	00:41,6	11:21,1	22:00,6	11/01/2016	07:13,7	17:53,2	
31/10/2015	08:40,1	19:19,6		12/01/2016	04:32,6	15:12,0	
01/11/2015	05:59,1	16:38,6		13/01/2016	01:51,4	12:30,8	23:10,3
02/11/2015	03:18,1	13:57,6		14/01/2016	09:49,7	20:29,1	
03/11/2015	00:37,1	11:16,6	21:56,1	15/01/2016	07:08,5	17:47,9	
04/11/2015	08:35,6	19:15,1		16/01/2016	04:27,4	15:06,8	
05/11/2015	05:54,6	16:34,1		17/01/2016	01:46,2	12:25,6	23:05,0
06/11/2015	03:13,6	13:53,1		18/01/2016	09:44,4	20:23,8	
07/11/2015	00:32,5	11:12,0	21:51,5	19/01/2016	07:03,3	17:42,7	
08/11/2015	08:31,0	19:10,5		20/01/2016	04:22,1	15:01,5	
09/11/2015	05:50,0	16:29,5		21/01/2016	01:40,9	12:20,3	22:59,7
10/11/2015	03:09,0	13:48,5		22/01/2016	09:39,1	20:18,5	
11/11/2015	00:28,0	11:07,5	21:47,0	23/01/2016	06:57,9	17:37,3	
12/11/2015	08:26,4	19:05,9		24/01/2016	04:16,7	14:56,2	
13/11/2015	05:45,4	16:24,9		25/01/2016	01:35,6	12:15,0	22:54,4
14/11/2015	03:04,4	13:43,9		26/01/2016	09:33,8	20:13,2	
15/11/2015	00:23,4	11:02,9	21:42,4	27/01/2016	06:52,6	17:32,0	
16/11/2015	08:21,8	19:01,3		28/01/2016	04:11,4	14:50,8	
17/11/2015	05:40,8	16:20,3		29/01/2016	01:30,2	12:09,6	22:49,0
18/11/2015	02:59,8	13:39,3		30/01/2016	09:28,3	20:07,7	
19/11/2015	00:18,8	10:58,2	21:37,7	31/01/2016	06:47,1	17:26,5	
20/11/2015	08:17,2	18:56,7		01/02/2016	04:05,9	14:45,3	
21/11/2015	05:36,2	16:15,7		02/02/2016	01:24,7	12:04,1	22:43,5
22/11/2015	02:55,1	13:34,6		03/02/2016	09:22,9	20:02,3	
23/11/2015	00:14,1	10:53,6	21:33,1	04/02/2016	06:41,6	17:21,0	
24/11/2015	08:12,6	18:52,0		05/02/2016	04:00,4	14:39,8	
25/11/2015	05:31,5	16:11,0		06/02/2016	01:19,2	11:58,6	22:38,0
26/11/2015	02:50,5	13:30,0		07/02/2016	09:17,3	19:56,7	
27/11/2015	00:09,4	10:48,9	21:28,4	08/02/2016	06:36,1	17:15,5	
28/11/2015	08:07,9	18:47,4		09/02/2016	03:54,9	14:34,2	
29/11/2015	05:26,8	16:06,3		10/02/2016	01:13,6	11:53,0	22:32,4
30/11/2015	02:45,8	13:25,3		11/02/2016	09:11,8	19:51,1	
01/12/2015	00:04,7	10:44,2	21:23,7	12/02/2016	06:30,5	17:09,9	
02/12/2015	08:03,2	18:42,6		13/02/2016	03:49,3	14:28,6	
03/12/2015	05:22,1	16:01,6		14/02/2016	01:08,0	11:47,4	22:26,7
04/12/2015	02:41,1	13:20,5	23:60,0	15/02/2016	09:06,1	19:45,5	
05/12/2015	00:00,0	10:39,5	21:18,9	16/02/2016	06:24,8	17:04,2	
06/12/2015	07:58,4	18:37,9		17/02/2016	03:43,6	14:22,9	
07/12/2015	05:17,3	15:56,8		18/02/2016	01:02,3	11:41,7	22:21,0
08/12/2015	02:36,3	13:15,8	23:55,2	19/02/2016	09:00,4	19:39,8	
09/12/2015	10:34,7	21:14,2		20/02/2016	06:19,1	16:58,5	
10/12/2015	07:53,6	18:33,1		21/02/2016	03:37,9	14:17,2	
11/12/2015	05:12,6	15:52,0		22/02/2016	00:56,6	11:35,9	22:15,3
12/12/2015	02:31,5	13:10,9	23:50,4	23/02/2016	08:54,6	19:34,0	
13/12/2015	10:29,9	21:09,3		24/02/2016	06:13,4	16:52,7	
14/12/2015	07:48,8	18:28,3		25/02/2016	03:32,1	14:11,4	
15/12/2015	05:07,7	15:47,2		26/02/2016	00:50,8	11:30,1	22:09,5
16/12/2015	02:26,6	13:06,1	23:45,6	27/02/2016	08:48,8	19:28,2	
17/12/2015	10:25,0	21:04,5		28/02/2016	06:07,5	16:46,9	
18/12/2015	07:43,9	18:23,4		29/02/2016	03:26,2	14:05,6	
19/12/2015	05:02,8	15:42,3		01/03/2016	00:44,9	11:24,3	22:03,6
20/12/2015	02:21,7	13:01,2	23:40,7	02/03/2016	08:43,0	19:22,3	
21/12/2015	10:20,1	20:59,6		03/03/2016	06:01,7	16:41,0	
22/12/2015	07:39,0	18:18,5		04/03/2016	03:20,4	13:59,7	
23/12/2015	04:57,9	15:37,4		05/03/2016	00:39,0	11:18,4	21:57,7
24/12/2015	02:16,8	12:56,3	23:35,7	06/03/2016	08:37,1	19:16,4	
25/12/2015	10:15,2	20:54,6		07/03/2016	05:55,7	16:35,1	
26/12/2015	07:34,1	18:13,5		08/03/2016	03:14,4	13:53,7	
27/12/2015	04:52,9	15:32,4		09/03/2016	00:33,1	11:12,4	21:51,8
28/12/2015	02:11,8	12:51,3	23:30,7	10/03/2016	08:31,1	19:10,4	
29/12/2015	10:10,2	20:49,6		11/03/2016	05:49,8	16:29,1	

```
Data         Ora      Ora       Ora              Data         Ora      Ora       Ora
12/03/2016   03:08,4  13:47,7                    24/05/2016   09:13,2  19:52,5
13/03/2016   00:27,1  11:06,4   21:45,7          25/05/2016   06:31,8  17:11,1
14/03/2016   08:25,1  19:04,4                    26/05/2016   03:50,4  14:29,7
15/03/2016   05:43,7  16:23,1                    27/05/2016   01:09,0  11:48,3   22:27,6
16/03/2016   03:02,4  13:41,7                    28/05/2016   09:07,0  19:46,3
17/03/2016   00:21,0  11:00,4   21:39,7          29/05/2016   06:25,6  17:04,9
18/03/2016   08:19,0  18:58,3                    30/05/2016   03:44,2  14:23,5
19/03/2016   05:37,6  16:17,0                    31/05/2016   01:02,8  11:42,1   22:21,4
20/03/2016   02:56,3  13:35,6                    01/06/2016   09:00,7  19:40,0
21/03/2016   00:14,9  10:54,3   21:33,6          02/06/2016   06:19,3  16:58,6
22/03/2016   08:12,9  18:52,2                    03/06/2016   03:37,9  14:17,2
23/03/2016   05:31,5  16:10,8                    04/06/2016   00:56,5  11:35,8   22:15,2
24/03/2016   02:50,2  13:29,5                    05/06/2016   08:54,5  19:33,8
25/03/2016   00:08,8  10:48,1   21:27,4          06/06/2016   06:13,1  16:52,4
26/03/2016   08:06,7  18:46,1                    07/06/2016   03:31,7  14:11,0
27/03/2016   05:25,4  16:04,7                    08/06/2016   00:50,3  11:29,6   22:09,0
28/03/2016   02:44,0  13:23,3                    09/06/2016   08:48,3  19:27,6
29/03/2016   00:02,6  10:41,9   21:21,2          10/06/2016   06:06,9  16:46,2
30/03/2016   08:00,5  18:39,9                    11/06/2016   03:25,5  14:04,9
31/03/2016   05:19,2  15:58,5                    12/06/2016   00:44,2  11:23,5   22:02,8
01/04/2016   02:37,8  13:17,1   23:56,4          13/06/2016   08:42,1  19:21,5
02/04/2016   10:35,7  21:15,0                    14/06/2016   06:00,8  16:40,1
03/04/2016   07:54,3  18:33,6                    15/06/2016   03:19,4  13:58,8
04/04/2016   05:12,9  15:52,2                    16/06/2016   00:38,1  11:17,4   21:56,7
05/04/2016   02:31,5  13:10,8   23:50,1          17/06/2016   08:36,1  19:15,4
06/04/2016   10:29,4  21:08,7                    18/06/2016   05:54,7  16:34,0
07/04/2016   07:48,1  18:27,4                    19/06/2016   03:13,4  13:52,7
08/04/2016   05:06,7  15:46,0                    20/06/2016   00:32,0  11:11,4   21:50,7
09/04/2016   02:25,3  13:04,6   23:43,9          21/06/2016   08:30,0  19:09,4
10/04/2016   10:23,2  21:02,5                    22/06/2016   05:48,7  16:28,0
11/04/2016   07:41,8  18:21,1                    23/06/2016   03:07,4  13:46,7
12/04/2016   05:00,4  15:39,7                    24/06/2016   00:26,0  11:05,4   21:44,7
13/04/2016   02:19,0  12:58,3   23:37,5          25/06/2016   08:24,0  19:03,4
14/04/2016   10:16,8  20:56,1                    26/06/2016   05:42,7  16:22,1
15/04/2016   07:35,4  18:14,7                    27/06/2016   03:01,4  13:40,8
16/04/2016   04:54,0  15:33,3                    28/06/2016   00:20,1  10:59,4   21:38,8
17/04/2016   02:12,6  12:51,9   23:31,2          29/06/2016   08:18,1  18:57,5
18/04/2016   10:10,5  20:49,8                    30/06/2016   05:36,8  16:16,2
19/04/2016   07:29,1  18:08,4                    01/07/2016   02:55,5  13:34,9
20/04/2016   04:47,7  15:27,0                    02/07/2016   00:14,2  10:53,6   21:32,9
21/04/2016   02:06,3  12:45,6   23:24,9          03/07/2016   08:12,3  18:51,6
22/04/2016   10:04,2  20:43,4                    04/07/2016   05:31,0  16:10,4
23/04/2016   07:22,7  18:02,0                    05/07/2016   02:49,7  13:29,1
24/04/2016   04:41,3  15:20,6                    06/07/2016   00:08,4  10:47,8   21:27,1
25/04/2016   01:59,9  12:39,2   23:18,5          07/07/2016   08:06,5  18:45,9
26/04/2016   09:57,8  20:37,1                    08/07/2016   05:25,2  16:04,6
27/04/2016   07:16,4  17:55,7                    09/07/2016   02:44,0  13:23,3
28/04/2016   04:35,0  15:14,2                    10/07/2016   00:02,7  10:42,1   21:21,4
29/04/2016   01:53,5  12:32,8   23:12,1          11/07/2016   08:00,8  18:40,2
30/04/2016   09:51,4  20:30,7                    12/07/2016   05:19,5  15:58,9
01/05/2016   07:10,0  17:49,3                    13/07/2016   02:38,3  13:17,6   23:57,0
02/05/2016   04:28,6  15:07,9                    14/07/2016   10:36,4  21:15,8
03/05/2016   01:47,2  12:26,4   23:05,7          15/07/2016   07:55,1  18:34,5
04/05/2016   09:45,0  20:24,3                    16/07/2016   05:13,9  15:53,3
05/05/2016   07:03,6  17:42,9                    17/07/2016   02:32,7  13:12,0   23:51,4
06/05/2016   04:22,2  15:01,5                    18/07/2016   10:30,8  21:10,2
07/05/2016   01:40,8  12:20,1   22:59,4          19/07/2016   07:49,6  18:28,9
08/05/2016   09:38,6  20:17,9                    20/07/2016   05:08,3  15:47,7
09/05/2016   06:57,2  17:36,5                    21/07/2016   02:27,1  13:06,5   23:45,9
10/05/2016   04:15,8  14:55,1                    22/07/2016   10:25,3  21:04,7
11/05/2016   01:34,4  12:13,7   22:53,0          23/07/2016   07:44,1  18:23,4
12/05/2016   09:32,3  20:11,6                    24/07/2016   05:02,8  15:42,2
13/05/2016   06:50,9  17:30,2                    25/07/2016   02:21,6  13:01,0   23:40,4
14/05/2016   04:09,4  14:48,7                    26/07/2016   10:19,8  20:59,2
15/05/2016   01:28,0  12:07,3   22:46,6          27/07/2016   07:38,6  18:18,0
16/05/2016   09:25,9  20:05,2                    28/07/2016   04:57,4  15:36,8
17/05/2016   06:44,5  17:23,8                    29/07/2016   02:16,2  12:55,6   23:35,0
18/05/2016   04:03,1  14:42,4                    30/07/2016   10:14,4  20:53,8
19/05/2016   01:21,7  12:01,0   22:40,3          31/07/2016   07:33,2  18:12,6
20/05/2016   09:19,6  19:58,9                    01/08/2016   04:52,1  15:31,5
21/05/2016   06:38,2  17:17,5                    02/08/2016   02:10,9  12:50,3   23:29,7
22/05/2016   03:56,8  14:36,0                    03/08/2016   10:09,1  20:48,5
23/05/2016   01:15,3  11:54,7   22:33,9          04/08/2016   07:27,9  18:07,4
```

Data	Ora	Ora	Ora	Data	Ora	Ora	Ora
05/08/2016	04:46,8	15:26,2		17/10/2016	00:39,5	11:19,0	21:58,5
06/08/2016	02:05,6	12:45,0	23:24,4	18/10/2016	08:38,0	19:17,5	
07/08/2016	10:03,9	20:43,3		19/10/2016	05:56,9	16:36,4	
08/08/2016	07:22,7	18:02,1		20/10/2016	03:15,9	13:55,4	
09/08/2016	04:41,5	15:21,0		21/10/2016	00:34,9	11:14,5	21:54,0
10/08/2016	02:00,4	12:39,8	23:19,2	22/10/2016	08:33,5	19:13,0	
11/08/2016	09:58,7	20:38,1		23/10/2016	05:52,4	16:31,9	
12/08/2016	07:17,5	17:57,0		24/10/2016	03:11,4	13:50,9	
13/08/2016	04:36,4	15:15,8		25/10/2016	00:30,4	11:10,0	21:49,5
14/08/2016	01:55,3	12:34,7	23:14,1	26/10/2016	08:29,0	19:08,4	
15/08/2016	09:53,6	20:33,0		27/10/2016	05:47,9	16:27,4	
16/08/2016	07:12,4	17:51,9		28/10/2016	03:06,9	13:46,4	
17/08/2016	04:31,3	15:10,7		29/10/2016	00:26,0	11:05,5	21:45,0
18/08/2016	01:50,2	12:29,6	23:09,1	30/10/2016	08:24,5	19:03,9	
19/08/2016	09:48,5	20:27,9		31/10/2016	05:43,4	16:22,9	
20/08/2016	07:07,4	17:46,8		01/11/2016	03:02,4	13:42,0	
21/08/2016	04:26,3	15:05,7		02/11/2016	00:21,5	11:01,0	21:40,5
22/08/2016	01:45,2	12:24,6	23:04,0	03/11/2016	08:19,9	18:59,4	
23/08/2016	09:43,5	20:22,9		04/11/2016	05:38,9	16:18,4	
24/08/2016	07:02,4	17:41,8		05/11/2016	02:57,9	13:37,4	
25/08/2016	04:21,3	15:00,7		06/11/2016	00:16,9	10:56,4	21:35,9
26/08/2016	01:40,2	12:19,6	22:59,1	07/11/2016	08:15,4	18:54,9	
27/08/2016	09:38,6	20:18,0		08/11/2016	05:34,4	16:13,9	
28/08/2016	06:57,5	17:36,9		09/11/2016	02:53,4	13:32,9	
29/08/2016	04:16,4	14:55,8		10/11/2016	00:12,4	10:51,9	21:31,4
30/08/2016	01:35,3	12:14,7	22:54,2	11/11/2016	08:10,9	18:50,4	
31/08/2016	09:33,7	20:13,1		12/11/2016	05:29,9	16:09,4	
01/09/2016	06:52,6	17:32,0		13/11/2016	02:48,9	13:28,4	
02/09/2016	04:11,5	14:51,0		14/11/2016	00:07,9	10:47,4	21:26,9
03/09/2016	01:30,4	12:09,9	22:49,4	15/11/2016	08:06,4	18:45,9	
04/09/2016	09:28,8	20:08,3		16/11/2016	05:25,4	16:04,9	
05/09/2016	06:47,8	17:27,2		17/11/2016	02:44,4	13:23,9	
06/09/2016	04:06,7	14:46,2		18/11/2016	00:03,4	10:42,8	21:22,3
07/09/2016	01:25,6	12:05,1	22:44,6	19/11/2016	08:01,8	18:41,3	
08/09/2016	09:24,0	20:03,5		20/11/2016	05:20,8	16:00,3	
09/09/2016	06:43,0	17:22,4		21/11/2016	02:39,8	13:19,3	23:58,8
10/09/2016	04:01,9	14:41,4		22/11/2016	10:38,3	21:17,8	
11/09/2016	01:20,9	12:00,3	22:39,8	23/11/2016	07:57,3	18:36,8	
12/09/2016	09:19,3	19:58,8		24/11/2016	05:16,3	15:55,7	
13/09/2016	06:38,2	17:17,7		25/11/2016	02:35,2	13:14,7	23:54,2
14/09/2016	03:57,2	14:36,7		26/11/2016	10:33,7	21:13,2	
15/09/2016	01:16,1	11:55,6	22:35,1	27/11/2016	07:52,7	18:32,2	
16/09/2016	09:14,6	19:54,1		28/11/2016	05:11,7	15:51,2	
17/09/2016	06:33,5	17:13,0		29/11/2016	02:30,6	13:10,1	23:49,6
18/09/2016	03:52,5	14:32,0		30/11/2016	10:29,1	21:08,6	
19/09/2016	01:11,5	11:50,9	22:30,4	01/12/2016	07:48,1	18:27,6	
20/09/2016	09:09,9	19:49,4		02/12/2016	05:07,0	15:46,5	
21/09/2016	06:28,9	17:08,4		03/12/2016	02:26,0	13:05,5	23:45,0
22/09/2016	03:47,8	14:27,3		04/12/2016	10:24,5	21:03,9	
23/09/2016	01:06,8	11:46,3	22:25,8	05/12/2016	07:43,4	18:22,9	
24/09/2016	09:05,3	19:44,8		06/12/2016	05:02,4	15:41,9	
25/09/2016	06:24,2	17:03,7		07/12/2016	02:21,3	13:00,8	23:40,3
26/09/2016	03:43,2	14:22,7		08/12/2016	10:19,8	20:59,3	
27/09/2016	01:02,2	11:41,7	22:21,2	09/12/2016	07:38,8	18:18,2	
28/09/2016	09:00,7	19:40,2		10/12/2016	04:57,7	15:37,2	
29/09/2016	06:19,6	16:59,1		11/12/2016	02:16,7	12:56,1	23:35,6
30/09/2016	03:38,6	14:18,1		12/12/2016	10:15,1	20:54,6	
01/10/2016	00:57,6	11:37,1	22:16,6	13/12/2016	07:34,0	18:13,5	
02/10/2016	08:56,1	19:35,6		14/12/2016	04:53,0	15:32,5	
03/10/2016	06:15,1	16:54,6		15/12/2016	02:11,9	12:51,4	23:30,9
04/10/2016	03:34,0	14:13,5		16/12/2016	10:10,4	20:49,8	
05/10/2016	00:53,0	11:32,5	22:12,0	17/12/2016	07:29,3	18:08,8	
06/10/2016	08:51,5	19:31,0		18/12/2016	04:48,2	15:27,7	
07/10/2016	06:10,5	16:50,0		19/12/2016	02:07,2	12:46,6	23:26,1
08/10/2016	03:29,5	14:09,0		20/12/2016	10:05,6	20:45,0	
09/10/2016	00:48,5	11:28,0	22:07,5	21/12/2016	07:24,5	18:04,0	
10/10/2016	08:47,0	19:26,5		22/12/2016	04:43,4	15:22,9	
11/10/2016	06:06,0	16:45,5		23/12/2016	02:02,4	12:41,8	23:21,3
12/10/2016	03:25,0	14:04,5		24/12/2016	10:00,8	20:40,2	
13/10/2016	00:44,0	11:23,5	22:03,0	25/12/2016	07:19,7	17:59,1	
14/10/2016	08:42,5	19:22,0		26/12/2016	04:38,6	15:18,1	
15/10/2016	06:01,5	16:41,0		27/12/2016	01:57,5	12:37,0	23:16,4
16/10/2016	03:20,5	13:60,0		28/12/2016	09:55,9	20:35,4	

Data	Ora	Ora	Ora	Data	Ora	Ora	Ora
29/12/2016	07:14,8	17:54,3		12/03/2017	02:57,0	13:36,4	
30/12/2016	04:33,7	15:13,2		13/03/2017	00:15,7	10:55,1	21:34,4
31/12/2016	01:52,6	12:32,1	23:11,6	14/03/2017	08:13,8	18:53,1	
01/01/2017	09:51,0	20:30,5		15/03/2017	05:32,4	16:11,8	
02/01/2017	07:09,9	17:49,4		16/03/2017	02:51,1	13:30,5	
03/01/2017	04:28,8	15:08,3		17/03/2017	00:09,8	10:49,2	21:28,5
04/01/2017	01:47,7	12:27,2	23:06,6	18/03/2017	08:07,8	18:47,2	
05/01/2017	09:46,1	20:25,5		19/03/2017	05:26,5	16:05,8	
06/01/2017	07:04,9	17:44,4		20/03/2017	02:45,2	13:24,5	
07/01/2017	04:23,8	15:03,3		21/03/2017	00:03,9	10:43,2	21:22,5
08/01/2017	01:42,7	12:22,2	23:01,6	22/03/2017	08:01,9	18:41,2	
09/01/2017	09:41,1	20:20,5		23/03/2017	05:20,5	15:59,9	
10/01/2017	06:59,9	17:39,4		24/03/2017	02:39,2	13:18,5	23:57,9
11/01/2017	04:18,8	14:58,3		25/03/2017	10:37,2	21:16,5	
12/01/2017	01:37,7	12:17,1	22:56,6	26/03/2017	07:55,8	18:35,2	
13/01/2017	09:36,0	20:15,4		27/03/2017	05:14,5	15:53,8	
14/01/2017	06:54,9	17:34,3		28/03/2017	02:33,1	13:12,5	23:51,8
15/01/2017	04:13,8	14:53,2		29/03/2017	10:31,1	21:10,4	
16/01/2017	01:32,6	12:12,1	22:51,5	30/03/2017	07:49,8	18:29,1	
17/01/2017	09:30,9	20:10,3		31/03/2017	05:08,4	15:47,7	
18/01/2017	06:49,8	17:29,2		01/04/2017	02:27,1	13:06,4	23:45,7
19/01/2017	04:08,6	14:48,1		02/04/2017	10:25,0	21:04,3	
20/01/2017	01:27,5	12:06,9	22:46,3	03/04/2017	07:43,7	18:23,0	
21/01/2017	09:25,8	20:05,2		04/04/2017	05:02,3	15:41,6	
22/01/2017	06:44,6	17:24,0		05/04/2017	02:20,9	13:00,2	23:39,6
23/01/2017	04:03,5	14:42,9		06/04/2017	10:18,9	20:58,2	
24/01/2017	01:22,3	12:01,7	22:41,1	07/04/2017	07:37,5	18:16,8	
25/01/2017	09:20,6	19:60,0		08/04/2017	04:56,1	15:35,4	
26/01/2017	06:39,4	17:18,8		09/04/2017	02:14,7	12:54,1	23:33,4
27/01/2017	03:58,2	14:37,6		10/04/2017	10:12,7	20:52,0	
28/01/2017	01:17,1	11:56,5	22:35,9	11/04/2017	07:31,3	18:10,6	
29/01/2017	09:15,3	19:54,7		12/04/2017	04:49,9	15:29,2	
30/01/2017	06:34,1	17:13,5		13/04/2017	02:08,5	12:47,8	23:27,1
31/01/2017	03:52,9	14:32,4		14/04/2017	10:06,5	20:45,8	
01/02/2017	01:11,8	11:51,2	22:30,6	15/04/2017	07:25,1	18:04,4	
02/02/2017	09:10,0	19:49,4		16/04/2017	04:43,7	15:23,0	
03/02/2017	06:28,8	17:08,2		17/04/2017	02:02,3	12:41,6	23:20,9
04/02/2017	03:47,6	14:27,0		18/04/2017	10:00,2	20:39,5	
05/02/2017	01:06,4	11:45,8	22:25,2	19/04/2017	07:18,8	17:58,1	
06/02/2017	09:04,6	19:44,4		20/04/2017	04:37,4	15:16,7	
07/02/2017	06:23,4	17:02,8		21/04/2017	01:56,0	12:35,3	23:14,6
08/02/2017	03:42,2	14:21,6		22/04/2017	09:53,9	20:33,2	
09/02/2017	01:01,0	11:40,4	22:19,8	23/04/2017	07:12,5	17:51,8	
10/02/2017	08:59,2	19:38,6		24/04/2017	04:31,1	15:10,4	
11/02/2017	06:18,0	16:57,4		25/04/2017	01:49,7	12:29,0	23:08,3
12/02/2017	03:36,8	14:16,2		26/04/2017	09:47,6	20:26,9	
13/02/2017	00:55,5	11:34,9	22:14,3	27/04/2017	07:06,2	17:45,5	
14/02/2017	08:53,7	19:33,1		28/04/2017	04:24,8	15:04,1	
15/02/2017	06:12,5	16:51,9		29/04/2017	01:43,4	12:22,7	23:02,0
16/02/2017	03:31,3	14:10,6		30/04/2017	09:41,3	20:20,6	
17/02/2017	00:50,0	11:29,4	22:08,8	01/05/2017	06:59,9	17:39,1	
18/02/2017	08:48,2	19:27,6		02/05/2017	04:18,4	14:57,7	
19/02/2017	06:06,9	16:46,3		03/05/2017	01:37,0	12:16,3	22:55,6
20/02/2017	03:25,7	14:05,1		04/05/2017	09:34,9	20:14,2	
21/02/2017	00:44,4	11:23,8	22:03,2	05/05/2017	06:53,5	17:32,8	
22/02/2017	08:42,6	19:22,0		06/05/2017	04:12,1	14:51,4	
23/02/2017	06:01,3	16:40,7		07/05/2017	01:30,7	12:10,0	22:49,2
24/02/2017	03:20,1	13:59,4		08/05/2017	09:28,5	20:07,8	
25/02/2017	00:38,8	11:18,2	21:57,6	09/05/2017	06:47,1	17:26,4	
26/02/2017	08:36,9	19:16,3		10/05/2017	04:05,7	14:45,0	
27/02/2017	05:55,7	16:35,0		11/05/2017	01:24,3	12:03,6	22:42,9
28/02/2017	03:14,4	13:53,8		12/05/2017	09:22,2	20:01,5	
01/03/2017	00:33,1	11:12,5	21:51,9	13/05/2017	06:40,7	17:20,0	
02/03/2017	08:31,2	19:10,6		14/05/2017	03:59,3	14:38,6	
03/03/2017	05:49,9	16:29,3		15/05/2017	01:17,9	11:57,2	22:36,5
04/03/2017	03:08,7	13:48,0		16/05/2017	09:15,8	19:55,1	
05/03/2017	00:27,4	11:06,7	21:46,1	17/05/2017	06:34,4	17:13,7	
06/03/2017	08:25,4	19:04,8		18/05/2017	03:52,9	14:32,2	
07/03/2017	05:44,2	16:23,5		19/05/2017	01:11,5	11:50,8	22:30,1
08/03/2017	03:02,9	13:42,2		20/05/2017	09:09,4	19:48,7	
09/03/2017	00:21,6	11:00,9	21:40,3	21/05/2017	06:28,0	17:07,3	
10/03/2017	08:19,6	18:59,0		22/05/2017	03:46,6	14:25,9	
11/03/2017	05:38,3	16:17,7		23/05/2017	01:05,2	11:44,4	22:23,7

Data	Ora	Ora	Ora	Data	Ora	Ora	Ora
24/05/2017	09:03,0	19:42,3		05/08/2017	04:33,5	15:12,9	
25/05/2017	06:21,6	17:00,9		06/08/2017	01:52,3	12:31,7	23:11,1
26/05/2017	03:40,2	14:19,5		07/08/2017	09:50,5	20:29,9	
27/05/2017	00:58,8	11:38,1	22:17,4	08/08/2017	07:09,3	17:48,7	
28/05/2017	08:56,7	19:36,0		09/08/2017	04:28,1	15:07,5	
29/05/2017	06:15,3	16:54,5		10/08/2017	01:46,9	12:26,3	23:05,7
30/05/2017	03:33,8	14:13,1		11/08/2017	09:45,1	20:24,5	
31/05/2017	00:52,4	11:31,7	22:11,0	12/08/2017	07:03,9	17:43,4	
01/06/2017	08:50,3	19:29,6		13/08/2017	04:22,8	15:02,2	
02/06/2017	06:08,9	16:48,2		14/08/2017	01:41,6	12:21,0	23:00,4
03/06/2017	03:27,5	14:06,8		15/08/2017	09:39,8	20:19,2	
04/06/2017	00:46,1	11:25,4	22:04,7	16/08/2017	06:58,6	17:38,1	
05/06/2017	08:44,0	19:23,3		17/08/2017	04:17,5	14:56,9	
06/06/2017	06:02,6	16:41,9		18/08/2017	01:36,3	12:15,7	22:55,1
07/06/2017	03:21,2	14:00,5		19/08/2017	09:34,6	20:14,0	
08/06/2017	00:39,8	11:19,1	21:58,4	20/08/2017	06:53,4	17:32,8	
09/06/2017	08:37,7	19:17,0		21/08/2017	04:12,3	14:51,7	
10/06/2017	05:56,3	16:35,6		22/08/2017	01:31,1	12:10,5	22:50,0
11/06/2017	03:14,9	13:54,2		23/08/2017	09:29,4	20:08,8	
12/06/2017	00:33,5	11:12,8	21:52,1	24/08/2017	06:48,2	17:27,7	
13/06/2017	08:31,4	19:10,7		25/08/2017	04:07,1	14:46,5	
14/06/2017	05:50,1	16:29,4		26/08/2017	01:26,0	12:05,4	22:44,8
15/06/2017	03:08,7	13:48,0		27/08/2017	09:24,3	20:03,7	
16/06/2017	00:27,3	11:06,6	21:45,9	28/08/2017	06:43,1	17:22,6	
17/06/2017	08:25,2	19:04,5		29/08/2017	04:02,0	14:41,4	
18/06/2017	05:43,8	16:23,1		30/08/2017	01:20,9	12:00,3	22:39,8
19/06/2017	03:02,5	13:41,8		31/08/2017	09:19,2	19:58,6	
20/06/2017	00:21,1	11:00,4	21:39,7	01/09/2017	06:38,1	17:17,5	
21/06/2017	08:19,0	18:58,3		02/09/2017	03:57,0	14:36,4	
22/06/2017	05:37,7	16:17,0		03/09/2017	01:15,9	11:55,3	22:34,8
23/06/2017	02:56,3	13:35,6		04/09/2017	09:14,2	19:53,7	
24/06/2017	00:14,9	10:54,2	21:33,6	05/09/2017	06:33,1	17:12,6	
25/06/2017	08:12,9	18:52,2		06/09/2017	03:52,0	14:31,5	
26/06/2017	05:31,5	16:10,8		07/09/2017	01:10,9	11:50,4	22:29,8
27/06/2017	02:50,2	13:29,5		08/09/2017	09:09,3	19:48,7	
28/06/2017	00:08,8	10:48,1	21:27,5	09/09/2017	06:28,2	17:07,6	
29/06/2017	08:06,8	18:46,1		10/09/2017	03:47,1	14:26,6	
30/06/2017	05:25,4	16:04,8		11/09/2017	01:06,0	11:45,5	22:24,9
01/07/2017	02:44,1	13:23,4		12/09/2017	09:04,4	19:43,8	
02/07/2017	00:02,8	10:42,1	21:21,4	13/09/2017	06:23,3	17:02,8	
03/07/2017	08:00,8	18:40,1		14/09/2017	03:42,2	14:21,7	
04/07/2017	05:19,4	15:58,8		15/09/2017	01:01,2	11:40,6	22:20,1
05/07/2017	02:38,1	13:17,4	23:56,8	16/09/2017	08:59,5	19:39,0	
06/07/2017	10:36,1	21:15,4		17/09/2017	06:18,5	16:58,0	
07/07/2017	07:54,8	18:34,1		18/09/2017	03:37,4	14:16,9	
08/07/2017	05:13,5	15:52,8		19/09/2017	00:56,3	11:35,8	22:15,3
09/07/2017	02:32,1	13:11,5	23:50,8	20/09/2017	08:54,8	19:34,2	
10/07/2017	10:30,2	21:09,5		21/09/2017	06:13,7	16:53,2	
11/07/2017	07:48,9	18:28,2		22/09/2017	03:32,6	14:12,1	
12/07/2017	05:07,6	15:46,9		23/09/2017	00:51,6	11:31,1	22:10,5
13/07/2017	02:26,3	13:05,6	23:45,0	24/09/2017	08:50,0	19:29,5	
14/07/2017	10:24,3	21:03,7		25/09/2017	06:09,0	16:48,5	
15/07/2017	07:43,0	18:22,4		26/09/2017	03:27,9	14:07,4	
16/07/2017	05:01,7	15:41,1		27/09/2017	00:46,9	11:26,4	22:05,8
17/07/2017	02:20,4	12:59,8	23:39,1	28/09/2017	08:45,3	19:24,8	
18/07/2017	10:18,5	20:57,9		29/09/2017	06:04,3	16:43,8	
19/07/2017	07:37,2	18:16,6		30/09/2017	03:23,2	14:02,7	
20/07/2017	04:55,9	15:35,3		01/10/2017	00:42,2	11:21,7	22:01,2
21/07/2017	02:14,7	12:54,0	23:33,4	02/10/2017	08:40,7	19:20,1	
22/07/2017	10:12,8	20:52,1		03/10/2017	05:59,6	16:39,1	
23/07/2017	07:31,5	18:10,9		04/10/2017	03:18,6	13:58,1	
24/07/2017	04:50,2	15:29,6		05/10/2017	00:37,6	11:17,1	21:56,5
25/07/2017	02:09,0	12:48,4	23:27,7	06/10/2017	08:36,0	19:15,5	
26/07/2017	10:07,1	20:46,5		07/10/2017	05:55,0	16:34,5	
27/07/2017	07:25,9	18:05,2		08/10/2017	03:14,0	13:53,5	
28/07/2017	04:44,6	15:24,0		09/10/2017	00:33,0	11:12,5	21:51,9
29/07/2017	02:03,4	12:42,7	23:22,1	10/10/2017	08:31,4	19:10,9	
30/07/2017	10:01,5	20:40,9		11/10/2017	05:50,4	16:29,9	
31/07/2017	07:20,3	17:59,7		12/10/2017	03:09,4	13:48,9	
01/08/2017	04:39,0	15:18,4		13/10/2017	00:28,4	11:07,9	21:47,4
02/08/2017	01:57,8	12:37,2	23:16,6	14/10/2017	08:26,9	19:06,3	
03/08/2017	09:56,0	20:35,4		15/10/2017	05:45,8	16:25,3	
04/08/2017	07:14,8	17:54,2		16/10/2017	03:04,8	13:44,3	

Data	Ora	Ora	Ora	Data	Ora	Ora	Ora
17/10/2017	00:23,8	11:03,3	21:42,8	29/12/2017	07:00,0	17:39,5	
18/10/2017	08:22,3	19:01,8		30/12/2017	04:19,0	14:58,5	
19/10/2017	05:41,3	16:20,8		31/12/2017	01:37,9	12:17,4	22:56,9
20/10/2017	03:00,3	13:39,8		01/01/2018	09:36,3	20:15,8	
21/10/2017	00:19,3	10:58,8	21:38,3	02/01/2018	06:55,3	17:34,7	
22/10/2017	08:17,8	18:57,3		03/01/2018	04:14,2	14:53,6	
23/10/2017	05:36,8	16:16,3		04/01/2018	01:33,1	12:12,6	22:52,0
24/10/2017	02:55,8	13:35,3		05/01/2018	09:31,5	20:11,0	
25/10/2017	00:14,8	10:54,3	21:33,8	06/01/2018	06:50,4	17:29,9	
26/10/2017	08:13,3	18:52,8		07/01/2018	04:09,3	14:48,8	
27/10/2017	05:32,3	16:11,8		08/01/2018	01:28,3	12:07,7	22:47,2
28/10/2017	02:51,3	13:30,8		09/01/2018	09:26,6	20:06,1	
29/10/2017	00:10,3	10:49,8	21:29,2	10/01/2018	06:45,5	17:25,0	
30/10/2017	08:08,8	18:48,3		11/01/2018	04:04,4	14:43,9	
31/10/2017	05:27,8	16:07,3		12/01/2018	01:23,4	12:02,8	22:42,2
01/11/2017	02:46,8	13:26,3		13/01/2018	09:21,7	20:01,2	
02/11/2017	00:05,8	10:45,2	21:24,8	14/01/2018	06:40,6	17:20,1	
03/11/2017	08:04,3	18:43,8		15/01/2018	03:59,5	14:39,0	
04/11/2017	05:23,3	16:02,8		16/01/2018	01:18,4	11:57,8	22:37,3
05/11/2017	02:42,3	13:21,8		17/01/2018	09:16,7	19:56,2	
06/11/2017	00:01,3	10:40,8	21:20,3	18/01/2018	06:35,6	17:15,1	
07/11/2017	07:59,8	18:39,3		19/01/2018	03:54,5	14:34,0	
08/11/2017	05:18,8	15:58,3		20/01/2018	01:13,4	11:52,8	22:32,3
09/11/2017	02:37,8	13:17,3	23:56,8	21/01/2018	09:11,7	19:51,2	
10/11/2017	10:36,3	21:15,8		22/01/2018	06:30,6	17:10,0	
11/11/2017	07:55,3	18:34,8		23/01/2018	03:49,5	14:28,9	
12/11/2017	05:14,3	15:53,8		24/01/2018	01:08,3	11:47,8	22:27,2
13/11/2017	02:33,3	13:12,8	23:52,3	25/01/2018	09:06,7	19:46,1	
14/11/2017	10:31,8	21:11,3		26/01/2018	06:25,5	17:05,0	
15/11/2017	07:50,8	18:30,3		27/01/2018	03:44,4	14:23,8	
16/11/2017	05:09,8	15:49,3		28/01/2018	01:03,3	11:42,7	22:22,1
17/11/2017	02:28,8	13:08,3	23:47,8	29/01/2018	09:01,5	19:41,0	
18/11/2017	10:27,3	21:06,8		30/01/2018	06:20,4	16:59,8	
19/11/2017	07:46,3	18:25,8		31/01/2018	03:39,3	14:18,7	
20/11/2017	05:05,3	15:44,8		01/02/2018	00:58,1	11:37,5	22:16,9
21/11/2017	02:24,3	13:03,7	23:43,2	02/02/2018	08:56,4	19:35,8	
22/11/2017	10:22,7	21:02,2		03/02/2018	06:15,2	16:54,6	
23/11/2017	07:41,7	18:21,2		04/02/2018	03:34,1	14:13,5	
24/11/2017	05:00,7	15:40,2		05/02/2018	00:52,9	11:32,3	22:11,7
25/11/2017	02:19,7	12:59,2	23:38,7	06/02/2018	08:51,1	19:30,6	
26/11/2017	10:18,2	20:57,7		07/02/2018	06:10,0	16:49,4	
27/11/2017	07:37,2	18:16,7		08/02/2018	03:28,8	14:08,2	
28/11/2017	04:56,2	15:35,7		09/02/2018	00:47,6	11:27,0	22:06,5
29/11/2017	02:15,2	12:54,7	23:34,2	10/02/2018	08:45,9	19:25,3	
30/11/2017	10:13,7	20:53,2		11/02/2018	06:04,7	16:44,1	
01/12/2017	07:32,7	18:12,2		12/02/2018	03:23,5	14:02,9	
02/12/2017	04:51,6	15:31,1		13/02/2018	00:42,3	11:21,7	22:01,1
03/12/2017	02:10,6	12:50,1	23:29,6	14/02/2018	08:40,5	19:19,9	
04/12/2017	10:09,1	20:48,6		15/02/2018	05:59,3	16:38,7	
05/12/2017	07:28,1	18:07,6		16/02/2018	03:18,2	13:57,6	
06/12/2017	04:47,1	15:26,6		17/02/2018	00:37,0	11:16,4	21:55,8
07/12/2017	02:06,0	12:45,5	23:25,0	18/02/2018	08:35,2	19:14,5	
08/12/2017	10:04,5	20:44,0		19/02/2018	05:53,9	16:33,3	
09/12/2017	07:23,5	18:03,0		20/02/2018	03:12,7	13:52,1	
10/12/2017	04:42,5	15:21,9		21/02/2018	00:31,5	11:10,9	21:50,3
11/12/2017	02:01,4	12:40,9	23:20,4	22/02/2018	08:29,7	19:09,1	
12/12/2017	09:59,9	20:39,4		23/02/2018	05:48,5	16:27,9	
13/12/2017	07:18,9	17:58,3		24/02/2018	03:07,3	13:46,7	
14/12/2017	04:37,8	15:17,3		25/02/2018	00:26,0	11:05,4	21:44,8
15/12/2017	01:56,8	12:36,3	23:15,8	26/02/2018	08:24,2	19:03,6	
16/12/2017	09:55,3	20:34,7		27/02/2018	05:43,0	16:22,4	
17/12/2017	07:14,2	17:53,7		28/02/2018	03:01,7	13:41,1	
18/12/2017	04:33,2	15:12,7		01/03/2018	00:20,5	10:59,9	21:39,3
19/12/2017	01:52,1	12:31,6	23:11,1	02/03/2018	08:18,6	18:58,0	
20/12/2017	09:50,6	20:30,1		03/03/2018	05:37,4	16:16,8	
21/12/2017	07:09,5	17:49,0		04/03/2018	02:56,2	13:35,5	
22/12/2017	04:28,5	15:08,0		05/03/2018	00:14,9	10:54,3	21:33,7
23/12/2017	01:47,4	12:26,9	23:06,4	06/03/2018	08:13,0	18:52,4	
24/12/2017	09:45,9	20:25,3		07/03/2018	05:31,8	16:11,2	
25/12/2017	07:04,8	17:44,3		08/03/2018	02:50,5	13:29,9	
26/12/2017	04:23,8	15:03,2		09/03/2018	00:09,3	10:48,6	21:28,0
27/12/2017	01:42,7	12:22,2	23:01,6	10/03/2018	08:07,4	18:46,7	
28/12/2017	09:41,1	20:20,6		11/03/2018	05:26,1	16:05,5	

Data	Ora	Ora	Ora
12/03/2018	02:44,8	13:24,2	
13/03/2018	00:03,6	10:42,9	21:22,3
14/03/2018	08:01,6	18:41,0	
15/03/2018	05:20,4	15:59,7	
16/03/2018	02:39,1	13:18,4	23:57,8
17/03/2018	10:37,2	21:16,5	
18/03/2018	07:55,9	18:35,2	
19/03/2018	05:14,6	15:53,9	
20/03/2018	02:33,3	13:12,6	23:52,0
21/03/2018	10:31,3	21:10,7	
22/03/2018	07:50,0	18:29,4	
23/03/2018	05:08,7	15:48,1	
24/03/2018	02:27,4	13:06,8	23:46,1
25/03/2018	10:25,5	21:04,8	
26/03/2018	07:44,2	18:23,5	
27/03/2018	05:02,8	15:42,2	
28/03/2018	02:21,5	13:00,9	23:40,2
29/03/2018	10:19,5	20:58,9	
30/03/2018	07:38,2	18:17,6	
31/03/2018	04:56,9	15:36,2	
01/04/2018	02:15,6	12:54,9	23:34,2
02/04/2018	10:13,6	20:52,9	
03/04/2018	07:32,2	18:11,6	
04/04/2018	04:50,9	15:30,2	
05/04/2018	02:09,6	12:48,9	23:28,2
06/04/2018	10:07,6	20:46,9	
07/04/2018	07:26,2	18:05,5	
08/04/2018	04:44,9	15:24,2	
09/04/2018	02:03,5	12:42,8	23:22,2
10/04/2018	10:01,5	20:40,8	
11/04/2018	07:20,1	17:59,5	
12/04/2018	04:38,8	15:18,1	
13/04/2018	01:57,4	12:36,7	23:16,1
14/04/2018	09:55,4	20:34,7	
15/04/2018	07:14,0	17:53,3	
16/04/2018	04:32,7	15:12,0	
17/04/2018	01:51,3	12:30,6	23:09,9
18/04/2018	09:49,2	20:28,5	
19/04/2018	07:07,9	17:47,2	
20/04/2018	04:26,5	15:05,8	
21/04/2018	01:45,1	12:24,4	23:03,7
22/04/2018	09:43,0	20:22,4	
23/04/2018	07:01,7	17:41,0	
24/04/2018	04:20,3	14:59,6	
25/04/2018	01:38,9	12:18,2	22:57,5
26/04/2018	09:36,8	20:16,1	
27/04/2018	06:55,4	17:34,7	
28/04/2018	04:14,2	14:53,3	
29/04/2018	01:32,7	12:12,0	22:51,3
30/04/2018	09:30,6	20:09,9	
01/05/2018	06:49,2	17:28,5	
02/05/2018	04:07,8	14:47,1	
03/05/2018	01:26,4	12:05,7	22:45,0
04/05/2018	09:24,3	20:03,6	
05/05/2018	06:42,9	17:22,2	
06/05/2018	04:01,5	14:40,8	
07/05/2018	01:20,1	11:59,4	22:38,7
08/05/2018	09:18,0	19:57,3	
09/05/2018	06:36,6	17:15,9	
10/05/2018	03:55,2	14:34,5	
11/05/2018	01:13,8	11:53,1	22:32,4
12/05/2018	09:11,6	19:50,9	
13/05/2018	06:30,2	17:09,5	
14/05/2018	03:48,8	14:28,1	
15/05/2018	01:07,4	11:46,7	22:26,0
16/05/2018	09:05,3	19:44,6	
17/05/2018	06:23,9	17:03,2	
18/05/2018	03:42,5	14:21,8	
19/05/2018	01:01,1	11:40,4	22:19,6
20/05/2018	08:58,9	19:38,2	
21/05/2018	06:17,5	16:56,8	
22/05/2018	03:36,1	14:15,4	
23/05/2018	00:54,7	11:34,0	22:13,3
24/05/2018	08:52,6	19:31,9	
25/05/2018	06:11,2	16:50,4	
26/05/2018	03:29,7	14:09,0	
27/05/2018	00:48,3	11:27,6	22:06,9
28/05/2018	08:46,2	19:25,5	
29/05/2018	06:04,8	16:44,1	
30/05/2018	03:23,4	14:02,7	
31/05/2018	00:42,0	11:21,2	22:00,5
01/06/2018	08:39,8	19:19,1	
02/06/2018	05:58,4	16:37,7	
03/06/2018	03:17,0	13:56,3	
04/06/2018	00:35,6	11:14,9	21:54,2
05/06/2018	08:33,5	19:12,8	
06/06/2018	05:52,1	16:31,3	
07/06/2018	03:10,6	13:49,9	
08/06/2018	00:29,2	11:08,5	21:47,8
09/06/2018	08:27,1	19:06,4	
10/06/2018	05:45,7	16:25,0	
11/06/2018	03:04,3	13:43,6	
12/06/2018	00:22,9	11:02,2	21:41,5
13/06/2018	08:20,8	19:00,1	
14/06/2018	05:39,4	16:18,7	
15/06/2018	02:58,0	13:37,3	
16/06/2018	00:16,6	10:55,9	21:35,2
17/06/2018	08:14,5	18:53,8	
18/06/2018	05:33,1	16:12,4	
19/06/2018	02:51,7	13:31,0	
20/06/2018	00:10,3	10:49,6	21:28,9
21/06/2018	08:08,2	18:47,5	
22/06/2018	05:26,8	16:06,1	
23/06/2018	02:45,4	13:24,7	
24/06/2018	00:04,0	10:43,3	21:22,6
25/06/2018	08:01,9	18:41,2	
26/06/2018	05:20,5	15:59,8	
27/06/2018	02:39,2	13:18,5	23:57,8
28/06/2018	10:37,1	21:16,4	
29/06/2018	07:55,7	18:35,0	
30/06/2018	05:14,3	15:53,6	
01/07/2018	02:33,0	13:12,3	23:51,6
02/07/2018	10:30,9	21:10,2	
03/07/2018	07:49,5	18:28,8	
04/07/2018	05:08,2	15:47,5	
05/07/2018	02:26,8	13:06,1	23:45,4
06/07/2018	10:24,8	21:04,1	
07/07/2018	07:43,4	18:22,7	
08/07/2018	05:02,0	15:41,4	
09/07/2018	02:20,7	13:00,0	23:39,3
10/07/2018	10:18,7	20:58,0	
11/07/2018	07:37,3	18:16,6	
12/07/2018	04:56,0	15:35,3	
13/07/2018	02:14,6	12:54,0	23:33,3
14/07/2018	10:12,6	20:52,0	
15/07/2018	07:31,3	18:10,6	
16/07/2018	04:50,0	15:29,3	
17/07/2018	02:08,6	12:48,0	23:27,3
18/07/2018	10:06,6	20:46,0	
19/07/2018	07:25,3	18:04,7	
20/07/2018	04:44,0	15:23,3	
21/07/2018	02:02,7	12:42,0	23:21,4
22/07/2018	10:00,7	20:40,1	
23/07/2018	07:19,4	17:58,8	
24/07/2018	04:38,1	15:17,4	
25/07/2018	01:56,8	12:36,1	23:15,5
26/07/2018	09:54,8	20:34,2	
27/07/2018	07:13,6	17:52,9	
28/07/2018	04:32,3	15:11,6	
29/07/2018	01:51,0	12:30,3	23:09,7
30/07/2018	09:49,1	20:28,4	
31/07/2018	07:07,8	17:47,1	
01/08/2018	04:26,5	15:05,9	
02/08/2018	01:45,2	12:24,6	23:04,0
03/08/2018	09:43,3	20:22,7	
04/08/2018	07:02,1	17:41,4	

Data	Ora	Ora	Ora	Data	Ora	Ora	Ora
05/08/2018	04:20,8	15:00,2		17/10/2018	00:08,2	10:47,6	21:27,1
06/08/2018	01:39,5	12:18,9	22:58,3	18/10/2018	08:06,6	18:46,1	
07/08/2018	09:37,7	20:17,0		19/10/2018	05:25,6	16:05,1	
08/08/2018	06:56,4	17:35,8		20/10/2018	02:44,6	13:24,1	
09/08/2018	04:15,2	14:54,5		21/10/2018	00:03,5	10:43,0	21:22,5
10/08/2018	01:33,9	12:13,3	22:52,7	22/10/2018	08:02,0	18:41,5	
11/08/2018	09:32,1	20:11,4		23/10/2018	05:21,0	16:00,5	
12/08/2018	06:50,8	17:30,2		24/10/2018	02:40,0	13:19,5	23:59,0
13/08/2018	04:09,6	14:49,0		25/10/2018	10:38,4	21:17,9	
14/08/2018	01:28,4	12:07,8	22:47,1	26/10/2018	07:57,4	18:36,9	
15/08/2018	09:26,5	20:05,9		27/10/2018	05:16,4	15:55,9	
16/08/2018	06:45,3	17:24,7		28/10/2018	02:35,4	13:14,9	23:54,4
17/08/2018	04:04,1	14:43,5		29/10/2018	10:33,9	21:13,4	
18/08/2018	01:22,9	12:02,3	22:41,7	30/10/2018	07:52,9	18:32,4	
19/08/2018	09:21,1	20:00,5		31/10/2018	05:11,9	15:51,4	
20/08/2018	06:39,9	17:19,3		01/11/2018	02:30,9	13:10,4	23:49,8
21/08/2018	03:58,7	14:38,1		02/11/2018	10:29,3	21:08,8	
22/08/2018	01:17,5	11:56,9	22:36,3	03/11/2018	07:48,3	18:27,8	
23/08/2018	09:15,7	19:55,1		04/11/2018	05:07,3	15:46,8	
24/08/2018	06:34,5	17:13,9		05/11/2018	02:26,3	13:05,8	23:45,3
25/08/2018	03:53,3	14:32,7		06/11/2018	10:24,8	21:04,3	
26/08/2018	01:12,2	11:51,6	22:31,0	07/11/2018	07:43,8	18:23,3	
27/08/2018	09:10,4	19:49,8		08/11/2018	05:02,8	15:42,3	
28/08/2018	06:29,2	17:08,6		09/11/2018	02:21,8	13:01,3	23:40,8
29/08/2018	03:48,0	14:27,5		10/11/2018	10:20,3	20:59,8	
30/08/2018	01:06,9	11:46,3	22:25,7	11/11/2018	07:39,3	18:18,8	
31/08/2018	09:05,1	19:44,6		12/11/2018	04:58,3	15:37,8	
01/09/2018	06:24,0	17:03,4		13/11/2018	02:17,3	12:56,8	23:36,3
02/09/2018	03:42,8	14:22,2		14/11/2018	10:15,8	20:55,3	
03/09/2018	01:01,7	11:41,1	22:20,5	15/11/2018	07:34,8	18:14,3	
04/09/2018	08:60,0	19:39,4		16/11/2018	04:53,8	15:33,3	
05/09/2018	06:18,8	16:58,2		17/11/2018	02:12,8	12:52,3	23:31,8
06/09/2018	03:37,7	14:17,1		18/11/2018	10:11,3	20:50,8	
07/09/2018	00:56,5	11:36,0	22:15,4	19/11/2018	07:30,3	18:09,8	
08/09/2018	08:54,8	19:34,3		20/11/2018	04:49,3	15:28,8	
09/09/2018	06:13,7	16:53,1		21/11/2018	02:08,3	12:47,8	23:27,3
10/09/2018	03:32,6	14:12,0		22/11/2018	10:06,8	20:46,3	
11/09/2018	00:51,5	11:30,9	22:10,3	23/11/2018	07:25,8	18:05,3	
12/09/2018	08:49,8	19:29,2		24/11/2018	04:44,8	15:24,3	
13/09/2018	06:08,7	16:48,1		25/11/2018	02:03,8	12:43,3	23:22,8
14/09/2018	03:27,6	14:07,0		26/11/2018	10:02,3	20:41,8	
15/09/2018	00:46,4	11:25,9	22:05,3	27/11/2018	07:21,3	18:00,8	
16/09/2018	08:44,8	19:24,2		28/11/2018	04:40,3	15:19,8	
17/09/2018	06:03,7	16:43,1		29/11/2018	01:59,3	12:38,8	23:18,3
18/09/2018	03:22,6	14:02,0		30/11/2018	09:57,8	20:37,3	
19/09/2018	00:41,5	11:20,9	22:00,4	01/12/2018	07:16,8	17:56,2	
20/09/2018	08:39,9	19:19,3		02/12/2018	04:35,7	15:15,2	
21/09/2018	05:58,8	16:38,2		03/12/2018	01:54,7	12:34,2	23:13,7
22/09/2018	03:17,7	13:57,1		04/12/2018	09:53,2	20:32,7	
23/09/2018	00:36,6	11:16,0	21:55,5	05/12/2018	07:12,2	17:51,7	
24/09/2018	08:35,0	19:14,4		06/12/2018	04:31,2	15:10,7	
25/09/2018	05:53,9	16:33,3		07/12/2018	01:50,2	12:29,7	23:09,2
26/09/2018	03:12,8	13:52,3		08/12/2018	09:48,7	20:28,2	
27/09/2018	00:31,7	11:11,2	21:50,7	09/12/2018	07:07,7	17:47,2	
28/09/2018	08:30,1	19:09,6		10/12/2018	04:26,6	15:06,1	
29/09/2018	05:49,1	16:28,5		11/12/2018	01:45,6	12:25,1	23:04,6
30/09/2018	03:08,0	13:47,5		12/12/2018	09:44,1	20:23,6	
01/10/2018	00:26,9	11:06,4	21:45,9	13/12/2018	07:03,1	17:42,6	
02/10/2018	08:25,4	19:04,8		14/12/2018	04:22,1	15:01,6	
03/10/2018	05:44,3	16:23,8		15/12/2018	01:41,1	12:20,5	23:00,0
04/10/2018	03:03,2	13:42,7		16/12/2018	09:39,5	20:19,0	
05/10/2018	00:22,2	11:01,7	21:41,1	17/12/2018	06:58,5	17:38,0	
06/10/2018	08:20,6	19:00,1		18/12/2018	04:17,5	14:57,0	
07/10/2018	05:39,6	16:19,0		19/12/2018	01:36,5	12:15,9	22:55,4
08/10/2018	02:58,5	13:38,0		20/12/2018	09:34,9	20:14,4	
09/10/2018	00:17,5	10:57,0	21:36,4	21/12/2018	06:53,9	17:33,4	
10/10/2018	08:15,9	18:55,4		22/12/2018	04:12,9	14:52,3	
11/10/2018	05:34,9	16:14,3		23/12/2018	01:31,8	12:11,3	22:50,8
12/10/2018	02:53,8	13:33,3		24/12/2018	09:30,3	20:09,7	
13/10/2018	00:12,8	10:52,3	21:31,8	25/12/2018	06:49,2	17:28,7	
14/10/2018	08:11,2	18:50,7		26/12/2018	04:08,2	14:47,7	
15/10/2018	05:30,2	16:09,7		27/12/2018	01:27,2	12:06,6	22:46,1
16/10/2018	02:49,2	13:28,7		28/12/2018	09:25,6	20:05,1	

Data	Ora	Ora	Ora	Data	Ora	Ora	Ora
29/12/2018	06:44,6	17:24,0		12/03/2019	02:31,6	13:10,9	23:50,3
30/12/2018	04:03,5	14:43,0		13/03/2019	10:29,7	21:09,1	
31/12/2018	01:22,5	12:02,0	22:41,4	14/03/2019	07:48,5	18:27,8	
01/01/2019	09:20,9	20:00,4		15/03/2019	05:07,2	15:46,6	
02/01/2019	06:39,8	17:19,3		16/03/2019	02:26,0	13:05,3	23:44,7
03/01/2019	03:58,8	14:38,3		17/03/2019	10:24,1	21:03,5	
04/01/2019	01:17,7	11:57,2	22:36,7	18/03/2019	07:42,8	18:22,2	
05/01/2019	09:16,2	19:55,6		19/03/2019	05:01,6	15:40,9	
06/01/2019	06:35,1	17:14,6		20/03/2019	02:20,3	12:59,7	23:39,0
07/01/2019	03:54,0	14:33,5		21/03/2019	10:18,4	20:57,8	
08/01/2019	01:13,0	11:52,4	22:31,9	22/03/2019	07:37,1	18:16,5	
09/01/2019	09:11,4	19:50,8		23/03/2019	04:55,9	15:35,2	
10/01/2019	06:30,3	17:09,8		24/03/2019	02:14,6	12:54,0	23:33,3
11/01/2019	03:49,3	14:28,7		25/03/2019	10:12,7	20:52,0	
12/01/2019	01:08,2	11:47,6	22:27,1	26/03/2019	07:31,4	18:10,8	
13/01/2019	09:06,6	19:46,0		27/03/2019	04:50,1	15:29,5	
14/01/2019	06:25,5	17:05,0		28/03/2019	02:08,8	12:48,2	23:27,5
15/01/2019	03:44,4	14:23,9		29/03/2019	10:06,9	20:46,2	
16/01/2019	01:03,3	11:42,8	22:22,2	30/03/2019	07:25,6	18:05,0	
17/01/2019	09:01,7	19:41,2		31/03/2019	04:44,3	15:23,7	
18/01/2019	06:20,6	17:00,1		01/04/2019	02:03,0	12:42,4	23:21,7
19/01/2019	03:39,5	14:19,0		02/04/2019	10:01,1	20:40,4	
20/01/2019	00:58,4	11:37,9	22:17,3	03/04/2019	07:19,8	17:59,1	
21/01/2019	08:56,8	19:36,3		04/04/2019	04:38,5	15:17,8	
22/01/2019	06:15,7	16:55,2		05/04/2019	01:57,1	12:36,5	23:15,8
23/01/2019	03:34,6	14:14,1		06/04/2019	09:55,2	20:34,5	
24/01/2019	00:53,5	11:33,0	22:12,4	07/04/2019	07:13,9	17:53,2	
25/01/2019	08:51,9	19:31,3		08/04/2019	04:32,5	15:11,9	
26/01/2019	06:10,8	16:50,2		09/04/2019	01:51,2	12:30,6	23:09,9
27/01/2019	03:29,6	14:09,1		10/04/2019	09:49,2	20:28,6	
28/01/2019	00:48,5	11:28,0	22:07,4	11/04/2019	07:07,9	17:47,3	
29/01/2019	08:46,9	19:26,3		12/04/2019	04:26,6	15:05,9	
30/01/2019	06:05,7	16:45,2		13/04/2019	01:45,3	12:24,6	23:03,9
31/01/2019	03:24,6	14:04,1		14/04/2019	09:43,3	20:22,6	
01/02/2019	00:43,5	11:22,9	22:02,4	15/04/2019	07:01,9	17:41,3	
02/02/2019	08:41,8	19:21,3		16/04/2019	04:20,6	14:59,9	
03/02/2019	06:00,7	16:40,1		17/04/2019	01:39,3	12:18,6	22:57,9
04/02/2019	03:19,6	13:59,0		18/04/2019	09:37,2	20:16,6	
05/02/2019	00:38,4	11:17,9	21:57,3	19/04/2019	06:55,9	17:35,2	
06/02/2019	08:36,7	19:16,2		20/04/2019	04:14,6	14:53,9	
07/02/2019	05:55,6	16:35,0		21/04/2019	01:33,2	12:12,5	22:51,8
08/02/2019	03:14,4	13:53,9		22/04/2019	09:31,2	20:10,5	
09/02/2019	00:33,3	11:12,7	21:52,1	23/04/2019	06:49,8	17:29,1	
10/02/2019	08:31,6	19:11,0		24/04/2019	04:08,5	14:47,8	
11/02/2019	05:50,4	16:29,8		25/04/2019	01:27,1	12:06,4	22:45,7
12/02/2019	03:09,3	13:48,7		26/04/2019	09:25,1	20:04,4	
13/02/2019	00:28,1	11:07,5	21:47,0	27/04/2019	06:43,7	17:23,0	
14/02/2019	08:26,4	19:05,8		28/04/2019	04:02,3	14:41,7	
15/02/2019	05:45,2	16:24,6		29/04/2019	01:21,0	12:00,3	22:39,6
16/02/2019	03:04,0	13:43,5		30/04/2019	09:18,9	19:58,2	
17/02/2019	00:22,9	11:02,3	21:41,7	01/05/2019	06:37,5	17:16,9	
18/02/2019	08:21,1	19:00,5		02/05/2019	03:56,2	14:35,5	
19/02/2019	05:39,9	16:19,4		03/05/2019	01:14,8	11:54,1	22:33,4
20/02/2019	02:58,8	13:38,2		04/05/2019	09:12,7	19:52,0	
21/02/2019	00:17,6	10:57,0	21:36,4	05/05/2019	06:31,4	17:10,7	
22/02/2019	08:15,8	18:55,2		06/05/2019	03:50,0	14:29,3	
23/02/2019	05:34,6	16:14,0		07/05/2019	01:08,6	11:47,9	22:27,2
24/02/2019	02:53,4	13:32,8		08/05/2019	09:06,5	19:45,8	
25/02/2019	00:12,2	10:51,6	21:31,0	09/05/2019	06:25,1	17:04,4	
26/02/2019	08:10,4	18:49,8		10/05/2019	03:43,7	14:23,0	
27/02/2019	05:29,3	16:08,7		11/05/2019	01:02,4	11:41,7	22:21,0
28/02/2019	02:48,0	13:27,4		12/05/2019	09:00,3	19:39,6	
01/03/2019	00:06,8	10:46,2	21:25,6	13/05/2019	06:18,9	16:58,2	
02/03/2019	08:05,0	18:44,4		14/05/2019	03:37,5	14:16,8	
03/03/2019	05:23,8	16:03,2		15/05/2019	00:56,1	11:35,4	22:14,7
04/03/2019	02:42,6	13:22,0		16/05/2019	08:54,0	19:33,3	
05/03/2019	00:01,4	10:40,8	21:20,2	17/05/2019	06:12,6	16:51,9	
06/03/2019	07:59,6	18:39,0		18/05/2019	03:31,2	14:10,5	
07/03/2019	05:18,3	15:57,7		19/05/2019	00:49,8	11:29,1	22:08,4
08/03/2019	02:37,1	13:16,5	23:55,9	20/05/2019	08:47,7	19:27,0	
09/03/2019	10:35,3	21:14,7		21/05/2019	06:06,3	16:45,6	
10/03/2019	07:54,0	18:33,4		22/05/2019	03:24,9	14:04,2	
11/03/2019	05:12,8	15:52,2		23/05/2019	00:43,5	11:22,8	22:02,1

Data	Ora	Ora	Ora	Data	Ora	Ora	Ora
24/05/2019	08:41,4	19:20,7		05/08/2019	04:08,1	14:47,5	
25/05/2019	05:60,0	16:39,3		06/08/2019	01:26,8	12:06,2	22:45,5
26/05/2019	03:18,6	13:57,9		07/08/2019	09:24,9	20:04,2	
27/05/2019	00:37,2	11:16,4	21:55,7	08/08/2019	06:43,6	17:22,9	
28/05/2019	08:35,0	19:14,3		09/08/2019	04:02,3	14:41,6	
29/05/2019	05:53,6	16:32,9		10/08/2019	01:21,0	12:00,4	22:39,7
30/05/2019	03:12,2	13:51,5		11/08/2019	09:19,1	19:58,4	
31/05/2019	00:30,8	11:10,1	21:49,4	12/08/2019	06:37,8	17:17,2	
01/06/2019	08:28,7	19:08,0		13/08/2019	03:56,5	14:35,9	
02/06/2019	05:47,3	16:26,6		14/08/2019	01:15,3	11:54,6	22:34,0
03/06/2019	03:05,9	13:45,2		15/08/2019	09:13,4	19:52,7	
04/06/2019	00:24,5	11:03,7	21:43,0	16/08/2019	06:32,1	17:11,5	
05/06/2019	08:22,3	19:01,6		17/08/2019	03:50,8	14:30,2	
06/06/2019	05:40,9	16:20,2		18/08/2019	01:09,6	11:49,0	22:28,3
07/06/2019	02:59,5	13:38,8		19/08/2019	09:07,7	19:47,1	
08/06/2019	00:18,1	10:57,4	21:36,7	20/08/2019	06:26,5	17:05,8	
09/06/2019	08:16,0	18:55,3		21/08/2019	03:45,2	14:24,6	
10/06/2019	05:34,6	16:13,9		22/08/2019	01:04,0	11:43,4	22:22,7
11/06/2019	02:53,2	13:32,5		23/08/2019	09:02,1	19:41,5	
12/06/2019	00:11,7	10:51,0	21:30,3	24/08/2019	06:20,9	17:00,3	
13/06/2019	08:09,6	18:48,9		25/08/2019	03:39,7	14:19,0	
14/06/2019	05:28,2	16:07,5		26/08/2019	00:58,4	11:37,8	22:17,2
15/06/2019	02:46,8	13:26,1		27/08/2019	08:56,6	19:36,0	
16/06/2019	00:05,4	10:44,7	21:24,0	28/08/2019	06:15,4	16:54,8	
17/06/2019	08:03,3	18:42,6		29/08/2019	03:34,2	14:13,6	
18/06/2019	05:21,9	16:01,2		30/08/2019	00:53,0	11:32,4	22:11,8
19/06/2019	02:40,5	13:19,8	23:59,1	31/08/2019	08:51,2	19:30,6	
20/06/2019	10:38,4	21:17,7		01/09/2019	06:10,0	16:49,4	
21/06/2019	07:57,0	18:36,2		02/09/2019	03:28,8	14:08,2	
22/06/2019	05:15,5	15:54,8		03/09/2019	00:47,6	11:27,0	22:06,4
23/06/2019	02:34,1	13:13,4	23:52,7	04/09/2019	08:45,8	19:25,2	
24/06/2019	10:32,0	21:11,3		05/09/2019	06:04,6	16:44,0	
25/06/2019	07:50,6	18:29,9		06/09/2019	03:23,4	14:02,8	
26/06/2019	05:09,2	15:48,5		07/09/2019	00:42,2	11:21,6	22:01,1
27/06/2019	02:27,8	13:07,1	23:46,4	08/09/2019	08:40,5	19:19,9	
28/06/2019	10:25,7	21:05,0		09/09/2019	05:59,3	16:38,7	
29/06/2019	07:44,3	18:23,6		10/09/2019	03:18,1	13:57,5	
30/06/2019	05:02,9	15:42,2		11/09/2019	00:37,0	11:16,4	21:55,8
01/07/2019	02:21,6	13:00,9	23:40,2	12/09/2019	08:35,2	19:14,6	
02/07/2019	10:19,5	20:58,8		13/09/2019	05:54,1	16:33,5	
03/07/2019	07:38,1	18:17,4		14/09/2019	03:12,9	13:52,3	
04/07/2019	04:56,7	15:36,0		15/09/2019	00:31,8	11:11,2	21:50,6
05/07/2019	02:15,3	12:54,6	23:33,9	16/09/2019	08:30,0	19:09,5	
06/07/2019	10:13,2	20:52,5		17/09/2019	05:48,9	16:28,3	
07/07/2019	07:31,8	18:11,1		18/09/2019	03:07,8	13:47,2	
08/07/2019	04:50,4	15:29,8		19/09/2019	00:26,6	11:06,1	21:45,5
09/07/2019	02:09,1	12:48,4	23:27,7	20/09/2019	08:24,9	19:04,4	
10/07/2019	10:07,0	20:46,3		21/09/2019	05:43,8	16:23,2	
11/07/2019	07:25,6	18:04,9		22/09/2019	03:02,7	13:42,1	
12/07/2019	04:44,3	15:23,6		23/09/2019	00:21,6	11:01,0	21:40,4
13/07/2019	02:02,9	12:42,2	23:21,5	24/09/2019	08:19,9	18:59,3	
14/07/2019	10:00,8	20:40,1		25/09/2019	05:38,8	16:18,2	
15/07/2019	07:19,5	17:58,8		26/09/2019	02:57,6	13:37,1	
16/07/2019	04:38,1	15:17,4		27/09/2019	00:16,5	10:56,0	21:35,4
17/07/2019	01:56,7	12:36,1	23:15,4	28/09/2019	08:14,9	18:54,8	
18/07/2019	09:54,7	20:34,0		29/09/2019	05:33,8	16:13,2	
19/07/2019	07:13,3	17:52,7		30/09/2019	02:52,7	13:32,1	
20/07/2019	04:32,0	15:11,3		01/10/2019	00:11,6	10:51,0	21:30,5
21/07/2019	01:50,6	12:30,0	23:09,3	02/10/2019	08:09,9	18:49,4	
22/07/2019	09:48,6	20:28,0		03/10/2019	05:28,8	16:08,3	
23/07/2019	07:07,3	17:46,6		04/10/2019	02:47,8	13:27,2	
24/07/2019	04:25,9	15:05,3		05/10/2019	00:06,7	10:46,1	21:25,6
25/07/2019	01:44,6	12:23,9	23:03,3	06/10/2019	08:05,1	18:44,5	
26/07/2019	09:42,6	20:21,9		07/10/2019	05:24,0	16:03,4	
27/07/2019	07:01,3	17:40,6		08/10/2019	02:42,9	13:22,4	
28/07/2019	04:19,9	14:59,3		09/10/2019	00:01,8	10:41,3	21:20,8
29/07/2019	01:38,6	12:18,0	22:57,3	10/10/2019	08:00,2	18:39,7	
30/07/2019	09:36,6	20:16,0		11/10/2019	05:19,2	15:58,6	
31/07/2019	06:55,3	17:34,7		12/10/2019	02:38,1	13:17,6	23:57,0
01/08/2019	04:14,0	14:53,3		13/10/2019	10:36,5	21:16,0	
02/08/2019	01:32,7	12:12,0	22:51,4	14/10/2019	07:55,4	18:34,9	
03/08/2019	09:30,7	20:10,1		15/10/2019	05:14,4	15:53,8	
04/08/2019	06:49,4	17:28,8		16/10/2019	02:33,3	13:12,8	23:52,3

Data	Ora	Ora	Ora	Data	Ora	Ora	Ora
17/10/2019	10:31,7	21:11,2		29/12/2019	06:28,2	17:07,7	
18/10/2019	07:50,7	18:30,2		30/12/2019	03:47,2	14:26,7	
19/10/2019	05:09,6	15:49,1		31/12/2019	01:06,1	11:45,6	22:25,1
20/10/2019	02:28,6	13:08,1	23:47,5	01/01/2020	09:04,6	19:44,1	
21/10/2019	10:27,0	21:06,5		02/01/2020	06:23,6	17:03,0	
22/10/2019	07:46,0	18:25,5		03/01/2020	03:42,5	14:22,0	
23/10/2019	05:04,9	15:44,4		04/01/2020	01:01,5	11:41,0	22:20,4
24/10/2019	02:23,9	13:03,4	23:42,9	05/01/2020	08:59,9	19:39,4	
25/10/2019	10:22,3	21:01,8		06/01/2020	06:18,9	16:58,4	
26/10/2019	07:41,3	18:20,8		07/01/2020	03:37,8	14:17,3	
27/10/2019	05:00,3	15:39,8		08/01/2020	00:56,8	11:36,3	22:15,7
28/10/2019	02:19,2	12:58,7	23:38,2	09/01/2020	08:55,2	19:34,7	
29/10/2019	10:17,7	20:57,2		10/01/2020	06:14,2	16:53,6	
30/10/2019	07:36,7	18:16,1		11/01/2020	03:33,1	14:12,6	
31/10/2019	04:55,6	15:35,1		12/01/2020	00:52,0	11:31,5	22:11,0
01/11/2019	02:14,6	12:54,1	23:33,6	13/01/2020	08:50,5	19:29,9	
02/11/2019	10:13,1	20:52,6		14/01/2020	06:09,4	16:48,9	
03/11/2019	07:32,1	18:11,5		15/01/2020	03:28,3	14:07,8	
04/11/2019	04:51,0	15:30,5		16/01/2020	00:47,3	11:26,8	22:06,2
05/11/2019	02:10,0	12:49,5	23:29,0	17/01/2020	08:45,7	19:25,2	
06/11/2019	10:08,5	20:48,0		18/01/2020	06:04,6	16:44,1	
07/11/2019	07:27,5	18:07,0		19/01/2020	03:23,6	14:03,0	
08/11/2019	04:46,4	15:25,9		20/01/2020	00:42,5	11:22,0	22:01,4
09/11/2019	02:05,4	12:44,9	23:24,4	21/01/2020	08:40,9	19:20,3	
10/11/2019	10:03,9	20:43,4		22/01/2020	05:59,8	16:39,3	
11/11/2019	07:22,9	18:02,4		23/01/2020	03:18,7	13:58,2	
12/11/2019	04:41,9	15:21,4		24/01/2020	00:37,6	11:17,1	21:56,6
13/11/2019	02:00,9	12:40,4	23:19,9	25/01/2020	08:36,0	19:15,5	
14/11/2019	09:59,3	20:38,8		26/01/2020	05:54,9	16:34,4	
15/11/2019	07:18,3	17:57,8		27/01/2020	03:13,9	13:53,3	
16/11/2019	04:37,3	15:16,8		28/01/2020	00:32,8	11:12,2	21:51,7
17/11/2019	01:56,3	12:35,8	23:15,3	29/01/2020	08:31,1	19:10,6	
18/11/2019	09:54,8	20:34,3		30/01/2020	05:50,0	16:29,5	
19/11/2019	07:13,8	17:53,3		31/01/2020	03:08,9	13:48,4	
20/11/2019	04:32,8	15:12,3		01/02/2020	00:27,8	11:07,3	21:46,7
21/11/2019	01:51,8	12:31,3	23:10,8	02/02/2020	08:26,2	19:05,6	
22/11/2019	09:50,3	20:29,8		03/02/2020	05:45,1	16:24,5	
23/11/2019	07:09,3	17:48,8		04/02/2020	03:04,0	13:43,4	
24/11/2019	04:28,3	15:07,7		05/02/2020	00:22,9	11:02,3	21:41,8
25/11/2019	01:47,2	12:26,7	23:06,2	06/02/2020	08:21,2	19:00,6	
26/11/2019	09:45,7	20:25,2		07/02/2020	05:40,1	16:19,5	
27/11/2019	07:04,7	17:44,2		08/02/2020	02:59,0	13:38,4	
28/11/2019	04:23,7	15:03,2		09/02/2020	00:17,8	10:57,3	21:36,7
29/11/2019	01:42,7	12:22,2	23:01,7	10/02/2020	08:16,2	18:55,6	
30/11/2019	09:41,2	20:20,7		11/02/2020	05:35,0	16:14,5	
01/12/2019	07:00,2	17:39,7		12/02/2020	02:53,9	13:33,3	
02/12/2019	04:19,2	14:58,7		13/02/2020	00:12,8	10:52,2	21:31,6
03/12/2019	01:38,2	12:17,7	22:57,2	14/02/2020	08:11,1	18:50,5	
04/12/2019	09:36,7	20:16,2		15/02/2020	05:29,9	16:09,4	
05/12/2019	06:55,7	17:35,2		16/02/2020	02:48,8	13:28,2	
06/12/2019	04:14,7	14:54,2		17/02/2020	00:07,7	10:47,1	21:26,5
07/12/2019	01:33,7	12:13,2	22:52,6	18/02/2020	08:05,9	18:45,4	
08/12/2019	09:32,1	20:11,6		19/02/2020	05:24,8	16:04,2	
09/12/2019	06:51,1	17:30,6		20/02/2020	02:43,7	13:23,1	
10/12/2019	04:10,1	14:49,6		21/02/2020	00:02,5	10:41,9	21:21,3
11/12/2019	01:29,1	12:08,6	22:48,1	22/02/2020	08:00,8	18:40,2	
12/12/2019	09:27,6	20:07,1		23/02/2020	05:19,6	15:59,0	
13/12/2019	06:46,6	17:26,1		24/02/2020	02:38,4	13:17,9	23:57,3
14/12/2019	04:05,6	14:45,1		25/02/2020	10:36,7	21:16,1	
15/12/2019	01:24,6	12:04,1	22:43,5	26/02/2020	07:55,5	18:34,9	
16/12/2019	09:23,0	20:02,5		27/02/2020	05:14,4	15:53,8	
17/12/2019	06:42,0	17:21,5		28/02/2020	02:33,2	13:12,6	23:52,0
18/12/2019	04:01,0	14:40,5		29/02/2020	10:31,4	21:10,8	
19/12/2019	01:20,0	11:59,5	22:39,0	01/03/2020	07:50,2	18:29,7	
20/12/2019	09:18,4	19:57,9		02/03/2020	05:09,1	15:48,5	
21/12/2019	06:37,4	17:16,9		03/03/2020	02:27,9	13:07,3	23:46,7
22/12/2019	03:56,4	14:35,9		04/03/2020	10:26,1	21:05,5	
23/12/2019	01:15,4	11:54,9	22:34,4	05/03/2020	07:44,9	18:24,3	
24/12/2019	09:13,9	19:53,3		06/03/2020	05:03,7	15:43,1	
25/12/2019	06:32,8	17:12,3		07/03/2020	02:22,5	13:01,9	23:41,3
26/12/2019	03:51,8	14:31,3		08/03/2020	10:20,7	21:00,1	
27/12/2019	01:10,8	11:50,3	22:29,7	09/03/2020	07:39,5	18:18,9	
28/12/2019	09:09,2	19:48,7		10/03/2020	04:58,3	15:37,7	

Data	Ora	Ora	Ora	Data	Ora	Ora	Ora
11/03/2020	02:17,1	12:56,5	23:35,9	23/05/2020	08:29,1	19:08,4	
12/03/2020	10:15,3	20:54,7		24/05/2020	05:47,7	16:27,0	
13/03/2020	07:34,1	18:13,5		25/05/2020	03:06,3	13:45,7	
14/03/2020	04:52,9	15:32,2		26/05/2020	00:25,0	11:04,3	21:43,6
15/03/2020	02:11,6	12:51,0	23:30,4	27/05/2020	08:22,9	19:02,2	
16/03/2020	10:09,8	20:49,2		28/05/2020	05:41,5	16:20,8	
17/03/2020	07:28,6	18:08,0		29/05/2020	03:00,1	13:39,4	
18/03/2020	04:47,3	15:26,7		30/05/2020	00:18,7	10:58,0	21:37,3
19/03/2020	02:06,1	12:45,5	23:24,9	31/05/2020	08:16,6	18:55,9	
20/03/2020	10:04,3	20:43,6		01/06/2020	05:35,2	16:14,5	
21/03/2020	07:23,0	18:02,4		02/06/2020	02:53,8	13:33,1	
22/03/2020	04:41,8	15:21,2		03/06/2020	00:12,4	10:51,7	21:31,0
23/03/2020	02:00,5	12:39,9	23:19,3	04/06/2020	08:10,3	18:49,6	
24/03/2020	09:58,7	20:38,0		05/06/2020	05:28,9	16:08,2	
25/03/2020	07:17,4	17:56,8		06/06/2020	02:47,5	13:26,8	
26/03/2020	04:36,2	15:15,5		07/06/2020	00:06,1	10:45,4	21:24,7
27/03/2020	01:54,9	12:34,3	23:13,7	08/06/2020	08:04,0	18:43,3	
28/03/2020	09:53,0	20:32,4		09/06/2020	05:22,6	16:01,8	
29/03/2020	07:11,8	17:51,1		10/06/2020	02:41,1	13:20,4	23:59,7
30/03/2020	04:30,5	15:09,9		11/06/2020	10:39,0	21:18,3	
31/03/2020	01:49,2	12:28,6	23:08,0	12/06/2020	07:57,6	18:36,9	
01/04/2020	09:47,3	20:26,7		13/06/2020	05:16,2	15:55,5	
02/04/2020	07:06,1	17:45,4		14/06/2020	02:34,8	13:14,1	23:53,4
03/04/2020	04:24,8	15:04,1		15/06/2020	10:32,7	21:12,0	
04/04/2020	01:43,5	12:22,9	23:02,2	16/06/2020	07:51,3	18:30,6	
05/04/2020	09:41,6	20:20,9		17/06/2020	05:09,9	15:49,2	
06/04/2020	07:00,3	17:39,7		18/06/2020	02:28,5	13:07,8	23:47,1
07/04/2020	04:19,0	14:58,4		19/06/2020	10:26,4	21:05,7	
08/04/2020	01:37,7	12:17,1	22:56,4	20/06/2020	07:45,0	18:24,3	
09/04/2020	09:35,8	20:15,1		21/06/2020	05:03,5	15:42,8	
10/04/2020	06:54,5	17:33,8		22/06/2020	02:22,1	13:01,4	23:40,7
11/04/2020	04:13,2	14:52,5		23/06/2020	10:20,0	20:59,3	
12/04/2020	01:31,9	12:11,2	22:50,6	24/06/2020	07:38,6	18:17,9	
13/04/2020	09:29,9	20:09,3		25/06/2020	04:57,2	15:36,5	
14/04/2020	06:48,6	17:28,0		26/06/2020	02:15,8	12:55,1	23:34,4
15/04/2020	04:07,3	14:46,7		27/06/2020	10:13,7	20:53,0	
16/04/2020	01:26,0	12:05,4	22:44,7	28/06/2020	07:32,3	18:11,6	
17/04/2020	09:24,0	20:03,4		29/06/2020	04:50,9	15:30,2	
18/04/2020	06:42,7	17:22,1		30/06/2020	02:09,5	12:48,8	23:28,1
19/04/2020	04:01,4	14:40,7		01/07/2020	10:07,4	20:46,7	
20/04/2020	01:20,1	11:59,4	22:38,8	02/07/2020	07:26,0	18:05,3	
21/04/2020	09:18,1	19:57,4		03/07/2020	04:44,6	15:23,9	
22/04/2020	06:36,8	17:16,1		04/07/2020	02:03,2	12:42,5	23:21,8
23/04/2020	03:55,4	14:34,8		05/07/2020	10:01,1	20:40,4	
24/04/2020	01:14,1	11:53,5	22:32,8	06/07/2020	07:19,7	17:59,0	
25/04/2020	09:12,1	19:51,4		07/07/2020	04:38,3	15:17,6	
26/04/2020	06:30,8	17:10,1		08/07/2020	01:56,9	12:36,2	23:15,5
27/04/2020	03:49,4	14:28,8		09/07/2020	09:54,8	20:34,1	
28/04/2020	01:08,1	11:47,4	22:26,8	10/07/2020	07:13,4	17:52,7	
29/04/2020	09:06,1	19:45,4		11/07/2020	04:32,0	15:11,3	
30/04/2020	06:24,7	17:04,1		12/07/2020	01:50,6	12:29,9	23:09,2
01/05/2020	03:43,4	14:22,7		13/07/2020	09:48,5	20:27,9	
02/05/2020	01:02,0	11:41,4	22:20,7	14/07/2020	07:07,2	17:46,5	
03/05/2020	09:00,0	19:39,3		15/07/2020	04:25,8	15:05,1	
04/05/2020	06:18,7	16:58,0		16/07/2020	01:44,4	12:23,7	23:03,0
05/05/2020	03:37,3	14:16,6		17/07/2020	09:42,3	20:21,6	
06/05/2020	00:55,9	11:35,3	22:14,6	18/07/2020	07:00,9	17:40,3	
07/05/2020	08:53,9	19:33,2		19/07/2020	04:19,6	14:58,9	
08/05/2020	06:12,5	16:51,9		20/07/2020	01:38,2	12:17,5	22:56,8
09/05/2020	03:31,2	14:10,5		21/07/2020	09:36,1	20:15,5	
10/05/2020	00:49,8	11:29,1	22:08,4	22/07/2020	06:54,8	17:34,1	
11/05/2020	08:47,8	19:27,1		23/07/2020	04:13,4	14:52,7	
12/05/2020	06:06,4	16:45,7		24/07/2020	01:32,0	12:11,3	22:50,7
13/05/2020	03:25,0	14:04,3		25/07/2020	09:30,0	20:09,3	
14/05/2020	00:43,6	11:23,0	22:02,3	26/07/2020	06:48,6	17:27,9	
15/05/2020	08:41,6	19:20,9		27/07/2020	04:07,3	14:46,6	
16/05/2020	06:00,2	16:39,5		28/07/2020	01:25,9	12:05,2	22:44,6
17/05/2020	03:18,8	13:58,1		29/07/2020	09:23,9	20:03,2	
18/05/2020	00:37,4	11:16,8	21:56,1	30/07/2020	06:42,5	17:21,9	
19/05/2020	08:35,4	19:14,7		31/07/2020	04:01,2	14:40,5	
20/05/2020	05:54,0	16:33,3		01/08/2020	01:19,8	11:59,2	22:38,5
21/05/2020	03:12,6	13:51,9		02/08/2020	09:17,8	19:57,2	
22/05/2020	00:31,2	11:10,5	21:49,8	03/08/2020	06:36,5	17:15,8	

Data	Ora	Ora	Ora	Data	Ora	Ora	Ora
04/08/2020	03:55,1	14:34,5		16/10/2020	10:15,5	20:54,9	
05/08/2020	01:13,8	11:53,1	22:32,5	17/10/2020	07:34,4	18:13,8	
06/08/2020	09:11,8	19:51,1		18/10/2020	04:53,3	15:32,8	
07/08/2020	06:30,5	17:09,8		19/10/2020	02:12,2	12:51,7	23:31,1
08/08/2020	03:49,2	14:28,5		20/10/2020	10:10,6	20:50,1	
09/08/2020	01:07,8	11:47,2	22:26,5	21/10/2020	07:29,5	18:09,0	
10/08/2020	09:05,9	19:45,2		22/10/2020	04:48,5	15:27,9	
11/08/2020	06:24,5	17:03,9		23/10/2020	02:07,4	12:46,9	23:26,3
12/08/2020	03:43,2	14:22,6		24/10/2020	10:05,8	20:45,3	
13/08/2020	01:01,9	11:41,3	22:20,6	25/10/2020	07:24,7	18:04,2	
14/08/2020	08:60,0	19:39,3		26/10/2020	04:43,7	15:23,1	
15/08/2020	06:18,7	16:58,0		27/10/2020	02:02,6	12:42,1	23:21,6
16/08/2020	03:37,4	14:16,7		28/10/2020	10:01,0	20:40,5	
17/08/2020	00:56,1	11:35,4	22:14,8	29/10/2020	07:20,0	17:59,4	
18/08/2020	08:54,1	19:33,5		30/10/2020	04:38,9	15:18,4	
19/08/2020	06:12,8	16:52,2		31/10/2020	01:57,9	12:37,4	23:16,8
20/08/2020	03:31,6	14:10,9		01/11/2020	09:56,3	20:35,8	
21/08/2020	00:50,3	11:29,6	22:09,0	02/11/2020	07:15,3	17:54,7	
22/08/2020	08:48,4	19:27,7		03/11/2020	04:34,2	15:13,7	
23/08/2020	06:07,1	16:46,4		04/11/2020	01:53,2	12:32,7	23:12,1
24/08/2020	03:25,8	14:05,2		05/11/2020	09:51,6	20:31,1	
25/08/2020	00:44,5	11:23,9	22:03,3	06/11/2020	07:10,6	17:50,0	
26/08/2020	08:42,6	19:22,0		07/11/2020	04:29,5	15:09,0	
27/08/2020	06:01,4	16:40,8		08/11/2020	01:48,5	12:28,0	23:07,5
28/08/2020	03:20,1	13:59,5		09/11/2020	09:47,0	20:26,4	
29/08/2020	00:38,9	11:18,3	21:57,6	10/11/2020	07:05,9	17:45,4	
30/08/2020	08:37,0	19:16,4		11/11/2020	04:24,9	15:04,4	
31/08/2020	05:55,8	16:35,1		12/11/2020	01:43,9	12:23,3	23:02,8
01/09/2020	03:14,5	13:53,9		13/11/2020	09:42,3	20:21,8	
02/09/2020	00:33,3	11:12,7	21:52,0	14/11/2020	07:01,3	17:40,8	
03/09/2020	08:31,4	19:10,8		15/11/2020	04:20,3	14:59,7	
04/09/2020	05:50,2	16:29,6		16/11/2020	01:39,2	12:18,7	22:58,2
05/09/2020	03:09,0	13:48,4		17/11/2020	09:37,7	20:17,2	
06/09/2020	00:27,8	11:07,1	21:46,5	18/11/2020	06:56,7	17:36,2	
07/09/2020	08:25,9	19:05,3		19/11/2020	04:15,7	14:55,1	
08/09/2020	05:44,7	16:24,1		20/11/2020	01:34,6	12:14,1	22:53,6
09/09/2020	03:03,5	13:42,9		21/11/2020	09:33,1	20:12,6	
10/09/2020	00:22,3	11:01,7	21:41,1	22/11/2020	06:52,1	17:31,6	
11/09/2020	08:20,5	18:59,9		23/11/2020	04:11,1	14:50,6	
12/09/2020	05:39,3	16:18,7		24/11/2020	01:30,1	12:09,5	22:49,0
13/09/2020	02:58,1	13:37,5		25/11/2020	09:28,5	20:08,0	
14/09/2020	00:16,9	10:56,3	21:35,7	26/11/2020	06:47,5	17:27,0	
15/09/2020	08:15,1	18:54,5		27/11/2020	04:06,5	14:46,0	
16/09/2020	05:33,9	16:13,3		28/11/2020	01:25,5	12:05,0	22:44,5
17/09/2020	02:52,7	13:32,2		29/11/2020	09:23,9	20:03,4	
18/09/2020	00:11,6	10:51,0	21:30,4	30/11/2020	06:42,9	17:22,4	
19/09/2020	08:09,8	18:49,2		01/12/2020	04:01,9	14:41,4	
20/09/2020	05:28,6	16:08,0		02/12/2020	01:20,9	12:00,4	22:39,9
21/09/2020	02:47,5	13:26,9		03/12/2020	09:19,4	19:58,9	
22/09/2020	00:06,3	10:45,7	21:25,1	04/12/2020	06:38,4	17:17,9	
23/09/2020	08:04,6	18:44,0		05/12/2020	03:57,4	14:36,9	
24/09/2020	05:23,4	16:02,8		06/12/2020	01:16,4	11:55,8	22:35,3
25/09/2020	02:42,3	13:21,7		07/12/2020	09:14,8	19:54,3	
26/09/2020	00:01,1	10:40,5	21:20,0	08/12/2020	06:33,8	17:13,3	
27/09/2020	07:59,4	18:38,8		09/12/2020	03:52,8	14:32,3	
28/09/2020	05:18,2	15:57,7		10/12/2020	01:11,8	11:51,3	22:30,8
29/09/2020	02:37,1	13:16,5	23:56,0	11/12/2020	09:10,3	19:49,8	
30/09/2020	10:35,4	21:14,8		12/12/2020	06:29,3	17:08,8	
01/10/2020	07:54,3	18:33,7		13/12/2020	03:48,3	14:27,7	
02/10/2020	05:13,1	15:52,6		14/12/2020	01:07,2	11:46,7	22:26,2
03/10/2020	02:32,0	13:11,5	23:50,9	15/12/2020	09:05,7	19:45,2	
04/10/2020	10:30,3	21:09,8		16/12/2020	06:24,7	17:04,2	
05/10/2020	07:49,2	18:28,7		17/12/2020	03:43,7	14:23,2	
06/10/2020	05:08,1	15:47,5		18/12/2020	01:02,7	11:42,2	22:21,6
07/10/2020	02:27,0	13:06,4	23:45,9	19/12/2020	09:01,1	19:40,6	
08/10/2020	10:25,3	21:04,8		20/12/2020	06:20,1	16:59,6	
09/10/2020	07:44,2	18:23,7		21/12/2020	03:39,1	14:18,6	
10/10/2020	05:03,1	15:42,6		22/12/2020	00:58,1	11:37,6	22:17,1
11/10/2020	02:22,0	13:01,5	23:40,9	23/12/2020	08:56,6	19:36,1	
12/10/2020	10:20,4	20:59,8		24/12/2020	06:15,5	16:55,0	
13/10/2020	07:39,3	18:18,7		25/12/2020	03:34,5	14:14,0	
14/10/2020	04:58,2	15:37,6		26/12/2020	00:53,5	11:33,0	22:12,5
15/10/2020	02:17,1	12:56,5	23:36,0	27/12/2020	08:52,0	19:31,5	

Data	Ora	Ora	Ora		Data	Ora	Ora	Ora
28/12/2020	06:10,9	16:50,4			30/12/2020	00:48,9	11:28,4	22:07,9
29/12/2020	03:29,9	14:09,4						

ANELLI - RINGS
2000-2100

Sono elencati i passaggi del Sole e della Terra sul piano di Saturno, dal 1900 al 2100

Are listed the passages of the Sun and the Earth on the plan of Saturn, from 1900 to the 2100

```
Passaggio del Sole (B°=0)   Passaggi della Terra (B=0)      Direzione

26 lug 1907 - 12 apr 1907   04 ott 1907    07 gen 1908      da nord a sud
11 apr 1921 - 07 nov 1920   22 feb 1921    03 ago 1921      da sud a nord
28 dic 1936 - 26 giu 1936   01 lug 1936    20 feb 1937      da nord a sud
20 set 1950 - 14 set 1950                                   da sud a nord
15 giu 1966 - 02 apr 1966   29 ott 1966    17 dic 1966      da nord a sud
02 mar 1980 - 27 ott 1979   12 mar 1980    23 lug 1980      da sud a nord
18 nov 1995 - 21 mag 1995   11 ago 1995    11 feb 1996      da nord a sud
11 ago 2009 - 04 set 2009                                   da sud a nord
06 mag 2025 - 23 mag 2025                                   da nord a sud
22 gen 2039 - 15 ott 2038   01 apr 2039    09 lug 2039      da sud a nord
10 ott 2054 - 06 mag 2054   31 ago 2054    01 feb 2055      da nord a sud
29 giu 2068 - 25 ago 2068                                   da sud a nord
27 mar 2084 - 14 mar 2084                                   da nord a sud
13 dic 2097 - 05 ott 2097   26 apr 2098    18 giu 2098      da sud a nord
```

Se B°>0 il Sole illumina la faccia superiore degli anelli
Se B>0 dalla Terra vediamo la faccia superiore degli anelli

Ore esatte in cui la latitudine del Sole è pari a zero

```
 Data         Ora
11/08/2009   03.42.21
06/05/2025   15.48.06
22/01/2039   21.38.58
10/10/2054   08.52.49
29/06/2068   10.18.08
27/03/2084   11.52.15
13/12/2097   09.38.44
02/09/2013   23.15.09
```

Ore esatte in cui la latitudine della Terra è pari a zero

```
 Data         Ora
04/09/2009   15.30.47
23/03/2025   20.30.14
15/10/2038   20.28.36
01/04/2039   18.38.10
09/07/2039   21.23.19
06/05/2054   05.58.33
31/08/2054   09.23.13
01/02/2055   12.10.23
25/08/2068   07.11.27
14/03/2084   09.55.56
05/10/2097   07.43.38
```

```
Passages of the Sun (B°=0)   Passagges of the Earth (B=0)   Direction


26 jul 1907 - 12 apr 1907    04 oct 1907    07 jan 1908    from north to south
11 apr 1921 - 07 nov 1920    22 feb 1921    03 aug 1921    from south to north
28 dec 1936 - 26 jun 1936    01 jul 1936    20 feb 1937    from north to south
20 sep 1950 - 14 sep 1950                                  from south to north
15 jun 1966 - 02 apr 1966    29 oct 1966    17 dec 1966    from north to south
02 mar 1980 - 27 oct 1979    12 mar 1980    23 jul 1980    from south to north
18 nov 1995 - 21 may 1995    11 aug 1995    11 feb 1996    from north to south
11 aug 2009 - 04 sep 2009                                  from south to north
06 may 2025 - 23 mar 2025                                  from north to south
22 jan 2039 - 15 oct 2038    01 apr 2039    09 jul 2039    from south to north
10 oct 2054 - 06 may 2054    31 aug 2054    01 feb 2055    from north to south
29 jun 2068 - 25 aug 2068                                  from south to north
27 mar 2084 - 14 mar 2084                                  from north to south
13 dec 2097 - 05 oct 2097    26 apr 2098    18 jun 2098    from south to north
```

If B°> 0 the Sun illuminates the superior face of the rings
If B > 0 from the Earth we see the superior face of the rings

Exact hours in which the latitude of the Sun is equal to zero

```
  Date          Time
11/08/2009    03.42.21
06/05/2025    15.48.06
22/01/2039    21.38.58
10/10/2054    08.52.49
29/06/2068    10.18.08
27/03/2084    11.52.15
13/12/2097    09.38.44
02/09/2013    23.15.09
```


Exact hours in which the latitude of the Earth is equal to zero

```
  Date          Time
04/09/2009    15.30.47
23/03/2025    20.30.14
15/10/2038    20.28.36
01/04/2039    18.38.10
09/07/2039    21.23.19
06/05/2054    05.58.33
31/08/2054    09.23.13
01/02/2055    12.10.23
25/08/2068    07.11.27
14/03/2084    09.55.56
05/10/2097    07.43.38
26/04/2098    11.26.26
```

MASSIMA APERTURA DEGLI ANELLI
MAXIMUM OPENING OF THE RINGS
2000-2100

Sono elencate le date in cui sono meglio visibili gli anelli di Saturno, dal 1900 al 2100

Are listed the dates of the maximum opening of the Saturn's rings, from 1900 to the 2100

DATA DATE	ORA TIME	B° B°	DATA DATE	ORA TIME	B° B°
02/09/2000	01.21	-24.31	07/10/2050	02.27	21.01
02/09/2001	04.14	-26.16	17/10/2051	16.56	17.19
23/06/2002	05.08	-26.77	27/10/2052	19.25	12.65
07/04/2003	12.02	-26.99	08/11/2053	06.32	7.55
16/03/2004	14.14	-26.27	02/07/2054	21.05	-1.22
24/03/2005	23.07	-23.94	19/11/2054	23.11	2.06
05/04/2006	22.21	-20.20	16/07/2055	00.15	-6.81
18/04/2007	20.12	-15.41	28/07/2056	07.43	-12.24
30/04/2008	23.26	-9.94	10/08/2057	16.14	-17.24
14/05/2009	00.29	-4.16	23/08/2058	19.00	-21.49
08/01/2010	12.00	4.90	04/09/2059	09.33	-24.60
20/01/2011	13.54	10.28	29/08/2060	02.49	-26.28
01/02/2012	06.30	15.14	14/06/2061	10.04	-26.82
11/02/2013	13.07	19.30	31/03/2062	06.00	-26.99
22/02/2014	02.26	22.63	18/03/2063	02.59	-26.09
02/03/2015	13.11	24.98	26/03/2064	07.16	-23.58
24/02/2016	10.48	26.28	07/04/2065	11.54	-19.69
22/12/2016	20.39	26.76	20/04/2066	11.10	-14.79
16/10/2017	19.39	26.96	03/05/2067	13.50	-9.27
18/09/2018	22.36	26.61	15/05/2068	14.06	-3.47
23/09/2019	00.32	25.22	10/01/2069	00.40	5.55
30/09/2020	20.11	22.80	22/01/2070	01.01	10.88
11/10/2021	01.34	19.45	02/02/2071	17.13	15.66
21/10/2022	22.53	15.30	13/02/2072	22.52	19.74
02/11/2023	04.34	10.51	23/02/2073	08.24	22.95
12/11/2024	16.41	5.23	03/03/2074	08.18	25.18
07/07/2025	21.15	-3.61	20/02/2075	01.12	26.36
21/07/2026	01.03	-9.15	16/12/2075	11.32	26.80
03/08/2027	09.29	-14.43	09/10/2076	22.22	26.97
15/08/2028	17.49	-19.15	18/09/2077	19.49	26.52
28/08/2029	11.43	-22.96	23/09/2078	21.30	25.01
06/09/2030	15.05	-25.50	02/10/2079	23.19	22.47
30/07/2031	01.47	-26.57	12/10/2080	08.06	19.03
12/05/2032	06.38	-26.93	23/10/2081	05.50	14.81
18/03/2033	04.28	-26.80	03/11/2082	11.45	9.95
20/03/2034	20.10	-25.21	15/11/2083	01.28	4.63
31/03/2035	20.22	-22.06	09/07/2084	09.49	-4.23
12/04/2036	10.37	-17.69	22/07/2085	15.16	-9.76
25/04/2037	11.44	-12.48	05/08/2086	00.34	-14.99
08/05/2038	14.57	-6.79	18/08/2087	08.13	-19.63
03/01/2039	11.52	2.36	29/08/2088	22.28	-23.31
21/05/2039	15.01	-0.93	07/09/2089	00.09	-25.69
15/01/2040	18.17	7.92	21/07/2090	02.09	-26.63
26/01/2041	17.05	13.04	04/05/2091	11.26	-26.96
07/02/2042	05.19	17.54	17/03/2092	04.33	-26.71
18/02/2043	03.00	21.27	21/03/2093	23.01	-24.93
27/02/2044	20.59	24.07	02/04/2094	05.56	-21.64
03/03/2045	10.59	25.84	14/04/2095	22.20	-17.15
22/01/2046	03.49	26.60	27/04/2096	00.44	-11.87
15/11/2046	23.37	26.91	10/05/2097	04.22	-6.14
23/09/2047	12.03	26.89	04/01/2098	23.38	2.99
19/09/2048	15.58	25.96	17/01/2099	05.53	8.52
27/09/2049	06.44	23.98	29/01/2100	03.07	13.58

INDICE - INDEX

INTRODUZIONE	3
INTRODUCTION	5
EFFEMERIDI - EPHEMERIDES 2013-2020	7
FENOMENI - PHENOMENAS 2000-2100	49
FENOMENI MUTUI DEI SATELLITI 2013-2025	
MUTUAL PHENOMENA OF THE MOONS 2013-2025	58
OCCULTAZIONI TRA I SATELLITI 2013-2025	
OCCULTATIONS BETWEEN THE MOONS 2013-2025	81
MERIDIANO CENTRALE I	90
CENTRAL MERIDIAN I	90
MERIDIANO CENTRALE III (Origine delle radio emissioni)	111
CENTRAL MERIDIAN III (Radio emissions)	111
ANELLI - RINGS 2000-2100	133
MASSIMA APERTURA DEGLI ANELLI 2000-2100	
MAXIMUM OPENING OF THE RINGS 2000-2100	136
INDICE - INDEX	138

www.ingramcontent.com/pod-product-compliance
Lightning Source LLC
Chambersburg PA
CBHW021958170526
45157CB00003B/1046